高等学校水土保持与荒漠化防治专业教材

水土保持植物

张光灿　胡海波　王树森　主编

中国林业出版社

内容提要

《水土保持植物》是高等院校水土保持与荒漠化防治专业重要的专业基础课之一。本教材从植物分类学的基本知识入手，在介绍了水土保持植物的生物学特性和生态学习性、水土保持植物资源分布与调查设计及其保护和开发利用的基础上，着重阐述了主要水土保持乔木、灌木（藤本）、草本植物种类的形态特征、分布与习性、水土保持功能、资源利用价值和繁殖栽培技术。为读者在以后从事水土保持林草措施的理论学习、科学研究和规划设计奠定基础。

本教材主要用于水土保持与荒漠化防治专业的本科生教学，同时还可作为环境生态类有关专业本科生教学用书，也可作为在水土保持与荒漠化防治、土地利用、国土整治、环境保护等方面从事科学研究、教学、管理和生产实践人员的参考用书。

图书在版编目（CIP）数据

水土保持植物/张光灿，胡海波，王树森主编 .—北京：中国林业出版社，2011.10（2021.5重印）
高等学校水土保持与荒漠化防治专业教材
ISBN 978-7-5038-6398-1

Ⅰ．①水… Ⅱ．①张…②胡…③王… Ⅲ．①水土保持—植物—高等学校—教材 Ⅳ．①S157.4

中国版本图书馆CIP数据核字（2011）第233040号

中国林业出版社·教材建设与出版管理中心

策划编辑：牛玉莲 肖基浒 　　责任编辑：肖基浒 丰帆
电　话：(010)83143555　　　　传　真：(010)83143516

出版发行	中国林业出版社(100009　北京市西城区德内大街刘海胡同7号) E-mail:jaocaipublic@163.com　电话：(010)83143500 http://www.forestry.gov.cn/lycb.html
经　销	新华书店
印　刷	三河市祥达印刷包装有限公司
版　次	2011年10月第1版
印　次	2021年5月第2次
开　本	850mm×1168mm 1/16
印　张	18.5
字　数	427千字
定　价	45.00元

未经许可，不得以任何方式复制或抄袭本书之部分或全部内容。

版权所有　侵权必究

高等学校水土保持与荒漠化防治专业教材
编写指导委员会

顾　问： 关君蔚(中国工程院院士)
　　　　　刘　震(水利部水土保持司司长,教授级高工)
　　　　　刘　拓(国家林业局防沙治沙办公室主任,教授级高工)
　　　　　朱金兆(教育部高等学校环境生态类教学指导委员会主任,教授)
　　　　　吴　斌(中国水土保持学会秘书长,教授)
　　　　　宋　毅(教育部高等教育司综合处处长)
　　　　　王礼先(北京林业大学水土保持学院,教授)

主　任： 余新晓(北京林业大学水土保持学院院长,教授)

副主任： 刘宝元(北京师范大学地理与遥感科学学院,教授)
　　　　　邵明安(西北农林科技大学资源与环境学院原院长,中国科学院水土保持研究所所长,研究员)
　　　　　雷廷武(中国农业大学水利与土木工程学院,教授)

委　员： (以姓氏笔画为序)
　　　　　王　立(甘肃农业大学林学院水土保持系主任,教授)
　　　　　王克勤(西南林业大学环境科学与工程系主任,教授)
　　　　　王曰鑫(山西农业大学林学院水土保持系主任,教授)
　　　　　王治国(水利部水利水电规划设计总院,教授)
　　　　　史东梅(西南大学资源环境学院水土保持系主任,副教授)
　　　　　卢　琦(中国林业科学研究院,研究员)
　　　　　朱清科(北京林业大学水土保持学院副院长,教授)
　　　　　孙保平(北京林业大学水土保持学院,教授)
　　　　　吴发启(西北农林科技大学资源与环境学院党委书记,教授)

　　　　吴祥云(辽宁工程技术大学资源与环境学院水土保持系主任，
　　　　　　教授)
　　　　吴丁丁(南昌工程学院环境工程系主任，教授)
　　　　汪　季(内蒙古农业大学生态环境学院副院长，教授)
　　　　张光灿(山东农业大学林学院副院长，教授)
　　　　张洪江(北京林业大学水土保持学院副院长，教授)
　　　　杨维西(国家林业局防沙治沙办公室总工，教授)
　　　　范昊明(沈阳农业大学水利学院，副教授)
　　　　庞有祝(北京林业大学水土保持学院，副教授)
　　　　赵雨森(东北林业大学副校长，教授)
　　　　胡海波(南京林业大学资源环境学院，教授)
　　　　姜德文(水利部水土保持监测中心副主任，教授级高工)
　　　　贺康宁(北京林业大学水土保持学院，教授)
　　　　蔡崇法(华中农业大学资源环境学院院长，教授)
　　　　蔡强国(中国科学院地理科学与资源研究所，研究员)
秘　书：牛健植(北京林业大学水土保持学院，副教授)
　　　　张　戎(北京林业大学教务处，科长)
　　　　李春平(北京林业大学水土保持学院，博士)

序

随着社会经济的不断发展，人口、资源、环境三者之间的矛盾日益突出和尖锐，特别是环境问题成为矛盾的焦点，水土流失和荒漠化对人类生存和发展威胁日益加剧。据统计，世界上土壤流失每年 250 亿 t，亚洲、非洲、南美洲每公顷土地每年损失表土 30~40t，情况较好的美国和欧洲，每公顷土地每年损失表土 17t，按后者计算，每年损失的表土比形成的表土多 16 倍。我国是世界上水土流失与荒漠化危害最严重的国家之一。全国水土流失面积 367 万 km^2，占国土总面积的 38.2%，其中水蚀面积 179 万 km^2、风蚀面积 188 万 km^2，年土壤侵蚀量高达 50 亿 t 以上。新中国成立以来，特别是改革开放后，中国政府十分重视水土流失的治理工作，投入巨大的人力、物力和财力进行了大规模的防治工作，尽管如此，生态环境仍然十分脆弱，严重的水土流失已成为中国的头号生态环境问题和社会经济可持续发展的重要障碍。水土保持和荒漠化防治已成为我国一项十分重要的战略任务，它不仅是经济建设的重要基础、社会经济可持续发展的重要保障，也是保护和拓展中华民族生存与发展空间的长远大计，是调整产业结构、合理开发资源、发展高效生态农业的重要举措，是实施扶贫攻坚计划、实现全国农村富裕奔小康目标的重要措施。

近年来，国家对水土流失治理与荒漠化防治等生态环境问题给予高度重视，水土保持作为一项公益性很强的事业，在"十一五"期间，被列为中国生态环境建设的核心内容，这赋予了水土保持事业新的历史使命。作为为水土保持事业培养人才的学科与专业，如何更好地为生态建设事业的发展培养所需的各类人才，是每一个水土保持教育工作者思考的问题。水土保持与荒漠化防治专业是 1958 年在北京林业大学（原北京林学院）创立的，至今在人才培养上已经历了 50 年，全国已有 20 多所高等学校设立了水土保持与荒漠化防治专业，已形成完备的教学体系，但现在必须接受经济全球化的挑战，以适应知识经济时代前进的步伐，找到适合自身发展的途径，培养特色鲜明、竞争力强的高素质本科专业人才。其中之一就是要搞好教材建设。教材是体现教学内容和教学方法的知识载体，是进行教学的基本工具，也是深化教育教学改革，全面推进素质教育，培养创新人才的重要保证。组织全国部分高校编写水土保持与荒漠化防治专业"十一五"规划教材就是推动教学改革与教材建设的重要举措。

由于水土保持与荒漠化防治专业具有综合性强、专业基础知识涉及面广的特点，既需要较深厚的生态学和地理科学的知识基础，又要有工程科学、生态经济学和系统工程学的基本知识和技能。因此，在人才培养计划制定中一直贯彻厚基础、宽口径、多门类、少学时的原则，重点培养学生的专业基本素质和基本技能，这有利于学生根据社会需求和个人意向选择职业，并为学生毕业后在实际工作中继续深造奠定坚实的基础。

本套教材的编写，我们一直遵循理论联系实际的原则，力求适应国内人才培养的需要和全球化发展的新态势，在吸纳国内外最新研究成果的基础上，树立精品意识。精品课程建设是高等学校教学质量与教学改革工程的重要组成部分。本套教材的编写力求为精品课程建设服务，能够催生出一批精品课程。同时，力求将以下理念融入到教材的编写中：一是教育创新理念。即以培养创新意识、创新精神、创新思维、创造力或创新人格等创新素质以及创新人才为目的的教育活动融入其中。二是现代教材观理念。传统的教材观以师、生对教材的"服从"为特征，由此而生成的对教学矛盾的解决方式表现为"灌输式"的教学关系。现代教材观是以教材"服务"师生，即将教材定义为"文本"和"材料"，提供了编者、教师、学生与真理之间的跨越时空的对话，为师生创新提供了舞台。本套教材充分体现了基础性、系统性、实践性、创新性的特色，充分反映了要强化学生的实践能力、创造能力和就业能力的培养目标，以适应水土保持事业的快速发展对人才的新要求。

本套教材不仅是全国高等院校水土保持与荒漠化防治专业教育教学的专业教材，而且也可以作为林业、水利、环境保护等部门及生态学、地理学和水文学等相关专业人员培训及参考用书。为了保证教材的质量，在编写过程中经过专家反复论证，教材编写指导委员会遴选本领域高水平教师承担本套教材的编写任务。

最后，借此机会感谢中国林业出版社和北京林业大学对本套教材编写出版所付出的辛勤劳动，以及各位参与编写的专家和学者对本套教材所付出的心血！

教育部高等学校环境生态类教学指导委员会主任　**朱金兆**　教授
高等学校水土保持与荒漠化防治专业教材编写指导委员会主任　**余新晓**　教授

2008 年 2 月 18 日

《水土保持植物》编写人员

主　编　张光灿　胡海波　王树森
副主编　李会科　刘　霞　史常青
编　委　(以姓氏笔画为序)
　　　　　王树森(内蒙古农业大学)
　　　　　史常青(北京林业大学)
　　　　　刘　霞(山东农业大学)
　　　　　孙居文(山东农业大学)
　　　　　张光灿(山东农业大学)
　　　　　李会科(西北农林科技大学)
　　　　　李红丽(山东农业大学)
　　　　　苏芳莉(沈阳农业大学)
　　　　　陆　燕(南京林业大学)
　　　　　陆晓燕(南京林业大学)
　　　　　罗于洋(内蒙古农业大学)
　　　　　胡海波(南京林业大学)
　　　　　赵小风(西北农林科技大学)
　　　　　康　冰(西北农林科技大学)
　　　　　董　智(山东农业大学)
　　　　　穆丽蔷(东北林业大学)
主　审　贺康宁(北京林业大学)

前 言

进入21世纪以来,为了更好地适应新时期生态环境建设对水土保持人才培养的要求,我国相关高等院校在水土保持人才培养模式转变和教学方法改革方面进行了积极探索,课程体系和课程内容改革及其教材建设是重要的内容。《水土保持植物》是高等学校水土保持与荒漠化防治专业教材编写指导委员会确定的新编教材之一,其编写的主要目的是作为水土保持与荒漠化防治本科专业的专业基础课程,为后续水土保持林草措施和工程绿化措施的理论学习、科学研究和生产实践,奠定相关植物分类知识和资源植物学基础。

本教材由山东农业大学林学院张光灿教授、南京林业大学林学院胡海波教授和内蒙古农业大学王树森副教授任主编,西北农林科技大学李会科副教授、山东农业大学刘霞教授和北京林业大学史常青副教授任副主编。编写工作由山东农业大学、南京林业大学、内蒙古农业大学、西北农林科技大学、北京林业大学、东北林业大学、沈阳农业大学共7所高等院校从事相关教学和科研工作的教师合作完成。

本教材共分7章,各个章节编写分工如下:第1章由张光灿、胡海波编写,第2章由王树森、罗于洋编写,第3章由李会科、史常青、孙居文编写,第4章由李会科、赵小凤、康冰编写,第5章由陆晓燕、陆燕、刘霞、苏芳莉编写,第6章由王树森、穆丽蔷编写,第7章由李红丽、董智、李会科编写。全书由张光灿、王树森统稿。

值此《水土保持植物》教材完稿付印之际,特别感谢北京林业大学贺康宁教授,作为主审对教材的编写大纲和初稿都进行了仔细审阅并提出了宝贵意见。另外,北京林业大学水土保持学院和中国林业出版社对本教材的编写和出版都给予了莫大的关心和支持,在此表示诚挚的感谢。在本教材编写过程中,引用了大量的科技成果、论文、专著和相关教材,因篇幅所限未能一一在参考文献中列出,谨向文献的作者们致以深切的谢意。

限于我们的知识水平和实践经验,书中的缺点、遗漏、甚至谬误在所难免,热切希望各位读者提出宝贵意见,以期本教材内容的不断完善和水平的逐步提高。

编 者
2010.08

目 录

序
前 言

上篇 总 论

第1章 绪论 (3)
  1.1 植物在水土保持中的作用 (3)
  1.2 水土保持植物利用与研究 (4)
  1.3 水土保持植物定义与内容 (5)
  1.4 水土保持植物学习方法 (5)
  1.5 水土保持植物与其他学科关系 (6)

第2章 水土保持植物分类学基础 (8)
  2.1 水土保持植物常用的形态术语 (8)
  2.2 植物分类的理论和方法 (30)
  2.3 植物界基本类群概述 (35)

第3章 水土保持植物特性与生态功能 (43)
  3.1 水土保持植物的生物学特性 (43)
  3.2 水土保持植物的生态学功能 (44)

第4章 水土保持植物资源及其开发保护 (49)
  4.1 我国水土保持植物资源分布 (49)
  4.2 水土保持植物资源价值与保护 (55)
  4.3 水土保持植物资源调查方法 (61)

下篇 各 论

第5章 水土保持乔木植物 (73)
  Ⅰ 常绿乔木植物 (73)
  5.1 油松 (73)
  5.2 樟子松 (74)
  5.3 赤松 (75)
  5.4 黑松 (76)
  5.5 马尾松 (77)
  5.6 杜松 (78)

5.7	圆 柏	(79)
5.8	侧 柏	(80)
5.9	冷 杉	(82)
5.10	柳 杉	(83)
5.11	红豆杉	(84)
5.12	木 荷	(85)
5.13	楠 木	(86)
5.14	樟 树	(87)
5.15	木 莲	(88)
5.16	苦 槠	(89)
5.17	青 冈	(90)

Ⅱ 落叶乔木植物 (91)

5.18	华北落叶松	(91)
5.19	胡 杨	(92)
5.20	山 杨	(93)
5.21	小叶杨	(94)
5.22	新疆杨	(95)
5.23	旱 柳	(96)
5.24	核 桃	(97)
5.25	核桃楸	(98)
5.26	白 桦	(99)
5.27	板 栗	(100)
5.28	麻 栎	(101)
5.29	槲 树	(102)
5.30	蒙古栎	(103)
5.31	白 榆	(104)
5.32	青 檀	(105)
5.33	朴 树	(107)
5.34	大叶朴	(107)
5.35	构 树	(108)
5.36	厚 朴	(109)
5.37	枫 香	(111)
5.38	杜 仲	(112)
5.39	刺 槐	(114)
5.40	黄 檗	(115)
5.41	臭 椿	(116)
5.42	苦 木	(117)
5.43	香 椿	(118)

- 5.44 乌 桕 …………………………………… (119)
- 5.45 黄连木 …………………………………… (121)
- 5.46 漆 树 …………………………………… (122)
- 5.47 五角枫 …………………………………… (124)
- 5.48 栾 树 …………………………………… (125)
- 5.49 蒙 椴 …………………………………… (126)
- 5.50 紫 椴 …………………………………… (127)
- 5.51 沙 枣 …………………………………… (128)
- 5.52 刺 楸 …………………………………… (129)
- 5.53 楤 木 …………………………………… (130)
- 5.54 毛 梾 …………………………………… (131)
- 5.55 柿 树 …………………………………… (132)
- 5.56 君迁子 …………………………………… (133)
- 5.57 白 檀 …………………………………… (134)
- 5.58 大叶白蜡 ………………………………… (135)
- 5.59 绒毛白蜡 ………………………………… (136)
- 5.60 紫丁香 …………………………………… (137)
- 5.61 金银木 …………………………………… (138)
- 5.62 臭 檀 …………………………………… (139)
- 5.63 鹅耳枥 …………………………………… (139)
- 5.64 茅 栗 …………………………………… (140)

第6章 水土保持灌藤植物 (142)

- 6.1 沙地柏 …………………………………… (142)
- 6.2 北沙柳 …………………………………… (143)
- 6.3 黄 柳 …………………………………… (145)
- 6.4 榛 …………………………………………… (146)
- 6.5 虎榛子 …………………………………… (147)
- 6.6 柘 树 …………………………………… (148)
- 6.7 鸡 桑 …………………………………… (149)
- 6.8 沙木蓼 …………………………………… (149)
- 6.9 沙拐枣 …………………………………… (151)
- 6.10 梭 梭 …………………………………… (152)
- 6.11 白梭梭 …………………………………… (154)
- 6.12 垫状驼绒藜 ……………………………… (156)
- 6.13 木 通 …………………………………… (157)
- 6.14 细叶小檗 ………………………………… (158)
- 6.15 北五味子 ………………………………… (159)
- 6.16 溲 疏 …………………………………… (160)

6.17 大花溲疏 (160)
6.18 小花溲疏 (161)
6.19 土庄绣线菊 (162)
6.20 山荆子 (162)
6.21 山楂 (164)
6.22 玫瑰 (165)
6.23 黄刺玫 (166)
6.24 刺梨 (166)
6.25 山杏 (167)
6.26 蒙古扁桃 (168)
6.27 山莓 (169)
6.28 茅莓 (170)
6.29 石楠 (170)
6.30 椤木 (171)
6.31 火棘 (172)
6.32 野皂荚 (173)
6.33 苦豆子 (174)
6.34 沙冬青 (175)
6.35 胡枝子 (176)
6.36 狭叶锦鸡儿 (177)
6.37 柠条锦鸡儿 (178)
6.38 荒漠锦鸡儿 (180)
6.39 紫穗槐 (180)
6.40 葛藤 (182)
6.41 马棘 (183)
6.42 紫藤 (184)
6.43 细枝岩黄芪 (185)
6.44 白刺 (187)
6.45 霸王 (188)
6.46 四合木 (189)
6.47 花椒 (189)
6.48 两面针 (190)
6.49 叶底珠 (191)
6.50 黄栌 (192)
6.51 盐肤木 (193)
6.52 火炬树 (194)
6.53 文冠果 (195)
6.54 酸枣 (197)

6.55 山葡萄 …………………………………… (198)
6.56 蛇葡萄 …………………………………… (199)
6.57 葎叶蛇葡萄 ……………………………… (199)
6.58 柽 柳 …………………………………… (200)
6.59 牛奶子 …………………………………… (201)
6.60 中国沙棘 ………………………………… (202)
6.61 石 榴 …………………………………… (203)
6.62 常春藤 …………………………………… (204)
6.63 连 翘 …………………………………… (205)
6.64 菝 葜 …………………………………… (206)
6.65 黄 荆 …………………………………… (207)
6.66 荆 条 …………………………………… (208)
6.67 枸 杞 …………………………………… (209)
6.68 凌 霄 …………………………………… (210)
6.69 金银花 …………………………………… (211)
6.70 太行铁线莲 ……………………………… (212)
6.71 灌木铁线莲 ……………………………… (213)
6.72 华蔓茶藨子 ……………………………… (214)
6.73 麻叶绣线菊 ……………………………… (214)
6.74 华北绣线菊 ……………………………… (215)
6.75 牛叠肚 …………………………………… (215)
6.76 鼠 李 …………………………………… (216)
6.77 葛 藟 …………………………………… (217)
6.78 中华猕猴桃 ……………………………… (217)
6.79 杠 柳 …………………………………… (218)
6.80 锦带花 …………………………………… (219)

第7章 水土保持草本植物 ……………………… (221)

7.1 地 肤 …………………………………… (221)
7.2 木地肤 …………………………………… (222)
7.3 沙 蓬 …………………………………… (223)
7.4 甘 草 …………………………………… (225)
7.5 紫花苜蓿 ………………………………… (226)
7.6 黄花苜蓿 ………………………………… (228)
7.7 金花菜 …………………………………… (229)
7.8 草木樨 …………………………………… (230)
7.9 草木樨状黄芪 …………………………… (232)
7.10 沙打旺 ………………………………… (233)
7.11 紫云英 ………………………………… (235)

7.12 红三叶草 …………………………………………………… (236)
7.13 白三叶草 …………………………………………………… (238)
7.14 小冠花 ……………………………………………………… (239)
7.15 毛苕子 ……………………………………………………… (241)
7.16 苦马豆 ……………………………………………………… (243)
7.17 黑沙蒿 ……………………………………………………… (244)
7.18 冷 蒿 ……………………………………………………… (245)
7.19 聚合草 ……………………………………………………… (246)
7.20 罗布麻 ……………………………………………………… (248)
7.21 百里香 ……………………………………………………… (250)
7.22 黄 芩 ……………………………………………………… (251)
7.23 芦 苇 ……………………………………………………… (253)
7.24 冰 草 ……………………………………………………… (254)
7.25 拂子茅 ……………………………………………………… (256)
7.26 芨芨草 ……………………………………………………… (257)
7.27 菅 草 ……………………………………………………… (258)
7.28 狗牙根 ……………………………………………………… (259)
7.29 鸭 茅 ……………………………………………………… (261)
7.30 无芒雀麦 …………………………………………………… (263)
7.31 老芒麦 ……………………………………………………… (264)
7.32 垂穗披碱草 ………………………………………………… (265)
7.33 羊 草 ……………………………………………………… (267)
7.34 苇状羊茅 …………………………………………………… (268)
7.35 碱茅草 ……………………………………………………… (269)
7.36 星星草 ……………………………………………………… (270)
7.37 大米草 ……………………………………………………… (272)
7.38 龙须草 ……………………………………………………… (273)
7.39 虎尾草 ……………………………………………………… (275)
7.40 狗尾草 ……………………………………………………… (276)
7.41 寸苔草 ……………………………………………………… (277)

参考文献 …………………………………………………………… (279)

上篇 总论

第1章 绪论

1.1 植物在水土保持中的作用

我国是世界上水土流失最严重的国家之一。新中国成立前，由于长期战乱，我国水土保持工作基础非常薄弱；新中国成立后，党中央及国务院十分重视水土保持工作，将水土保持作为我国必须长期坚持的一项基本国策。水土保持是指在水土流失地区，采用生物和工程等措施，合理利用当地水土资源，提高土地生产力，充分发挥水土资源的生态效益、经济效益和社会效益，来防治水土流失的工作。在水土保持的各项措施中，生物措施是最主要的措施之一，也是治理水土流失最根本的措施。而水土保持植物是生物措施所使用的基本材料。

在自然条件下，许多植物根深叶茂、侧根多，不但耐干旱、耐水湿和瘠薄的土壤条件，而且植物生长迅速、能够很快郁闭覆盖地表、固土防风、抗冲刷性强。通过使用具以上特点的植物进行植树造林和植被恢复，可以有效地改善水土流失区的立地条件，有效地控制水土流失。这些植物就称为水土保持植物。

在水土保持工作中，水土保持植物对水土流失地区生态环境的改善是多方面的，林木的树冠和枯枝落叶层对降雨具有截留作用，可以有效地减少雨滴对土壤的击溅作用。植物根系网络还能够固持土壤、改良土壤养分输入与循环、增加土壤有机质、防止土壤侵蚀，从而大大改善水土流失区的土壤条件。另外，在水土流失区营造大面积的植被还可以改善小气候、增加空气湿度、调节气温、减少土壤蒸发，极大地改善当地恶劣的气候条件。此外，营造的植被还具有削减洪峰、涵养水源、增加生物多样性等作用。

在水土保持工作中，要充分发挥植物多样性的作用，最大限度地控制水土流失。实际工作中，我们通常要求适地适树，采用不同树种搭配、乔灌草相结合来综合治理水土流失。为什么要采用不同植物搭配呢？主要是单一种类的植物功能结构简单，群落功能差，当发生病虫害时，常常导致大面积植物死亡，从而影响到水土流失治理效果。而乔灌草合理搭配，能够有效改善和充分利用地上地下空间，形成复杂的空间结构和有利于其他生物生存的条件，最大程度地截留降雨、固持土壤，从而有效地保持水土、改善当地的生态环境条件。

1.2 水土保持植物利用与研究

1.2.1 我国水土保持植物利用历史

我国人民很早就开始保护与开发利用植物来改善生存条件和发展经济。4 000 多年前的远古时代，轩辕皇帝种植的柏树现在仍然屹立在陕西黄帝陵轩辕庙。大禹也曾发布禁令："春三月山林不登斧，以成草木之长。"《孟子》中说："五亩之宅，树之以桑，五十者可以衣帛矣。"《史记·货殖列传》里载："安邑千树枣；燕、秦千树栗；蜀、汉、江陵千树橘……此其人皆与千户侯等。"这些都是早期人们保护、栽植和利用植物的生动记载。

历史上，水土保持植物的记载以行道树与堤岸防护林居多。我国从周代就开始官方种植行道树，根据记载，"官道"两旁被要求栽种"官树"，并设有属官专司管理这些行道树。到了秦代，秦始皇在修建全国的交通干道时规定，"道广五十步，三丈而树，厚筑其外，隐以金椎，树以青松"。到了唐代，唐太宗李世民曾传旨："驿道栽柳以荫行旅。"清朝后期的光绪二年（公元 1876 年），左宗棠率领湘军出征新疆时，在途中，见所经道路满目荒凉，士兵在烈日炙烤下行军非常艰苦，路面受雨水风沙侵蚀破损严重，极大程度影响行军速度和粮草运输。于是下令，沿途栽种行道树柳树四十余万株。当公元 1880 年左宗棠胜利东归时，沿途已是"连绵数千里，绿如帷幄"。

种植堤岸防护林在历史上也被广为记载。隋帝在开凿通济渠时，在大堤两岸栽种垂柳。另外，在贯通南北的大运河两岸也种上柳树，并御笔以己姓赐柳树姓"杨"，"杨柳"一名由此而来。唐代，柳州刺史柳宗元曾亲手栽植许多柳树于江边，他在《种柳戏题嘲》诗中云："柳州柳刺史，种柳柳江边。"而且还总结出植树十六字经验："植木之性，其本欲舒，其培欲平，其土欲故，其筑欲密。"宋太祖提出"课民种树"，夹河两岸广植柳、榆护堤。北宋大文豪苏东坡在杭州任太守时，大力治理西湖，率军民挖西湖淤泥筑成长堤，堤上种上杨柳、芙蓉，始有"西湖八景"之一的"苏堤春晓"。清代乾隆也是位重视绿化的君主，曾总结二十字的植柳护堤的经验："堤柳宜护理，宜内不宜外。内则根盘结，御浪堤弗败。"

1.2.2 水土保持植物研究发展趋势

随着我国水土保持事业的飞速发展和科学研究的不断进步，水土保持植物的数量不断增加、种植模式不断改进，取得了很大的成绩。从未来的发展趋势看，水土保持植物将在以下领域中得到进一步的发展。

第一，随着水土保持治理范围的不断扩大和面临的问题的不断增多，水土保持植物种类将进一步增多。

第二，人们已经认识到使用单一水土保持植物进行治理存在的缺陷，开始采用混交模式和乔灌草相结合的方法治理水土流失。但是在结构模式方面还有许多潜在的研究领域，未来将在这方面取得更多的成果。

第三，水土保持机理已经研究很多，以前主要侧重于植物的生理、生态学方面，植物根系抗拉性等力学方面以及植物化学等方面的研究刚刚开始受到重视，今后在这方面也将越来越受到重视。

1.3 水土保持植物定义与内容

水土保持植物就是研究水土保持植物的科学，在自然界，多数植物具有一定的水土保持功能，而水土保持植物通常要求枝叶稠密、主根和侧根发达，耐干旱、耐水湿、耐土壤瘠薄，对土壤适应性广的特点，这类植物通常生长迅速、抗冲刷性强，能够很快郁闭覆盖地表、固土防风。过去，水土保持植物主要集中在乔木、灌木类型，目前，随着相关研究的深入，草本和地衣等其他植物类型也开始受到重视。

本书包括总论、各论两个部分。其中总论主要介绍了植物分类学的一些基础知识、水土保持植物的生物学特性和生态学习特性以及其资源开发与保护等方面内容，学生在这一部分能够学习到水土保持植物的一些基础知识，并对水土保持植物有全面而系统的了解。各论部分从常绿乔木、落叶乔木、灌木、草本植物等方面分别介绍常见的水土保持植物名称、形态特征、分布与习性、水土保持功能、资源利用价值和繁殖栽培技术，使学生对我国南北方主要的水土流失区和风沙区的水土保持植物有一个全面系统的认识。

1.4 水土保持植物学习方法

水土保持植物涉及的植物多，形态术语多，拉丁名难记，初学者往往感觉到学习起来非常困难，因此，在学习中要重视水土保持植物的学习方法。

第一，和其他课程一样，培养学习兴趣是非常重要的。要加强学生的专业教育，使学生认识到水土保持植物对以后开展水土保持工作的重要意义。另外，在讲授中把书本的理论知识和丰富生动的水土保持植物联系起来，提高学生学习的积极性。

第二，重视基本概念。在各论部分，植物形态描述涉及很多难懂的形态术语。因此，在学习具体植物之前，一定要加强植物分类基础关于形态术语部分的学习，要对植物的性状、茎、枝、叶、花、果实不同类型名称的含义要深入理解，举一反三。

第三，要理论联系实际，在授课中多使用多媒体教学，为学生提供丰富的植物图片资料，提高学生对水土保持植物的感性认识。要经常开展现场教学、实验，并利用野外实习和调查的机会加深学生对水土保持植物的形态特征及其在水土保持中功能的认识。

学习是个日积月累的过程，要有持之以恒的精神，水土保持植物涉及植物学、植物分类学、树木学、水土保持学、防护林学、水土保持工程学、荒漠化防治工程学等多个学科，更需要在学习中坚持严谨、认真、勤奋的态度，只有这样才能学好水土保持植物这门课程。

1.5　水土保持植物与其他学科关系

水土保持植物是一门综合性学科，与植物学、气象学、土壤学、水土保持学等学科有紧密的联系。

(1) 与植物学的关系

植物学是一门研究植物形态解剖、生长发育、生理生态、系统进化、分类以及与人类关系的综合性科学。而水土保持植物主要是研究水土保持植物形态特征及其生理生态学特性等内容的一门学科。学习好植物学这门课程，可以为学好水土保持植物提供所需的基础知识。

(2) 与气象学的关系

气象学是研究大气中物理现象和物理过程及其变化规律的科学。植物具有地域性，这除了与土壤条件有密切关系外，与当地的气象条件密不可分，降雨量等气象因子制约了植物的分布区域。因此，加强对气象学的认识和了解，可以为水土流失区栽植植物的选择和做到适地适树提供理论依据。

(3) 与土壤学的关系

土壤学主要是研究土壤的物理、化学和生物学特性、发生和演变，分类和分布，肥力特征，以及开发利用改良和保护的学科。水土保持植物通常生长在干旱贫瘠的土壤上，研究水土流失区的土壤特性，可以为选择适合栽植的植物提供依据。另外，通过评价治理后的土壤结构特性、水肥特性等土壤要素，可以为评价水土保持植物对水土流失区的治理效果提供标准。

(4) 与水土保持学的关系

水土保持学主要是研究在水土流失区，通过工程措施和生物措施，提高土地生产力，改善生态环境，防止水土流失的学科。而其中生物措施主要使用的就是水土保持植物，通过弄清水土保持植物的生物、生态学特性及其在水土保持工作中的重要作用，可以极大地丰富水土保持学的内容，促进水土保持学科的发展。

除此之外，水土保持植物作为水土保持学科的一个重要分支，与水土保持工程学、水土保持经济学、防护林学、土壤侵蚀学也有着密不可分的关系。

本章小结

本章主要介绍了水土保持植物的定义，论述了中国利用水土保持植物的历史与发展趋势，说明了水土保持植物的学习方法以及与本专业其他课程的相互关系，通过本课程的学习，可以对水土保持植物有一个全面系统的了解。

思 考 题

1. 水土保持植物有什么特点?
2. 水土保持工作中为什么要重视植物多样性?
3. 水土保持植物与哪些学科有密切关系?

第 2 章
水土保持植物分类学基础

2.1 水土保持植物常用的形态术语

形态术语是学习植物分类的基础。只有熟练掌握和运用植物的形态术语，才能通过水土保持植物的形态特征，认识和鉴别这些植物的种类。本章通过对植物的基本类型、根、茎、叶、花、花序、果实等部位的形态术语的学习，掌握水土保持常用植物的主要形态特征类型，为进一步学习不同类型水土保持植物打下良好的基础。

2.1.1 基本术语

2.1.1.1 按植物性状划分

（1）木本植物

寿命较长、茎较坚硬、木质化程度高的植物称为木本植物。木本植物可分为乔木、灌木和半灌木 3 大类。其中，乔木的植株比较高大，主干粗大而明显，分枝部位距地面较高，通常 3~5m 以上，如油松、旱柳等。灌木的植株比较矮小，主干不明显，通常由基部分枝，如紫穗槐、锦鸡儿等。而半灌木通常比灌木矮小，高一般不到 1m，这类植物的茎基部近地面处木质化、多年生，上部的茎呈草质，开花后枯死，许多蒿属植物属于半灌木。

（2）草本植物

草本植物的茎通常柔软、木质化程度较低。根据生活期的长短，草本植物可分为 1 年生、2 年生、多年生草本以及短命植物。其中 1 年生草本的生活周期较短，在一年内完成，如沙蓬与虫实等。2 年生草本的生活周期为两年，第一年生长，第二年开花结实，如独行菜。而多年生草本具有可生活多年的地下部分，每年春天发芽生长，如芦苇、紫花苜蓿等。此外，在荒漠地区通常分布有一些植物，这些植物的种子在短暂的降雨期或早春融雪期能够迅速萌发生长，在 1~2 个月内完成开花结实，然后枯死，这些植物被称为短命植物，如荒漠庭荠等。

（3）藤本植物

一些草本或木本植物，茎细长柔软，自身不能直立生长，只能缠绕或攀缘其他植物或者物体向上生长，这些植物被称为藤本植物，如葡萄、南蛇藤等。根据茎的木质化程度，藤本植物又可分为木质藤本和草质藤本。

2.1.1.2 按植物对水分的需求量和依赖程度划分

(1) 旱生植物

生长在干旱环境中，能长期耐受干旱环境，且能维护水分平衡和正常的生长发育的植物。这类植物在形态或生理上有多种多样的适应干旱环境的特征，多分布在荒漠区。旱生植物根据形态可分为：

①肉质旱生植物　这类植物茎叶肥厚，内有贮水的薄壁组织，表皮角质厚，气孔少，蒸腾强度极小，如仙人掌、猪毛菜等。

②硬叶旱生植物　这类植物茎叶的机械组织极发达，不致因大量失水而体形萎缩，表皮角质厚，气孔多深陷于叶背的凹穴或沟槽中，并有毛或蜡质围绕，以防止水分蒸腾，如沙枣。禾草类的硬叶常卷成筒状，如针茅、羽茅等。

③软叶旱生植物　这类植物虽然叶片有程度不等的旱生结构，但较柔软，与中生植物的叶相似。土壤水分较多的季节中，它的蒸腾作用甚至超过中生植物。在缺水季节以落叶来适应，如绵刺等。

④小叶或无叶植物　这类植物幼茎表面绿色，可以进行光合作用，叶退化变小，甚至消失，以减少叶面蒸腾，如梭梭、沙拐枣、麻黄等。

(2) 中生植物

介于旱生植物和湿生植物之间，不能忍受严重干旱或长期水涝，只能在水分条件适中的生境中生活的植物。该类植物具有一套完整的保持水分平衡的结构和功能，其根系和输导组织比较发达，能抗御短期的干旱，叶片中有细胞间隙，没有完整的通气系统，不能长期在水涝环境中生活，是陆地上种类最多、分布最广、数量最大的植物，陆地上绝大部分植物皆属此类，如杨树、槐树、马尾松等。

(3) 湿生植物

生长在潮湿环境中，不能忍受较长时间水分不足的植物类型。是抗旱能力最弱的陆生植物，如莎草类植物。

(4) 水生植物

所有生活在水中植物的总称，如荷花、睡莲等。

2.1.2 根

根通常分布在地下，是由植物种子幼胚的胚根发育而成的，向土中生长，并具有支持植物体的地上部分和吸取土壤中的水分和营养作用的器官。在形态上，根与茎不同，根不分节，通常情况下不形成芽。

2.1.2.1 根的类型

根据根的来源不同，根可分为定根和不定根。定根是胚根形成的，它根据形态和产生的次序的不同又可以分为主根、侧根。其中，种子萌发时，最先突破种皮的胚根所形成的根称为主根，这些根通常粗大而直立向下。主根上生出的各级大小支根称为侧根。杨树、松树通常具有明显的主根和侧根。与定根不同，不定根不是由胚根形成的根，而是由茎、叶或者老根形成的通常没有固定的位置根，例如，白刺等沙生植物，在被沙埋后，在茎上会产生不定根(图2-1)。

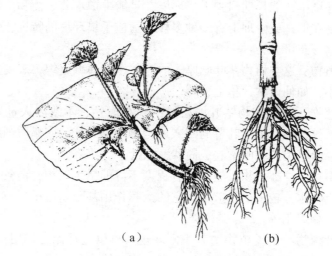

图2-1 不定根(引自许鸿川，2008)
(a)叶上生出的不定根 (b)茎节上生出的不定根

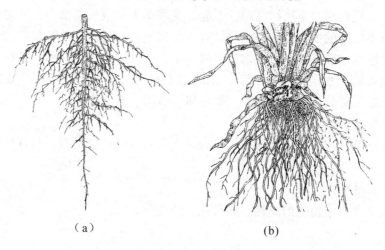

图2-2 根系类型(引自金银根，2010)
(a)直根系 (b)须根系

2.1.2.2 根系的类型

(1) 直根系

由明显的垂直向下生长的主根以及各级侧根构成的根系。一般主根发达，入土较深，而各级侧根较小。大多数双子叶植物属于这种类型[图2-2(a)]。

(2) 须根系

没有明显的主根，全部由须根及其产生的侧根形成，或者全部由不定根组成的根系。须根系主根不发达，根的粗细长短相似，入土较浅，呈丛生状态。大多数单子叶植物属于这种类型[图2-2(b)]。

2.1.2.3 根的变态

一些植物由于长期适应特定的环境条件，根系或它的一部分形态和生理功能发生了显著的可以遗传的变异，称为根的变态。它是一种正常的生理现象。常见的根的变态有地下的贮藏根和地上的气生根。

（1）贮藏根

主要是适应于贮藏大量营养物质的变态根，在农业生产中作为收获器官，有的还可兼作再生产用的"种子"。其共同特点是：外观肥大、肉质，富含碳水化合物等营养物质；结构以大量薄壁组织为主，维管分子散生其间；贮藏物用于植株的开花结实或作为营养繁殖、萌生新植株的营养源。根据来源将其分为肉质直根和块根两种(图2-3)。

①肉质直根 由下胚轴和主根基部发育而成的，具有贮藏养分和繁殖等功能的肉质肥大的根称为肉质直根，如萝卜、胡萝卜、甜菜、甘草、黄芪等的根。肉质直根的下部生有数列侧根，这些侧根具有正常的结构。

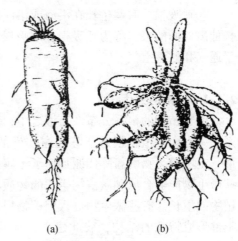

图2-3 贮藏根(引自贺学礼2001；王全喜，张小平，2004)
(a)肉质直根 (b)块根

②块根 由不定根或侧根的近地表部分经增粗生长而形成的肉质根，多呈块状，称为块根，如甘薯、木薯和何首乌等的根。块根上、下部分的根具有正常的结构。

（2）气生根

露出地面，生长在空气中的根，称为气生根。根据担负的生理功能不同气生根分为支持根、攀缘根、呼吸根等(图2-4)。

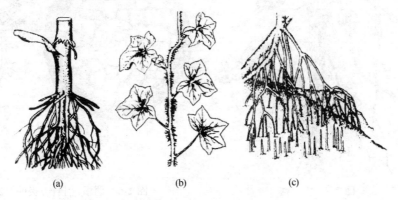

图2-4 气生根(引自许鸿川，2008)
(a)支持根 (b)攀缘根 (c)呼吸根

①支持根　一些具浅根系而植株又较高大的草本植物，在拔节后抽穗前，近地面的几个节上可产生几层气生的不定根。作向地性生长而入土，并在土内产生侧根，有支持植株的特殊作用，称为支持根，它兼有吸收、输导等作用。这类根较粗壮，表皮细胞角质化程度较高，并有硅质化，表面还产生黏液；皮层中厚壁组织发达，细胞中有色素，阳光照射后使根呈紫色。这类植物支持根发育不良时，植株遇大风易倒伏。

②攀缘根　一些藤本植物，从茎的一侧产生许多顶端扁平、且常分泌黏液，易于攀缘于物体表面的不定根，称为攀缘根。

③呼吸根　有些生长在沿海或沼泽地带的植物，如红树等植物，能够产生向上生长伸出地面的根，称为呼吸根。呼吸根表面有呼吸孔，根内有发达的通气组织，有利于通气和贮存空气。

2.1.2.4　根的共生

由于植物的根系分布在土壤之中，因此，它与土壤中的各种微生物有着密切的关系。一方面，植物根系新陈代谢产生的分泌物，常常是微生物的营养来源；另一方面，土壤微生物的新陈代谢加速了土壤的养分的分解，有利于植物对养分的吸收，一些微生物能够合成刺激植物生长的物质和植物所需要的营养物质，促进根系的发育和植物的生长。有些微生物侵入到植物根系中，导致植物病害，而另一些微生物能够在根部形成特殊的结构，彼此建立互利共存的关系，称为共生。常见的共生有根瘤和菌根。

（1）根瘤

固氮细菌或放线菌等微生物侵入植物根部细胞而形成的瘤状结构。如豆科植物、胡颓子属和早熟禾属等属植物的根，都有根瘤，这些根瘤能够固定空气中游离氮，促进植物生长，提高土壤肥力(图2-5)。

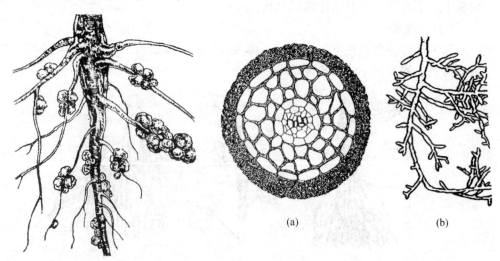

图2-5　根　瘤
(引自王全喜，张小平，2004)

图2-6　菌根(引自方炎明，2006)
(a)菌根横切面　(b)菌根外形

(2) 菌根

高等植物根部与某些真菌的共生体。真菌可以从宿主的根系中吸收所需要的养分，同时，真菌的分泌物能够促进土壤中无机养分的释放，并且把自身吸收来的水分和无机盐提供给植物使用。此外，真菌产生的激素、维生素等物质能够刺激根系发育，促进植物生长。有些具有菌根的树种，如松、栎等，如果缺乏菌根会生长不良。因此，在播种或造林时，可以提前在土壤中接种需要的真菌或真菌拌种，以利于植物根系的发育，促进树木的生长(图2-6)。

2.1.3 茎枝

茎是种子萌发时，其胚芽向上生长，在地面上形成的中轴。茎端和叶腋内的芽萌发生长，形成分枝，枝上新形成的芽再形成新的枝条，依此类推，最后形成庞大的地上茎枝体系。茎主要具有支持和输导的生理功能，此外还具有贮藏、繁殖和光合等作用。

2.1.3.1 茎的主要类型

根据茎的生长习性，可分为(图2-7)：

①直立茎　垂直于地面的茎。

②匍匐茎　平卧于地面，但节部生有不定根的茎。

③攀缘茎　以卷须、小根、吸盘等变态器官攀缘于它物上升的茎。

④缠绕茎　细长柔软缠绕于它物而向上生长的茎。

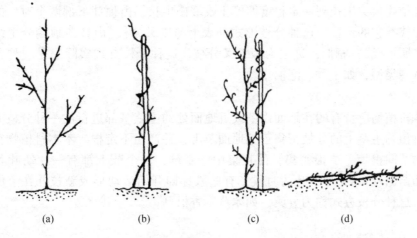

图2-7　茎的主要类型(引自王全喜，张小平，2004)
(a)直立茎　(b)缠绕茎　(c)攀缘茎　(d)匍匐茎

2.1.3.2 茎的分枝方式

茎的分枝是普遍现象，能够增加植物的体积，充分地利用阳光和外界物质，有利繁殖新后代。分枝的方式，决定于顶芽和腋芽的生长关系，具有一定规律，主要分为单轴分枝、合轴分枝、假二叉分枝(图2-8)和分蘖4种类型。

(1) 单轴分枝

具有明显主轴的一种分枝方式，这类植物的主茎顶芽的活动始终占优势，使植物体保持一个明显的直立主轴，侧枝的生长一直处于劣势，较不发达，使植物形态呈锥体或塔形。这种分枝方式又称为总状分枝，如油松，侧柏，杨树。

(2) 合轴分枝

主轴不明显的一种分枝方式，这类植物主茎在生长中，顶芽生长迟缓，或很早枯萎，或分

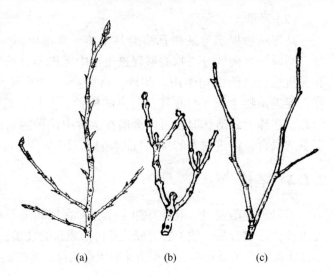

图2-8 茎的分枝方式(引自王全喜, 张小平, 2004)
(a)单轴分枝 (b)假二叉分枝 (c)合轴分枝

化为花芽，顶芽下面的腋芽迅速开展，代替顶芽的作用，如此反复交替进行，成为主干。合轴分枝的节间一般较短，可多开花、多结果，在果树栽培上是一种丰产的分枝形式，如山杏、酸枣、榆、柳。

(3) 假二叉分枝

这类植物顶芽生长到一定程度即停止或缓慢生长，由顶芽下部两个对生的侧芽继续生长而代替它的位置，这种分枝形式外表上与二叉分枝(由枝条顶端分生组织本身分裂为二所形成的)相似，称之为假二叉分枝。这种分枝方式实际上是一种合轴分枝方式的特殊类型，如丁香、泡桐。

(4) 分蘖

禾本科植物所特有的在地面以下或近地面处的主茎基部进行的一种分枝方式，是指禾本科植物主茎上的分枝密集于近地面节上，并产生不定根。禾本科植物在生长初期，茎的节间很短，节很密集，而且集中于基部，每个节上都有一片幼叶和一个腋芽，当幼苗出现4~5片幼叶的时候，有些腋芽即开始活动形成新枝并在节位上产生不定根，这种分枝方式称为分蘖，如冰草、香根草。

2.1.3.3 茎的变态

茎的变态类型很多，按所处位置可分为地下茎的变态与地上茎的变态两大类。

(1) 地下茎的变态

一些植物的部分茎和枝条生长于土壤中，变为贮藏或营养繁殖器官，称为地下茎。地下茎的形态结构常发生明显的变化，但仍保留有枝条的一些基本特征，如节、芽等，常见的变态有根状茎、块茎、球茎等(图2-9)。

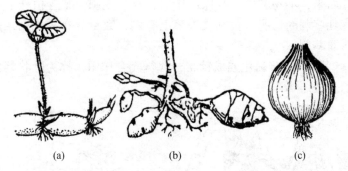

图 2-9　地下茎的变态(引自王全喜，张小平，2004)
(a)根状茎　(b)块茎　(c)鳞茎

①根状茎　根状茎是指蔓生于土壤，具有明显的节与节间，节上有小而退化的非绿色的鳞片叶，叶腋中的腋芽或顶芽可形成背地性直立的地上枝，同时在节上产生不定根。常见于禾本科植物，如针茅、芦苇和冰草等。根状茎贮有丰富的营养物质，可存活一年至多年，繁殖能力很强，若因耕犁等外力被切断时，茎段上的腋芽仍可发育为新株，故禾本科植物的杂草不易铲除。

②块茎　块茎为节间缩短、膨大的变态茎，形状多不规则，顶端有顶芽，四周有许多芽眼作螺旋状排列。芽眼着生处为节。幼时芽眼下方有鳞片叶，每个芽眼内有几个芽，相当于腋芽和侧芽，如马铃薯、半夏、天麻等植物。马铃薯块茎是由植株基部叶腋长出来的匍匐枝，顶端入土后经过特殊增粗生长而形成的块茎时，匍匐枝髓部的薄壁细胞恢复分裂，髓的体积大大增加，将维管束环向外推移，随后皮层、木薄壁组织、韧皮薄壁组织也恢复分裂活动，共同产生大量的薄壁细胞，构成块茎的大部分，其细胞中主要内含物为淀粉粒，有时也有蛋白质晶体形成。同时，表皮和皮层的最外层细胞变为木栓形成层，进行分裂活动，产生周皮和皮孔，覆盖于块茎之外。

③鳞茎　鳞茎是一种节间缩短、着生肉质或膜质变态叶的地下茎，常见于单子叶植物中，如沙葱、大蒜、百合等。将洋葱鳞茎纵切，可见一个扁平的、节间短缩的茎位于中央，称为鳞茎盘，其上的顶芽将来发育成花序，四周肉质的鳞片叶，层层包围鳞茎盘，贮有大量营养物质，最外围还有几片膜质鳞片叶保护，叶腋有腋芽，鳞茎盘下端可以产生不定根。大蒜的茎的基部变态为鳞茎盘，其上的腋芽发育膨大而成子鳞茎，即食用的蒜瓣。

(2)地上茎的变态

①肉质茎　肉质茎是肉质肥大多汁的变态茎，如仙人掌。仙人掌类植物的肉质茎有球状、块状、多棱柱等形状，富贮水分和营养物质，并具叶绿体，可进行光合作用，茎上有变为刺状的变态叶(图 2-10)。

②茎卷须　南蛇藤、葡萄等藤本植物的一部分枝变为卷须甚至还有分支，称茎卷须。卷须的机械组织和输导组织不发达，主要由薄壁组织组成。幼茎卷须有敏锐的感受力，在接触支撑物数分钟内作出卷曲、缠绕生长的反应。老时便失去卷曲反应能力。

③茎刺　沙枣、鼠李、杜梨、山楂和皂荚等植物的一部分枝常变为刺，生于叶

腋，由腋芽发育而来，不易剥落，具保护作用，称为茎刺。梨等植株上可看到着生叶与花的小枝过渡到茎刺的情况。黄刺玫等茎上有刺，数量分布无规则，是茎表的突出物，称为皮刺而非茎刺。

④叶状茎(叶状枝)　茎扁化或成针状，代行光合作用，称为叶状茎，如天门冬的枝条和沙拐枣的幼枝。

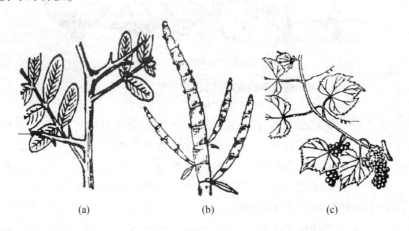

图 2-10　地上茎的变态(引自王全喜，张小平，2004)
(a)茎刺　(b)叶状茎　(c)茎卷须

2.1.4　芽

2.1.4.1　芽的基本结构

植物体上所有枝条、叶和花(花序)都是由芽发育来的，因此，芽是枝条、叶或花(花序)的原始体。就由种子萌发所长成的植株而言，胚芽是植物体的第一个芽，主茎是由胚芽发育来的。在以后的生长过程中，由主茎上的腋芽继续生长形成侧枝，侧枝上形成的腋芽又继续生长，反复分枝形成庞大的分枝系统。芽的基本结构包括生长锥、叶原基、腋芽原基或花部原基，均属于顶端分生组织，将来分别发育出叶片、枝和花或花序，形成新的枝叶或花。它们是植物体中最幼嫩的部位，面对复杂多变的气候环境，也是最容易受到伤害的部位。芽的外面有幼叶或苞片、芽鳞等包被着，使其免遭风吹、雨淋、日晒及一些生物的侵害。当低温、干旱等外界环境条件不利于植物生长时，芽则以休眠的状态来避开不良环境的危害。

2.1.4.2　芽的类型

按照芽生长的位置、性质、结构、着生方式和生理状态，可将芽分为下列几种类型(图 2-11)。

(1)定芽和不定芽

这是根据生长位置划分的。定芽生长在枝上一定位置，生长在枝条顶端的称顶芽，生长在枝的侧面叶腋内的称侧芽，也称腋芽。此外，还有些芽不是生于枝顶或叶腋，而是由老茎、根、叶或创伤部位产生的，这些在植物体上没有固定着生部位的芽称为不定芽。如刺槐和杨树根上长的芽。生产上常利用植物能产生不定芽这一特性进行营养繁殖。

(2) 叶芽、花芽和混合芽

芽根据发育后所形成的器官不同，可分为花芽、叶芽和混合芽3种类型(图2-11)。叶芽是植物营养生长期所形成的芽，是未发育的营养枝的原始体。从纵切面上看，茎尖上部节与节间的距离很近，界限不明，周围有许多叶原基和腋芽原基的突出物，以后分别发育为叶片和枝条。在茎尖下部，节与节间开始分化，叶原基发育为幼叶，把茎尖包围着，这就是叶芽的一般结构。当植物从营养生长转入生殖生长时，即开始形成花芽。花芽是花或花序的原始体，外观常较叶芽肥大，内含花或花序各部分的原基。有些植物还具有一种既有叶原基和腋芽原基，又有花部原基的芽，称为混合芽，外观上也比叶芽肥大，将来发育为枝、叶和花(或花序)。如一些种类的白蜡的芽即为混合芽。

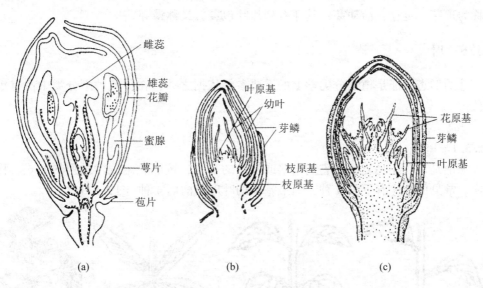

图2-11　叶芽、花芽和混合芽(引自王全喜，张小平，2004)
(a)花芽　(b)叶芽　(c)混合芽

(3) 裸芽和鳞芽

这是根据芽有无保护结构划分的。外面没有芽鳞片保护的芽称为裸芽，而具有芽鳞片保护的芽称为鳞芽。裸芽多见于草本植物，尤其是1年生植物。生长在热带和亚热带潮湿环境下的木本植物也常形成裸芽。而生长在温带的木本植物的芽大多为鳞芽，如新疆杨与油松；只有少数温带树种具有裸芽，如枫杨和胡桃雄花芽。

(4) 叠生芽、并列芽和柄下芽

根据芽的着生方式，芽可划分为叠生芽、并列芽和柄下芽。在一个节上长有若干个芽，彼此重叠，称之为叠生芽，如胡桃。位于叠生芽最下方的一个芽称为正芽，其他的芽为副芽。在一个节上长有若干个芽，彼此并列，称之为并列芽。如山杏的叶腋有3个芽并生，中央一个芽称正芽，两侧的芽称副芽。有的芽着生在叶柄下方，并为其基部延伸的部分覆盖，叶柄若不脱落，即看不见芽，这种芽称为柄下芽，如槐树和刺槐等植物。

(5) 活动芽和休眠芽

这是根据芽的生理活动状态划分的。通常认为能在当年生长季节中萌发形成新枝、叶、花或花序的芽称为活动芽。一般一年生草本植物当年所产生的多数芽都是活动芽。在生长季节里，温带的多年生木本植物上的芽，通常是顶芽和距离顶芽较近的腋芽萌发，而大部分靠近下部的腋芽往往是不活动的，暂时保持休眠状态，这种芽称为休眠芽。在秋末生长季结束时，温带和寒带的植物所有的芽都进入长达数月的季节性休眠。有些多年生植物，其休眠芽长期潜伏，不活动，这种长期保持休眠状态的芽，也称为潜伏芽。只有在植株受到创伤或虫害时，潜伏芽才打破休眠，开始萌发形成新枝。

一个具体的芽，由于分类依据不同，可给予不同的名称。如山杨主茎顶端的芽，可称为顶芽、定芽、活动芽；其芽有鳞片叶包裹，又称鳞芽。

2.1.5 叶

叶的形态特征是植物分类学上的重要参考依据之一，在种及种下分类中占有重要地位。

2.1.5.1 叶序

无论是单叶还是复叶，它们在茎或枝条的节上，按照一定规律排列的方式，称为叶序。常见的叶序有下列 5 种，但最基本的叶序是前面 4 种(图 2-12)。

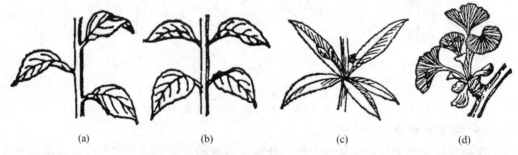

图 2-12 花序类型(引自王全喜，张小平，2004)
(a)互生　(b)对生　(c)轮生　(d)簇生

(1) 互生

互生是指茎或枝条的每个节上只着生 1 枚叶，如榆树、杨树、悬铃木、臭椿、甘草等。

(2) 对生

对生是指茎或枝条的每个节上相对着生 2 枚叶，如丁香、雪柳、益母草等。当上下相邻的两个节上的对生叶着生方向互相垂直，称作交互对生，如唇形科植物。有些植物的枝条上本来是交互对生的叶序，由于枝条的水平伸展，所有叶柄发生了扭曲，使得叶片排在同一平面上呈二列状。

(3) 轮生

轮生是指在茎或枝条的同一个节上有 3 枚或 3 枚以上的叶着生，如杜松等。

(4) 簇生

簇生是指多枚叶以互生叶序密集着生于枝条的顶端或多枚叶以互生叶序着生于极度缩短的短枝上，如华北落叶松、小檗和银杏等。

(5) 基生

基生是指多枚叶以互生或对生叶序密集着生于茎基部或近地表的短茎上，如沙葱、车前和蒲公英等。许多具有鳞茎的植物，大多是属于基生叶序。

2.1.5.2 叶的类型

根据叶柄的上端叶片数量，可将叶分为单叶和复叶两大类型。单叶是指一个叶柄上只着生 1 枚叶片的叶，如杨树和榆树等。禾本科植物的叶是较为特殊的单叶，主要由叶片和叶鞘两部分组成。

复叶是指一个叶柄上着生两片或两片以上的叶。复叶的小叶通常排列在同一平面上；落叶时小叶先脱落，最后叶轴脱落。复叶的小叶数目变化很大，有的只有 1 枚小叶，称作单身复叶，如柑橘。有的仅有 2 枚小叶，如霸王。有的具有 3 枚小叶，形成三出复叶，通常有 2 种不同类型，当 3 枚小叶共同生于叶轴顶端，称作掌状三出复叶，如牛叠肚；当 3 枚小叶中的 2 枚在叶轴的近顶端对生，另 1 枚着生在叶轴的最上端，称作羽状三出复叶，如草木樨。复叶具 4 枚小叶的植物在自然界中少见，在双子叶植物中，小叶数目 5 枚和 5 枚以上的复叶很常见，也大致分为两类，所有小叶着生叶轴顶端的为掌状复叶如蛇葡萄；小叶着生叶轴两侧呈羽毛状的为羽状复叶。根据叶轴顶端是否着生小叶，分别为奇数羽状复叶或偶数羽状复叶。例如，小叶锦鸡儿属植物的叶为偶数羽状复叶，而黄刺玫的叶为奇数羽状复叶。复叶的叶轴分枝情况也比较复杂，当叶轴不分枝时，称为一回复叶，如刺槐；当叶轴按照一定规律分枝一次时称为二回复叶，依此类推(图 2-13)。

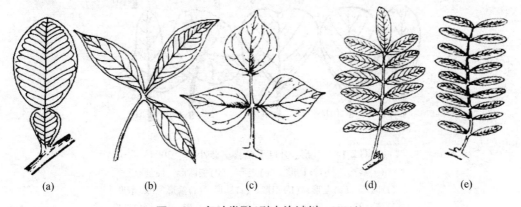

图 2-13　复叶类型(引自许鸿川，2008)

(a)单身复叶　(b)掌状三出复叶　(c)羽状三出复叶　(d)奇数羽状复叶　(e)偶数羽状复叶

2.1.5.3 叶片的形态特征

(1) 叶形

叶形是指叶片的形状,由叶片的长宽比和叶片的最宽处的位置所决定的。例如,长比宽大 1.5~2 倍,最宽处在叶片近基部的叶,称为卵形叶。如果最宽处在叶片的近上部的叶,则称为倒卵形叶。叶片的形状多种多样,有卵形、披针形、条形、椭圆形和针形等(图2-14)。

不仅叶片的形状是个相当稳定的特征,而且叶片的先端(叶尖)、叶片的基部(叶基)和叶片的四周边缘(叶缘)部分也是稳定的性状。植物的叶尖有不同的类型,如锐

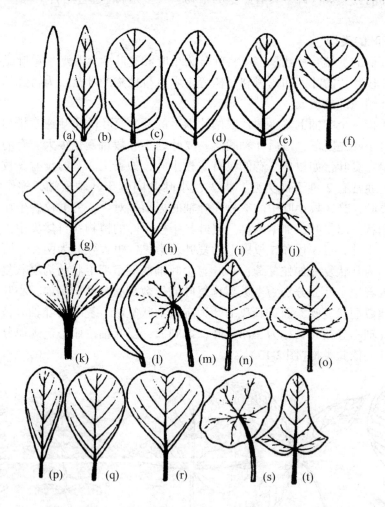

图 2-14 叶形(引自王全喜,张小平,2004)
(a)线形 (b)披针形 (c)矩形 (d)椭圆形 (e)卵形
(f)圆形 (g)菱形 (h)楔形 (i)匙形 (j)箭形 (k)扇形
(l)镰刀形 (m)肾形 (n)正三角形 (o)心形 (p)倒披针形
(q)倒卵形 (r)倒心形 (s)盾形 (t)戟形

尖、渐尖、急尖、尾尖和钝尖等类型。叶片的基部绝大多数是左右对称的，但有少数植物的叶基是歪斜的，例如，桦木科的许多植物。叶基的形态，常见的有楔形、圆形、心形、耳形和截形等。某些植物的叶由于无叶柄，叶基向前延伸抱茎，并且左右愈合，形成了穿茎的叶基，如莎草科植物。

（2）叶缘

叶缘是指叶片的边缘。根据叶缘的完整程度和侧脉延伸情况，可把叶缘分为全缘的、波状的、锯齿的、钝齿的和牙齿的，以及浅裂的、深裂的和全裂的等类型(图2-15)。

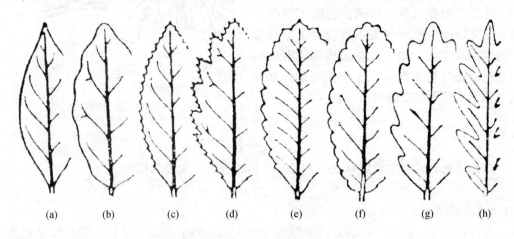

图 2-15　叶缘(引自许鸿川，2008)
(a)全缘　(b)波状　(c)锯齿状　(d)重锯齿　(e)齿状　(f)钝齿　(g)浅裂　(h)深裂

（3）脉序

在叶片上分布着粗细不同的维管束，称叶脉，位居叶片中央最大的为中脉或者主脉，从中脉上发出的分支称为侧脉，其余从侧脉上发出的分支称为细脉。

叶脉在叶片上的分布方式称为脉序。脉序一般分为网状脉序和平行脉序两种类型(图2-16)。网状脉序是指细脉连接成明显的网状，是双子叶植物叶脉的特征。根据侧脉的分布方式，网状脉序又分为羽状脉序和掌状脉序。羽状脉序如榆树，掌状脉序如五角枫。平行脉序是指侧脉大致相互平行，自叶基发出到叶尖汇合或不汇合，虽然侧脉间有细脉相连，但不形成网状结构，是单子叶植物叶脉的主要特征。

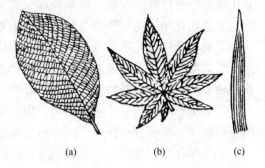

图 2-16　叶脉(引自许鸿川，2008)
(a)羽状脉　(b)掌状脉　(c)平行脉

2.1.5.4　叶的变态

为了适应不同的环境条件，植物的叶片有些时候会发生变态。常见的类型有(图2-17)：

(1) 鳞叶

鳞叶是指鳞片或肉质肥厚的变态叶。一般有3类：杨树和柳树等鳞芽外具保护作用的芽鳞片，针茅等变态器官上退化的鳞叶或鳞片，沙葱等鳞茎上的肉质、具贮藏作用的鳞叶。

(2) 叶刺

叶子变为刺状称为叶刺，它既可保护自身，又可以减少水分散失以适应于干旱环境下的生存和生活，如仙人掌属植物。有的植物的刺由托叶转变而来，称作托叶刺，如锦鸡儿和刺槐叶柄基部的刺。

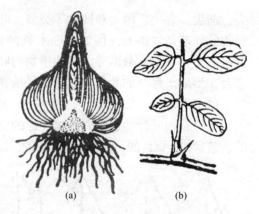

图 2-17　叶的变态(引自王全喜，张小平，2004)
(a)鳞叶　(b)叶刺

2.1.6　花

花是植物繁殖的主要器官之一，是被子植物分类最主要的依据。

2.1.6.1　花序

花可以单生，或按一定的方式和顺序排列于花序轴上形成花序。一般在每朵花的基部形成一个小的苞片，有些植物的花序其苞片位于花序的最下方，密集组成总苞。根据花序轴的分枝方式和开花顺序，将花序分为无限花序和有限花序两大类。

(1) 无限花序

无限花序的开花顺序是花序轴基部的花先开，然后向上依次开放，或者由外围向中心开放，花序轴能较长时间保持顶端生长能力，又称为向心花序。无限花序的生长分化属单轴分枝式的性质。这类花序又常分为以下几种类型：

①总状花序　花序轴较长，由下而上着生近等长花柄的两性花，如刺槐。

②穗状花序　花序轴较长，其上着生许多无柄的两性花，如车前等。

③柔荑花序　花序轴上着生许多无柄或具短柄的单性花，通常雌花序轴直立，雄花序轴柔软下垂，开花后，一般整个花序一起脱落，如杨、柳等。

④伞房花序　与总状花序相似，但花柄不等长，基部花的花柄较长，越接近顶部的花柄越短，各花分布在近于同一水平面上，如山楂。

⑤伞形花序　花序轴短缩，花柄近等长，各花自轴顶生出，花序如伞状，如沙葱等。

⑥头状花序　花序轴缩短呈球形或盘形，上面密生许多近无柄或无柄的花，苞片常聚成总苞，生于花序基部，如油蒿。

⑦圆锥花序　圆锥花序又称复总状花序，花序轴的分枝排列成总状，每一分枝相当于一个总状花序，如白蜡。

此外，还有复伞房花序、复伞形花序、复穗状花序等类型(图 2-18)。

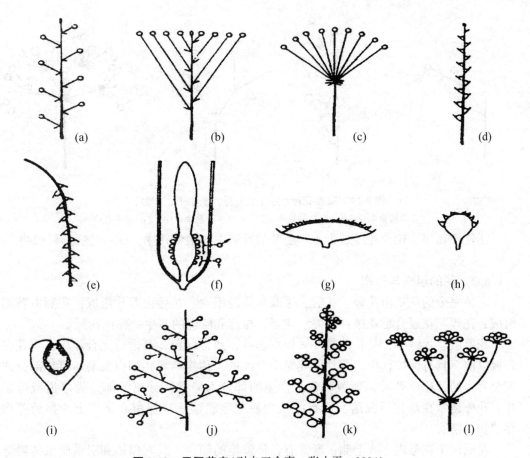

图 2-18 无限花序(引自王全喜,张小平,2004)
(a)总状花序 (b)伞房花序 (c)伞形花序 (d)穗状花序 (e)柔荑花序 (f)肉穗花序
(g)、(h)头状花序 (i)隐头花序 (j)圆锥花序 (k)复穗状花序 (l)复伞形花序

(2)有限花序

有限花序的开花顺序是顶端花先开,基部花后开;或者是中心花先开,侧边花后开,花序轴顶端较早丧失生长能力,不能继续向上生长,故又称离心花序,也常称为聚伞类花序。有限花序的生长属合轴分枝式。这类花序通常包括以下类型(图2-19):

①单歧聚伞花序　单歧聚伞花序是花序轴顶端先生一花,然后在顶花下的一侧形成分枝,继而分枝的顶端又形成一朵花,其下方再进行二次分枝,依此类推依次开花。如果各次分枝是左右相间长出,整个花序左右对称,称为蝎尾状聚伞花序,如委陵菜、鸢尾;如果各次分枝都从同一侧长出,最后整个花序成为卷曲状,称为镰状聚伞花序或卷伞花序,如附地菜、聚合草等。

②二歧聚伞花序　二歧聚伞花序的顶花先形成,然后在其下方两侧同时形成一对分枝。各分枝再依次在其下方两侧同时形成一对分枝,如此反复,如大叶黄杨。

③多歧聚伞花序　多歧聚伞花序顶花下同时形成3个以上分枝,各分枝再以同样方式进行分枝,如榆、藜等。

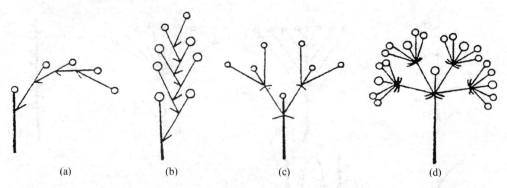

图 2-19　有限花序(引自王全喜,张小平,2004)
(a)单歧聚伞花序　(b)二歧聚伞花序　(c)多歧聚伞花序　(d)轮伞花序

④轮伞花序　轮伞花序是生于对生叶的叶腋中的聚伞花序,如一些唇形科植物。

2.1.6.2　花的组成与形态

一朵完全的花是由花萼、花冠、雄蕊和雌蕊组成。花萼由萼片组成;花冠由花瓣组成;花萼与花冠合称花被;花萼、花冠、雄蕊和雌蕊的着生处称作花托。

花萼由萼片组成,是花的最外一层变态叶,通常绿色,可进行光合作用,当花在开放以前,具有保护作用。萼片彼此完全分离的,称作离萼,如白头翁。萼片部分或完全合生的,称作合萼,如黄刺玫。合生的部分为萼筒,分离的部分为萼齿或萼裂片。花萼通常在开花后脱落,但有些植物的花萼能够一直保留在果实上,称为萼宿存,如山楂。

花冠位于花萼内方或上侧,通常有各种鲜艳的颜色,具有保护和引诱昆虫传粉等作用。花瓣完全分离的称作离瓣花冠;其花瓣上宽大的部分称作瓣片,下端狭长的部分称作瓣爪。花瓣部分或全部合成的,称作合瓣花冠,合瓣花冠的连合部分称作冠筒(冠管),分离的部分称作花冠裂片。有些植物还具有副花冠。

(1)根据花的组成划分

①完全花　花萼、花冠、雄蕊、雌蕊四部分均具备的花,如锦鸡儿、槐树。

②不完全花　花的4个组成部分中缺少其中1~3个部分的花,如杨树雌花缺雄蕊和花被,而桑树花缺花瓣、雄蕊或雌蕊。

(2)根据雌蕊与雄蕊的状况划分

①两性花　一朵花中有正常发育的雄蕊和雌蕊,称为两性花,如黄刺玫。

②单性花　一朵花中,只有雄蕊或者雌蕊的花。如果一朵花中,既有雄蕊又有雌蕊,但二者之中只有其一能正常发育的,也称单性花。在单性花中,雄蕊能正常发育的称作雄花,雌蕊能正常发育的称作雌花。雌花和雄花在同一植株上的称作雌雄同株,雌花和雄花分别生在不同植株上的称作雌雄异株,如杨柳。

(3)依花被的情况划分

①双被花　一朵花既有花萼又有花冠,如柽柳。

②单被花　一朵花有花萼而无花冠,如桑。

③裸花(无被花) 一朵花中花冠和花萼均缺失,如杨柳等柔荑花序类植物。

此外,一些栽培的花灌木中,一朵花有2至多轮的花瓣,称为重瓣花。

(4)根据花被的排列划分

①辐射对称花 一朵花的花被片大小、形状相似,排列整齐,通过花心可以作出2个以上的切面把花分成相似的2个部分,如山杏、黄刺玫。

②左右对称花 一朵花的花被片大小、形状不同,通过花心只能作出1个切面把花分成左右相等的两个部分,如槐树。

2.1.6.3 花冠类型

花冠的形态多种多样,根据花瓣数目、形状及离合状态,以及花冠筒的长短、花冠裂片的形态等特点,通常分为下列主要类型(图2-20):

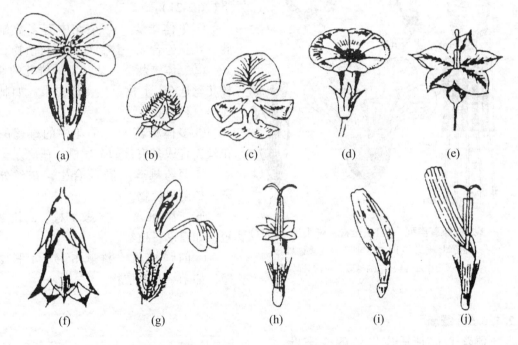

图2-20 花冠类型(引自王全喜,张小平,2004)
(a)十字形花冠 (b)、(c)蝶形花冠 (d)漏斗状花冠 (e)轮状花冠
(f)钟状花冠 (g)唇形花冠 (h)筒状花冠 (i)、(j)舌状花冠

①十字形花冠 由4个花瓣两两相对呈十字形,如独行菜等十字花科植物。

②蔷薇形花冠 花瓣5,彼此分离,有瓣片和瓣爪之分,如黄刺玫等蔷薇科植物。

③蝶形花冠 花瓣5片,排列成蝶形,最上一瓣称旗瓣;两侧的两瓣称翼瓣,为旗瓣所覆盖,且常比旗瓣小;最下两瓣位于翼瓣之间,其下缘常稍合生,称龙骨瓣。如槐树、花棒、苦豆子等豆科植物。

④漏斗状花冠 花冠下部呈筒状,并由基部渐渐向上扩大成漏斗状,如刺旋花等旋花科植物。

⑤钟状花冠　花冠筒宽而短，上部扩大成一钟形，如泡桐和桔梗。

⑥唇形花冠　花冠略成二唇形，如夏至草等唇形科植物。

⑦筒状花冠　花冠大部分成一管状或圆筒状，花冠裂片向上伸展，如向日葵花序的盘花。

⑧舌状花冠　花冠基部成一短筒，上面向一边张开成扁平舌状，如蒲公英等菊科的舌状花亚科植物。

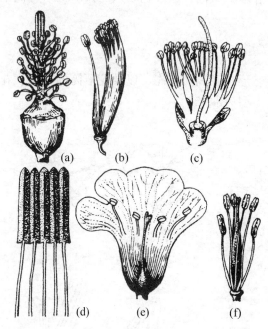

2.1.6.4　雄蕊类型

雄蕊是花的雄性器官，由花丝和花药组成。雄蕊的数目和形态类型常随植物不同而变化很大。主要类型如下（图2-21）：

①单体雄蕊　一朵花中有多数雄蕊，花丝连合成一体，如锦葵科植物。

②二体雄蕊　一朵花中的雄蕊的9枚花丝连合，1枚单生，成二束，如刺槐等豆科植物。

③多体雄蕊　一朵花中的雄蕊的花丝连合成多束，如金丝桃、蓖麻。

④聚药雄蕊　花药合生，花丝分离，如菊科植物。

⑤二强雄蕊　雄蕊4枚，2长2短，如唇形科植物。

⑥四强雄蕊　雄蕊6枚，4长2短，如十字花科植物。

图2-21　雄蕊类型（引自王全喜，张小平，2004）

(a)单体雄蕊　(b)二体雄蕊　(c)多体雄蕊
(d)聚药雄蕊　(e)二强雄蕊　(f)四强雄蕊

2.1.6.5　雌蕊

雌蕊心皮是适应生殖的变态叶，由一个心皮向内卷合或数个心皮边缘互相连合而形成的，是构成雌蕊的基本单位（图2-22）。心皮边缘相合处为腹缝线，心皮中央相当于叶片中脉的部位为背缝线。由一个心皮构成的雌蕊，称为单雌蕊，如山杏；一朵花中具有多个心皮，各个心皮均独立存在，各自形成一个雌蕊，称为离生单雌蕊，如铁线莲等毛茛科植物；一朵花中由2个或2个以上的心皮连合而成的雌蕊，称为复雌蕊，又称合心皮雌蕊，如杨树。

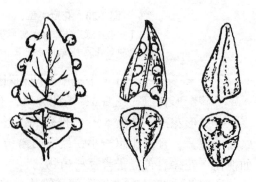

图2-22　心皮形成雌蕊的示意图
（引自方炎明，2006）

(1) 子房

子房是雌蕊基部的膨大部分，着生于花托上，因为它与花的花萼、花冠、雄蕊群的相对位置不同而划分为以下 3 类(图 2-23)：

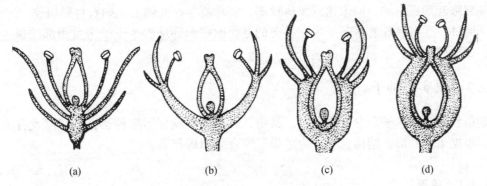

图 2-23 子房类型(引自王全喜，张小平，2004)
(a)上位子房，下位花 (b)上位子房，周位花 (c)半下位子房 (d)下位子房

①上位子房 雌蕊的子房仅以底部连生于花托顶端。花的其他组分的生长情况则有两种：一种是花萼、花冠、雄蕊群着生于子房下方，称为上位子房下位花，如黄刺玫、槐树等；另一种是花萼、花冠、雄蕊群下部愈合成杯状花筒，它们仍生于子房下方，但上部各自分离环绕于子房周围，称为上位子房周位花，如桃。

②半下位子房 子房下半部陷生于花托中，并与其愈合，子房的上半部及花柱、柱头独立，花萼、花冠、雄蕊群环绕子房四周而着生于花托边缘，称为半下位子房，这种花则为周位花，如小叶金银花。

③下位子房 子房全部陷生于深杯状的花托或花筒中。并与它们的内侧相愈合，仅柱头和花柱外露，花萼、花冠、雄蕊群着生于子房以上的花托或花筒边缘，称为下位子房，如山楂。

(2) 胎座的类型

在子房内，着生胚珠的部位称为胎座。根据心皮的合生状况，胚珠的数目和连接情况以及胚珠着生的部位等不同，主要分为以下几种类型(图 2-24)：

①边缘胎座 单雌蕊，子房一室，胚珠着生于心皮的腹缝线上，如槐树等豆科植物。

②中轴胎座 复雌蕊，数个心皮边缘内卷，在子房中央汇合成隔，将子房分为数室，胚珠着生于中央交汇处的中轴

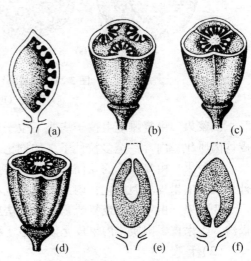

图 2-24 胎座的类型(引自王全喜，张小平，2004)
(a)边缘胎座 (b)侧膜胎座 (c)中轴胎座
(d)特立中央胎座 (e)顶生胎座 (f)基生胎座

上,如山楂。

③侧膜胎座 复雌蕊,子房一室或假数室,胚珠着生于心皮边缘相连的腹缝线上,如杨树。

④特立中央胎座 复雌蕊,子房的分隔消失成为一室,或不完全数子房,子房腔的基部隆起形成中轴,但未达到子房顶部,胚珠着生在此轴上,如石竹科植物。

此外,还有胚珠着生于子房室基部的基生胎座和胚珠着生于子房室顶部的顶生胎座,如榆树。

2.1.7 果实和种子

植物开花后,子房发育成果实,其中,胚珠受精发育形成种子,子房壁发育成果皮。根据果实的形态结构,可分为单果、聚合果和聚花果。

2.1.7.1 单果

单果是单心皮雌蕊或合生心皮雌蕊所发育成的果实。根据果皮及其附属部分成熟时的质地和结构,可分为肉质果与干果。

(1) 肉质果

果实成熟后,果皮或其他组成果实的部分肉质多汁称为肉果。进一步可分为(图2-25):

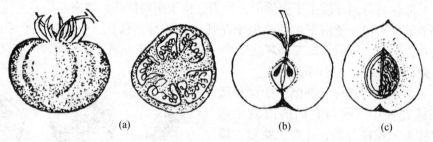

图 2-25 肉质果(引自金银根,2006)
(a)浆果 (b)梨果 (c)核果

①浆果 由复雌蕊上位子房或下位子房发育而来,其外果皮膜质,中果皮、内果皮均肉质化,内含一至多粒种子。如枸杞、沙棘和白刺等植物的果实。

②梨果 由复雌蕊的花筒和下位子房愈合而形成的肉质假果,花筒形成的果壁与外果皮及中果皮均肉质化,内果皮纸质或革质化,如山楂、梨和苹果等。

③核果 由单雌蕊或复雌蕊上位子房或下位子房发育而来,种子常1粒,外果皮极薄,中果皮多肉质,内果皮坚硬,包于种子之外,如山杏和核桃等植物。

(2) 干果

干果是指成熟时果皮干燥的一类果实,其中果实成熟后果皮干燥开裂的有以下几种类型(图2-26):

①荚果 由单雌蕊发育而成,成熟时果皮沿背缝线和腹缝线两侧开裂,如柠条等豆科植物,但也有少数是不开裂的,如槐树。

②蓇葖果　由单雌蕊发育而成的果实，成熟时沿背缝线或腹缝线一边开裂，如绣线菊属植物。

③角果　2个心皮形成的复雌蕊发育成的果实，果实中央有一片侧膜胎座向内延伸形成的假隔膜，成熟时沿腹缝线处开裂。分为长角果和短角果。如十字花科植物。

④蒴果　由复雌蕊形成的果实，成熟时有室背开裂、室间开裂、孔裂和盖裂等裂开方式，如文冠果。

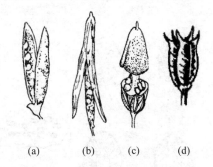

图 2-26　干果果皮开裂（引自金银根，2006）
(a)荚果　(b)角果　(c)蒴果　(d)蓇葖果

有些果实成熟后果皮不裂开，具体可分为下列几种类型（图 2-27）：

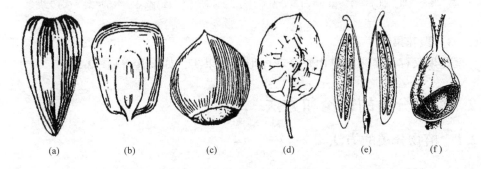

图 2-27　干果果皮不开裂（引自金银根，2006）
(a)瘦果　(b)颖果　(c)坚果　(d)翅果　(e)双悬果　(f)胞果

①瘦果　由 1~3 心皮组成，果皮坚硬。成熟时只含 1 粒种子，果皮与种皮分离，如向日葵。

②颖果　由 2 或 3 心皮合生为一室。内含 1 粒种子，但果皮与种皮愈合难以分离，如老芒麦等禾本科植物。

③坚果　由复雌蕊发育而成，果皮坚硬，内含 1 粒种子，如核桃。

④翅果　属瘦果性质的果实，但果皮形成翅而有利于风媒传播，如榆树、槭树和白蜡等植物的果实。

⑤双悬果　由两心皮组成的复雌蕊发育而成，成熟时沿中轴分开，悬挂于中央果柄上端的心皮柄之上，果皮干燥，如防风等伞形科植物。

⑥胞果　由合生心皮雌蕊形成的果实，具种子 1 枚，成熟时果皮干燥而不开裂，果皮薄而疏松地包围种子，极易与种子分离，如藜、滨藜、地肤。

2.1.7.2　聚合果

聚合果是由具有离心皮雌蕊的花发育而成，许多小果聚生在花托上。聚合果根据小果本身的性质不同而分为聚合瘦果和聚合蓇葖果等类型（图 2-28）。

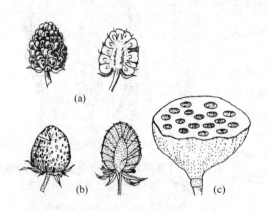

图 2-28 聚合果(引自金银根,2006)
(a)聚合核果 (b)聚合瘦果 (c)聚合坚果

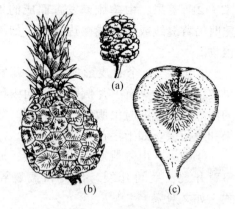

图 2-29 聚花果(引自金银根,2006)
(a)桑葚 (b)凤梨 (c)无花果

2.1.7.3 聚花果

聚花果又称为复果,是由整个花序形成的果实,如桑葚等(图 2-29)。

2.2 植物分类的理论和方法

2.2.1 植物分类的方法

目前自然界中有约 50 余万种植物,人类要想利用植物,改造植物,必须首先充分认识植物和人们的关系。在植物分类学的发展过程中,植物分类的方法大致分为两类:一种是人们根据植物的一个或几个特点来作为分类的标准,而不考虑植物的自然性质,也没有考察植物彼此间的亲疏关系和在系统发育中的地位进行分类的方法,称为人为分类法。如在我国明朝李时珍所著的《本草纲目》一书中,根据植物的外部形态及用途,将植物分为草、木、谷、果、菜 5 个部。而瑞典的植物分类学家林奈,根据有花植物雄蕊的有无及数目情况,将植物分为 24 个纲。另一种是自然分类法,它是按照植物间在形态、结构、生理上相似的程度判断其亲缘关系的远近,再将它们分门别类进行划分,这样形成的分类体系又称为自然分类系统。按自然分类方法来分类,可以看出各种植物在分类系统上所处的位置,以及和其他植物在关系上的亲疏,是一种比人为分类法更加科学的分类方法。目前,广为人们所接受、采纳的自然分类系统有哈钦松分类系统和恩格勒分类系统等。随着科学的发展,已有许多学科作为分类的辅助性手段,如解剖学、胚胎学、孢粉学、细胞学、数学、化学,不断地渗透到分类中,使分类的方法更加全面、更加完善。

2.2.2 植物分类的等级

为了将植物界进行分门别类,就要把它们按形态相似的程度和亲缘关系的远近,划分为若干类群,大类群下设中类群,中类群下再设小类群,依此类推,至种为止,形成多种分类等级。

2.2.2.1 植物分类的等级

植物分类有一系列的分类等级，即界、门、纲、目、科、属、种。种是分类等级中的基本单位，同种植物有共同的形态特征，然后，将彼此在形态特征、亲缘关系相近的种合并形成属，再把近似的属合并为科，依次类推，再集合成目、纲、门，最后归于植物界，界是植物分类中的最高等级。在每一分类等级内，如果种类繁多，也可再细分为亚门、亚纲、亚目、亚科和亚属。有的科除亚科以外，还设有族和亚族；属下除亚属外还设有组或派和系等等级。

2.2.2.2 种及其以下等级

种是植物分类的基本单位。对种的认识现在还没有完全统一的意见。但一般认为种是具有一般形态和生理特征，有一定自然分布范围的植物类群，同种个体间能进行有性繁殖，但一般不能与其他种进行生殖结合，即使结合，也不能产生具有生殖能力的后代。

根据《国际植物命名法则》的规定，在种下可以设亚种、变种和变型等等级。其中一般认为亚种是一个种内的变异类群，形态上有所区别，在分布、生态或季节上有所隔离。而变种是种内某些个体在形态上有所变异，而且比较稳定，分布范围比亚种要小的多。变型也有形态变异，但分不出有一定的分布区，而是零星分布的个体。

此外，还有品种，它只用于栽培植物，是人类经过长期培育选择而形成的经济形状和生物学特性符合人类要求的类型。

2.2.3 植物的命名

植物种类繁多，不同的国家、不同的地区，人们对植物起了各种名称。于是，某些同种植物便有许多名称，而许多不同种却有相同的名称。这种名称上的混乱现象，给人们造成在识别植物、利用植物以及交流经验等方面造成极大的障碍。为了避免这种混乱，有必要给每一种植物制定统一使用的科学名称，并建立国际上统一的植物命名法则。

命名是植物分类学的内容之一。每个种都有一个符合要求的、国际通用的名称，即拉丁学名。命名方法采用通常所说的双名法。《国际植物命名法规》规定，用双名法对每一种植物进行命名，第一个词是属名，为名词，第二个词是种加词（种名），常为形容词或名词第二格，种加词后为命名人的姓；如果种下还有亚种、变种等等级，还要加上亚种或变种加词，并在亚种或变种加词上加上亚种或变种的缩写词，即为三名法。属名第一字母要大写，命名人的姓如果超过1~2个音节通常要缩写，有些植物是两个人共同命名的，则在2人姓之间加"et"，如果命名多于2人，则可用"et al."表示。有时2个命名人的姓中间加"ex"这表示前一人是该种的命名人，但未公开发表，后一人著文代他公开发表了这个种。有时命名人的姓名后加"f."，为filia、filius的缩写，表示该种为某分类学家的子女命名。

《国际植物命名法规》是全世界植物分类学者在对植物进行命名时必须遵守的法

则，只有遵守这些法则，对植物的命名才是正确有效的。法规除了限定对植物采用双名法命名外，还有以下一些规则：

①每一种植物只有一个合法的拉丁学名。如果有二个或二个以上拉丁学名的话，应以最早发表的、并按《国际植物命名法规》正确命名的学名为其合法学名，其余为异名或废弃名。

②一种植物的合法拉丁学名必须正式发表，并有拉丁文描述。

③基本异名。一种植物经过调整后列入另一属中，但种加词不变时，则原来的拉丁学名为基本异名。在调整后要把基本异名的命名人的姓加括号。

④对科及科以下的各级新类群的发表，必须指明其命名模式，才算有效。新科应指明模式属；新属应指明模式种，新种（或种以下分类群）应指定模式标本，用作新种描述、命名和绘图之用，这种新标本又称作主模式标本、全模式标本或模式标本。与主模式标本同号的复份标本，称作同号模式标本。

2.2.4 植物的鉴定

鉴定植物就是要确定某种植物是属于什么分类群及该植物名称的过程。通常是根据通过植物标本的形态特征，查阅植物志等工具书或文献资料中的检索表，再对照相应植物的描述以及图片资料，也可参考有关专家鉴定过的植物标本，以确保作出正确的植物鉴定。

如果不知道被鉴定植物标本属于哪科、哪属，就得查分科检索表，查到科以后再查分属检索表，然后再查分种检索表。

植物检索表是根据植物某几个对立的形态特征将一群植物分为两类，再在每一类中找出相对立的特征继续分为两小类，依此类推，最后分出科、属、种。检索表的形式通常有两种：

（1）定距式检索表

在检索表中，对立的形态特征前面有相同的编号，编号的左侧保持相同的距离，下一组对立的特征要接着编号，并向右退一格，以便成为阶梯式。该检索表是最常用的检索表，又称阶梯式检索表。例如，内蒙古松科松属分种采用定距式检索表如下：

```
1. 叶鞘宿存，针叶 2 针一束。
  2. 针叶长 6.5~15cm，不扭曲；种鳞的鳞盾肥厚隆起或微隆起，横脊较钝，扁菱形或菱状多
     角形，鳞脐有短刺，不脱落·····················1. 油松 Pinus tabuliformis
  2. 针叶长 4~9cm，扭曲；种鳞的鳞盾显著隆起向后反曲或不反曲，有锐脊，斜方形或多角
     形，鳞脐小，有易脱落的短刺·····················2. 樟子松 P. sylvestris var. mongolica
1. 叶鞘早落，针叶 3~5 针一束。
  3. 针叶 3 针一束；种鳞的鳞脐背生，有短刺·····················3. 白皮松 P. bungeana
  3. 针叶 5 针一束；种鳞的鳞脐顶生，无刺。
    4. 小枝有密毛；球果较小，长 4~8cm，径 2.5~4.5cm。
      5. 针叶长 6~10cm，径 1~1.2(1.4)mm，树脂道 3 或 2，中生；种鳞的鳞盾疏生短毛
         乔木·····················4. 西伯利亚红松 P. sibirica
```

  5. 针叶长 4~6cm，稀 8.3cm，径约 1mm；树脂道 2，边生；种鳞的鳞盾无毛；灌木 ………………………………………………………………………………………… 5. 偃松 *P. pumila*
  4. 小枝无毛，球果大，长 10~15cm，径 5~8cm …………………… 6. 华山松 *P. armandii*

这种检索表查找时一目了然，非常方便，但如果在检索表中所包含的种类较多时，则左侧会出现较大的空白，造成篇幅上的浪费。

（2）平行式检索表

在检索表中对立的形态特征标号相同，紧靠在一起。所有编号在同一位置，在每一标号后的形态特征叙述完后写出植物名或另一编号，如为编号，则按所编号继续往下查。例如，内蒙古松科松属分种采用平行式检索表如下。

1. 叶鞘宿存，针叶 2 针一束 ……………………………………………………………… 2
1. 叶鞘早落，针叶 3~5 针一束 …………………………………………………………… 3
2. 针叶长 6.5~15cm，不扭曲；种鳞的鳞盾肥厚隆起或微隆起，横脊较钝，扁菱形或菱状多角形，鳞脐有短刺，不脱落 ………………………………………… 1. 油松 *Pinus tabuliformis*
2. 针叶长 4~9cm，扭曲；种鳞的鳞盾显著隆起向后反曲或不反曲，有锐脊，斜方形或多角形，鳞脐小，有易脱落的短刺 …………………………… 2. 樟子松 *P. sylvestris* var. *mongolica*
3. 针叶 3 针一束；种鳞的鳞脐背生，有短刺 ……………………………… 3. 白皮松 *P. bungeana*
3. 针叶 5 针一束；种鳞的鳞脐顶生，无刺 ………………………………………………… 4
4. 小枝有密毛；球果较小，长 4~8cm，径 2.5~4.5cm …………………………………… 5
4. 小枝无毛，球果大，长 10~15cm，径 5~8cm …………………… 6. 华山松 *P. armandii*
5. 针叶长 6~10cm，径 1~1.2(1.4)mm；树脂道 3 或 2，中生；种鳞的鳞盾疏生短毛；乔木 ……………………………………………………………… 4. 西伯利亚红松 *P. sibirica*
5. 针叶长 4~6cm，稀 8.3cm，径约 1mm；树脂道 2，边生；种鳞的鳞盾无毛；灌木 ……………………………………………………………………………… 5. 偃松 *P. pumila*

2.2.5 植物标本的采集与压制

  标本是研究植物分类必不可少的实物材料。主要用于研究、教学、陈列展览和交换。在我国进行的标本采集的历史较短，外国人来中国采集植物标本最早的是波兰传教士博伊姆 M. Boym，他于 1643 年和 1656 年两次来中国的贵州、云南采集过标本。英国医生库宁汉 J. Cunningham，他于 1701 年在华东采集了 600 余种植物标本。中国人采集植物标本始于 1905 年，黄以仁采集的标本全部送往日本。1905 年京师大学堂在北京百花山采集的标本尚存。随着科学技术的发展，采集、制作和保管标本的工具与方法已经有了很多改进，但传统的方法仍在使用。根据标本的制作与保存方式，大致可将标本分为干制标本和液浸标本两大类。下面介绍一下干制标本的采集、压制和制作方法。

2.2.5.1 植物标本采集需要准备的工具

  ①压制标本的标本夹及吸水标本纸 标本夹常用木质板条钉制而成，长宽通常为 45cm×30cm，并配有背带，以便于野外携带。标本纸比标本夹略小一点，折好后放在

夹内。

②采集筒或塑料袋　由铁皮制成椭圆形长筒,有一个可扣住的盖,两头各钉一钉,穿以宽带。或者使用较大的塑料袋,在沙区采集时,塑料袋更为适用,既轻便,又可以多装。

③铁铲、镐头、枝剪和高枝剪。

④标签、野外记录本。

⑤海拔仪和 GPS 等。

2.2.5.2　植物标本的采集与压制

(1) 标本采集

采集植物标本,一般是在晴天进行,采集的标本容易压干。受露水或雨水淋湿的植物不容易风干,且标本容易变黑甚至腐烂,因此,应尽量避免采集。在采集和选择植物标本时应注意以下几个方面:

第一,采集草本植物时,应采集整个植物体。包括根或地下茎的变态部分,这样既能反映是 1 年生植物还是多年生植物,又能反映出地下部分的形态特征。在地上部分除要求具有茎叶等器官以外,尽量采集有花、果等器官的植物体,这对于植物鉴定具有重要意义。

第二,采集木本植物时,应在植株上采取带叶的花枝或果枝及一小块树皮等。有些乔木先开花后展叶的,采集标本时就应分别在开花期和叶片展开之后两个时期进行。对于雌雄异株的植物,如杨和柳,必须同时采集雌株和雄株的标本。

第三,对于一些寄生植物的采集,必须连寄主一起采集,如寄生于其他植物的根部,则同寄主的根一并采上,如寄生在寄主茎上的则可连同茎、叶一起采集,并在记录本上作详细记录。

第四,每一份植物标本的采集都应有一份野外记录和小标签。一般在动手采集前先作好记录,然后再采集。记录本上的编号必须与标本上挂的小标签一致。

第五,完整的野外记录是鉴定植物标本的重要依据。这是因为野外记录一方面是可以记载被采集植物的产地的环境条件,如海拔高度、地理位置、土壤类型、生态环境、植被类型等,另一方面又可以补充标本所不能反映出来的那些特点,如树冠形状、花果颜色(标本压干后其花果颜色常发生改变)、植物体的气味以及是否有乳汁和有色浆汁。

(2) 标本压制

对植物标本进行登记和挂上标签后,即可马上进行压制。压制时把植物标本放入标本纸内,每两份标本纸之间通常只放一份标本,很小的标本可放 3~4 份,浆汁多的标本应多放些纸,以防止变黑或腐烂。压制时注意不要使标本露在标本纸外面,以免折断损坏。如标本过长或过大时,可使其一部分弯曲成弓形,或将茎折成 V 字形或 N 形。但注意不要折断,也可去掉一部分枝叶,然后放在标本纸上进行压制。在压制时应将叶片和花摊平,在标本的同一平面上,叶片的背面及腹面都应有。压完以后用绳或皮带将标本捆紧,在开始的 2~3 天,每天至少换 2 次纸;后几天,每天换纸 1

次，一直到植物标本干燥为止。

(3) 标本的消毒与装订

标本干燥后，要进行消毒处理。通常用7%的氯化汞酒精溶液浸泡或涂抹标本，否则易遭虫蛀。干后即可把它装订在标本台纸上。一般台纸大小为28cm×28cm。装订时应将植物放在台纸的稍偏左位置，右下方留空，以便于贴定名签。装订时最好用强韧的白色小枝条进行装订，美观结实。也可用针线装订机或乳胶粘贴。

装订好的标本，在台纸的左上角贴一份野外记录，在台纸的右下角贴一份定名签，经过鉴定以后，详细填写定名签，经过这些步骤，一份完整的标本制作完成，这样的标本就可以永久保存了。

2.2.6　植物标本馆(室)、植物园和树木园

2.2.6.1　植物标本馆(室)

植物标本馆(室)是专门收藏干制标本的地方。标本馆(室)的建立对植物分类的科学研究和教学具有十分重要的意义。全世界有1 800多个较大的植物标本馆(室)。其中，始建于1545年的意大利巴图大学的植物标本馆是世界上最早建立的植物标本馆。世界上标本最多的标本馆是巴黎自然历史博物馆，它始建1635年，收藏了植物标本600万号。在我国，估计最早的植物标本馆(室)始建于1905年左右。但现在均以1915年钱崇澍在江苏甲种农业学校建立的标本室为中国最早的标本室。现在我国有较大的植物标本馆(室)120多个。以中国科学院植物研究所植物标本馆收藏标本最多，约有180万号标本按恩格勒系统存放。

2.2.6.2　植物园和树木园

植物园和树木园是收藏活标本的地方，和标本馆(室)一样对教学、科研具有十分重要的意义。它还可以保存濒危物种资源，引进新植物，并具有园林景观，对普及植物知识具有重要意义。世界各国均有植物园和树木园。著名的有始建于1759年的英国邱氏皇家植物园(邱园)，它的面积有128hm^2，收集植物达45 000多种。始建于1872年的美国阿诺尔德树木园(阿园)，面积逾100hm^2，收集木本植物有6 000种。加拿大蒙特利尔植物园(蒙园)，面积逾60hm^2，收集植物15 000多种。

建立最早的中国植物园是始建于1929年的南京中山植物园，现有植物3 000多种。庐山植物园始建于1934年，面积280hm^2，收集植物3 400多种。中国科学院北京植物园始建于1956年，面积58hm^2，收集植物3 000多种。除此之外，现在北方各省(自治区、直辖市)几乎都建有植物园或树木园。

2.3　植物界基本类群概述

植物在长期演化过程中，其形态结构、生活习性等诸多方面都出现了很大的差异，形成了丰富多样的类群，根据植物形态结构、生活习性和亲缘关系等，通常将植物界分为藻类植物、菌类植物、地衣植物、苔藓植物、蕨类植物和种子植物六大类

群。这些类群的划分反映了随着地质的变迁，植物逐渐地从简单向复杂进化，从水生向陆生发展，从低等向高等演化，从配子体发达向孢子体发达占优势演化趋势。其中，藻类、菌类和地衣是植物界中出现较早，但又是比较低级的类型，所以又合称为低等植物，由于它们有性生殖的合子在生殖过程中不产生胚而直接萌发成新的植物体，因此又称无胚植物。苔藓、蕨类和种子植物绝大多数都是陆生，除苔藓植物外，都有根、茎、叶的分化，雌性生殖器官是由多个细胞组成的，受精卵发育成胚再长大成为植物体，因而它们合称为高等植物，也称有胚植物。藻类、菌类、地衣、苔藓和蕨类植物都用孢子进行生殖，合称为孢子植物。而裸子植物和被子植物开花结果，用种子繁殖，所以称种子植物。

2.3.1 低等植物

2.3.1.1 藻类植物

(1) 藻类植物的一般特征

藻类是指一群具有光合色素，能独立生活的自养原质体植物的总称，其在自然界几乎到处都有分布，目前发现的近3万余种，绝大部分生活在水中。藻类植物形态结构千差万别，有单细胞型，群体型和多细胞型之分。多细胞的种类中，又有丝状、片状和较复杂的构造等，但都没有分化成根、茎、叶等器官，因而它们是叶状体植物。

藻类植物由于所含色素的比例不同，而呈现出不同的颜色，因此，作为分门的主要依据。其中，藻类植物生殖结构多数是单细胞的。繁殖方式主要有营养繁殖、无性生殖和有性生殖。凡以植物体片段发育成新个体的称为营养繁殖；凡以专化细胞到孢子直接发育为新个体的称为无性繁殖或孢子生殖；有性生殖则借配子的结合而进行，有性生殖中又有同配、异配和卵式生殖等。

(2) 藻类植物的分类及代表植物

一般根据所含色素的种类、植物体细胞结构、贮藏的养料、生殖方式的不同，把藻类分为不同的类群。主要有蓝藻门、绿藻门、金藻门、褐藻门和红藻门等类群。这里主要介绍一下蓝藻门和绿藻门。

① 蓝藻门　蓝藻又叫蓝绿藻，约有150属，2 000种。是地球上最原始、最古老、最简单的绿色自养植物。蓝藻的繁殖方式主要是营养繁殖和无性繁殖，缺乏真正的细胞核，又称为原核生物。蓝藻广泛分布在淡水中，少数生活在海水中。

蓝藻细胞内的原生质体分为中央质和周质两部分。中央质无色透明，没有核膜和核仁，有核质(染色质)，其功能相当于细胞核，故中央体也称为原核。周质中没有载色体，但有光合片层，含有叶绿素a、藻蓝素，故植物体呈蓝绿色。有的还含有大量的藻红素，可使海水变红，如红颤藻。代表植物如螺旋藻、发菜等。

② 绿藻门　绿藻是最常见的藻类。淡水种类约占90%，海水种类约占10%。绿藻植物形态多种多样，有单细胞、群体、丝状体和叶状体。少数种类营养细胞具2或4条顶生等长鞭毛，能运动。绿藻细胞的色素存在于载色体中，与高等植物的叶绿素一样，有光合片层。所含色素也和高等植物相同。色素以叶绿素a、叶绿素b最多，还有叶黄素和胡萝卜素。在载色体中，具有一至几个蛋白核，光合作用产物是淀粉，

多贮藏于蛋白核的淀粉鞘中。繁殖方式有营养繁殖、无性生殖和有性生殖。代表属有小球藻、水绵。

(3) 藻类植物的经济价值

①食用　在沙漠地区，许多藻类植物属高蛋白植物，如小球藻、螺旋藻、发菜、地木耳。其中小球藻、螺旋藻、发菜有很高的开发价值。以螺旋藻属为例，该属有30种，中国已发现9种。产于淡水、海水和微盐水中。非洲乍得乍得湖产的钝顶螺旋藻和拉丁美洲墨西哥特斯科湖产的巨大螺旋藻被当地居民作为蛋白食品已有百年以上历史。这些藻含蛋白质为干重的55%~65%，有时高达70%以上，螺旋藻比牛奶含有更多的钙、磷、钾和镁，并含有丰富的微量元素和天然色素，而胆固醇的含量却很低。螺旋藻的细胞壁几乎不含纤维素，消化素可达43%，在100g螺旋藻干粉中胡萝卜的含量高达170mg，是胡萝卜含量的15倍。已有许多国家和地区培养螺旋藻作为人类健康食品和饲养动物的高蛋白质饲料。中国也已生产螺旋藻营养品。已被联合国粮农组织推荐为"21世纪人类最理想的保健食品"。

②药用和保健作用　有些藻类植物种类也可药用。例如小球藻和螺旋藻。日本把小球藻制成粉剂，有治疗胃溃疡、各种创伤、肝坏死、调节血压、阻止血球减少等多种功能，有显著的保健作用。螺旋藻细胞内γ-亚麻酸(8 750~11 970mg/kg)的含量在所有食物中是最高的。γ-亚麻酸是人体内前列腺素的前体。前列腺素参与了人体内多种基本生理功能，包括调节血压、提高免疫力、保护细胞膜抵抗外来物侵袭，调节代谢、抗老延衰等。因此，通过食用螺旋藻，可以降低血浆胆固醇、抗衰延老、抑制癌细胞的繁殖和抗艾滋病。

农业利用小球藻属富含蛋白质，最多可达50%；且繁殖力强，生长很快，产量高，可作人类食物、家畜饲料及工业原料。此外，小球藻还可用于蛋白饲料，其浓缩液1kg相当于上等米糠2kg，麦麸1.5kg，豆饼2kg，其消化率为70%。

2.3.1.2　菌类植物

(1) 菌类植物的一般特征

菌类植物通常是指不具叶绿素和其他色素，不能进行光合作用，典型异养的一类植物的总称，约有120 000种。这些植物大多营寄生生活或腐生生活，分布很广，在水中、陆地以及生活的动植物身体上和死去的动植物尸体上都能见到，可分为细菌门、黏菌门和真菌门。

(2) 菌类植物的分类及代表植物

①细菌门　细菌是一类单细胞低等微小生物，分布极其广泛，水、土壤、大气和生物体内都有细菌存在。细菌有球菌、杆菌及螺旋菌等3种主要基本类型，细菌非常微小，细菌具有细胞壁、细胞膜、细胞质、内含物、核质，而无明显的细胞核，属原核生物。有的具有鞭毛，能够运动。绝大多数细菌不含色素，为异养生活方式，包括腐生、寄生和共生。

细菌的主要繁殖方法是简单的分裂繁殖。一些细菌在环境不适宜时形成孢子，孢子形成时原生质体凝缩近圆形，外为一层厚壁所包被，藏于细胞的中部或一端；孢子对不良外界环境条件有很强的抵抗力，能耐高温，所以必须用高压灭菌，才能彻底消灭孢子。

细菌在生态系统的物质循环中起重要作用，豆科等植物根系根瘤上的根瘤菌可以固定空气中的氮，此外，放线菌本身分解有机物的能力很强，它们大量分布在土壤中，参加土壤有机物质的转化作用，提高土壤肥力。利用放线菌生产生物杀菌剂，已成为植物病害防治上的重要措施。此外，从放线菌中提取的链霉素、金霉素、土霉素等数十种抗生素，都是和人畜病害作斗争的有利武器。

另外，细菌在工业上有重要的应用价值，例如利用细菌处理城市污水，中和碱以及氧化分解有毒物质，净化水质，使污泥变为肥料；我们日常食用的酱油、醋、泡菜和酸菜以及在工业上生产的乙醇、丙酮和乙酸等产品，都是利用细菌发酵制成的；冶金、造纸、制革等工业也都和细菌的活动分不开。

②真菌门 真菌分布极广，水、大气、土壤以及动植物体内外均有分布。真菌的植物体仅少数原始种类是单细胞的，如酵母菌，大多数发展为分支或不分支的丝状体，每一条丝叫菌丝，组成一个植物体的所有菌丝叫菌丝体。高等种类菌丝体在生殖时形成各种各样形态的特殊结构，如伞形、球形、盘形等，称为子实体。

大多数真菌具有细胞壁，细胞内都有细胞核，高等真菌为单核或双核。有些真菌的菌丝和高等植物的根共生形成菌根；还有些真菌和藻类共生而形成地衣。进行营寄生或腐生生活。

真菌的繁殖方式多种多样，有营养繁殖，也有无性生殖和有性生殖。

真菌可以做工业原料，在酿造业上，利用酵母、曲霉和根霉等菌种可以造酒。在食品工业上，利用酵母可以制作面包、馒头等发酵食品。真菌也可以广泛应用于化学、造纸、制革等生产中。在石油工业方面，借助于真菌的发酵作用，已获得许多化工产品。真菌还可以食用。我国可食用的真菌总计超过300种，香菇、木耳和银耳都是美味的食品，食用菌中含有大量维生素和丰富的总脂肪酸，是人体必需的营养物质，也是健康食品的重要组成。

此外，真菌还可以入药。青霉素就是从真菌中提取的重要材料；猴头菌、灵芝在制取抗癌药物方面有很好的开发前景；冬虫夏草是名贵中药，能补肺益肾、止咳化痰，可治多种疾病；木耳和银耳具有益气、活血、强身、补脑、提神等功效。许多病原真菌，能导致人及经济动植物病害发生，有些危害还很严重。例如幼苗立枯病菌能寄生于稻、麦、豆、棉和马铃薯等40余种栽培和野生植物上，使幼苗枯萎；而青霉菌常常侵染水果和蔬菜，是引起橘子、梨和苹果等腐烂的重要病原菌。

2.3.1.3 地衣植物

(1) 地衣植物的一般特征

地衣是由藻类和真菌植物形成的共生植物，约为25 000余种。构成地衣的藻类，通常是蓝藻和单细胞的绿藻；真菌则是子囊菌和担子菌。藻类为菌类制造有机物质，菌类为藻类吸收水分及无机盐类。由于地衣是共生植物，因此，它的适应能力强，分布广泛，通常生长在岩石、树皮和土壤的表面上，也能生长在其他植物不易生长的岩石绝壁、沙漠、北极寒冷地带和热带高温地区。

①地衣的分类　根据生长形态的不同,地衣可分为壳状地衣、叶状地衣和枝状地衣3种类型。壳状地衣约占全部地衣的80%,它的植物体扁平成壳状,紧附岩石或树皮上,叶状体不易与基质分离,如文字衣属。叶状地衣的植物体是呈薄片状的扁平体,形似叶片,植物体的一部分黏附于物体上,可以剥离,如梅衣属。而枝状地衣的植物体直立或下垂,仅基部附着于基质上,通常分支,形状类似高等植物的植株,如生于云杉枝条上的松萝属。

②地衣的结构　根据藻细胞在真菌组织中的分布状态,地衣原植体可分为同层地衣和异层地衣两类。异层地衣原植体横切面通常可区分为藻胞层、髓层和皮层3层。皮层可分为上皮层和下皮层,都由致密交织的菌丝构成。髓层介于上、下皮层之间,由一些疏松的菌丝和藻细胞构成,藻细胞聚集在下皮层下方,称藻胞层。在下皮层上常产生一些假根状突起,使地衣固着在基质上,如梅衣属和蜈蚣衣属。而同层地衣原植体中藻细胞和菌丝混合成为一体,无藻胞层和髓层之分,如猫耳衣属。壳状地衣多为同层地衣,叶状地衣和枝状地衣一般为异层地衣。

③地衣的繁殖　地衣的主要繁殖方法是营养繁殖和粉芽。营养繁殖时,叶状体分裂为许多碎片,每一碎片可生长为新的地衣。粉芽为几根菌丝围绕着少数藻类细胞所构成,粉芽脱落后即发育成新的叶状体。此外,地衣也进行有性生殖,但是藻菌是独立进行的。

(2)地衣在自然界中的作用和经济意义

地衣生长在高山岩石之上、荒漠土壤表面以及树皮等其他生物不易生长的地方,能分泌地衣酸,对岩石的风化和土壤的形成有促进作用,因而地衣称为生物界的"拓荒者"。地衣可以作为大气污染的指示植物。

地衣有很多用途,可以作药材,地衣酸是地衣的重要代谢产物,许多种类具有抗菌作用。石耳属、石蕊属含有较高的糖类,可以食用,石蕊还可以作茶饮用。海石蕊地衣可提取色素制成染料、石蕊试纸或酸碱指示剂等。地衣是一种提取香料的原料,梅衣属的一些种类,含有一种芳香油,是配制香水、化妆品的原料。此外,产于北极草原的驯鹿地衣,是北极鹿的长年饲料。

2.3.2　高等植物

2.3.2.1　苔藓植物

(1)苔藓植物的一般特征

苔藓植物的植株矮小,一般生长在石面、土表或树皮上阴湿的地方,是从水生到陆生过渡形式的代表。比较低级的种类的植物体为扁平的叶状体,比较高级的种类的植物体有茎和叶的分化,但还没有真正的根。其吸收水分、无机盐和固着植物体的功能由假根来完成。苔藓植物具有明显的世代交替,与其他高等植物的显著区别是配子体在世代交替中占优势,孢子体寄生在配子体上。苔藓植物的雌、雄生殖器官都是多细胞组成的。苔藓植物受精必须借助于水才能够完成。

(2) 苔藓植物的主要类型

苔藓植物约有 23 000 种，我国约有 2 800 种。根据其营养体的形态结构，苔藓植物可分为苔纲和藓纲。苔类植物体多为叶状体，多生于阴湿的土地、岩石和树干上。代表植物地钱分布广泛，喜生于林缘、井边、墙角等阴湿的土地上。藓类植物有茎、叶的分化，比苔类植物耐低温，在温带、寒带、高山、冻原、森林和沼泽常能形成大片群落。常见植物有葫芦藓和泥炭藓。

(3) 苔藓植物的生态学意义及经济价值

在生态学方面，苔藓植物可以生长在裸露的岩石表面、沙地和冻土上，和地衣一样是植物界的拓荒者，它能够分泌酸性物质，溶解岩面，为其他高等植物创造了有利的生存条件。苔藓植物能使沼泽陆地化，如泥炭藓可以在湖泊、沼泽中大面积生长时，上部藓层逐渐发展，下部的不断死亡，能够使湖泊、沼泽干枯，并逐渐陆地化。同时，苔藓植物还能够抑制森林的生长，使森林沼泽化。此外，苔藓植物还是对大气污染敏感的指示植物。20 世纪 60 年代以来，已有人制成苔藓植物测定器，定时定点监测大气污染。

在经济价值方面，苔藓植物因其茎、叶具有很强的吸水、保水能力，一些植物可以装饰盆景和庭园。在园艺上常用于包装运输新鲜苗木花卉。泥炭藓等形成的泥炭，可作燃料及肥料。此外，一些苔藓如大金发藓还可以入药，具有败热解毒作用。

2.3.2.2 蕨类植物

(1) 蕨类植物的一般特征

蕨类植物又称羊齿植物，具有较好的适应陆地生活的能力。植物体有根、茎、叶的分化，并出现初生结构的维管组织，其中，木质部含有运输水分和无机盐的管胞，韧皮部中含有运输养料的筛胞。蕨类植物多数有吸收能力较好的不定根。茎通常为根状茎，叶有营养叶和孢子叶之分，其中，仅能够进行光合作用的叶称为营养叶；能产生孢子和孢子囊的叶称孢子叶。

在蕨类植物的生活史中，孢子体占优势，配子体微小，叶状，能够独立生活；在受精时不能脱离水环境，受精卵发育成胚，幼胚暂时寄生在配子体上，长大后配子体死亡，孢子体独立生活。

(2) 蕨类植物的分类及代表植物

蕨类植物可分为石松纲、水韭纲、松叶蕨纲、木贼纲、真蕨纲 5 纲。世界上生长的蕨类植物有 12 000 余种，我国约有 40 科 2 600 多种。

(3) 蕨类植物的经济利用

蕨类植物在园林上应用较多，如著名观赏植物肾蕨、铁线蕨、鹿角蕨、凤尾蕨等。此外，蕨、紫萁等可以作为蔬菜。蕨的根状茎富含淀粉，可以酿酒。满江红叶内有共生蓝藻，可以进行固氮，因此，既可作为绿肥，同时也是家畜、家禽的饲料，槐叶苹也可作饲料。在我国有 400 多种蕨类植物可以入药，是重要的中草药资源。如木贼、问荆、卷柏和海金沙等植物。

2.3.2.3 裸子植物

种子植物是最高等的植物类群,通常根据胚珠是否裸露,可以分为裸子植物和被子植物。首先介绍一下裸子植物。

(1) 裸子植物的一般特征

裸子植物的孢子体特别发达,大多数为单轴分枝的高大乔木。具有形成层和次生生长,木质部大多数只有管胞,韧皮部中只有筛胞。叶多为针形、条形或鳞形。胚珠裸露,产生种子,内含有胚。配子体简化,雌雄配子体都寄生在孢子体上。裸子植物除少数种类如银杏、苏铁外,精子都不具鞭毛,受精作用都是通过花粉管来完成,真正摆脱了水对受精的限制。裸子植物的花粉粒多数由风力传播,并经珠孔直接进入胚珠,在珠心上方萌发,形成花粉管,到达胚乳,使其内的精子与卵细胞受精。大多数裸子植物都具有多胚现象。

(2) 裸子植物的分类及代表植物

裸子植物是种子植物中较原始的类型,最初的裸子植物出现在古生代,在中生代至新生代它们是遍布各大陆的主要植物。目前全世界生存的裸子植物约有850种,隶属于79属和15科,种数虽少,但却分布于世界各地,特别是在北半球的寒温带和亚热带的中山至高山带常组成大面积的各类针叶林。裸子植物可分为苏铁纲、银杏纲、松柏纲、红豆杉纲、买麻藤纲等5纲。

(3) 裸子植物的生态意义与经济价值

裸子植物是我国组成地面森林的主要成分,中国的裸子植物虽仅为被子植物种数的0.8%,但其所形成的针叶林面积却占森林总面积的52%。另外,中国疆域辽阔,气候和地貌类型复杂。第四纪冰期时又没有直接受到北方大陆冰盖的破坏,基本上保持了第三纪以来比较稳定的气候,致使中国的裸子植物具有种类丰富,起源古老,多古残遗和子遗成分,特有成分繁多和针叶林类型多样等特征。

此外,裸子植物大都是松柏类针叶林,材质优良,是林业生产上的主要用材树种。广泛应用在建筑、枕木、造船、制纸、家具领域,森林的副产品如松节油、松香、单宁和树脂等也具有重要的工业用途。有些植物,如银杏、华山松、红松等的种子可供食用。三尖杉和红豆杉可提取抗癌药物。麻黄更是著名的药材。许多裸子植物还是重要的园林观赏树种,如油松、雪松、水杉、侧柏和罗汉松终年常绿,树形优美,具有较高的观赏价值。苏铁、银杏等植物在我国各大城市栽培也极为广泛。

2.3.2.4 被子植物

被子植物具有真正的花,典型的被子植物的花由花萼、花冠、雄蕊和雌蕊4个部分组成。雌蕊由心皮组成。包括子房、花柱和柱头3个部分。胚珠包藏在子房内,得到子房的保护,避免了昆虫的伤害和水分的丧失。子房在受精后发育成为果实,具有不同的色、香、味及多种开裂方式,果皮上常具有各种钩、刺、翅、毛,这些特点对于保护种子成熟,帮助种子散布起着重要的作用。具有特有的双受精现象,使其胚乳成为双受精作用的产物,使胚获得了具有双亲遗传性的养料,因此,具有更强的生活力。孢子体高度发达,在形态、结构等方面更完善化、多样化,有自养的植物,也有腐生、寄生的植物。在解剖构造上,木质部中有导管,韧皮部中有筛管和伴胞,输导作用更强,而且植物类型多数成为草本。被子植物的配子体进一步简化,寄生在孢子体上。

被子植物共 10 000 多属,约 30 多万种,占植物界的一半以上,我国有 2 700 多属,约 30 000 种。可分为双子叶植物纲和单子叶植物纲。

被子植物是目前植物界最高级、最繁盛和分布最广的植物类群,无论在生态上,还是在经济方面都具有广泛的用途,人们的衣食住行与之密切相关,现代化建设中的工业、农业、医学等各个领域都离不开它。

本章小结

植物分类学基本知识是学好水土保持植物学的基础,通过学习,可以掌握植物根、茎、叶、花序、花、果实等不同器官的主要形态术语,了解植物分类、命名、鉴定的基本方法和工具,了解植物的主要类群及其各类群的主要特征和地位。通过本章的学习,为各论部分水土保持植物名称、形态特征等内容的学习打下良好的基础。

思 考 题

1. 植物各部分的主要形态术语的含义。
2. 植物分类的主要等级包括哪些?植物种如何命名?
3. 如何采集与压制水土保持植物标本?
4. 植物的主要类群有哪些?其主要特征和生态意义是什么?

第 3 章
水土保持植物特性与生态功能

3.1 水土保持植物的生物学特性

植物在外界生态因素的影响下，逐渐演化出丰富多样的形态结构来适应所生长的环境。由于水土保持植物多数生长在极端干旱瘠薄的环境下，因此，它们通常发育成与旱生植物相似的形态结构类型。

从植物整体来看，水土保持植物通常形体比其他植物矮小、茎叶表面积与体积比小，根系发达，如沙柳、虎榛子等；有些植物的茎常肉质化、多浆质，绿色，叶主要朝着降低蒸腾和贮藏水分两个方面发展，或者叶常不发育，小而厚，密被茸毛，或退化成鳞片状、膜状。

水土保持植物根系通常发达，有较高的根茎比。有的植物为了获得地下水，主根发达，根系的深度常常超过地上部分几倍、十几倍。而有些植物为了充分利用降水，水平根发达，如沙竹，水平根系长达 20 余米。从解剖结构来看，根通常具有发达的周皮，其木栓层高度木质化、栓质化，皮层薄、内皮层明显有凯氏带增厚，木质部发达、输导水分能力强。正是水土保持植物根部的这些特征使植物在水土保持治理中更好地发挥了蓄水保水的功能。

茎是植物地上的重要器官，它在形态和结构上通常也会发生很大变化来适应恶劣的环境。从形态来看，有些植物形成分裂茎，例如，绵刺，它分裂形成的几个分开部分，由于所遇到的小生境的条件可能不同，有的干死了，而有的却可能存活下来，从而使植物能够在干旱恶劣的自然条件下生存。从解剖结构来看，适应干旱生境的植物皮层和中柱的比率较大，而维管束则较紧密，髓窄小。这种构造是一种应对土壤贫瘠、气候干旱的适应机制，特别是在木栓层形成以前，厚的皮层可能保护维管组织免受干旱。有些沙生植物，茎中除了有光合作用的绿色组织以外，还发育出发达的储水薄壁组织，这种茎通常表现为肉质化，使植物更适应于干旱、半干旱的自然条件。

叶是植物对环境胁迫最敏感的部位，在长期适应环境的过程中常常形成特殊的结构和功能。在极度干旱的环境下，植物通常采用不同的对策来适应恶劣的环境条件，如有些植物叶片较薄，叶片含水量少，耐旱力强，在丧失 50% 水分时仍能存活；有些植物茎叶肥厚多汁，储存大量的水分，满足干旱缺水时植物对水分的需求；有些植物叶片极度退化成鳞片状，以减少水分的蒸腾；许多禾本科的植物遇到干旱和强光照射下时叶片卷曲成筒，以减少太阳辐射的面积，从而减少水分的丧失。另外，旱生植物的叶或同化枝往往具有发达的角质层、大量表皮毛、加厚的表皮细胞外壁、深陷的气孔以及蜡质层结构等。

气孔是表皮上的开口，由保卫细胞和副卫细胞组成。适应干旱的植物气孔在其表皮细胞水平下面，或者只在叶表面的沟缝和腔室里。有些沙漠植物进行光合作用的叶和茎上的气孔，在夏天炎热季节，常常变成长久的关闭。

旱生植物的肉质叶中，有发达的储水组织，细胞液浓度高，含有大液泡，渗透压较高，或者还具有黏液，保水力强。叶肉栅栏组织发达，细胞大、排列紧密，内有大量的储水组织细胞和异细胞；有的多浆植物叶脉细小，输导组织、机械组织不发达；而有些植物，叶片常具有大量的厚壁组织，叶脉和机械组织发达，有很大的机械强度，可以减少萎蔫时的损伤。这些特征可以减少蒸腾或使蒸腾作用滞缓以抑制水分散失，适应干旱环境。

3.2 水土保持植物的生态学功能

3.2.1 保持水土与涵养水源功能

(1) 林冠层对降雨的截留作用

当雨水降落到水土保持林，首先主要起到拦截作用的是林冠、树干和地表的枯枝落叶层。林冠的截留对减轻水土流失具有重要作用，一般可以截留降雨的15%~30%，截留的雨水大部分经枝叶一次或几次截留后，慢慢滴落或沿树干流下，减小了林内的径流量和径流速度，降低了冠层下面的降雨强度，推迟了产流时间。林冠在截留降雨过程中，使雨水在数量上、空间上重新进行分配，使一部分雨水被暂时容纳，并通过蒸发返回到大气中。林冠在这个过程中还可以使雨水下落时所具有的动能重新分配，减弱了降雨对林地的冲击。

降雨落到林冠后，首先在树木的叶、枝、干等树体表面形成水滴，达到一定数量后，表面张力与重力失去平衡，一部分从叶转移到枝，再从枝转移到树干而流到林地表面，这部分称为树干截留。树干截留降雨较少，但这个在生态系统中的作用却是很大的，能够引起局部地段产生蓄满径流的源，尤其是对森林生态系统的养分、矿质元素的输入影响更大。

(2) 枯落物层截持水分作用

植物的大量枯枝落叶会在地表形成枯枝落叶层，减少雨滴直接打击地表，同时还可以增加地表粗糙度，阻挡并分散地表径流。枯枝落叶层的截留量大小与降水量、降雨强度及其自身的湿润程度有关，降水历时越长，降雨强度越小，截留量越大。根据计算，枯枝落叶层通过自身吸收截留的降雨量可以达到自身重量的1.7~3.5倍。

枯枝落叶层还会滞缓地表径流时间，其能力随着其厚度的增加而增加，随坡度和径流深的增加而减少。植被有一定厚度的枯枝落叶层存在，可以大大增加滞缓径流的时间。枯枝落叶层还可以抑制土壤蒸发。在水土流失严重的干旱、半干旱地区，减少土壤无效蒸发是提高林分生产力和保持生态系统稳定的有效途径。随着枯枝落叶层厚度的增加，土壤蒸发总量减少。

枯枝落叶层还可以提高土壤的抗冲性。随着覆盖厚度的增加，土壤冲刷量显著减少。由于枯枝落叶层的腐烂、分解，形成腐殖质层，使土壤表层结构和特性发生变化，并增加土壤有机质含量，促进土壤团粒形成，改善土壤结构，其疏松通气的结构还具有很高的透水性和水容量，显著地提高了土壤的抗冲性。

(3) 根系层改良和固持土壤作用

植物根系的水土保持功能主要表现在固持土壤，改善土壤结构和组成，增加了水稳性团粒及有机质含量，增加土壤抗蚀性；提高土壤孔隙度，增强土壤入渗贮水能力，改善土壤径流状况，减少面蚀、沟蚀和洪水的发生。

植物根系能够增强土壤的抗冲性，根系对土壤抗冲性的强化速率随土层深度及降雨强度的增大而减小。有根系的土壤比没有根系的土壤在达到土体破坏前，能承受更大的剪切位移。植物根群呈网状，将土体肢解包裹，从而使土体抵抗风蚀和流水冲刷的能力大大增强。

土壤的水稳性团聚体数量是衡量土壤抗冲性的重要指标，林木根系通过径级≤1mm须根的作用，可以提高土壤水稳性团聚体的数量，其原因在于死根提供有机质，活根提供分泌物，作为土粒团聚体的胶结剂，配合须根的穿插和缠绕，促进土粒团聚，使土壤中直径>3mm 的大粒级水稳性团聚体增加，从而增强土壤抗分散、悬浮的能力。据测定，黄土高原林草地土壤表层>0.25mm 水稳性团聚体高达 74.4%，是黄土母质 14.79% 的 5.3 倍；>0.5mm 团聚体则是黄土母质的 40~50 倍。

植物根系能够提高土壤的渗透性能。土壤渗透性不仅是减少坡面径流和土壤侵蚀的重要因子，而且也是调节土壤水分、预防干旱的重要物理指标。土壤的渗透性主要由土壤的机械组成、土壤结构、土壤孔隙状况、土壤含水量等物理性质决定。植物根系是通过影响土壤物理性质来影响土壤渗透性的。根系对土壤渗透力的作用主要是根系能将土壤单粒黏结起来，同时也能将板结密实的土体分散，并通过根系自身的腐解和转化合成腐殖质，使土壤形成良好的团聚结构和孔隙状况。其中，须根通过在土壤中的交错穿插作用和积累有机质，促使土壤中大粒级水稳团粒的增加，明显地改善了土壤的渗透性能。此外，根系强化土壤渗透力主要取决于有效根密度及其在土体中的盘绕状况。同时，由于植物根系的作用可相应增加土壤的孔隙度，使土壤微生物的活性增加，土壤有机质氧化分解速度加快，死亡的根系又可增加土壤中有机质的含量，这样就可以使土壤处于良性的循环过程中，进一步有效提高土壤的渗透性。

非毛管孔隙度是衡量土壤入渗贮水能力的重要指标之一，李任敏(1998)对太行山 5 种主要植被类型改善土壤孔隙状况的调查结果表明，乔、灌、草 70% 以上的根系分布在 0~20cm 深的土层中，该土层的密度比荒坡降低 5.04%~36.15%，且在土壤总孔隙度提高的基础上，土壤的非毛管孔隙占总孔隙度的比例与荒坡相比平均提高 4.50%~6.37%。曾河水(1999)对受侵蚀土壤在种植水土保持林后，研究其土壤物理性质发生的变化时发现，黑荆等水土保持林可以迅速改善被侵蚀土壤的物理特性，土壤中砂砾和石砾相对减少，分散率降低，团聚度提高，土壤有机质含量提高，水稳性团聚体数量增加，结构体破坏率降低，土壤孔隙度增大，持水量增加，渗透性增强。

(4) 削减洪峰与涵养水源作用

植被在山区，如果单位面积的降水量大于水流量，雨水就会一点一点的积累，形成洪水，一旦流域广，路程长，就会形成洪峰。水土保持植被是乔木层、灌木层、草本层、枯枝落叶层及庞大的根系构成的多层立体结构。它的缓洪作用首先是通过林冠截留，减少流域降水量；通过枯枝落叶层、土壤的入渗及储存、森林蒸发散的作用，减少流域的地表径流量；通过枯枝落叶层的阻挡来延缓水流速度，土壤的入渗及储存还可以使部分地表径流转变为土内径流，因而延长了汇流历时，降低了洪峰值，减少了洪水总量，起到了削减洪峰的作用。一般情况下无林草植被流域，随着植树种草和植被覆盖度的提高，直接径流量都减少了，洪峰流量也明显减小。相反，林草植被的破坏，不论是多雨还是少雨区，直接径流量和洪峰量都会增加。水土保持植物形成的植被能够减少径流，削减洪峰，但它的作用也是有限的，也是有条件的。在水土流失区造林形成的林地，当暴雨强度大、历时短、量小且前期流域干旱的情况下，森林能起到显著的削峰、减洪和拦沙的作用；然而，当暴雨量大，前期流域已经蓄满后，其削减洪水的作用将减弱且将起到增加产流量的作用。当第一次洪峰过后，森林土壤含水量较高，紧接着又有强降雨，将会形成第二次洪峰，植被对洪水的调节作用基本没有了。因此，森林拦蓄洪水这一作用是有条件的，土壤前期含水量、枯枝落叶层被前期降雨所饱和的程度、暴雨的强度与历时、森林所分布的地貌部位、土壤层的厚度、下垫岩石的透水性能、流域尺度的大小等对其作用的发挥都会有不同程度的影响。

除了能够在雨量丰沛的季节延长汇流历时，降低洪峰值，减少洪水总量，削减洪峰以外，水土保持植物形成的植被还具有涵养水源的功能。水土保持植被能够涵养水源，主要是因为植被能够增加流域降水量，特别是少雨季节，减少地面蒸发，增加水分入渗，减少地表径流，使降水有效地进入土壤层，同时林地大孔隙的增加，有助于水分以重力水的形式向深层入渗，不断补充地下水，有效控制地表径流量，增加亚表层流或土内径流，延长径流持续时间，从而起到调节河流季节性变化，增加枯水流量的功能。在降水以雪为主，夏季少雨的地区，植被还具有改变积雪和融雪过程、延长融雪期的功能。

3.2.2 调节气候和改善环境的功能

(1) 调节温度、增加湿度

所谓小气候是指由于下垫面的不均一性，以及人类和生物活动所形成的局部小范围内的气候。水土保持植被改善小气候，最明显的是表现在降温和增湿两个方面。浓密的树冠在夏季能吸收和散射，反射掉一部分太阳辐射能，减少地面增温。冬季树叶虽大都凋零，但密集的枝干仍能削减吹过地面的风速，使空气流量减少，起到保温保湿作用。根据研究，在夏季，植被能使气温降低 $3 \sim 5 ℃$，最大可降低 $12℃$，增加相对湿度 $3\% \sim 12\%$，最大可增加 33%。此外，由于林木根系深入地下，源源不断地吸取深层土壤里的水分供树木蒸腾，使林地形成雾气，当林地面积足够大时，可增加林地降水量 $10\% \sim 30\%$。

(2) 吸收二氧化碳、释放氧气

水土保持植被在生长过程中要吸收大量二氧化碳,放出氧气。据研究测定,树木每吸收 44g 的二氧化碳,就能排放出 32g 氧气;树木的叶片通过光合作用产生 1g 葡萄糖,就能消耗 2.5m^3 空气中所含有的全部二氧化碳。森林每生长 1m^3 木材,可吸收大气中的二氧化碳约 850kg。若是树木生长旺季,1hm^2 的阔叶林,每天能吸收 1t 二氧化碳,制造生产出 750kg 氧气。

(3) 净化空气、吸收有毒气体

随着工矿企业的迅猛发展和人类生活用矿物燃料量的剧增,空气中污染物越来越多,其中二氧化硫就是一种分布广、危害大的有害气体。植被能够吸收这些有毒污染物,这主要是植物通过叶片上的气孔进行气体交换,把有害物质吸收进入体内,一部分形成新的化合物,另一部分则在新陈代谢过程中不断转移和排除。据测定,森林中空气中的二氧化硫浓度要比空旷地少 15%~50%。若是在高温高湿的夏季,随着林木旺盛的生理活动功能,森林吸收二氧化硫等有害气体的速度还会加快。

植物可以减少空气中的细菌数量,一方面植物吸滞粉尘,减少细菌载体;另一方面,许多植物的叶、花、果等能够分泌出杀菌素,杀死空气的病菌和微生物。有人曾对不同环境每立方米空气中含菌量做过测定:在人群流动的公园中约为 1 000 个,街道闹市区约为 3×10^4~4×10^4 个,而在林区仅有 55 个。另外,树木分泌出的杀菌素数量也是相当可观的,例如,1hm^2 圆柏林每天能分泌出 30kg 杀菌素,可杀死白喉、结核、痢疾等病菌。

(4) 减轻噪声污染

噪声是一种特殊的空气污染,它随着交通运输业的发展越来越严重,特别是城镇更加突出。它能影响人的休息和睡眠,损伤听觉,严重时引起多种疾病。水土保持植被可以有效地消除噪声,为人们提供一个宁静的环境。树木减弱噪声的功效与种类有关。片林可降低噪声 5~40dB,比离声源同距离的空旷地自然衰减效果多 5~25dB;汽车高音喇叭在穿过 40m 宽的草坪、灌木、乔木组成的多层次林带,噪声可以消减 10~20dB,比空旷地的自然衰减效果多 4~8dB。

植被,尤其是森林,减轻噪音污染的原因主要是树叶可以通过向各个方向不规则反射噪声波,从而使声音减弱。另一方面通过树叶枝条微振,而使声音消耗。一般认为,具有重叠排列的、大的、健壮的、具有坚硬叶子、分枝点低的树种,减噪效果较好。

(5) 保护和提高生物多样性

植物是多种动物的食物来源,为多种动物提供栖息地。当水土流失区进行造林后,原有的植物会重新恢复起来,依靠植物生存的各种动物、昆虫会不断增多,大大提高了当地的生物多样性。

本章小结

深入了解水土保持植物的生物学特性和功能,是充分发挥水土保持植物作用、治理水土流失的基础。本章从根、茎、叶等角度,对水土保持植物的形态特征和解剖结构进行了分析,介绍了由于干旱贫瘠环境条件造成的植物形态结构的各种变化和变异。然后在此基础上分析了水土保持植物的主要水土保持功能和调节小气候、改善生态环境的作用。

思 考 题

1. 概述水土保持植物适应干旱环境的生物学特征。
2. 论述水土保持植物的水土保持与涵养水源功能。
3. 水土保持植被调节小气候、改善生态环境的功能有哪些?

第 4 章
水土保持植物资源及其开发保护

4.1 我国水土保持植物资源分布

我国水土保持植物资源丰富，种类多且蕴藏量很大。根据水土保持植物的外貌特征，可把水土保持植物划分为 4 个类群，即：乔木类群、灌木类群、竹类群及草本类群。

4.1.1 乔木类群

乔木是指具有明显的主干、植株高的一类木本植物，是构成我国水土保持植物资源的主要类群之一，全国各地均有分布，根据生长型可进一步将乔木类群划分为针叶乔木和阔叶乔木 2 个亚类群。

（1）针叶乔木亚类群

针叶乔木亚类群是指叶为针状，常绿或落叶的乔木植物。主要分布在东部各气候带湿润区域内，在西部的湿润山地也有分布。根据地带性分布特点，可归为下列 3 组。

①寒温带的和温带山地的针叶乔木 代表种有落叶松 *Larix gmelinii*、西伯利亚落叶松 *L. sibirica*、鱼鳞云松 *Picea jezoensis*、青海云松 *P. crassifolia*、雪岭云松 *P. schrenkiana*、青杆 *P. wilsonii* 等。

②温带针叶乔木 代表种有樟子松 *Pinus sylvestuis* var. *mongolica*、油松 *P. tabuliformis*、赤松 *P. densiflora*、红松 *P. koraiensis*、侧柏 *Platycladus orientalis*、圆柏 *Sabina chinensis* 等。

③亚热带、热带针叶乔木 代表种有马尾松 *Pinus massoniana*、华山松 *P. armandii*、云南松 *P. yunnanensis*、黄山松 *P. taiwanensis*、高山松 *P. densata*、云杉 *Picea asperata*、杉木 *Cunninghamia lanceolata*、柏木 *Cupressus funebris* 等。

（2）阔叶乔木亚类群

阔叶乔木指植株高大，主干一般高达数十米，叶片宽而大，树冠面积也大的一类植物。阔叶乔木的生态适应幅度广泛，在不同的自然环境条件下构成各种各样的阔叶林类群。

我国阔叶乔木的种类分布很多，将近 1 000 属，2 000 种，南北方均有分布。荒漠带的落叶阔叶乔木主要是分布在荒漠区内陆河流两岸的胡杨 *Populus euphratica*、灰杨

P. pruinosa，它们与无叶灌木、多年生杂草等构成新疆地区特殊的疏林低地草甸景观。草原带的落叶阔叶乔木的种类较多，主要分布在东北、华北以及西北东部，代表种有山杨 *P. dividiana*、银白杨 *P. alba*、香杨 *P. koreana*、旱柳 *Salix matsudana*、春榆 *Ulmus propinqua*、榆 *U. pumila*、蒙古栎 *Quercus mongolica*、辽东栎 *P. liaotungensis*、白桦 *Betula platyphylla*、黑桦 *B. dahurica*、刺槐 *Robinia pseudoacacia* 南北方均有分布。分布在南方的阔叶乔木种有肥牛树 *Cephalomappa sinensis*、海南蒲桃 *Syzygium cumini*、洋紫荆 *Baubinia variegata*、石栎 *Lithocarpus glaber*、高山栎 *Quercus semecarpifolia*、华南朴 *Celtis austrosinensis* 等，是具乔木的灌草丛的上层植被。

4.1.2 灌木类群

灌木是指无明显主干或丛生的木本植物，高度一般为 1~5m，在生态条件严酷时可以矮到 1m 以下，成为小灌木，若按水分因素划分，我国的灌木可分为旱生、超旱生和中生类型。灌木的生态生活型多样，具有各种适应表现，有阔叶的、针叶的、无叶的（叶退化或鳞片状）、常绿的、落叶的、耐寒的、喜热的、喜湿的、耐旱的、耐盐的和耐酸的等等，因此，灌木的生态适应幅度比乔木要宽的多，在气候过于干燥或寒冷，乔木难于生长的地方都有灌木生长。灌木在我国分布很广，从温带到热带，从平原到海拔 5 000m 左右的高山都有分布，其类型也十分丰富，就其发生而言，既有在各特殊自然条件下发育的原生类型，也有在人为不同程度影响下形成的次生类型，其在我国南方的分布尤以后者为主。旱生、超旱生灌木是荒漠地区植被的基本成分；中旱生灌木是灌草丛和疏灌植被的基本成分，有的种散生于草原带和山地草甸，少数种也可成为共建种或优势种。

叶形往往是不同生态类型灌木在生长形式上的重要标志，从无叶、肉叶、小叶到宽叶反应了植物对水分的生理适应形态，因此，我们用叶形作为划分灌木亚群的主要依据，将灌木类群进一步划分以下亚类。

(1) 无叶灌木亚类群

无叶灌木是指分布在荒漠地带，叶退化，由绿色小枝替代叶行使光合作用的植物，主要有麻黄属 *Ephedra*、沙拐枣属 *Calligonum*、无叶豆属 *Eremosparton* 的一些种，同时也包括鳞片状叶的柽柳属 *Tamarix*、水柏属的植物，其中除柽柳属、水柏属的植物为旱生的以外，其余均为超旱生的荒漠植物，它们具有抗水蚀、风蚀、耐沙埋、耐高温、抗干旱、耐瘠薄等特性，此类灌木的根系发达，粗而深的主根系和水平扩展的侧根系构成了致密的地下网，同时它们的根能长出不定芽及不定根，其枝条茂密、萌蘖力极强。

无叶灌木在我国主要分布在新疆、内蒙古、宁夏、青海、甘肃等地的荒漠地区，生长于流动、半流动及固定沙丘和石质戈壁或土质荒漠上，而柽柳 *Tamarix chinensis* 则几乎遍及全国，是盐化草甸的主要灌木植物。无叶灌木大多数是优良的固沙先锋植物，有些种可药用，有些种是荒漠区的优良薪炭材。

(2) 肉叶灌木亚类群

肉叶灌木是指分布在荒漠地带，叶肥肉质或少肉质的一类超旱生和耐旱生植物，或也可称为厚叶灌木，多为蒺藜科 Zygophyllaceae 植物。肉叶灌木能忍耐荒漠地区严酷的生境条件，叶肉贮存有大量水分和盐分，能保持枝叶肉质多汁。它们对热量的要求较高，大于等于10℃的积温在3 000℃以上才能满足其生长，故其是一类典型的暖温型荒漠植物。肉叶灌木分布于内蒙古西部、宁夏、甘肃、新疆、西藏等地，多生于砂砾质和砾质的戈壁、山前冲积扇、低山丘陵及土质的盐漠和盐化低湿地。

(3) 小叶灌木亚类群

小叶灌木是指旱生或中旱生，植株较高，叶小型，长、宽通常不超过1cm，且较干燥的一类灌木，主要是锦鸡儿属 Caragana、绣线菊属 Spiraea、木蓼属 Atraphaxis、盐豆木属 Halimodendron 的植物，它们适应性广，具有耐旱、耐寒、耐瘠薄、抗风力强等特点，其根系发达、萌发早、落叶晚、生长期长。

小叶灌木主要分布在东北、西北的大部分省区以及华北、西南的部分省区的荒漠中，个别还可以进入亚高山和高山地带，多数以优势种出现。小叶灌木大多是重要的水土保持、防风固沙植物，也有些种经济属性较好，可入药，种子可榨油，花是良好的蜜源植物。

(4) 宽叶灌木亚类群

宽叶灌木亚类群是指株体较高、叶宽大(长、宽通常超过1cm)，叶片含水量较多的一类中旱生灌木。宽叶灌木是一类适应性较强的植物，具有喜光、喜湿、耐寒、耐盐碱等特点。在北方主要出现在沙地草原、山地草甸草原，呈现灌丛化。在南方它们则是暖性、热性灌草植被的重要组成成分。宽叶灌木在我国各地均有分布，种类繁多，按其分布的生态环境，可以归纳为以下几种类型：温性平原沙地灌木，这一类灌木主要是柳属的一些植物，代表种有黄柳 Salix gordejevii、小红柳 S. micostachya、北沙柳 S. psammophila 等；温带山地草甸草原、山地草甸宽叶灌木，在荒漠区山地，它们常参与组成灌丛草地；暖性灌草丛宽叶灌木，这类型灌木种类较多，数量较大；热性灌草丛宽叶灌木，种类更多，数量更大。

(5) 半灌木亚类群

半灌木植物是指其干和主根木质化，枝条不完全木质化，当年生枝条只部分木质化和木栓化，先端的1/3或1/2的草质枝条于冬季严寒季节枯死，随后逐节断落的无主干的一类植物。通常把不具主干，丛生，当年生枝条先端不及枝条长的1/3部分为草质，正常生长高度在1m以上的称为半灌木，但在严酷的生态条件下则可矮于1m；把从基部强烈分枝，但年生枝条先端草质部分长度超过全枝长的1/3，株高50cm以下的称为小半灌木，在生态条件好时也可达到1m；把生长矮小，形如座垫的小半灌木称为垫状灌木。该类群灌木具有极强的抗逆性，有些抗旱性极强，有些则具有较强的抗寒性。

半灌木植物根据生长型和科属划分为5组：蒿与类蒿半灌木组；盐柴类半灌木组；多汁盐柴类半灌木组；杂类半灌木组；垫状半灌木组。

半灌木的分布大体有两类生境，一类生长于荒漠、半荒漠的石质低山丘陵、黄土覆盖的阳坡、山前冲积平原的砂砾质戈壁；另一类生长于高山地带的阴坡。半灌木主要分布于我国西北地区和内蒙古，在我国南方也有少数半灌木分布，这些半灌木类群在对当地野生动物的生存及该地区的生态平衡具有十分重要的意义。

4.1.3 竹类群

竹类主要用地下茎进行无性繁殖,根据其地下茎的繁殖特点分为:单轴型、合轴型及复轴型三类。

(1) 单轴型

即地下茎细长、横走,为竹鞭;竹鞭具节,结上生根,称竹根;每节着生一芽,交互排列,有的芽抽成新鞭,有的芽成笋,出土后成竹秆,稀疏散生,逐渐成竹林,称散生竹林。这类竹类有刚竹属 *Phyllostachys*、拐棍竹属 *Fargesia*、短穗竹属 *Brachystachyum*、华箬竹属 *Sasamorpha*、茶秆竹属 *Pseudosasa*、苦竹属 *Pleioblastus*、方竹属 *Chimonbambusa*、大节竹属 *Indosasa* 及倭竹属 *Shibataea* 等。

(2) 合轴型

地下茎粗大短缩,不横走,节密根多,顶芽出土成笋,长成竹秆,新竹靠近老竹,形成密集丛生的竹丛,渐成丛生竹林;该竹类有簕竹属 *Bambusa*、牡竹属 *Dendrocalamus*、单竹属 *Lingnania* 及慈竹属 *Sinocalamus* 等。

(3) 复轴型

地下茎兼有单轴型和合轴型的繁殖特点,既能稀疏散生又能长出成丛的竹秆,这样的竹林称混生竹林;这些竹类有箬竹属 *Indocalamus* 及箭竹属 *Sinarundinaria* 等。竹类在热带及亚热带地区其种类最为丰富,温带种类很少;要求温暖湿润的气候和深厚肥沃的土壤,我国长江流域以南,海拔 100~800m 的河谷平地及丘陵山地,年平均气温为 14~26℃,年降水量 1 000~2 000mm 的地区,最适宜竹类生长。我国天然竹林的分布,南自海南岛、北抵黄河流域,东起台湾、西至西藏的聂拉木地区,大约在北纬 18°~35°及东经 85°~122°之间。我国竹类植物有 26 属、近 300 种,我国云南省中南部是世界竹类的起源中心。

4.1.4 草本类群

草本类群是水土保持植物中种类最多、分布范围最广的一个类群。由于分布范围广、种类繁多、环境条件复杂,因而其生态、生活型多样。它们中既有旱生的,也有中生的;既有强旱生的,也有湿生的;既有喜温的,也有耐寒的;既有高大的,也有矮小的;既有植株直立的,也有匍匐的。它们在全国各地各种不同的植被类型中均有分布。其中旱生和旱中生或中旱生的多年生草本多分布在温性典型草原和温性草甸草原植被上,中生多年生草本主要分布在低地草甸和山地草甸类植被中,而寒中生的草本则集中分布在高寒草甸类植被群落中,湿生杂类草多为分布在沼泽类的植被,喜暖的中生草本分布在暖性草丛和暖性灌草丛类植被群落中,喜热的多年生草本则分布在我国南方的热性灌草丛类植被群落中。草本在不同植被类型中的数量和作用因植被类型而异。总体而言,草本类群在温性草甸草原类和山地草甸类和高寒草甸亚类等草地上占有主导地位,其次在低地草甸和草原植被群落中。但目前在水土流失治理中应用广泛的植物类群中，当属禾本科及豆科类草本植物，因此，将禾本科及豆科类草本植物基本类型介绍如下。

4.1.4.1 禾本科亚类群

禾本科草本亚类泛指属于禾本科的所有多年生或 1 年生草本植物，该类群种类多，分布广，据统计，在全国各草地型中起建群作用的种类就有 170 余种。根据禾本科草类生长高度和分蘖特点，可将禾本科草类划分 4 类：小禾草类，密丛中禾草类，疏丛、根茎中禾草类，高大禾草类。

(1) 小禾草类

该类群包括植株高度在 30cm 以下、株丛不大的低矮小禾草，茎直立，少有匍匐茎。分蘖类型以密丛为主，也包含少数根茎型及疏丛型。生态类型多属于旱生及寒旱生种类，也有少数中生喜暖小丛禾草。除温性荒漠、高寒荒漠、干热稀树灌草丛及沼泽草地以外，其他各类草地中均有由不同种类小禾草建群的草地类型，而在温性荒漠草原、高寒草原、高寒荒漠草原草地中的作用最大，在温性草原化荒漠中只起亚建群作用。属于该类的草本植物主要为针茅属 *Stipa*、羊茅属 *Festuca*、早熟禾属 *Poa*、隐子草属 *Cleistogenes*、冰草属 *Agropyron*、结缕草属 *Zoysia*、地毯草属 *Axonopus*、蜈蚣草属 *Eremochloa*、狗牙根属 *Cynodon* 植物。

(2) 密丛中禾草类

该类包括株高 30~80cm 的密丛型禾草，多属旱生，是组成温性草原、草甸草原植被的主要成分，少数种类为寒旱生，成为高寒草地建群种。密丛中禾草主要为针茅属植物，有 5 个建群种，虽然植物种数不多，但分布面积大，具有明显的地理分布范围，如温性中旱生种贝加尔针茅 *Stipa bacailensis* 是平原丘陵草甸草原植被主要建群种之一，是标志草甸草原地带性特征的典型代表。

(3) 疏丛、根茎中禾草类

该类禾草高度一般为 30~80cm，有些植物在水分条件较好时，株高可超过 80cm。但株形仍为中禾草，不同于高大禾草，在生态条件、分布区域和经济价值方面也与密丛型中禾草区别明显，其分蘖类型为疏丛型、根茎型，及根茎—疏丛型 3 类，多属于中生、旱中生，其分布多与草甸草原、草甸、草丛植被联系紧密，在草甸草原、山地草甸、低地草甸、暖性和热性草丛、灌草丛中作用突出，而在干旱、高寒的草地中作用甚微，属于这一类的禾草主要有赖草属 *Leymus*、固沙草属 *Orinus*、白羊草属 *Bothriochloa*、黄背草属 *Themeda*、野古草属 *Arundinelia*、野青茅属 *Deyeuxia*、白茅属 *Imperata*、扭黄茅属 *Gramineae*、金茅属 *Eulalia*、佛子茅属 *Calamgrostis*、大麦属 *Hordeum*、剪股颖属 *Agrostis*、雀麦属 *Bromus*、披碱草属 *Elymus*、鸭茅属 *Dactylis*、早熟禾属 *Poa*、鹅观草属 *Roegneria*、碱茅属 *Puccinellia* 植物。

(4) 高大禾草类

该类禾草高度在 80cm 以上，植株高大而且粗壮，分蘖类型有根茎型、密丛型和疏丛型，而以根茎型居多数，生态类型多属于中生及旱中生，也有极少数湿生及水生种类。以暖性、热性种居多，也有少数温性种类。在暖性和热性草丛、灌草丛中起作用最大的种有：广域的芒、热性的五节芒和暖性大油芒 Spodiopogon sibiricus，其次有暖性的荻 Miscanthus sacchariflorus，热性的类芦 Neyraudia reynaudiana、大菅草 Themeda gigantean、苞子草 T. giganteanvar caudata。在低地草甸中起最大作用的种有广域芦苇，分布于东北沼泽化草甸的小叶章 Deyeuxia angustifolia，分布于内蒙古和西北地区盐化草甸的芨芨草 Achnatherum splendens，其次还有大叶章 D. langstorffii 等。

4.1.4.2 豆科亚类群

豆科草本亚类群泛指属于豆科的所有多年生或一年生草本植物。它既包括一些无茎的矮小草本，也包括一些茎粗壮乃至基部有一定木质化的半木本状的高大草本。豆科草本植物广布于我国各地，出现在多种植被中，以草甸草原植被上的种类最为丰富，其次为山地草甸、典型草原和高寒草甸草地，而以荒漠草原、荒漠草地上的种类较少。它们通常不是草群中的主要成分，一般约占总草量的5%~10%，有些种也常能形成优势种或亚优势种，如白三叶草 Trifolium repens、黄花苜蓿 Medicago falcata、野豌豆 Vicia sativa 等。豆科草本植物按其生长型和生态分布可划分为小豆科草、中豆科草、高豆科草3类。

(1) 小豆科草类

小豆科草是指温性以及高寒的旱生、中旱生以及寒中生的一类株体较小的丛生豆科草本植物。这类植物无茎或具匍匐状茎，株高 5~15(20) cm，常形成一个直径10cm 左右的小草丛，多作为重要的伴生成分分布于我国北方各省区的荒漠草原、草原各高寒草原植被中，有些种在南方也有分布，少数种可成为草群中的亚优势成分。这一类型植物以黄芪属、棘豆属、米口袋属的植物为主。

(2) 中豆科草类

中豆科草类是指中生或旱中生、株高 30~50(80) cm、茎较细的直立豆科植物，也包括具缠绕茎、匍匐茎的豆科植物，是豆科草本植物中数量最多的一类，主要分布于我国各地的草甸草原、山地草甸、河漫滩低地草甸植被中，具有分布广、参与度大、适应性强、耐寒与耐旱力强等特点，这类豆科植物是人工栽培豆科牧草的起源，绝大多数种类具有栽培前途。根据茎的生长状况可进一步分为直立茎中豆科草、具缠绕茎中豆科草和具匍匐茎中豆科草3种类型。

(3) 高豆科草类

高豆科草类是指茎较粗壮，乃至基部有一定的木质化，株高80cm 以上，有的可超过1m 的中生植物，是典型的主根性植物，在我国北方各地的平原低地草甸中不少种是草地的优势种或亚优势种。在我国北方常见的种有甘草 Glycyrrhiza uralensis、长果甘草 G. inflata、圆果甘草 G. squamulosa、刺果甘草 G. pallidiflora、骆驼刺 Alhagi maurorum var. sparsifolia、苦豆子 Sophora alopecuroides、华北岩黄芪 Hedysarum gmelinii、假香野豌豆 Vicia pseudo-orobus 等，在我国南方常见的种有坡油甘 Smithia sensitiva、大猪屎豆 Crotalaria assamica、猪屎豆 C. mucronata 等。

4.2 水土保持植物资源价值与保护

4.2.1 水土保持植物资源的价值与开发利用

4.2.1.1 水土保持植物资源价值

水土保持植物资源价值按其主要用途可分为5个类群，即食用植物、药用植物、工业用植物、饲用植物、环境用植物等资源类群。

(1)食用植物

食用植物是指可被用于制作食品，被人类食用的那些植物。按其食用方式(用途)和重要性，可划分为菜蔬植物、果品植物、蜜源植物、饮料及其他植物。菜蔬植物主要以大型真菌、藻类、蕨类及蓼科、藜科、苋科、十字花科、豆科、睡莲科、桔梗科、菊科、百合科等草本植物组成；果品植物主要以蔷薇科、松科、壳斗科、胡颓子科、桃金娘科、葡萄科、猕猴桃科、五加科、杜鹃花科等灌木、乔木组成；蜜源植物主要以杨柳科、蓼科、十字花科、蔷薇科、豆科、胡颓子科、伞形科、菊科、百合科等植物组成；饮料及其他植物主要以蔷薇科、豆科、十字花科、桦木科、胡颓子科、葡萄科、猕猴桃科、葫芦科等植物组成。

菜蔬植物具有较高的营养价值，特别是维生素含量远高于栽培蔬菜，且风味独特，很受欢迎，同时许多种类又具有药用功效，食疗兼宜。是我国传统利用并在近年不断出口创汇产品，其易采易加工，经济效益又较好，是很受欢迎的开发项目。

果品植物近几年发展很快，特别是高维生素C的第三代水果，如沙棘加工厂全国有150多家，近200种产品，广泛应用于果品、医药、化妆等领域。果品植物开发价值很高，且种类多、产量高、潜力大，如开发最好的沙棘仍不足年产量的10%。

蜜源植物在水土保持植物中种类也较多，主要有山荆子 *Malus baccata*、苜蓿 *Medicago sativa*、草木樨 *Melilotus suaveolens*、槐树 *Sophora japonica*、沙枣 *Elaeagnus angustifolia*、沙棘 *Hippophae rhamnoides*、柳兰 *Chamaenerion angustifolium*、光柄野芝麻 *Lamium album*、地榆 *Sanguisorba officinalis*、密花香薷 *Elsholtzia densa*、盐豆木 *Halimodendron halodendron* 等植物。

(2)药用植物

药用植物的利用已有几千年的历史，是我国医药宝库中的瑰宝。按其用途及重要性分为中草药植物、特种药源植物、兽用药植物及农药植物。

水土保持植物中的药用植物种类多，其中不乏名贵种类，以双子叶植物最多，重要科有毛茛科、罂粟科、蔷薇科、豆科、伞形科、五加科、唇形科、茄科、玄参科、桔梗科、菊科等；单子叶植物次之，重要科有禾本科、天南星科、姜科、百合科、薯蓣科、兰科等；裸子植物最少，有松科、柏科、麻黄科及银杏科；蕨类植物较多，以卷柏科、木贼科、鳞毛蕨科、铁角蕨科、水龙骨科为常见；另外，大型真菌及藻类也是重要药用源植物，如念珠藻科、麦角菌科、羊肚菌科、白蘑科、马勃科等。

药用植物的利用要求较为严格，首先，利用部位要明确，采集时间要恰当，如全草、茎、叶药用多在初花期采集，花药用在盛花期，果实药用在果熟期前，种子药用则是完熟期采集等，以保证质量。其次，药用植物的干燥和贮藏也是药性质量的重要影响因素。一般利用以采集野生或种植药材为主，如有技术设备保证和国家认可的情况下，可进行炮制和深加工，其经济效益更高。

(3) 工业用植物

用于工业用途的植物，包括内容很多，涉及工业领域很广，按其利用的植物体成分分为纤维植物、鞣料植物、油料用植物、淀粉类植物及其他植物。

纤维植物以其利用方式和纤维类型不同可分为麻类、编织、造纸、填充、木材等。草地中纤维植物很多，重要种类就不下千种，主要以禾本科、莎草科、桑科、荨麻科、锦葵科、杨柳科、榆科、杜鹃花科、忍冬科、夹竹桃科、萝藦科、亚麻科、瑞香科、灯心草科等科草本植物为主。

鞣料植物在草地中的蕴藏量也很大，主要以蓼科、虎耳草科、景天科、牻牛儿苗科、蔷薇科、杨柳科、壳斗科、漆树科等科植物为主。

油料用植物的资源量也很大，以十字花科、藜科、苋科、豆科、蔷薇科、唇形科、伞形科、杜鹃花科、菊科、败酱科、禾本科等科植物为主价值也很大，特别是芳香植物。

淀粉类植物有蕨类、壳斗科、睡莲科、蓼科、藜科、蔷薇科、豆科、旋花科、瑞香科、桔梗科、禾本科、天南星科、百合科、薯蓣科、石蒜科等科植物。

(4) 饲用植物

据有关资料统计，我国饲用植物已知的有 6 352 种、29 亚种、13 变型及 7 品种，分别隶属于 246 科的 1 545 属中，依科内所含植物的种数而论，超过 100 种的科有豆科、禾本科、菊科、莎草科、蔷薇科、藜科、蓼科、杨柳科等 9 科，占全部饲用植物的 61.67%，其中禾本科和豆科占饲用植物总种数的 35.6%。

按植物生长和饲用特点可分为乔木饲用植物、灌木饲用植物及草本饲用植物 3 类。乔木可分为夏绿乔木和常绿乔木，夏绿乔木的嫩枝和叶中含有丰富的粗蛋白，其营养价值可与优良牧草相比，因此，具有较高的饲用价值。常绿乔木的叶和枝中含有机酸、生物碱、树脂、单宁、挥发油等物质，在新鲜状态时家畜不食或少食。灌木的饲用价值要比乔木高的多，有些灌木不仅营养成分含量高，适口性好，而且是许多植被主要的建群种和优势种。

(5) 环境用植物

笼统讲每一种植物都是环境用植物，具体说可用于改造、研究环境的重要种类为环境用植物。按其用途可分为环改植物、环保植物、美化植物、指示植物。改造环境、造福人类是人们共同关心的问题，也是植物工作者努力的目标之一。我国水土保持植物生境复杂，蕴育了不同生态生活型的植物种类，可筛选出各种环境用植物。

环改植物是指可用于改造恶劣环境的重要植物。如可用于防风固沙的树柳、梭梭、固沙草、叉子圆柏（沙地柏）*Sabina vulgaris*、旱柳等；用于水土保持的有芨芨草 *Achnatherum splendens*、芦竹 *Arundo domax* 等；用于改良盐碱地的碱茅、野黑麦（短芒大麦）*Hordeum brevisubulatum*、芦苇等；用于肥田的苜蓿、胡枝子、草木樨、野豌豆等；用于草地建设的绿篱植物如金樱子等蔷薇属植物、柠条锦鸡儿等锦鸡儿属 *Caragana*

植物、枸杞 *Lycium chinense*、沙棘、沙枣 *Elaeagnus angustifolia*、白刺属 *Nitraria* 植物等。

环保植物是指可用于环境污染的监测和改造方面的植物。如用于监测 SO_2 的酢浆草 *Oxalis corniculata*、三叶草、龙柏 *Sabina chinensis* 'Kaizuca'、圆柏 *Sabina chinensis*、云杉 *Picea asperata*、白皮松 *Pinus bungeana*、臭椿 *Ailanthus altissima*、樱花 *Prunus subhirtella*、白榆 *Ulmus pumila*、银杏 *Ginkgo biloba* 等；用于监测氟化物的鸭茅、羊茅等；监测光化学烟雾的早熟禾、用于监测氯化物的蔷薇属植物等；也有用于抗解 SO_2 污染的女贞 *Ligustrum lucidum*、旱柳 *Salix matsudana*、沙枣 *Elaeagnus angustifolia*、侧柏、刺槐、多花蔷薇 *Rosa multiflora* 等；净化污水的凤眼莲 *Eichhornia crassipes*、芦苇 *Phragmites communis*、香蒲 *Typha orientalis*、灯心草 *Medulla junci* 等。开发这些植物对环境污染的监测和治理意义重大。

美化植物是指可用于美化环境的那些植物。如用于铺建草坪的有草地早熟禾及同属、结缕草、黑麦草 *Lolium perenne*、匍匐剪股颖 *Agrostis stolonifera*、羊茅、苔草、红三叶以及它们的同属植物等；用于庭院绿化的铁线蕨 *Adiantum capillusveneris*、松属 *Pinus*、柏属 *Cupressus*、杨属 *Populus*、柳属 *Salix*、榆属 *Ulmus*、铁线莲属 *Clematis*、山楂属 *Crataegus*、桃属 *Prunus*、蔷薇属 *Rosa*、冬青属 *Ilex*、金露梅 *Potentilla fruticosa*、合欢 *Albizia julibrissin*、槐树 *Sophora japonica* 等；用于行道绿化的松属、柏属、杨属、柳属、蔷薇属、木棉 *Bombax malabaricum*、沙枣、合欢、槐树等；用作花卉观赏的石竹属 *Dianthus*、乌头属 *Aconitum*、铁线莲属及蔷薇属、岩黄芪属 *Hedysarum*、棘豆属 *Oxytropis*、三叶草属 *Trifolium*、瑞香属 *Daphne*、龙胆属 *Gentianella*、菊属 *Dendranthema*、千里光属 *Senecio*、百合属 *Lilium*、郁金香属 *Tulipa*、鸢尾属 *Iris* 等。

指示植物是指可用于指示环境状况的那些植物，用于土壤状况的指示植物，如酸性土壤上的铁芒萁 *Dicranopteris linearis*、剑叶凤尾蕨 *Pteris ensiformis*、狗脊蕨 *Woodwardia prolifera*，沙质土壤上的油蒿 *Artemisia ordosica*、白沙蒿 *Artemisia sphaerocephala* 等，盐化土壤上的芨芨草等；用于草地退化状况的指示植物如狼毒、乌头 *Aconitum carmichaei* 等。

4.2.1.2　植物资源开发利用的基本原则

（1）植物资源增长量与植物资源开发利用量相一致的原则

在开发利用植物资源时，首先要找出该地区该植物资源的可采量，求出产量与最大经济效益的结合点，只有这样才能做到资源的可持续利用。

（2）高效利用原则

在植物利用过程中，往往顾此失彼，资源和人力浪费较大。其主要原因是加工技术较低，初级产品、单一产品较多。因此，在可能的条件下，尽量利用现代高新技术，对原材料、副产物和中间产物进行深加工，提高资源利用率和经济效益。

（3）开发新植物综合利用资源，提高资源商品率的原则

当某一植物资源品质优而又资源少时，在提高资源的利用率外，应寻找新的代用资源（如扩大植物器官的利用、在近缘物种中发现新资源），开发新的商品，以减轻对

现有资源的压力。

(4) 发挥区域地方特色，立足发展本地资源优势原则

加工业的优势往往是资源优势的转化，没有资源就是"无米之炊"。因此，开发利用植物资源，首先应搞清本地区的资源状况，立足本地，发挥本地区的植物资源优势。只有这样才能把资源优势与加工业相结合，提高经济效益。

(5) 建立产业基地，利用与保护并举的原则

包括建立可持续利用基地和人工种植、引种驯化基地，为产业提供稳定而优质的原料。

(6) 遵循循环经济"4R"原则

"4R"原则即减量化(reduce)、再利用(reuse)、再循环(recycle)、再思考(rethink)的行为原则。

4.2.1.3 开发利用的步骤与方法

(1) 资源本底调查

为了更合理地开发、利用和保护水土保持植物资源，在开发利用前必须首先对本地区的植物资源进行一次全面的调查，调查内容包括：编制植物资源目录，植物资源贮量调查，植物资源消长变化及生态调查。

(2) 制订资源开发利用规划

根据上述调查，结合市场需求，制订出开发利用规划，对那些贮量大，分布集中，经济效益高，又是市场短缺的植物种类，应马上组织开发利用，尽快收到效益。对那些经济效益大，贮量小，马上开发利用不能形成一定生产能力的植物种类，要先进行引种驯化，野生变家植，扩大资源数量以后再组织生产。对于贮量较大，分布集中，目前还没有探明利用途径或加工工艺水平低下易造成资源浪费的植物种类，暂时不要急于开发，应针对存在的问题进行科学研究，组织攻关，经论证后，再进行开发利用。

(3) 确定生产工艺流程

植物资源开发利用所形成的商品包括原料和工业制成品两大类。原料生产是指植物采收后不经加工处理，或只进行简单加工处理后作为原料提供给加工产业部门。生产工艺流程是指需要深加工资源，进行工厂化生产的技术过程。如原料药制成中、西医药，香料植物芳香油的提取等，这些生产工艺流程，应在确定开发利用的同时，由科技人员提出总体设计与生产工艺流程，以便组织建厂生产。

(4) 开展引种驯化与栽培工作

引种驯化是植物资源开发利用中的一个重要环节，特别是对资源贮量少的地区，或分布零星不易集中采收的种类更为重要，在引种驯化工作中应注意"气候相似"的原则，以及"北种南引"比"南种北引"易成功、草本比木本易引种成功等原则。

人工栽培是植物开发利用中一项重要措施。野生植物往往分布零星，产量低，有时由于过度开采导致资源枯竭，通过人工繁殖栽培，使其种群迅速增长扩大成为有效资源是非常重要的。野生变家植，要根据其生物学特性，在处理好各种生态因子协调

关系的基础上，制订出高产栽培技术措施，建立栽培基地，实行集约化管理，充分利用土地和空间。

4.2.1.4 水土保持植物利用应注意的问题

（1）首先应有计划、有管理地进行利用

水土保持植物的利用应作为水土保持多种经营的一个内容，由水土保持管理部门统筹管理安排，这样既可防止利用冲突，又有利于保护植物资源，提高水土保持的经济效益，同时可提取部分收入作为水土保持建设费用。

（2）应明确建立利用标准

如利用季节、利用种类、利用部位等，这样既保障不浪费资源，又可提高资源的等级和效益。

（3）应走深加工、精加工和综合加工的路线

只有利用先进技术、先进设备进行深加工、精加工、综合加工，才能大幅度地提高经济效益，提高群众开发的积极性。

（4）应在有保护的措施下利用，并加强驯化栽培工作

如在利用强度上有所限制，留有一定的休养生息的资源数量和时间等，并对重要资源逐步建立保护区（就地保护）和加强引种驯化及栽培工作（移地保护），只有这样才能保障资源的长久利用，逐步适应当今大工厂化的开发形势。

（5）应积极扶持对水土保持植物的合理开发，反对和严惩乱采滥用的犯罪行为

要彻底扭转目前收购者只管收购，采挖者破坏性采挖的利用方式，使水土保持植物的开发形成合理利用的好局面。

4.2.2 水土保持植物资源保护

4.2.2.1 水土保持植物资源保护的目标

（1）保证植物基本生态过程的正常运转

植物的基本生态过程是指生态系统所控制和调节的过程。因为任何一个植物种类不能脱离其生态系统而孤立存在。人类对植物资源的利用，不仅要考虑到被利用物种的承受力，而且要考虑整个生态系统的承受能力，要考虑到某一植物的采挖对整个生态系统的影响，要考虑生态系统的破坏会影响到其他植物的生存。

（2）保证植物资源的持续利用

对植物资源适度的开发利用对其生态系统保护是有益的，但要控制在可调节范围之内。如竹林的适度间伐对竹林生态系统是有利的，但如果成片砍伐，要恢复起来就很困难；木材林也是类似的情况。保证植物资源的持续利用，不仅使当代人类从资源利用中得到最大的持续利益，而且还可以满足后人的需要。

（3）保存植物遗传多样性

人们在开发利用植物资源时往往对环境和生态系统的破坏估计不足，特别是无序利用，乱采滥挖，不仅造成资源的严重破坏，而且会造成其他种类的灭绝。因此，保

护植物资源就是要保护物种的多样性，保护植物遗传多样性。一种植物的灭绝意味着一些特殊基因的永久丢失，是人类财富不可挽回的损失。

当然，我们对植物资源的保护，最终目的是为了更好的利用。合理的、可持续的利用不仅对我们当代有利，而且对子孙后代有利。

4.2.2.2 植物资源保护的途径与措施

(1) 植物的就地保护

植物的就地保护指建立各种类型的自然保护区。从 20 世纪 20 年代起，世界各国都相继建立国家公园和保护区。我国从 1956 年建立第一个自然保护区起，以后陆续建立了各种类型自然保护区。截至 2005 年底，我国自然保护数量已达到 2 349 个(不含港澳台地区)，总面积 14 994.90 × $10^4 hm^2$，约占我国陆地领土面积的 14.99%。在现有的自然保护区中，国家级自然保护区 243 个，占保护区总数的 10.34%，地方级保护区中省级自然保护区 773 个，地市级自然保护区 421 个，县级自然保护区 912 个，初步形成类型比较齐全、布局比较合理、功能比较健全的全国自然保护区网络。

(2) 植物的迁地保护

植物的迁地保护指建立各种植物园、树木园和百草园等，这是人工活的植物基因库。现在世界各国都有不同类型和大小的植物园。多数发达国家均在开展对植物种群的搜集、保存和应用的研究。据调查，目前世界上有 1 400 多个有一定规模的植物园。我国从 1929 年起，最早开始建立南京中山植物园，1934 年又建立了庐山植物园(江西)。以后从 19 世纪 50 年代起相继又建立了 50 多处植物园和树木园。

(3) 建立植物种质资源库

开展种子等繁殖体的生理和生化等方面的研究，使植物种质资源保护建立在更加科学的基础上。美国和俄罗斯都建立了国家种子库。中国农业科学院在北京建立了现代化的种子库，其主要任务是搜集和保存农作物品种的种子。但我国目前还缺乏一个以野生植物为主的、大型的现代化种质资源库。

(4) 编制和发布《国家重点保护野生植物名录》

宣传保护植物资源的重要意义和植物生态生活规律，使人民群众了解植物资源，自觉保护植物资源。为此，应建立有偿使用自然资源的制度，除建立谁管护谁受益的规定外，国家应该对植物资源的开发利用、管护、培植有统一的规划和执行的制度。

(5) 建立植物保护法律、法规

我国已制订了《森林法》《野生植物保护条例》和《农业野生植物保护办法》等法律法规。现在存在的问题是：①制订的法规尚不够具体，可操作性差。②执法不够严格，多数停留在宣传上，对违法的人和事无法及时制止，只有造成很大损失时才进行治理。因此，除加强法制宣传外，应进一步完善法律和加强执法的力度。

(6) 建立原料基地

对已开发利用的植物种类，根据市场需求，分别建立原料基地。一方面可以避免水土保持植物资源在开发利用中造成资源的枯竭；另一方面还可筛选培育优质的品种，使之更适合于加工利用。保护水土保持植物资源目的是更好地开发利用植物资源，在利用植物资源的过程中必须实现可持续利用与保护好植物资源。

4.3 水土保持植物资源调查方法

水土保持植物的调查，可按调查目的的不同、调查内容的不同，而有不同的调查方法，本节着重从种类调查、产量调查、储量测算、更新调查等几个方面来介绍水土保持植物的一般调查方法。

4.3.1 植物种类调查

种类调查，主要是了解当地水土流失区植物资源的种类和分布，这是进一步开发利用以及进行植被建设的基础。植物总是作为植物群落的一个组成部分而存在，故在进行植物种类调查时，要进行植物所在群落的调查，包括群落类型、产地条件、群落组成、更新及演替等。

进行植物种类调查前，应该了解一下该地区植物系统资料，并尽可能看本地区的标本材料。这一工作可通过查阅已出版的《中国植物志》或地方植物志，标本材料也可到有关研究所或大学查看。

植物调查包括原植物样本的采集，采到的标本除对可利用部位要特别注明以外，还要记录以下有关内容：分布、生长环境、大致数量(一般以多度计算)、花期、果期及主要利用价值等。关于利用价值方面资料，调查者应亲自收集得到。采集到的原植物应制成蜡叶标本，一般每种植物应采集3~5份，并应做好野外记录。我国劳动人民长期以来积累了利用植物的丰富经验。这些宝贵的经验，对于植物资源开发利用有很大的价值。因此，在进行植物资源种类调查时，要同时进行这方面的调查、搜集和整理。

在调查过程中，要特别注意以下几个问题：第一，要注意植物种类的准确性，最好得到实物标本；第二，对植物用途和功效，调查者应亲自调查访问得到，不要从文献资料转抄、转录。

在完成植物种类资源野外调查后，应着手编写资源植物名录。在编写前，要仔细核对标本，进行鉴定。植物标本鉴定时，应利用《中国植物志》、各省及地区的植物志及《中国高等植物科属检索表》来鉴定植物的科、属、种。对于不能确认的种，最好送有关单位请专家鉴定。同时，要统计每种植物在本地区的分布情况，如果是县的资源名录，分布地最好以乡为单位。在记录功效时，应只写自己调查到的情况，如果是转抄其他资料的应加以说明。

资源名录中的顺序一般按植物分类系统排列，先低等植物后高等植物。每一种植物应包括植物名称、俗名、拉丁名、生境、分布、花果期、利用部位、功效等部分。

4.3.2 群落产量调查

产量调查是水土保持植物调查的重要内容之一，它对于充分开发、利用和保护植物资源是一个极其重要的数量指标。

(1) 关于产量的若干概念

①单株产量 指一株植物资源部位(根、根茎、全草、叶、果实或种子)的平均产量(g/株)。调查植物株一般不得少于30株。

②蕴藏量 某一时期内一个地区某种植物资源的总蓄积量。

③经济量 某一时期内一个地区某种植物资源有经济效益的那部分蕴藏量。即只包括达到采收标准和质量规格要求的那部分量,不包括幼年的、病株或达不到采收标准的和质量规格的那部分量。

④年允收量 在一年内允许采收的量,即不影响其自然更新和保证持续利用的采收量。

(2) 样地的选择

在进行植物产量调查时,植物分布地域非常广阔,不同地形,不同植物群落类型植物的种类、数量都不同,因此,应该正确选择样地(标准地)。另一方面在进行大区域的植物产量调查中,不可能也不需要把所有地段进行全面的调查,可采用抽样调查法来选择样地。

由于不同的资源植物生长在不同的群落中,因此,样地设置必须考虑到含有调查植物的群落类型。为了解决这一问题,在正确选择样地前应对该种植物群落的分布有广泛的了解。一般在没有准确的该种植物所具有的群落类型资料时,应先进行群落结构调查,或借助有关植物群落和植物地理学资料选定主要群落类型。

样地的布局也常常会影响调查结果的准确性。一般样地布局采用抽样的方法来进行,常用抽样方法有主观取样、系统取样和随机取样。

(3) 样方的设置

选择好样地后,可以在样地上设置若干个样方或样图。样方的大小取决于调查的植物种类以及它们的群落学特征。一般草本植物为 $1 \sim 4 m^2$,小灌木为 $16 \sim 40 m^2$,大灌木和小乔木为 $100 m^2$。设置样方时,必须要注意面积的准确性。常用以下两种方法:

①记名样方 这种方法是统计样方内某种资源植物的株数,在用样株法调查产量时应用。

②面积样方 这种方法是测定样方中某种资源植物所占样方面积的大小,在用投影盖度法调查产量法时应用。

样方设置的数目是个相当复杂的问题。一般来说,从数理统计角度来看,样方不得少于30个。然而由于所调查的植物的群落结构复杂程度不同,所选定的样本数变化很大。瓦西里耶夫提出的确定资源植物产量调查时样方数的公式可供参考,即:

$$N = V^2/P^2 \tag{4-1}$$

式中 N——所需要的样方数;

V——所测的精度;

P——要求的精度。

(4) 样方的抽样方法

样方的布局常常会影响调查的准确性。下面介绍 3 种常用的抽样方法。

①主观取样 即严格按照一定规则(方向和距离)确定样方。在进行调查时，它只能作为一般正式样地调查选定时使用。由于这种方法得到的资料常会有偏差和遗漏，因此，这种方法所得到数量资料不能用于统计分析。

②系统取样 即严格按照一定的规则(方向和距离)确定样方的布局。一般是以某一样方作为中心点，向四个方向等距离选取若干样方。它的优点是布点均匀、寻址简便；缺点是某种植物在群落中呈不规则随机分布时，可能会影响产量调查的准确性。

③随机抽样 大多植物，特别是多年生草本植物，它们的分布格局常常是群聚和随机型的。因此，在样方布局时，可采用随机抽样法。随机抽样的基本原则是使某个样方在整个样地内都有同等机会被抽样选用。为此，应当把样地分成大小均匀的若干部分，每部分都编号或确定坐标位置，利用随机数字表、抽签、转盘等方式随机选出所需要的样方数。要注意的是采取任意样在现场投掷样方，不是真正的随机取样，此种方法需要较多的样方，工作量较大。

(5) 用投影盖度法计算产量

投盖法是指某一种植物在一定的土壤表面所形成的覆盖面积的比例。它不取决于植物数目和分布状况，而取决于植物的生物学特征。在测定投影盖度时，可采用拉孟斯基方格调查法或照相盖度法。

用投影盖度法计算产量时，要计算某种植物在样方上的投影盖度和 1% 盖度上资源量，然后求出所有样方的投影盖度和 1% 盖度资源量的均值，其乘积则是单位面积上某种植物的蓄积量。其计算公式为：

$$U = XY \tag{4-2}$$

式中 U——样方上植物平均蓄积量(g/m^2)；

X——样方上某种植物的平均投影盖度(%)；

Y——1% 投影盖度资源量(g)。

投影盖度法适用于成株丛的灌木或草本植物(调查种类是群落中占优势的植物)，即适用于很难分出单株个体的植物。

(6) 用样株法计算产量

样株法是指调查记号名样方内植物株数和单植株的平均重量，其乘积为单位面积上植物的蓄积量。其公式为：

$$W = XY \tag{4-3}$$

式中 W——样方面积资源平均蓄积量(g/m^2)；

X——样方内平均株数(n/m^2)；

Y——单株植物平均重量(g)。

样株法适用于木本植物、单株生长的灌木和大的或稀疏的草本植物。但对于根茎类和根蘖性植物，由于个体界限不清，计算起来比较困难，此时株数的计算单位常常以一个枝条或一个直立灌木为单位。

(7) 样方调查的记载内容

样方调查时，无论使用哪种方法，都应首先调查记载下列内容：调查地点、日期、样方面积、样方号、植物所在群落类型、生境、主要伴生植物。植物采集后要标明物候期，系上号码牌（和样方总号一致）。

植物的产量是种群的一个变异很大的数量指标，它受许多因素影响，既有植物本身的因素，又有环境因素。植物本身因素主要包括年龄状态、生活力、其器官的构造和发育情况等。环境因素包括土壤、地被物的影响、水分、光照、坡向、竞争者、种群的地理位置等。为了准确计算产量，应采用回归方程。

4.3.3 乔木和灌木积蓄量的测定

乔木和灌木的各部分（根、叶、树干、果实等）大多可以充当获取各种原料的来源。由于各部分用途不同，原料蓄积量的计算方法也不尽相同。

(1) 木材计算

木材很久以前就被人类利用，现在也还是国民经济建设利用的主要原料之一。木材的计算以树干的体积作为测定目标。

①伐倒木材体积的断定　概略计算可用胡伯尔（Гбуоер）的简单公式：

$$V = \frac{1}{2}gh \tag{4-4}$$

式中　V——树干体积（m^3）；

　　　$\frac{1}{2}g$——树干中部断面面积（m^2）；

　　　h——树干高度（m）。

稍精确一些计算公式为 $V = \frac{1}{2}(g_1 + g_2)h$，即树干的体积等于下面和上面的树干断面面积和的一半乘以树干高。如果将树干分成若干段，计算某体积更为准确，公式为：$V = (g_1 + g_2 + g_3 + \cdots + g_n) \times h$

②立木树干体积的测定　测定立木树干的体积包括测量树木的高度和在树干一半高度处确定其截断面积。公式为：

$$V = hsF \tag{4-5}$$

式中　V——树干体积（m^3）；

　　　h——树干的高度（m）；

　　　s——树干胸高断面面积（m^2）；

　　　F——种的行数。

在测量计算前，必须在适当的统计表中得到合适于该树种的具体条件和年龄的种数。

③根蓄积量的计算　由于完全把所有根取出来是十分困难的，因此，必须预先确定计算的准确性。根蓄积量的计算在实际运用中分3种情况：根系的全部发掘；根系的部分发掘；确定土壤拌入的程度。

第一、第二种情况为根系的精密发掘，把根取出并洗干净。如果根系的范围不很大，那么把小块土壤和所有根的分枝切去，在根冲洗之后，把他们分类，并把体积重量确定下来。测定体积借助于木材比重计，而重量则在风干状态时称重。在不能冲洗的情况下，消除土壤可利用干燥法，在称重量时，除去少量粘附在根系上的土壤重量。遇到很大的根系时，可掘出部分根系并确定其质量，然后进行适当的计算。

第三种情况为按层确定根分布在土壤的程度。为此取得一定大小的且在不同深度的土壤标本中分取出（洗净）所有的根，再把根分类并确定其重量或体积。

④叶的计算　确定叶子产量的蓄积量可按以下方法进行。在被计算的样方上（按年龄类别）选择某些典型树种，把叶子全部或部分剪下。把剪下的叶子（按树冠的部分）进行分类，称其新鲜或干燥状态下的重量。根据部分称重（一般500g），确定干燥系数以供今后计算从一株树上取得叶子样品的产量在风干时的蓄积量之用。确定样方（植物群落的预定类型）上要调查的植物年龄类群关系后，即可算出单位面积叶蓄积量。如黄栌 Cotinus coggigria，样本（通常为标准株）的湿叶质量为5kg，风干质量为0.75kg，那么干缩百分比为15%，若在试验场上1hm^{2}中黄栌的数目为500株，则1hm^{2}中其叶蓄积量为375kg（500×5×15%）。

落叶的重量有时也要计算，因为它们也有利用价值。应计算单位面积的风干重量，有时要计算落叶的动态变化，这可以计算不同时期叶的产量。

⑤花的计算　有许多植物的花可用于提取挥发油、有机燃料或药用，根据需要计算花或整个花序的蓄积量。

预先设置样地，样地范围根据植被形状而定，在样地中设置样方，把所有花或花序点数，剪下称其鲜重或风干重量，同时计算干缩系数。如多籽石榴，从1个样方来的花湿重为3.2kg，风干重为0.8kg，干缩系数为75%。在1个样方中数目为10株，1 hm^{2}中数目为200株，那么1 hm^{2}中花的蓄积量为150kg。为了得到可靠的平衡数字，首先，挑选典型的乔木或灌木，其次，对于植物有关部分的产量分测几次。为了更正确的计算，可按不同年龄类型适当地挑选一系列的乔木或灌木。按照这一方法所确定的干缩系数，可得出一定植物发育阶段的标准数字，用于同一植物的蓄积量的计算。

在有必要计算花的个别部位时，应采用实验性的精细称量，并且确定有用物和抛弃部分的重量比值，确定适当的系数，计算有用部分的蓄积量。同样，精确计算任何物质的蓄积量时，可借助于解剖学或化学的专门方法确定。

⑥果实、种子的计算　大多植物的果实和种子（或两者的一部分，甚至整个聚合果）都有利用价值，如可作为淀粉、糖、脂肪和挥发油、树脂、植物碱等的原料。因此，果实和种子的计算方法应该予特别的注意。

对生长在密集植物群落中的乔木或灌木的果实和种子的收获计算，以设置样方的方法为最佳；同样，样方的面积范围由植被性状来确定，同时结合地植物学的一般计算标准。在选定的样方上挑选若干典型的乔木或灌木，尽可能地收获所有成熟的果实。有时不能完全收获时，只能用自测来确定留在树上的果实数，将剪下来的部分果实称重。称取鲜重和风干重量，并计算其干缩系数。如梅氏荼子，从1个样方来的浆果湿重为3.3kg，风干重量为0.7kg，干缩系数为72%。在样方中数目为8株，1 hm^2

中数目为 150 株，那么 1 hm² 中原料蓄积量为 112kg。

在有必要计算果实部分(果实、种子、各种不同的附属物)的收获量时，应把所需部分分开，然后确定该部分重量与果实其他部分的比例关系。根据得到的系数便可计算具最大价值的那一部分果实的收获量。

4.3.4　草本或半灌木植物储蓄量确定方法

确定这类植物的蕴藏量时，应根据其经济价值或可利用部分，确定采收部位，然后加以计算。根据某种植物的分布及蕴藏量，其统计方法可以改变。

(1) 少量植物在群落中分散分布时数量和质量的统计方法

在自然界中有两种情况，一是植物分布量少，且混生于其他植物中；二是能很好地从其他植物中分出，它较容易统计，可以在大面积上进行统计。

在第一种情况下，应设置样方来计算植物的数量和质量。在不同的植物群落中，设置面积 $0.5 \sim 1 m^2$ 的样方 10~20 次。每个样方中，所有被研究的植物都予以统计。对发育良好、发育中等和发育不好的成年植物分别统计，同时确定他们的发育阶段和平均高度，幼年的植物可单独统计(这些植物当年尚不能利用)。这样可确定单位面积中不同大小(或不同年龄)植物数量。从上面的每个样方中，选出 5~50 株(较大的植物 5~10 株，小的植物、幼苗、当年生的植物不少于 20 株)植物进行挖掘或切割。对于全草可利用的植物，需连根挖出，对于某一部分可以利用的植物，就只取可利用部分。所有收集的植物(或植物的一部分)一定要尽快按照不同类群分别称其湿重和风干重量。从得到的数字中就可能确定一株或部分的重量，然后按照每公顷植物的数量，即可确定该种植物的蕴藏量。

当某种植物能很好地从周围的植物中分出，并为星散分布时，可用下面的方法进行蕴藏量的计算。按照植物发育和年龄的类别来统计，并计算其对比关系。样本大小为 $100 \sim 200 m^2$，样本最好用正方形或长方形。如果在地图划分线中包括几个群落，那么在每个群落的范围内都要设置这样的样方。在大多数情况下，以一次重复为限，仅对于分布稀少的植物(在 $30 \sim 100 m^2$ 中有一种植物)，则要进行这样 $100 \sim 200 m^2$ 的样方 3~10 次。在计算区的范围内，所有植物都在根部切断或由植物上切割下个别部分，把它们按状态和年龄分类，同时加以统计并称其湿重和风干重量，计算其百分比关系。

(2) 大量分布的植物统计方法

在森林和平原地区，多年生和 1 年生草本植物大多分布密度较大，它们的储蓄量计算时，应选用下面的方法。

首先确定资源植物所在的植物群落类型，再进一步在每一群落的不同点上，在草层中，进行不少于 10 个 $1 m^2$ 的样方，然后在离地面 5~6cm 处割下这些植物。如果土壤表面平坦，植物长年较茂盛且盖度较大时，可用 $2 \sim 4m^2$ 的样方，重复 5 次，并将其割取。割取的植物在湿的状态下称其重量。然后从中选除中等的样品作分析用，其重量应不少于 $1m^2$ 中植物的重量。中等样品选取方法：把植物摊成薄层，从不同的地方取出样品(不少于 10 个样品)，称其重量，称后取出植物，并分别称量。随后将植物样品在风干状态下重新称量。按照得到的数字材料，统计每公顷的贮藏量。

在沙漠或半沙漠地区，植物的盖度达到40%，计算贮藏量可按本节中的方法。在灌木贮藏量计算时，所取的$1m^2$的样方数可被10或20除尽，植物的量可按年龄和发育分别统计，可由获得的材料，确定在每公顷中植物的数目。然后在每一年龄的类别中，从群落选出5~50株的标准灌木，称其湿重和干重。根据每公顷中植物的数目和灌木（或其部分）的平均值，确定每公顷中植物的贮藏量。

4.3.5 植物更新调查

植物资源更新调查关系到植物被利用后能否迅速得到恢复和确定合理的年允采收量等问题，也是保证植物可持续发展和得到保护的重要技术依据。植物更新可分为两类：自然更新和人工更新调查。

(1) 自然更新调查

自然更新调查是指被利用植物的迹地上对植物自然更新调查。一般时采用固定样方（永久样方）进行调查。

固定样的布局和设置　固定样方应在选定的样地上设置。其样方的大小和产量调查时选用的样方应尽可能一致。其数目不应少于30个。样方的布局应和产量调查时选用的方法一致。如果产量调查选用的是系统抽样法，更新调查时，也应选用系统抽样法。如果产量调查选用的随机抽样法，更新调查也应选用随机抽样法。

地下器官的自然更新调查　在固定样方进行地下器官自然更新时，首先要考虑采挖强度。如果样方内株数较少就不能全部采挖，否则更新便不可能。因此，采挖强度要考虑到种群密度和年龄组成。

地下器官更新调查主要是其根及地下茎的每年增长量。由于地下器官不能连续直接观察，需采用定期挖掘法和间接观察法。

定期挖掘法是在一定时间间隔挖取地下部分，测定其生长量，经过多年观察得出其更新周期，这种方法适用于能准确判断年龄的植物。

间接观察法又称相关系数法。许多植物地下器官和地上器官的生长存在着正相关。因此，可以计算出其地下部分的年龄增长量。

地上部自然更新调查　地上部更新调查首先要调查它的生活型、长期发育规律，然后调查它的投影盖度和伴生植物。调查要逐年连续进行，一般应包括单位面积产量、单位面积的植株数和植株高度。地上部的更新调查还包括生态因子的影响，以确定最适采收期。生态调查一般采用带状横断面调查法。这种方法是在含有该植物的群落地区，选一个长210m，宽10m的带状区，设21个小区，分别调查每个区的土壤pH值、坡度和光照强度等，然后分析这些生态因子对植物长年发育和产量的影响。

(2) 人工更新调查

人工更新调查一般选好适宜调查植物生长的地段，进行人工播种或栽植，然后进行观察记录。人工更新的地块也可叫样方。草本植物每个样方为$1m^2$，灌木可为$41m^2$，乔木可为$100m^2$，调查内容主要包括：样方面积、群落类型、海拔高度、坡度、坡向、土壤情况、光照强度、伴生植物等。

在样方上可进行播种或人工移栽幼苗,然后逐年记录其生长发育情况,特别要调查样方内苗的增长数目,并定期测量它们的增长量,以及达到采收标准的年限,最后通过数年观察得出人工更新的年限和恢复的技术措施。

4.3.6 水土保持植物调查总结

植物调查工作结束后,要进行调查工作的总结,撰写调查报告。调查报告的内容依据调查目的和任务而定。一般分为工作报告和技术报告两部分。

工作报告一般包括三部分:第一部分为工作概括,包括组织机构和调查队伍情况、技术方案的执行情况、经费等;第二部分为主要报告,调查工作中取得的成绩和存在的问题;第三部分为工作体会。

技术报告因调查任务而不同。如果是全面普查内容则要广泛些,这种总结一般为资源普查技术报告时,关键是写明本地区存在植物种类、分布和利用情况,特别要提出主要植物种类蕴藏量、经济量、年允许采收量和最大持续产量,并进行质量评价。确定植物种类蕴藏量、经济量、年允许采收量和最大持续产量应考虑以下几种关系:

(1) 与植物生境、群落类型的关系

每种植物的资源量,不但与植物种本身的形态特征、植株大小有密切的关系,而且在不同的生境中,其资源量也是不同的。每种植物又是处于一定的群落类型中,而不同群落中植物的组成又极不相同。某一种植物也因群落类型不同,资源量也不同。因此,一种植物的蕴藏量、经济量、年允许收获量和最大持续产量不是恒定的,应根据其不同生境、不同群落类型来判断。

(2) 与收获部位的关系

在确定每种植物蕴藏量、经济量、年允许采收量和最大持续产量时,采收部位不同,其蕴藏量、经济量、年允许采收量和最大持续产量明显不同。如直根系的黄芪、甘草等,一经挖出就不能再更新生长,而根茎类植物再采挖时往往会留下一部分根茎在土壤中,有可能再生。对于草本植物,因再生强弱不同,其利用程度差异较大。因此,确定不同采收部位的植物蕴藏量、经济量、年允许采收量和最大持续产量时,应考虑到具体的情况。

(3) 与植物自然更新及人工更新的关系

植物属于可更新的自然资源,在自然长年和人为采收情况下,其资源量都在发生变化,而这种变化是与种群更新、群落更新和群落演替有密切关系,因此,确定其蕴藏量、经济量、年允许收获量和最大持续产量时,必须研究每种植物片段更新规律,并对其进行人工更新实验研究,才能准确确定每种植物的蕴藏量、经济量、年允许收获量和最大持续产量。

本章小结

我国水土保持植物资源丰富，种类多且蕴藏量较大，具有较高的经济价值和生态功能，在开发利用的同时应做好资源保护工作，它是合理高效利用植物资源的重要基础。本章在介绍我国水土保持植物资源种类、分布和价值的基础上，阐述了水土保持植物资源的调查方法与开发保护措施，为水土保持植物的保护与合理开发利用提供技术支撑。

思 考 题

1. 简述我国水土保持植物资源种类与分布特点。
2. 简述水土保持植物的资源价值及开发利用步骤。
3. 简述水土保持植物资源调查方法与保护途径。

下篇 各论

第5章

水土保持乔木植物

Ⅰ 常绿乔木植物

5.1 油 松

油松 Pinus tabuliformis Carr.，又名短叶松，短针马尾松、东北黑松（图5-1）

【科属名称】 松科 Pinaceae，松属 Pinus L.

【形态特征】 乔木，高25m，胸径可达1.8m；树皮深灰褐色或褐灰色，呈较厚的鳞片状开裂，裂缝及上部树皮红褐色。1年生枝粗壮，淡灰黄色或淡红褐色；针叶2针一束，长6.5~15cm，粗硬，不扭曲；叶鞘宿存；球花单性，雄球花生于当年枝基部，花粉有气囊；雌球花生于当年生枝顶端或侧面；每个珠鳞腹面着生2枚胚珠；球果卵球形或圆卵形，长4~9cm，成熟时淡橙褐色或灰褐色，宿存；种鳞木质，不脱落，顶端具鳞盾和鳞脐，鳞盾多呈菱形，肥厚，横脊显著，鳞脐有刺，不脱落；种子具翅，褐色，卵圆形，长6~8mm，连翅长15~18mm。花期4~5月，球果第二年9~10月成熟。

【分布与习性】 油松是我国特有树种。主要分布于辽宁、河北、山东、河南、山西、宁夏、甘肃、青海、四川等地。属于中生植物。喜光，喜温暖气候，能耐-30~-20℃的低温，较耐旱，能生长在年降水量250mm左右的贺兰山地区。耐瘠薄土壤，酸性、中性或钙质黄土都生长良好。生长快，7~10年开始开花结实。寿命长。生于海拔800~1500m山地的阴坡和半阴坡，常形成纯林或与其他针阔叶树种组成混交林。

图5-1 油松 Pinus tabuliformis Carr.
[引自《树木学》（北方本）第2版]

【水土保持功能】 油松喜光，抗寒，耐旱，在全光条件下能够天然更新，是荒山造林的先锋树种。根系发达，保持水土能力强，深根性，主根粗壮，侧根伸展较广，吸收根群分布在30~40cm的土层内，有真菌共生。对土壤适应性强，养分条件要求低，耐干旱、瘠薄土壤，从土壤中吸收氮素及灰分元素的数量少，对土壤养分条件差异的反应不灵敏，根系能深入岩石缝隙，利用成土母质层内分解出来的养分。它是华北地区优良的水土保持树种。

【资源利用价值】油松还是很好的用材树种，它的木材边材呈淡黄色，心材黄褐色，材质优良，可用于建筑、桥梁、矿柱、枕木、电柱、车辆、家具、造纸等。树干可采割松脂；树皮可提取栲胶。树干挺拔苍劲，四季常青，是华北地区优良的园林绿化树种和主要造林树种之一。瘤状节或枝节入药，具有祛风湿、止痛，主治关节疼痛，屈身不利的功能；花粉入药，能燥湿收敛，主治黄水疮、皮肤湿疹、婴儿尿布性皮炎；松针入药，能祛风燥湿、杀虫、止痒，主治风湿痿痹、跌打损伤、失眠、浮肿、湿疹、疥癣等症，并能防治流脑、流感；球果入药，能祛痰、止咳、平喘，主治慢性气管炎、哮喘等症。

【繁殖栽培技术】用种子繁殖，每千克种子25 000粒左右，可保存2~3年。可人工播种，也可飞播，可平地或山地育苗，也可容器育苗。通常春播、雨季播或秋播。油松育苗可以连作，连作可以使幼苗生长健壮。幼苗5~6月时易得立枯病，可每周喷波尔多液1次，连喷4次。幼苗怕水涝，应注意排水和中耕除草。除山区外，沙地和黄土高原也可栽植，通常栽植在阴坡、半阴坡或土层较厚的阳坡。水平阶、鱼鳞坑、水平沟、反坡梯田、带状整地均可，多采用2~5株丛植，适当密植。油松纯林火险性大，病虫害多，目前多采用与紫穗槐、胡枝子、荆条、沙棘等灌木或元宝枫、椴树、山杏、橡栎类等乔木树种混交造林。主要病害有油松幼苗期的立枯病；主要虫害有油松毛虫、红蜘蛛、油松球果小卷蛾和油松球果螟等。

5.2 樟子松

樟子松 Pinus sylvestris var. mongolica Litv.，又名海拉尔松（图5-2）

【科属名称】松科 Pinaceae，松属 Pinus L.

【形态特征】乔木，高达30m，胸径可达1m；树干下部树皮黑褐色或灰褐色，深裂成不规则的鳞状块片脱落，裂缝棕褐色，上部树皮及枝皮黄色或褐黄色，薄片脱落；1年生枝淡黄绿色，无毛，2或3年生枝灰褐色；冬芽褐色或淡黄褐色，长卵圆形，有树脂；针叶2针一束，长4~9cm，径1.5~2mm，硬直，扭曲，边缘有细锯齿，两面有气孔线；横断面半圆形，叶鞘宿存，黑褐色。球果圆锥状卵形，长3~6cm，淡褐色，鳞盾多呈斜方形，纵横脊显著，肥厚，隆起向后反曲或不反曲，鳞脐小，瘤状凸起，有易脱落的短刺；种子长卵圆形或倒卵圆形，微扁，黑褐色，长4~5.5mm，连翅长11~15mm；花期6月，球果成熟于次年9~10月。

【分布与习性】樟子松天然分布于我国东北的黑龙江、吉林和内蒙古东北部，中生乔木。生于海拔400~900m山地的山脊、山顶和阳坡以及较干旱的砂地及石砾砂土地区，常组成纯林，或与白桦、落叶松、偃松成混交林。喜光，幼苗阶段耐荫性弱。耐寒性和抗旱性强，对土壤的适应性强，生长快，人工造林6~7年即可进入高生长旺盛时期。人工林一般 15 年生开始结果，25 年生普遍结实。樟子松种子小，有翅，能飞散 500m 以上，种壳薄，需水少，易发芽，是天然更新能力很强的树种。对二氧化硫具有中等抗性。

【水土保持功能】 能耐 -50 ~ -40℃ 低温，不苛求土壤水分，根系发达，可充分利用土壤水分。2 年生全根苗耐旱临界水分为 2.0%。喜光，在林内缺少侧方光照时，自然整枝很快。适应性强，在风积沙土、砾质粗沙土、砂壤土、黑钙土、栗钙土、淋溶黑土、白浆土上都能生长。生长快，人工造林 6 ~ 7 年即可进入高生长旺盛时期。因此，是北方常见的优良固沙树种。

【资源利用价值】 材质较松软，富油脂，木材纹理通直，结构中等。力学强度较大，抗性强，耐水湿及真菌侵蚀，对酸碱的抵抗力也较大。木材易于加工，易干燥，油漆性能良好，是良好的建筑用材。可供造船、桥梁、车辆、电杆、家具等用。还是北方干旱地区广为引种的重要造林树种之一。

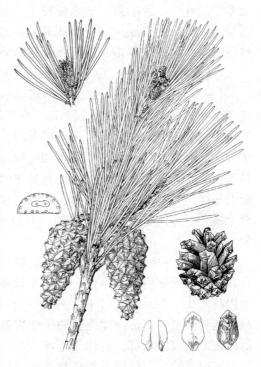

图 5-2 樟子松 *Pinus sylvestris* var. *mongolica* Litv.

[引自《树木学》（北方本）第 2 版]

【繁殖栽培技术】 春秋两季采种，球果坚硬，不易开裂，须进行露天日晒或在干燥室调制，去除种翅。种子需要催芽处理，具体方法是：用 0.3% 的高锰酸钾溶液浸泡几分钟后用清水洗净，再用 30℃ 左右的温水浸泡一昼夜，捞出后稍晾干，将种子与河沙按照 1:2 的体积比混拌，保持含水量为饱和持水量的 60%，温度为 15 ~ 20℃，每天翻动 1 ~ 2 次，催芽十多天，裂嘴达到 5% 即可播种。苗期要防治立枯病，西北地区风大，在上风向需设立防风障，通常采用明穴法或窄缝法早春种植。在流动沙丘通常采用胡枝子或黄柳等生物固沙措施固定沙丘后栽植樟子松。幼时易遭鼠害。

同属的白皮松 *P. bungeana* Zucc. ex Endl. 和西伯利亚红松 *P. sibirica* Mayr. 功能与樟子松相近，也可用于水土保持生态建设中，限于篇幅，此处不再赘述。

5.3 赤 松

赤松 *Pinus densiflora* Sieb. et. Zucc.，又称日本赤松、灰黑赤松（图 5-3）

【科属名称】 松科 Pinaceae，松属 *Pinus* L.

【形态特征】 常绿乔木，冬芽、树皮均红褐色，1 年生枝橙黄色，微被蜡粉。幼年发育均匀，树形整齐，老年则虬枝宛垂，渐呈不规则状，秀丽多姿，大枝平展，树冠伞形。针叶2针一束，丛生短枝上，柔细而为蓝绿色，长5~12cm。3~4月间开花，雄球花圆柱形密集，雌球花单生。球果圆锥形状卵形，翌年10月成熟，淡褐色，种子具披针形长翅。

【分布与习性】华东及北部沿海地区、北亚热带落叶、长绿阔叶混交林区东部。深根性树种，抗风力强，耐寒，极喜光，在土层深厚、沙质的中性土、酸性土生长迅速，黏质土、石灰质土、盐碱土及低湿地不宜种植。赤松有要求海洋性气候的特性，大陆内地发育不良。在贫瘠多石的山脊上树干多弯曲不直，生长较慢。寿命长达200年以上。

【水土保持功能】具有极强的生命力和天然更新能力，耐贫瘠，深根性，抗风力较强，能有效固持水土，改良土壤结构，增加土壤有机质，减少地表径流；其适应性强，能生于岩石裸露的低海拔山坡或山顶部，可作为土壤干旱瘠薄、岩石裸露较多的高山陡坡更新造林的先锋树种，同时也可在江河两岸的沙地营造赤松护岸林。

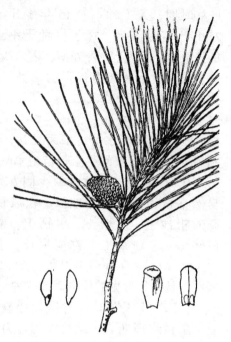

图5-3　赤松 *Pinus densiflora* Sieb. et. Zucc.

（引自《中国高等植物图鉴》）

【资源利用价值】木材用途广泛，材质坚硬、结构较细、耐腐力强，可供建筑、电柱、矿柱、家具、纤维工业原料，树脂树叶可加工提取芳香精油等；其垂枝者，虬枝宛垂，更为优雅可观，适于门庭入口两旁或路隅、草坪上孤植，在溪边、瀑布口尤为适宜，行道绿化的优良树种，有较高的观赏价值；其古朴多姿，亦为树桩盆景之佳木。

【繁殖栽培技术】以播种育苗为主，其优良品种则用嫁接繁殖。10月采种，球果暴晒数日，经常翻动，果鳞开裂，种子自出，取净后干藏，2~3月播种，撒播或条播。播后用黄心土或焦泥灰过筛覆盖，以不见种子为度，上盖稻草，保持土壤湿润，4月中旬出土，及时揭草。播前和播后要特别防治猝倒病及其他病虫害。翌春即可分栽造林，一般大苗移栽须带泥球，时间在2月中旬至3月下旬或11月上旬至12月中旬进行。赤松还有松干蚧、松天牛、松梢螟等蛀干害虫危害，应注意防治。

品种嫁接用黑松作砧木，接穗选粗壮的1年生枝条，在2月中下旬至3月上旬用腹接法，接后垫土至接穗顶部，天旱略喷水，以防接穗枯萎。成活后逐步修去砧木枝叶，至10月中下旬可将砧木枝叶全部剪除掉，但亦可留一部分待翌年再剪。垂枝赤松可用高接法，生长快，成形早，但要选取5~6年生砧木。

5.4　黑　松

黑松 *Pinus thunbergii* Parl.（图5-4）

【科属名称】松科 Pinaceae，松属 *Pinus* L.

【形态特征】常绿乔木，高可达30m，树皮带灰黑色。针叶2针一束，浓绿坚硬，冬芽白色，针叶长约6~15cm，断面半圆形，叶肉中有3个树脂管，叶鞘由20多个鳞片形成，长约12mm。球花单性同株，雌球花生于新芽顶端，紫色，珠鳞多数，螺旋状排列；每个珠鳞基部，裸生2个胚珠。雄球花生于新枝基部，雄蕊多数，螺旋状排列，每个雄蕊2个花药。球果翌年秋天成熟，鳞片裂开而散出种子，种子有薄翅。

【分布与习性】原产日本及朝鲜南部海岸地区，我国大连、山东沿海地带和蒙山山区以及武汉、南京、上海、杭州等地引种栽培。喜光，耐干旱瘠薄，不耐水涝，不耐寒。适生于温暖湿润的海洋性气候区域，最宜在土层深厚、土质疏松，且含有腐殖质的砂质土壤处生长。因其耐海雾，抗海风，也可在海滩盐土地方生长。

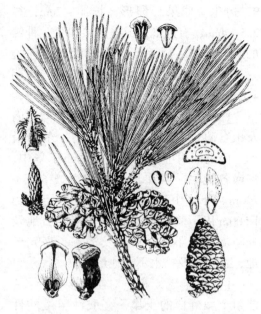

图5-4　黑松 *Pinus thunbergii* Parl.
（引自《中国高等植物图鉴》）

【水土保持功能】喜温暖湿润的海洋性气候，极耐海潮风和海雾，阳性树，但比油松和赤松耐荫；对土壤要求不严，但喜生于沙质壤土上，耐瘠薄，也较耐碱，在碱性较大的土壤上仍能生长，根系发达，穿透力强，能够起到固持水土的作用。对烟尘污染、二氧化硫有一定的抗性。因其适应性强、耐瘠薄、抗松干蚧、抗海雾，生长较快，且林分生物生产力较高，因而成为我国东南沿海地区最好的先锋树种之一。

【资源利用价值】树冠葱郁，干枝苍劲，最适宜作海崖风景林、防护林、海滨行道树、庭荫树，为海岸绿化优良树种。园林中常与其他树种混植作背景。针叶粗硬，姿态古雅，容易盘扎造型，为制作树桩盆景的好材料。对二氧化硫和氯气抗性强，宜用于有污染的厂矿地区绿化。

【繁殖栽培技术】播种繁殖。幼苗期生长较慢，小苗于每年春季修根移植一次，以促生侧根，使移植容易成活，且利于培育大苗；移植时要带土球或宿土。大树移栽需带土球，栽下后需浇足底水，并立支柱，以防摇动。

5.5　马尾松

马尾松 *Pinus massoniana* Lamb.（图5-5）

【科属名称】松科 Pinaceae，松属 *Pinus* L.

【形态特征】乔木，高达45m，胸径1m，树冠在壮年期呈狭圆锥形，老年期内则开张如伞状；干皮红褐色，呈不规则裂片；1年生小枝淡黄褐色，轮生；冬芽圆柱形，红褐色。叶2针1束，少3针1束，长12~20cm，质软，叶缘有细锯齿；树脂道4~

8，边生。球果长卵形，长 4~7cm，径 2.5~4cm，有短柄，成熟时栗褐色，种鳞的鳞背扁平，鳞脐不突起，无刺。种长 4~5mm，翅长 1.5cm。子叶 5~8。花期 4 月；果翌年 10~12 月成熟。

【分布与习性】分布极广，北自河南及山东南部，南至两广、台湾，东自沿海，西至四川中部及贵州，遍布于华中、华南各地。一般在长江下游海拔 600~700m 以下，中游约 1 200m 以上，上游约 1 500m 以下均有分布。多分布于山地及丘陵坡地的下部、坡麓及沟谷、高亢台地，忌积水及排水不畅地形。

【水土保持功能】对土壤要求不严，能耐干燥瘠薄的土壤，喜酸性至微酸性土壤。凋落物及根系通过改善土壤结构，增加孔隙度，提高土壤入渗，能够阻缓地表径流，减少地表径流，增加森林蓄水量，增大土壤稳定性团聚体的含量，

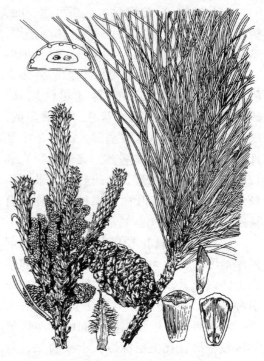

图 5-5 马尾松 *Pinus massoniana* Lamb.
[引自《树木学》（北方本）第 2 版]

提高有机质含量，改良表土结构，从而达到涵养水源、固持土壤、改良土壤的作用；同时其凋落物覆盖于地表，防止雨滴击溅表土，避免了地表结皮，增强了土壤的抗蚀性和抗冲性，起着重要的固土保水的作用，是优良的水土保持先锋树种。

【资源利用价值】树干可采割松脂，叶可提芳香油；木材经防腐处理，可作矿柱、枕木、电杆；木材纤维长，是造纸和人造纤维的主要原料，也是产脂树种和薪材树种。

【繁殖栽培技术】采种时应选 15~40 年生树冠匀称、干形通直、无病虫害的健壮母树。可在 11 月下旬至 12 月上旬球果由青绿色转为栗褐色，鳞片尚未开裂时采集。用人工加热法使种子脱粒（出籽率 3%），将采集到的种子经筛选、风选、晾干，装入袋中，置通风干燥处贮藏。种子一般贮藏期为 1 年。选择土壤肥沃、排水良好、湿润、疏松的砂壤土、壤土作圃地。施足基肥后整地筑床，要精耕细作，打碎泥块，平整床面。播种季节在 2 月上旬至 3 月上旬。播种前用 30℃ 温水浸种 12~24h。条播育苗，条距 10cm，播种沟内要铺上一层细土。

5.6 杜 松

杜松 *Juniperus rigida* Sieb. et Zucc.，又名崩松、刚桧（图 5-6）

【科属名称】柏科 Cupresaceae，刺柏属 *Juniperus* L.

【形态特征】小乔木或灌木，高达 11m，树冠塔形或圆柱形；树皮褐灰色，纵裂

成条片状脱落；叶刺形，3叶轮生，基部具关节，不下延，长12~22mm，先端锐尖，上面凹下成深槽，白粉带位于凹槽之中，下面有明显的纵脊，横断面成"V"形。球花单性，雌雄异株，单生叶腋；雄球花椭圆形，黄褐色，具5对雄蕊；雌球花具3枚珠鳞，胚珠3。球果肉质，圆球形，径6~8mm，成熟时淡褐黑色或蓝黑色，被白粉，内有2~3粒种子，种子近卵圆形，长5~6mm。花期5月，球果成熟于翌年10月。

【分布与习性】杜松分布于我国黑龙江、吉林、辽宁、河北、山西、陕西、甘肃及宁夏海拔1 400m以上的山地；朝鲜、日本也有分布。它是旱中生强阳性树种，有一定的耐荫性，性喜冷凉气候，主根长而侧根发达，对土壤要求不严，能生长在酸性土上，在干旱的岩缝间或砂砾土和海边均能够生长，但以向阳的湿润的沙质壤土最

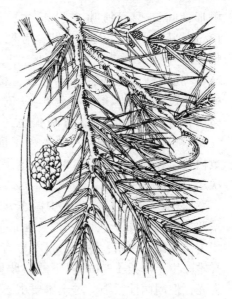

图 5-6　杜松 *Juniperus rigida* Sieb. et Zucc.（引自《中国高等植物图鉴》）

佳，对海潮风具有相当强的抗性，是良好的海岸庭院树种。

【水土保持功能】杜松对土壤要求不严，生于海拔1 400~2 200m山地的阳坡或半阳坡的干燥岩石裸露山顶或山坡的石缝中，具有很好的水土保持作用。

【资源利用价值】木材坚硬，纹理致密，耐腐蚀力强，可供作工艺品、雕刻、家具、器皿、农具等用材。树姿优美，为著名庭园绿化树种。果实入药，具有发汗、利尿、镇痛的功效，主治风湿性关节炎、尿路感染、布氏杆菌病等。

【繁殖栽培技术】杜松种子每千克约7万粒。播种或扦插繁殖，种子繁殖时，首先将果实晾晒十几天后，用石块进行揉搓，除去果皮、果肉，选出种子。由于杜松的种皮坚硬，透水性差，需进行强迫高温浸种的方法打破种子的休眠。首先用高锰酸钾溶液浸种灭菌后，捞出洗净，用80℃的热水进行浸种3d，随即用40℃的温水浸种7~10d，然后进行变温混沙或低温层积沙藏催芽。种子经过冬天的沙藏后，已吸水膨胀，3月下旬可将种子搬出室外，当有部分种子裂嘴后即可播种。

杜松扦插繁殖成活率很低，但是杜松嫁接繁殖成活率很高。嫁接繁殖理想砧木为臭柏（沙地柏），最佳嫁接期为3月下旬至4月下旬，通常采用髓心形成层贴接法。杜松嫁接条繁殖的方法是将杜松2年生接条剪下，剪时应带砧木厚条，其长度为接条1/3，后用清水浸泡2~4d后扦插，插入深度保持在接条的1/4处。

5.7　圆　柏

圆柏 *Sabina chinensis* Ant.，又名桧柏（图5-7）

【科属名称】柏科 Cupresaceae，圆柏属 *Sabina* Mill.

【形态特征】乔木，高达20m，胸径达3.5m；树皮灰褐色，纵裂条片脱落；树冠

塔形；叶二型，刺叶3叶轮生，长6~12cm，基部下延，上面微凹，有两条白粉带；鳞叶交叉对生，菱状卵形，长1.5~2cm，先端钝或微尖；雌雄异株，稀同株，雄球花黄色，椭圆形，雄蕊5~7对。球果肉质，近圆球形，成熟时暗褐色，径6~8cm，被白粉，2~4粒种子，种子卵圆形，黄褐色，长约6cm。花期5月；球果成熟于次年10月。

【分布与习性】原产于中国东北南部和华北地区，分布于我国华北、西北、华东、华中、华南、西南；朝鲜、日本也有。中生乔木。生于海拔1 300m以下的山坡丛林中。喜光，但耐荫性很强，对土壤要求不严，但以中性土层深厚而排水良好的地方生长最佳。生长速度中等，25年生树高8m左右，寿命极长，各地可见到千百年的古树。

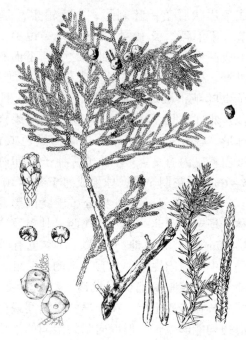

图5-7 圆柏 *Sabina chinensis* Ant.
［引自《树木学》(北方本)第2版］

【水土保持功能】耐旱，耐热，对土壤要求不严，能生于酸性、中性及石灰质土壤上，对土壤的干旱和潮湿均有一定的抗性。深根性，侧根发达。对多种有毒气体有一定抗性，是针叶树中对氯气和氟化氢抗性较强的树种，对二氧化硫的抗性超过油松，能吸收一定数量的硫、汞。因此，是工矿区绿化的优良树种。

【资源利用价值】材质致密，坚硬，淡褐红色，美观而芳香，耐腐力强，极耐久，可供建筑、家具、文具及工艺品等用材。树根、枝叶可提取柏木脑及柏木油，种子可提制润滑油。树形美观，在园林中应用极广，宜作独赏树、行道树、绿篱，也可以作桩景和盆景材料。枝叶入药，能祛风散寒、活血解毒，主治风寒感冒、风湿、关节痛、荨麻疹、肿毒初起。

【繁殖栽培技术】播种法繁殖，发芽率40%，当年采收的种子，在1月将洁净的种子浸于5%福尔马林溶液中消毒25min后，用水洗净，然后层积于5℃左右的环境中100d左右，当种皮开始开裂，即可播种，种子约2~3周后出苗。

5.8 侧　柏

侧柏 *Platycladus orientalis*(L.)Franco.，又名柏树、扁柏、扁桧(图5-8)

【科属名称】柏科 Cupresaceae，侧柏属 *Platycladus* Spach

【形态特征】常绿乔木，高达20m，胸径达1m，树冠圆锥形；树皮淡灰褐色，纵裂成条片；生鳞叶的小枝排成一平面；叶鳞形，交互对生，长1~3cm。雄球花有6对雄蕊，雌球花具4对珠鳞，仅中间两对各具2枚胚珠；球果近卵圆形，长1.5~2cm，成熟前近肉质，蓝绿色，被白粉，熟时种鳞张开，木质，红褐色；鳞背顶端的下方有一向外弯曲的尖头；种子卵圆形或近椭圆形，灰褐色或紫褐色，长4~8cm，无翅或极窄的翅；子叶2。花期5月，球果10月成熟。

【分布与习性】侧柏分布很广，除荒漠区、黑龙江、台湾、海南岛外，全国各地都有栽培，朝鲜也有。温带植物，能够适应干冷和暖湿的气候，在年降水量300~1 600mm，年平均气温8~16℃的气候条件下生长正常，能耐-35℃的低温。在迎风地顶梢干枯，生长不良。对土壤要求不严，适生于中性土壤，在酸性或微碱性土壤上也能旺盛生长。耐涝能力较弱，在地下水位过高或排水不良的低洼地上易烂根死亡。萌芽能力强，浅根性，抗风能力弱，2~6年为高生长快速生长期，5~40年为胸径快速生长期。

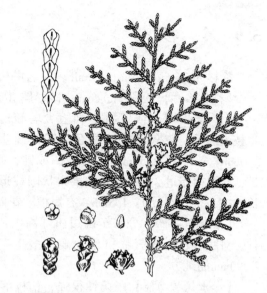

图5-8 侧柏 *Platycladus orientalis*（L.）Franco.［引自《树木学》（北方本）第2版］

中生乔木。生于海拔1 700m以下向阳干燥瘠薄的山坡或岩石裸露石崖缝中或黄土覆盖的石质山坡，常与油松成混交林或散生林。见于阴山、阴南丘陵等州。

【水土保持功能】侧柏在向阳干燥瘠薄的山坡和石缝中也能生长。对基岩和成土母质适应性强，在石灰岩、紫色页岩、花岗岩等山地都可以造林。抗盐碱能力较强，在含盐量0.2%的土壤上生长良好。对二氧化硫、氯气、氯化氢具有中等抗性。是较好的水土保持树种。

【资源利用价值】木材淡黄褐色，有光泽和香气，材质细密，耐腐性强，切削容易，可供建筑、造船、桥梁、家具、雕刻、细木工、文具等用材。树形美观，耐修剪，常作庭园绿化和绿篱树种。种子入药（药材名：柏子仁），能滋补强壮、养心安神、润肠，主治神经衰弱、心悸、失眠、便秘等症。枝叶入药（药材名：侧柏叶），能凉血、止血、止咳，主治咯血、衄血、吐血、咳嗽痰中带血、尿血、便血、崩漏等症。

【繁殖栽培技术】5~6年结实，球果采集后需晾晒取种。播种前用30~40℃温水浸种12h，捞出置于蒲包或箩筐内，放在背风向阳的地方，每天用清水淘洗1次，并经常翻倒，当种子有一半裂嘴，即可播种。通常采用植苗造林，春、秋、雨三季都可栽植，植于低山或海拔1 000m以下的阳坡、半阳坡，石质山地干燥瘠薄的地方，轻盐碱地和沙地。侧柏在一定的侧方庇荫的条件下比纯林生长健壮而且迅速，宜多营造与油松、元宝枫、黄连木、臭椿、黄栌、紫穗槐的混交林。侧柏易萌生侧枝，栽植5年后，在秋末或春初进行修枝。

5.9 冷 杉

冷杉 *Abies fabri*(Mast.)Craib，又名塔杉(图5-9)

【科属名称】松科 Pinaceae，冷杉属 *Abies* Mill.

【形态特征】常绿乔木，树冠尖塔形。树皮深灰色，呈不规则薄片状裂纹。一年生枝淡褐黄、淡灰黄或淡褐色，凹槽疏生短毛或无毛。冬芽有树脂，叶长1.5~3.0cm，宽2.0~2.5cm，先端微凹或钝，叶缘反卷或微反卷，下面有2条白色气孔带，叶内树脂道2，边生。球果卵状圆柱形或短圆柱形，熟时暗蓝黑色，略被白粉，长6~11cm，径3.0~4.5cm，有短梗。花期4月下旬至5月，果当年10月成熟。

【分布与习性】分布于四川西部高山，海拔2 000~4 000m。是耐荫性很强的树种，对寒冷及干燥气候抗性较弱，多生于年平均气温在0~6℃、降水量1 500~2 000mm的地方。

【水土保持功能】耐荫性很强，枯枝落叶容易分解，分解速度较快，使土壤有机质、全N和速效磷以及各类微生物均很高，进一步改善了土壤团粒结构，使之具有良好的通气透水性能，又有强大的蓄水功能；提高林地土壤肥力，增大地表水土壤入渗，减少地表径流，具有极良好的净化水质、水源涵养以及水土保持的功能。自然条件下生长状况良好，繁殖能力强，为山火之后的先锋树种。

【资源利用价值】冷杉的树皮、枝皮含树脂，是制切片和精密仪器最好的胶接剂。材质轻柔、结构细致，无气味，易加工，不耐腐，为制造纸浆及一切木纤维的优良原料，可作一般建筑、枕木(需防腐处理)、器具、家具及胶合板，板材宜作箱盒、水果箱等。冷杉的树干端直，枝叶茂密，四季常青，可作园林树种。

【繁殖栽培技术】播种育苗。采收后不宜立即脱粒。种子相当脆，容易受伤，宜手工去翅。种子在低温条件下可贮藏5年。播种前一般应在1~5℃下湿润层积催芽14~28d。条播，沟深2cm，播种量450~600kg/hm²，覆盖焦泥灰以不见种子为度，上盖稻草。5月上中旬出土，分次揭草，并搭棚遮荫。1年生苗高4~6cm，留床1年，仍须庇荫，第3年春，选择阴湿环境移植培大，如庇荫度不够，需搭荫棚或栽蔽荫植物。扦插育苗，应取幼龄母树的枝条作插穗，休眠枝扦插时间以2~3月为宜；半熟枝则6月中下旬，插后100d左右生根。冷杉初期生长缓慢，造林或绿化多采用5~10年生幼树，移栽在11月上旬至12月中旬或2月中旬至3月下旬进行，须带泥球。幼树畏烈日和高温，须择适宜环境栽植。

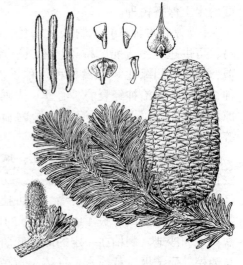

图5-9　冷杉 *Abies fabric*(Mast.)Craib
[引自《树木学》(南方本)第2版]

同属的秦岭冷杉 Abies chinensis Tiegh.，功能与冷杉相近，也可用于水土保持生态建设中，限于篇幅，此处不再赘述。

5.10 柳　杉

柳杉 Cryptomeria fortunei Hooibrenk ex Otto et Dietr.（图5-10）

【科属名称】杉科 Taxodiaceae，柳杉属 Cryptomeria D. Don.

【形态特征】常绿乔木，高达40m，干皮红棕色长条状脱落，叶钻形，螺旋状成5列覆盖于小枝上，叶先端尖，四面具白色气孔线，叶尖略向内弯。雌雄同株异花，雄球花单生小枝叶腋成短穗状；雌球花单生枝顶。球果球形，径1.2～2.0cm，有种鳞20片，鳞片先端具3～6齿，鳞背中部可见苞鳞尖头；种子褐色，三角状长圆形，稍扁，具窄翅。花期4月，果熟10月。

【分布与习性】中国原产，多分布于长江以南各地，西南地区也有，近年来，河南、江苏、山东、安徽等地也有引种栽培，生长基本良好。为暖温带树种，喜温暖湿润的气候和深厚肥沃的沙质壤土，不耐严寒、干旱和积水。根系较浅，抗风力差。

【水土保持功能】树冠高大，枝叶繁密，具有深厚的枯枝落叶层，极大削弱了雨水对土壤地表的直接击溅，减小了雨水的冲刷力，减少了地表径流；林冠层、枯枝落叶层具有良好的持水能力，提高了林地固持水土、涵养水源的能力；柳杉对二氧化硫、氯气、氟化氢等有较好的抗性。

【资源利用价值】常绿乔木，树姿秀丽，纤枝略垂，孤植、群植均极为美观，是良好的绿化和环保树种。树干通直，木材纹理直，材质轻软，结构粗，可为桥梁、建筑和造船等用，为重要材用树种；树皮为屋顶的遮盖物。

【繁殖栽培技术】以种子繁育为主，扦插也可以，但成活率较低。采种母树宜选15～20年生，受光充足，无病虫害的林中优势木。于每年立冬前后采果，暴晒3～5d，待种鳞开裂，筛出种子，种子阴干后可贮存于缸内或布袋内，置于通风处。每年大寒至翌年雨水间播种。以适当早播为好。条播或撒种均可，播后用经筛选的黄心土覆盖，以不见种子为度，再盖草3～5cm厚。苗木出土后及时除草，苗间管理做到及时遮荫，立夏时搭棚，秋分后分期拆除；及时除草，排水灌溉；柳杉幼苗忌涝怕旱，要及时排涝，做到雨季沟底不积水，旱季床面不干燥；及时间苗，每年5月初开始，6月下旬定苗。造林用2年生

图5-10　柳杉 Cryptomeria fortunei Hooibrenk ex Otto et Dietr.
（引自《中国高等植物图鉴》）

苗木为宜。

5.11 红豆杉

红豆杉 Taxus chinensis (Piger.) Rehd., 又名紫杉、美丽红豆杉(图 5-11)

【科属名称】红豆杉科 Taxaceae, 红豆杉属 Taxus L.

【形态特征】常绿乔木，叶螺旋状着生，排成二列，条形，略弯，近镰刀形，长 2~4.5cm，宽 3~5mm。边缘通常不反曲，上面中脉隆起，下面有两条黄绿色气孔带，下面中脉带的色泽与气孔带不同，中脉带上局部有成片或零星的角质突起，种子通常较大，长 6~8mm，呈卵形或倒卵形，微扁。4 月开花，10 月种子成熟。

【分布与习性】产秦岭、长江以南，四川、云南及广东、广西北部海拔 1 000m 以上山地。阴性，要求阴、潮、土壤疏松、喜温暖湿润气候及酸性土，生长慢。

【水土保持功能】树种叶片含水率高、着火温度高，红豆杉难燃，火焰扩张和蔓延的速度较慢，抗火性能好，防火效益显著，是优良的阻火树种；生长慢，但耐荫长寿，抗寒能力很强，尽管主根不明显，但侧根极其发达，能够改良土壤结构，提高土壤肥力，改善生态平衡，起到固持水土，防止土壤沙漠化的作用。

【资源利用价值】树形美丽，果实成熟期红绿相映的颜色搭配令人陶醉，可广泛应用于水土保持、园艺观赏、用材林。由于含有抗癌特效药物紫杉醇而非常珍贵，具有极高的开发利用价值。种子可榨油，树皮含单宁，可作用材树。

【繁殖栽培技术】采用种子繁殖和扦插繁殖，以育苗移栽为主。选地以疏松、富含腐殖质、呈中性或微酸性的高山台地、沟谷溪流两岸的深厚湿润性棕壤、暗棕壤为好。10 月中下旬，果实呈深红色时采收种子。该种子属生理后熟，需要经过 1 年的湿沙贮藏才能发芽。常采取室外自然变温沙藏层积法处理种子，以提高发芽率。一般在早春播种。条播为主，粒距 5~7cm。也可采用撒播。播种后，挖取松林下带有菌根并过筛的黄壤土覆盖种子，厚度以不见种子为度。幼苗期注意遮荫，播种时覆盖稻草以不见土为适宜，苗期搭建荫棚，透光度在 60%。然后铺植苔藓护苗，保护苗床不受日晒雨淋，并经常保持土壤疏松、湿润。当苗高长至 30~50cm 即可移栽。移栽在 10~11 月或 2~3 月萌芽前进行，每穴栽苗 1 株，浇水，适当遮荫。每年追肥 1~2 次，多雨季节要防积水，以防烂根。定植后，每年中耕除草 2 次，林地封闭后一般仅冬季中耕除草，培土 5 次。结合中耕除草进行追肥，肥源以农家肥为主，

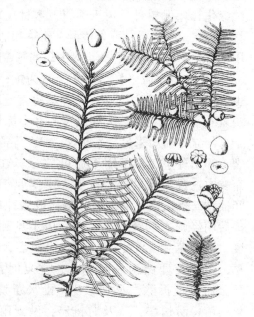

图 5-11 红豆杉 Taxus chinensis (Piger.) Rehd.(引自《中国高等植物图鉴》)

幼树期应剪除萌蘖，以保证主干挺直、快长。

5.12 木 荷

木荷 *Schima superba* Gaertn. et Champ.（图 5-12）

【科属名称】山茶科 Theaceae，木荷属 *Scheima* Reinw.

【形态特征】乔木，高达 30m，胸径 1m；树皮灰褐色，块状纵裂。叶革质，卵状椭圆形或矩圆形，先端渐尖或短尖，基部楔形，无毛。新叶初发，老叶入秋均呈红色，艳丽可爱。5～7 月间开肥大白色或淡红色而芳香之花，腋生于枝的上端。蒴果近球形，中轴常宿存，9～11 月成熟，种子扁平、肾形、边缘具翅。

【分布与习性】为亚热带树种，产于福建、江苏、浙江、安徽、江西、湖南、四川、贵州、云南、广东等地，喜生于气候温暖湿润，土壤肥沃，排水良好的酸性土。在碱性土质中生长不良。

【水土保持功能】主要体现在其为防火林带的优良树种。原因一是草质的树叶，含水量达 42% 左右。这种含水超群的特性，使得一般的森林之火奈何不了它；二是它树冠高大，叶子浓密，一条由木荷树组成的林带，就像一堵高大的防火墙，能将熊熊大火阻断隔离；三是它的种子轻薄，扩散能力强，木荷种子薄如纸，每千克达 20 多万粒，种子成熟后，能在自然条件下随风飘播 60～100m，这就为它扩大繁殖奠定了基础；四是它有很强的适应性，凡酸性土壤均可生长，既能单独种植形成防火带，又能混生于松、杉、樟等林木之中，起到局部防燃阻火的作用。木质坚硬，再生能力强。坚硬的木质增强了它的耐火能力，即使第一年过火，第二年也能出芽长叶，恢复生机。

【资源利用价值】树干通直，木材坚硬，被列为特种用材；树冠优美，叶片茂密，四季常绿，具有较高的观赏价值，可作风景树；木荷还能吸收多种有毒气体，是庭院美化和园林行道绿化的最佳树种；木材树冠浓密，叶片革质，能起防火、防松毛虫的作用，为我国珍贵的用材树种。

【繁殖栽培技术】应选择土壤比较深厚的山中、下部的地方造林。一般采用带状整地和块状整地。带状整地的带宽 0.5～1m，块状整地 0.5m×0.5m。用 1 年生实生苗，选择雨天或阴天造林。时间一般在春季造林较好。幼苗时生长较慢，初植密度宜稍大，一般株行距为 1.7m×1.7m，每公顷栽植 3 600 株左右。造林后

图 5-12 木荷 *Schima superba* Gaertn. et Champ.［引自《树木学》（南方本）第 2 版］

5.13 楠 木

楠木 *Phoebe zhennan* S. Lee et F. N. Wei，又名桢楠（图 5-13）

【科属名称】樟科 Lauraceae，楠属 *Phoebe* Nees

【形态特征】常绿大乔木，高达 30m，胸径 1m；幼枝有棱，被黄褐色或灰褐色柔毛，2 年生枝黑褐色，无毛。叶长圆形、长圆状倒披针形或窄椭圆形，长 5~11cm，宽 1.5~4cm，先端渐尖，基部楔形，上面有光泽，中脉上被柔毛，下面被短柔毛，侧脉约 14 对；叶柄纤细，初被黄褐色柔毛。圆锥花序腋生，被短柔毛，长 4~9cm；花被裂片 6，椭圆形，近等大，两面被柔毛；发育雄蕊 9 枚，被柔毛，花药 4 室，第 3 轮的花丝基部各具 1 对无柄腺体，退化雄蕊长约 1mm，被柔毛，三角形；雌蕊无毛，长 2mm，子房近球形，花柱约与子房等长，柱头膨大。果序被毛；核果椭圆形或椭圆状卵圆形，成熟时黑色，长约 13cm，花被裂片宿存，紧贴果实基部。

【分布与习性】主要分布于四川、贵州、湖北、湖南。分布于阴湿山谷、山洼及河旁。年降水量 1 400~1 600mm。在土层深厚、肥沃、排水良好的中性或微酸性冲积土或壤质土上生长最好；在干燥瘠薄或排水不良之处，则生长不良。楠木为中性偏阴的深根性树种，寿命长，300 年生尚未见明显衰退；幼年期耐荫蔽，一年抽 3 次新梢。生长速度中等，50~60 年达生长旺盛期。种子属多胚型，每粒种子能抽出 2~3 苗。花期 5~6 月，果期 11~12 月。

【水土保持功能】根部萌蘖能长成大径材，主根明显，侧根发达，能够有效地固持水土，改良土壤结构，涵养水源；而且在 50~60 年后才达到生长旺盛期，寿命长的特性更有利于水土保持作用的持久发挥。其枯枝落叶层又是涵养水源中的重要环节，既能截持降水，又能使土壤免受雨滴直接打击地面，阻滞径流和地表冲刷，并通过腐殖质的形成，提高土壤渗透性，改良土壤结构。

【资源利用价值】木材优良，具芳香气，硬度适中，弹性好，易加工，很少开裂和反翘，为建筑、家具等的珍贵用材；木材和枝叶含芳香油，蒸馏可得楠木油，是高级香料；树姿优美，也是著名的庭园观赏和城市绿化树种。

【繁殖栽培技术】用种子繁殖。果实

图 5-13 楠木 *Phoebe zhennan* S. Lee et F. N. Wei[引自《树木学》（南方本）第 2 版]

采收后，搓去外果皮，种子有油质，寿命短，阴干后即可播种。若次年春播，需用湿沙贮藏。幼苗期需遮荫，当幼苗长成真叶即可间苗或移植，一般1年生苗即可出圃造林。如绿化用大苗，可换床培育3~5年。大苗栽植，必须带土团，并剪去部分叶片。栽植时要选择温暖湿润、土壤肥沃的环境。

5.14 樟 树

樟树 Cinnamomum camphora (L.) Presl (图5-14)

【科属名称】樟科 Lauraceae，樟属 Cinnamomun Trew.

【形态特征】常绿大乔木，高达50m；树皮幼时绿色，平滑，老时渐变为黄褐色或灰褐色纵裂；冬芽卵圆形。叶薄革质，卵形或椭圆状卵形，长5~10cm，宽3.5~5.5cm，顶端短尖或近尾尖，基部圆形，离基3出脉，近叶基的第一对或第二对侧脉长而显著，背面微被白粉，脉腋有腺点。圆锥花序生于新枝的叶腋内。核果球形，熟时紫黑色。花期4~5月，果期10~11月。

【分布与习性】分布于长江以南及西南，生长区域垂直海拔可达1000m，尤其以四川省生长面积最广。喜光，稍耐荫；喜温暖湿润气候，耐寒性不强，较耐水湿，但不耐干旱、瘠薄和盐碱土。深根性，萌芽力强，耐修剪。生长速度中等，树形巨大如伞，能遮荫避凉。存活期长，可以生长为成百上千年的参天古木。

【水土保持功能】对土壤要求不严，虽不耐干旱、瘠薄和盐碱土，但较耐水湿，而且主根发达，根深，不仅抗风能力强，而且能够固持水土；同时枝叶茂密，冠大荫浓，树姿雄伟，萌芽力强，耐修剪，因而具有吸烟滞尘、涵养水源、固土防沙和美化环境等作用。此外还具有抗海潮风及耐烟尘和抗有毒气体能力，并能吸收多种有毒气体，较能适应城市环境，是城市绿化、防护林及风景林的优良树种。

【资源利用价值】江南温暖地区重要的材用和特种经济树种。根、木材、枝、叶均可提取樟脑、樟油，樟脑供医药、塑料、炸药、防腐、杀虫等用，樟油可作农药、选矿、制肥皂、假漆及香精等原料；木材质优，抗虫害、耐水湿，供建筑、造船、家具、箱柜、板料、雕刻等用；枝叶浓密，树形美观可作绿化行道树及防风林。

【繁殖栽培技术】播种或扦插繁殖。为浆果状核果，多肉质，容易发热发霉变质，要随采随处理，除去果皮果肉，种子洗净后，晾干砂藏。翌年2~3月上、中旬播种，

图5-14 樟树 Cinnamomum camphora (L.) Presl [引自《树木学》(南方本)第2版]

可用高锰酸钾溶液浸种，温水处理，以条播为宜。当幼苗长出 3～4 片真叶时开始间苗，苗高 10cm 时，按每米播种行存苗 20～25 株定苗。6～9 月生长盛期，应适时追肥。1 年生苗高 50cm 以上，根径 0.7cm 以上即可出圃造林。分枝性强，成片造林密度不宜过稀，否则主干分枝过低，侧枝横生，降低木材产量和质量。为提高成活率，可采用修剪枝叶或截干栽植等措施。造林后，每年 2～3 次中耕除草和深翻扩穴，至幼林郁闭止。丘陵地区幼林要预防日灼危害，偏北地区还要预防霜冻危害。樟树多萌生枝，影响主干生长，在造林头几年将离地面树高 1/3 以下的嫩芽抹掉。以后根据生长情况修枝，将树冠下部受光较少的枝条除去，保持树冠相当于树高的 2/3，过多修枝会影响树木生长。修枝季节宜在冬末春初。

5.15　木　莲

木莲 Manglietia fordiana Oliv.（图 5-15）

【科属名称】木兰科 Magnoliaceae，木莲属 Manglietia Bl.

【形态特征】常绿乔木，高达 20m；树皮灰色，平滑；小枝幼时有褐色绢毛，有皮孔和环状纹。叶厚革质，长椭圆状披针形，长 8～17cm，宽 1.8～6.5cm，顶端急尖或短渐尖，基部楔形，背面苍绿色或有白粉；叶柄细，长约 1.4cm，红褐色。花白色，花柄长 1～2cm，花被片常 9，倒卵状椭圆形，长 3～4cm；雌蕊群无柄，心皮多数，螺旋状排列。聚合果密聚成卵圆形，长 4～5cm；蓇葖肉质，深红色，熟时木质，紫色，外面有小疣点，顶端有小尖头。

【分布与习性】产于福建、广东、广西、贵州、云南，分布于长江中下游各省，常生长在酸性土上，为常绿阔叶林中常见的树种。幼年耐荫，成长后喜光。喜温暖湿润气候及深厚肥沃的酸性土。根系发达，但侧根少，初期生长较缓慢，3 年后生长较快。有一定的耐寒性，在干旱炎热之地生长不良，在 -7.6～6.8℃ 低温下，顶部略有枯萎现象，不耐酷暑。

【水土保持功能】枝叶茂密，深厚的枯枝落叶层，削弱了雨水对土壤地表的直接击溅，减小了冲刷力，降低了地表径流；林冠层、枯枝落叶层良好的持水能力，有利于提高固土保水能力；土层根系的大量分布，在网结土壤的同时也增加了大量的土壤有机胶结物，导致了土粒间连接方式、空间数量的变化，使得土壤的孔隙状况发生变化，改良土壤结构，提高了土壤的入渗能力，减少地表径流。

【资源利用价值】木质优良，是建筑、家具的用材；树皮和果入药，治便秘和干咳；它的树姿优美，树干通直高大，枝叶浓密，花白而大，

图 5-15　木莲 Manglietia fordiana Oliv.［引自《树木学》（南方本）第 2 版］

聚合果深红色，具有较高的观赏价值，是园林树木中的优良树种。

【繁殖栽培技术】以播种或嫁接繁殖为主。1年生苗高40~50cm。种子一般10月底成熟，当果穗由绿色变成赤红褐色，尚未开裂时采集，摊晒3~5d，蒴果开裂后种子即可取出。除去杂质，晾干装袋贮藏。播种育苗种子出土及时覆盖，雨季防止积水，幼苗第一次生长期前，必须做好松土除草工作，确保苗木迅速生长。幼苗少用或不用化学除草剂，以免产生落叶抑制幼苗生长，注意防止病虫害。造林苗木选择根系发达、完整、无病虫害的Ⅰ级苗；坡地穴状整地；栽植时做到苗正、根舒、压实，并覆土将苗基部外培成小锥形。造林后连抚3年，每年抚育2次。

5.16 苦 槠

苦槠 *Castanopsis sclerophyllus*（Lindl.）Schott.（图5-16）

【科属名称】壳斗科 Fagaceae，栲属 *Castanopsis* Spach

【形态特征】常绿乔木，高达20m；树冠圆球形，树皮深灰色，纵裂；幼枝无毛。叶椭圆状卵形或椭圆形，长5~15cm，宽3~6cm，顶端渐尖或短尖，基部楔形或圆形，边缘或中部以上有锐锯齿，背面苍白色，有光泽，螺旋状排列。壳斗杯状，幼时全包坚果。成熟时包围坚果3/4~4/5，直径12~15mm；苞片三角形，顶端针刺形，排列成4~6个同心环带；坚果褐色，有细毛。花期5月，果期10月。

【分布与习性】除中国岭南、西南不产外，长江中下游各省均有分布。多生于海拔1 000m以下的低山丘陵地区。喜温暖、湿润气候，喜光，也能耐荫；喜深厚、湿润土壤，也耐干旱、瘠薄。深根性，萌芽力强，抗污染，寿命长。

【水土保持功能】幼年耐荫，虽适生于土层深厚、湿润的中性和酸性土壤上，但能耐干燥瘠薄的土壤，适应性强。深根性，萌芽力强，具有良好的水源涵养和固持水土的功能；树冠卵球形，叶密、厚革质，鲜叶着火温度可高达425℃，树干皮厚且富含鞣质，难着火燃烧，能抑制温度上升，阻止火焰蔓延，因而苦槠防火林带能挡住辐射热，具有隔热与散热效果，同时枝叶和树干可以抵挡飘散的火星，或使其被树木枝叶过滤后而熄灭，而且苦槠生物防火林带5~6年即可郁闭，防火效益、防火性能较强，亦可作为防火林带优良树种。

【资源利用价值】材质致密坚韧，有

图5-16 苦槠 *Castanopsis sclerophyllus*（Lindl.）Schott.［引自《树木学》(南方本)第2版］

弹性，供建筑、机械等用；坚果含淀粉，浸水脱涩后可做豆腐，供食用，称"苦槠豆腐"；树干高耸，枝叶茂密，兼有防风、避火作用，可作为非盐碱土地区的防风林树种，也是针阔混交林或水源涵养林的好树种。四季常绿，宜庭园中孤植、丛植或混交栽植，或作风景林、沿海防风林及工厂区绿化树种。

【繁殖栽培技术】播种繁殖为主，也可分蘖。选20～40年生健壮母树，在10月下旬当壳斗呈茶褐色时采种，采回的种子可立即播种。在鼠害严重或早春幼苗萌芽出土时有冻害的地区，宜春播。条播，因苗木主根粗而须根少，可用截根促进须根发达，提高成活率。定植后，浇足定根水。造林头4年每年抚育2次，于5～6月、8～9月进行，待郁闭后林木出现分化时，分次疏伐。始伐期一般在第15年前后，第2次在20～25年。主伐期40年左右。

5.17 青 冈

青冈 *Cyclobalanopsis glauca*（Thunb.）Oerst.（图5-17）

【科属名称】壳斗科 Fagaceae，青冈属 *Cyclobalanopsis* Oerst.

【形态特征】常绿乔木，高达20m；树皮淡灰色；叶椭圆形或椭圆状卵形，长8～13cm，宽2.5～4.5cm，顶端尖，基部楔形或圆形，边缘中上部有锯齿，背面灰白色。壳斗杯状，包围坚果1/3～1/2，直径约1cm；苞片合生成同心环带5～8条；坚果卵形，无毛，稍带紫黑色；果脐隆起。花期4月，果熟期10月。

【分布与习性】江苏省南部丘陵山区，陕西和长江以南各省区(除云南外)均有分布。喜湿润、肥沃土壤，对气候条件反应敏感，叶子色泽会随天气变化而变化。晴天，叶子为深绿色；叶色变红，预兆将会下雨；雨过天晴，叶子又恢复到原来的深绿色。

【水土保持功能】具有多层次的林分结构，林冠系统庞大，叶面积指数大，不同密度的林分地上部分(包括林冠层、林下植被层和枯枝落叶层)均有较好的持水能力；树体高大，长势好，主干端直，枯枝落叶量大，凋落物易分解，林地具有较好的土壤结构状况、孔隙状况、水分和养分状况，土壤的持水能力和渗透性能好，减少地表径流，起到良好的水源涵养与固持水土的作用。

【资源利用价值】材质坚重，具有耐腐、耐磨等优良材性；属于再生性经济林资源，可循环采伐，是栽培黑木耳、长裙竹荪的最佳原料；种子含淀粉，可酿酒或

图5-17 青冈 *Cyclobalanopsis glauca*（Thunb.）Oerst. ［引自《树木学》(南方本)第2版］

浆纱；壳斗、树皮含鞣质；木材呈褐黄色，质地坚硬，加工不易，容易产生裂纹，适合用于船舶用材、建筑、车辆用材、工具以及家具等。

【繁殖栽培技术】播种繁殖。秋季落叶后至春季芽萌动前进行移植，需带土球，并适当修剪部分枝叶，栽后充分浇水。对大树移植，需采用断根缩坨法，促使根系发育，以利成活。

Ⅱ 落叶乔木植物

5.18 华北落叶松

华北落叶松 Larix principis-rupprechtii Mayr.，又名雾灵落叶松、红杆、黄杆(图5-18)

【科属名称】松科 Pinaceae，落叶松属 Larix Mill.

【形态特征】乔木，高达30m，胸径达1m；树皮灰褐色或棕褐色，纵裂成不规则小块片状脱落；树冠圆锥形。枝有明显长短枝之分，1年生长枝淡褐色或淡褐黄色，被白粉，径1.5～2.5mm；2或3年生枝灰褐色或暗灰褐色；短枝灰褐色或暗灰色。叶窄条形，在长枝上螺旋状互生，在短枝上簇生，长1.5～3cm，上面平，稀每边有1～2条气孔线，下面中脉隆起，每边有2～4条气孔线。雌雄球花均单生于短枝顶端。球果卵圆形或矩圆状卵形，长2～4cm，成熟时淡褐色，有光泽，种鳞26～45枚，不反曲，中部种鳞近五角状卵形，先端截形或微凹，边缘有不规则细齿；苞鳞暗紫色，条状矩圆形，不露出，长为种鳞的1/2～2/3；种子斜倒卵状椭圆形，灰白色，长3～4mm，连翅长10～12mm。花期4～5月；球果9～10月成熟。

【分布与习性】分布于我国辽宁、内蒙古、河北、山西。中生乔木。我国华北地区特有种。生于海拔1 400～1 800m 山地的阴坡、阳坡及沟谷边，常组成纯林，或与青杆、白杆、山杨、白桦成混交林。见于燕山北部。华北落叶松耐寒性强，垂直分布接近于当地森林垂直分布的上限。耐干旱瘠薄，但生长极缓慢，在阳坡及土壤瘠薄的地方，多为小块状分布或散生；在阴坡及阳坡沟谷边生长旺盛，集中成片。喜光性强，1年生苗能在林冠下生长，2年生苗则不耐侧方庇荫。对土壤适应性强，在山地棕壤、山地灰棕壤及黄土母质发育的淋溶褐色土和褐色

图5-18 华北落叶松 Larix principisrupprechtii Mayr. [引自《树木学》(北方本)第2版]

土、淡栗钙土上均能生长。但以花岗岩、片麻岩、沙页岩等母质上发育的山地棕壤生长最好。寿命长，200年以上，天然林约10年高生长加快，15年直径和材积生长加快，14年左右结实。

【水土保持功能】华北落叶松喜光耐寒，在干旱瘠薄的土壤上也能生长，根系发达，具有一定的萌芽能力。是华北地区优良的水土保持树种。

【资源利用价值】材质坚硬、比重大、抗压和抗弯曲强度较强，耐腐朽，耐水湿，是建筑、造船、造桥、电杆和水下工程的良好材料。树皮可提取栲胶。本种为我国华北、西北山地主要造林树种之一。

【繁殖栽培技术】球果9月种子成熟即可采集，需要摊晒取种和去翅。种子在播种前需要采用硫酸铜、高锰酸钾或石灰水浸种，经过处理的种子需要进行雪藏、沙藏或温水浸种催芽，播种期为4月中旬至5月上旬。育苗中注意种子出土、日灼、病虫害和冻拔等关键环节。造林通常采用窄缝栽植法、直壁靠边栽植法、中心穴状栽植法。

5.19 胡 杨

胡杨 *Populus euphratica* Oliv.，又名胡桐、异叶杨、异叶胡杨（图5-19）。

【科属名称】杨柳科 Salicaceae，杨属 *Populus* L.

【形态特征】乔木，高达30m；树皮淡黄色，基部条裂；小枝淡灰褐色。叶互生，叶形多变化，苗期和萌条叶披针形，边缘为全缘或具1~2齿；成年树上的叶卵圆形或三角状卵圆形，长2~5cm，宽3~7cm，先端有粗齿；基部楔形至圆形或平截，有2腺点，两面同色，为灰蓝或灰色。柔荑花序，雌雄异株，常先叶开放，无花被，苞片近菱形，长约3mm，上部有疏齿，花盘杯状，干膜质，边缘有凹缺齿，早落；雄花序长1.5~2.5cm；雌花序长3~5cm，柱头紫红色。蒴果长椭圆形，果穗长6~10cm；果长约1.5cm，2瓣裂。种子细小，基部具丝状毛。花期5月；果期6~7月。$2n=38$。

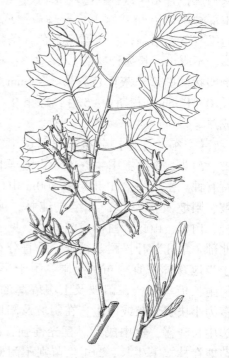

图5-19 胡杨 *Populus euphratica* Oliv. ［引自《树木学》（北方本）第2版］

【分布与习性】分布我国内蒙古、宁夏、甘肃、青海、新疆；蒙古、俄罗斯（中亚、高加索）、巴基斯坦、伊朗、阿富汗、叙利亚、伊拉克、埃及也有分布。为旱生—中生植物。喜生盐碱土壤，为吸盐植物。主要生于荒漠区的河流沿岸及盐碱湖。为荒漠区河岸林建群种。

【水土保持功能】胡杨是干旱沙漠地区盐碱地上的一种优良的速生树种，具有喜光、耐盐碱、耐涝、耐旱、耐热、抗旱的特性，胡杨分布地区年平均气温 5.8~11.9℃，绝对最高气温 41.5℃，绝对最低气温 -39.8℃，在年降水量 50mm 左右生长良好。胡杨叶片厚，表面被蜡质层，对大气和土壤干旱适应能力强。耐盐能力强，在土壤含盐量 0.57%，氯离子为 0.15% 时，发芽良好。成年树在土壤含盐量 1% 时，仍能生长。根蘖能力极强，在一株大树周围，可以萌发出许多年龄不同的植株，形成片林。是我国西北荒漠、半荒漠区的主要造林树种。

【资源利用价值】胡杨能分泌大量的胡杨胡酮碱，其含盐纯度达 56%~71.6%，可作食用或工业用，也可入药、具有清热解毒、止痛等功能，主治牙痛、咽喉肿痛等症。木材较轻软，纹理不直，结构较细，可作农具及家具，也可供建房和燃料等。

【繁殖栽培技术】种子繁殖，胡杨种子小，容易丧失发芽力，最好随采随播，也可密封贮藏到第二年春天再播。此外，还可以扦插育苗，但扦插育苗成活率低，但生长良好。侧根非常发达，萌蘖力强，在土壤水分充分的条件下，根部容易发出不定芽，长成萌蘖苗。可以采用断根的方法促进根系产生萌蘖苗，培育胡杨苗木。在水分充足的轻盐碱地可以直播造林，干旱、盐碱和杂草多的土地可以植苗造林。

5.20 山 杨

山杨 *Populus davidiana* Dode., 又名火杨（图 5-20）

【科属名称】杨柳科 Salicaceae，杨属 *Populus* L.

【形态特征】乔木，高 20m；树冠圆形或近圆形；树皮光滑，淡绿色或淡灰色；老树基部暗灰色。小枝赤褐色。叶芽顶生，卵圆形，光滑，微具胶黏，褐色；叶互生，短枝叶为卵圆形、圆形或三角状圆形，长 3~8cm，宽 2.5~7.5cm，基部圆形、宽圆形或截形，边缘具波状浅齿；萌发枝的叶大，长达 13.5cm；叶柄扁平，长 1.5~5.5cm。花单性，雌雄异株，柔荑花序；常先叶开放，无花被，苞片深裂，褐色，具疏柔毛；雄蕊 5~12，花药带红色；具杯状花盘，边缘波形，柱头 2 裂，每裂又 2 深裂，呈红色，近无柄。蒴果椭圆状纺锤形，通常 2 裂。种子细小，基部具丝状毛。花期 4~5 月；果期 5~6 月。$2n=38$。

【分布与习性】分布我国东北、华北、西北、西南、华中；俄罗斯（远东地区）、朝鲜、日本也有。中生植物。生于山地阴坡或半阴坡，在森林气候区生于阳坡。

【水土保持功能】属于夏绿阔叶林建群种，并常与白桦形成混交林。浅根性，根蘖繁殖力极强。常与实生苗相结合，形成华北山区护坡自然林。它是我国北部山区营造水土保持林及水源林最佳树种。

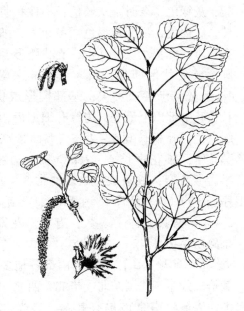

图 5-20 山杨 *Populus davidiana* Dode. ［引自《树木学》（北方本）第 2 版］

【资源利用价值】木材暗白色，质轻软。有弹性。可作造纸原料，火柴杆，民用建筑用材等。

【繁殖栽培技术】山杨是天然杂种，种子稀少而且播种后苗木参差不齐，故很少采用播种繁殖。主要采用埋条、扦插、嫁接、留根、分蘖等法繁殖。其中，播种繁殖的具体方法是5月初蒴果裂嘴时及时采种，将采集的蒴果摊放在阳光充足、通风良好的室内摊床上，一天搅拌1次，防止发霉。蒴果摊放5~6d种子出来后用木棒敲打过筛，调制好的种子存放在0~5℃冰箱里备用。

山杨播种地必须选择平缓、排水良好、前茬是针叶树的地块，绝不能重茬，菜地、豆茬地不宜选用。播种前7d用3%硫酸亚铁液进行土壤消毒，每平方米施用415kg，喷液7d后可进行播种。播种前1~2d灌好底水，表土15cm内没有干土为止。山杨每公顷播种量为715kg，种子与湿沙混拌，采用滚筒式播种器进行条状播种，播种后用干稻草或草帘子覆盖。出苗前的管理主要是灌水，保持土壤湿润。出苗后的管理防止暴雨和冰雹的危害，并防止猝倒型立枯病和山杨灰斑病等病害。一般每平方米保留100~150株，在山杨育苗正常的情况下，第一年适当密植多培育苗木，第二年换床，第三年上山造林其成活率高。

5.21 小叶杨

小叶杨 Populus simonii Carr.，又名明杨（图5-21）

【科属名称】杨柳科 Salicaceae，杨属 Populus L.

【形态特征】乔木，高达22m；树皮深纵裂，灰绿色，老时暗灰黑色；小枝和萌发枝有棱，红褐色，后变黄褐色；冬芽大，细长，稍有黏质，棕褐色。叶互生，菱状卵形、菱状椭圆形或菱状倒卵形，长4~10cm，宽2.5~4cm，先端渐尖或突尖，基部楔形或狭楔形，长枝叶中部以上最宽，边缘有细锯齿，下面淡绿白色；叶柄长0.5~4cm，上面带红色。柔荑花序，雄花序长4~7cm，苞片边缘齿裂，半齿半条裂，或条裂；雄蕊通常8~9；雌花序长3~6cm。果序长达15cm，无毛；蒴果2~3cm瓣裂，种子多数，有毛。花期4月；果熟期5~6月。$2n=38$。

【分布与习性】现我国南部各地多有引种栽培。分布于我国东北、华北、西北、四川及淮河流域，南京市也有栽培。喜光，不耐蔽荫，对气候适应力较强，耐旱、耐寒，能耐40℃的高温和-36℃的低温。对土壤要求不

图5-21 小叶杨 Populus simonii Carr.
[引自《树木学》（北方本）第2版]

严，砂壤土、轻壤土、黄土、冲积土、灰钙土上均能生长，山沟、河边、阶地都有分布。对土壤酸碱度的适应幅度大，在 pH = 8 左右的土壤上能生长。最适宜生长在湿润、肥沃土壤、河滩地以及河流冲积土。

【水土保持功能】生长比较迅速，具有旺盛的萌芽力，易于插条繁殖。根系发达，能耐干旱瘠薄，抗风蚀，耐水蚀。沙地上小叶杨实生幼林的主根深达 70cm 以上，侧根水平展开，须根密集。由插条长成的大树，主根不明显，侧根发达，向下伸展达 1.7m 以上。有的地方，风蚀严重土层被吹失 60cm，根系裸露，仍可生长。所以，小叶杨是我国北方营造防风固沙林、水土保持林的重要树种。

【资源利用价值】木材在杨属中属于较好的，纹理直，易加工，材质韧，耐摩擦，结构也较细腻，可作建筑、器具、造纸或民用檩材。春季幼嫩叶可作食用，老叶为良好饲料。

【繁殖栽培技术】易插条繁殖，播种繁殖成活率也很高。播种育苗要及时采种，在果皮变为黄褐色，部分果实裂嘴，刚刚吐出白絮时采收，最好随采随播。小叶杨插穗容易生根成活，也可以春季、秋季扦插育苗。造林通常采用植苗造林和插干造林，可与紫穗槐、柠条、沙棘等灌木混交。

5.22 新疆杨

新疆杨 *Populus alba* L. var. *pyramidalis* Bge.（图 5-22）

【科属名称】杨柳科 Salicaceae，杨属 *Populus* L.

【形态特征】高达 30m，胸径 1m。树冠圆柱形，枝条直立；树皮灰绿色，光滑，老时灰白色。短枝上的叶初有白绒毛，后渐脱落，叶广椭圆形，叶缘有粗钝锯齿。长枝上的叶常 3～7 掌状深裂，边缘具不规则粗锯齿，表面光滑或局部有毛，下面有白色绒毛。

【分布与习性】产于新疆，南疆较多。陕西、甘肃、内蒙古、宁夏、北京等北方各地有引种栽培，生长良好。喜光，耐严寒，耐干热，不耐湿热，适应大陆性气候。耐盐碱，可以在土壤含盐量小于 6g/L 时正常生长，在含盐量 0.5% 以上的盐碱地或无灌溉条件的戈壁沙地、沼泽地、黏土地等生长不良。

【水土保持功能】新疆杨主要分布于我国北方干旱、高寒地区，该地区树种较少，作为高大乔木的新疆杨在防风固沙、水土保持、水源涵养、维持西部的生态环境中具有举足轻重的作用。新疆杨材

图 5-22 新疆杨 *Populus alba* L. var. *pyramidalis* Bge.
（引自《中国高等植物图鉴》）

质较好，在新疆南疆及伊犁地区，普遍用于建筑、家具等；树皮灰绿，光滑少裂，树冠窄，树姿美观，堪称树木中的"白雪公主"，可广泛应用于城乡绿化。

【资源利用价值】新疆杨树姿优美、挺拔，是新疆人民最喜爱的树种之一。常用作行道树、"四旁"绿化及防护林。新疆杨材质较好，可供建筑、家具等用。

【繁殖栽培技术】

①扦插育苗　选用1~2年生的实生苗枝条，大树树干基部的1年生萌芽条或插条苗。秋季落叶后采条，将种条与湿沙层积于室外的沟中，最上层盖沙30~40 cm。经过湿沙贮藏越冬，种条处于良好的通气和低温(0~5℃)条件下，有利于皮层软化和物质转化。秋采春插，较春采春插、秋采秋插的成活率提高2~3倍，地径粗提高20%~30%。插穗以粗1~2cm，长20~25cm为宜。

②嫁接育苗　嫁接最好用胡杨作砧木。选择直径1cm左右的1~2年生胡杨萌条作砧木，选择与砧木同样粗的新疆杨条作接穗，环状断皮，进行接套。套上保留一个完整的饱满芽，并将同样粗的砧木平茬剥皮后，速将扭活的接套由接穗上取下并套在砧木上，也可先取下一定数量的接套放入盛水的盒中，再套在砧木上，对紧对严。此法多用于春、夏季节。皮下接即选用直径3cm以上的胡杨萌芽条作砧木，先锯去砧木的树干，后将剪好的长10~15cm，粗0.4~0.8cm，有3~6个健壮芽的接穗下端削成马耳形，直插在砧木的皮下，每一个砧木视其大小，分别在形成层的一周插2~6个，然后用塑料带绑扎并用泥密封。此法多在春季采用。嫁接的部位越低越好。嫁接后的新疆杨初期生长很快。

5.23　旱　柳

旱柳 Salix matsudana Koidz.，又名柳树、羊角柳、白皮柳(图5-23)

【科属名称】杨柳科 Salicaceae，柳属 Salix L.

【形态特征】乔木，高达10m；树皮深灰色，不规则浅纵裂；枝斜上，大枝绿色，小枝黄绿色或带紫红色。叶互生，披针形，长5~10cm，宽5~15mm，先端渐尖或长渐尖，基部楔形，边缘具细锯齿，叶下面苍白色；叶柄长2~8mm；托叶早落。花单性，雌雄异株，柔荑花序先叶或与叶同时开放，花序轴有长柔毛，基部有2~3枚小叶片；苞片卵形，全缘，外侧中下部有白色短柔毛，黄绿色；腺体2，背腹各1；雄花具2雄蕊，花丝基部有长毛，花药黄色。蒴果2瓣开裂；种子细小，基部有簇毛。花期4~5月；果期5~6月。

【分布与习性】分布于我国东北、华北、华中、西北及江苏、安徽、四川等地均有栽培。中

图5-23　旱柳 *Salix matsudana* Koidz.
[引自《树木学》(北方本)第2版]

生植物。生河流两岸及山谷、沟边。旱柳喜光，不耐庇荫，抗寒，喜湿润，生长快，寿命50~70年。

【水土保持功能】旱柳对土壤要求不严，在干旱瘠薄的沙地、低湿河滩和弱盐碱地均能生长，而在肥沃、疏松和潮湿的土壤上最适宜。萌芽力强，根系发达，主根深，侧根和须根广布各个土层中，固持土壤能力强，枝干韧性较大，不易风折，不怕沙压，不怕水淹，树皮在洪水浸泡时，能够很快长出新根，悬浮于水中。它是黄河流域、华北平原"四旁"绿化，营造用材林、防护林的优良树种之一。

【资源利用价值】树冠丰满美观，枝叶柔软嫩绿，自古以来是重要的园林绿化树种。木材白色，轻软，纹理直，不耐腐，可供建筑、家具、矿柱等用；枝条供编织；花期早而长，是早春蜜源植物之一。

【繁殖栽培技术】扦插繁殖为主，播种也可。扦插极易成活，除一般的枝插外，人们常用大枝埋插以代替大苗，称"插干"或"插柳棍"。扦插在春季、秋季和雨季均可。由于长期营养繁殖，柳树20年左右便出现心腐、枯梢等衰老现象，因此，种子繁殖具有不可替代的优势。种子在4月成熟时随采随播，每公顷用量3.8~7.5kg，当年苗高可达60~100cm，栽植时间在冬季落叶后至翌年早春芽萌动之前。当树龄较大出现衰老现象时，可以进行平头状重剪更新。柳树的病虫害主要包括柳锈病、烟煤病、腐心病和天牛等，应注意及早防治。

5.24 核 桃

核桃 Juglans regia L.（图5-24）

【科属名称】胡桃科 Juglandaceae，胡桃属 Juglans L.

【形态特征】落叶乔木，高达30m，胸径1m。树冠广卵形至扁球形。树皮灰白色，老时深纵裂。1年生枝绿色，无毛或近无毛。小叶5~9，椭圆形、卵状椭圆形至倒卵形，长6~14cm，基部钝圆或扁斜，全缘，幼树及萌芽枝上之叶有锯齿，侧脉常在15对以下，表面光滑，背面脉腋有簇毛，幼叶背面有油腺点。雄花为柔荑花序，生于上年生枝侧，花被6裂，雄蕊20；雌花1~3(5)朵成顶生穗状花序，花被4裂。核果球形，径4~5cm，果核近球形，先端钝，有不规则浅刻纹及2纵脊。花期4~5月；果期9~11月。

【分布与习性】原产中国新疆及阿富汗、伊朗一带，传为汉使张骞带入内地。中国有2000多年的栽培历史，各地广泛栽培，品种

图5-24 核桃 *Juglans regia* L.
[引自《树木学》(北方本) 第2版]

很多。从东北南部到华北、西北、华中、华南及西南均有栽培，而以西北、华北最多。性喜光；喜温暖凉爽气候，耐干冷，不耐湿热。在年平均气温8～14℃，极端最低气温-25℃以上，年降水量400～1200mm的气候条件下能正常生长。喜深厚、肥沃、湿润而排水良好的微酸性至微碱性土壤，在瘠薄、盐碱、酸性较强及地下水过高处均生长不良。深根性，有较粗大的肉质直根，故怕水淹。

【水土保持功能】核桃为深根性树种，根系发达，主根明显，且树冠庞大雄伟，枝叶茂密，绿荫覆地，具有较强的固土保水能力及防风作用。

【资源利用价值】核桃树冠庞大雄伟，枝叶茂密，绿荫覆地，加之灰白洁净的树干，是良好的庭荫树，孤植、丛植于草地或园中隙地都很合适。因其花、果、叶之挥发气味具有杀菌、杀虫的保健功效，也可成片、成林栽植于风景疗养区。核桃仁含多种维生素、蛋白质和脂肪，是营养丰富的滋补强壮剂，还可作糕点、糖果等原料；其含油量达60%～70%，是优良食用油之一，也可用于制药、油漆等工业。核桃木材优良，坚韧致密而富有弹性，纹理美，有光泽，不翘不裂，耐冲撞，是优良家具用材。

【繁殖栽培技术】核桃可用播种及嫁接法繁殖。北方多春播，暖地可秋播。春播前应催芽处理，一般在播前层积沙藏30～35d，也可在播前用冷水浸种7～10d，每天换一次水。一般采用点播，穴距10～15cm，覆土约6cm，种子应尖端向侧方，并使纵脊垂直地面，这样幼苗较易出土。当年苗高30～75cm，在北方冬季要壅土防寒。嫁接繁殖可用芽接和枝接法。芽接较易成活，一般在6～7月进行。枝接应在砧木发芽后进行，因砧木在萌芽前伤流量大，嫁接很难愈合成活，而砧木在发芽展叶后伤流量很少，有利愈合。核桃一般要求每年施3次肥，秋末施基肥，5月下旬及7月上旬各施一次追肥。

5.25 核桃楸

核桃楸 *Juglans mandshurica* Maxim.（图5-25）

【科属名称】胡桃科 Juglandaceae，胡桃属 *Juglans* L.

【形态特征】乔木，高20m，胸径60cm，树冠广卵形。小枝幼时密被毛。小叶9～17，卵状矩圆形或矩圆形，长6～16cm，叶缘有细齿，表面幼时有腺毛，后脱落，仅叶脉有星状毛，背面密被星状毛。雌花序具花5～10朵；雄花序长约10cm。核果卵形，顶端尖，有腺毛；果核长卵形，具8条纵脊。花期4～5月；果期8～9月。

【分布与习性】主产中国东北东部山区海拔300～800m地带，多散生于沟谷两岸及山麓，与其他树种组成混交林；华北地区及内蒙

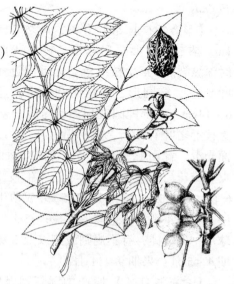

图5-25 核桃楸 *Juglans mandshurica* Maxim.［引自《树木学》（北方本）第2版］

古有少量分布；俄罗斯、朝鲜、日本也产。性极喜光，不耐庇荫，耐寒性强。喜湿润、深厚、肥沃而排水良好之土壤，不耐干旱和瘠薄。根系庞大，深根性，能抗风，有萌蘖性。生长速度中等，20年生树高约10m。

【水土保持功能】核桃楸为深根性树种，根系发达，主根明显，具有很强的固土保水能力，特别是粗壮的主根，深达岩石缝隙，对山地土体滑坡具有良好的防止作用。叶纤维含量少，落叶腐烂较快，可以起到改良土壤的作用，增加土壤的保水性和渗透性，减少土壤的流失。该树萌芽力强，可获得良好的萌芽更新，散生时极易分叉，形成庞大的侧枝，生长迅速，10年生树高连年生长量可达10m，胸径连年生长量可达1.13cm，很快形成良好的水土保持林。

【资源利用价值】该种为东北地区优良珍贵用材树种；种仁可食或榨油，又为重要滋补中药。此外，在北方地区常作嫁接胡桃之砧木。

【繁殖栽培技术】种子繁殖。适宜在山区栽植，并与槭类、椴类等耐荫树种混交种植。

5.26 白 桦

白桦 *Betula platyphylla* Suk.，又名粉桦、桦木（图5-26）

【科属名称】桦木科 Betulaceae，桦木属 *Betula* L.

【形态特征】乔木，高10~27m；树皮纸质成层剥裂，白色，内皮呈赤褐色；枝灰红褐色，光滑，密生黄色树脂状腺体，小枝红褐色；冬芽卵形或椭圆状卵形。叶互生，纸质稍厚，三角状卵形、长卵形、菱状卵形或宽卵形，长3~7cm，宽2.5~5.5cm，先端渐尖，有时呈短尾状渐尖，基部截形、宽楔形或楔形，有时微心形，边缘具不规则的粗重锯齿，下面密生腺点，侧脉5~8对；叶柄长1.5~2.0cm。花单性，雌雄同株；雄柔荑花序2~4个簇生，雌柔荑花序单生，雌花每3朵生于苞腋，无花被。果序单生，圆柱形，散生黄色树脂状腺体；果苞革质，长4~6mm，上部具3裂片，中裂片三角状卵形，侧裂片倒卵形或矩圆形，斜展、平展或下弯，较中裂片稍长或相等。小坚果两侧具有膜质翅，膜质翅比小坚果稍宽或相等。成熟时果苞脱落，果序轴纤细宿存。花期5~6月；果期8~9月。$2n=28$。

【分布与习性】分布于我国东北、华北及河南、陕西、宁夏、甘肃、青海、四川、云南、西藏；垂直分布在东北海拔1 000m以上，

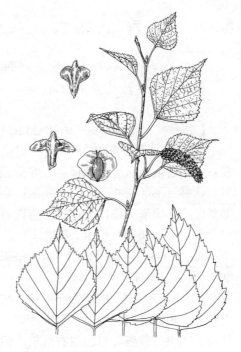

图 5-26 白桦 *Betula platyphylla* Suk.
[引自《树木学》(北方本)第2版]

华北1 300~2 700m。俄罗斯(远东、东西伯利亚)、蒙古、朝鲜、日本也有。白桦中生乔木,极喜光,耐严寒,喜pH5~6的酸性土壤。生长速度中等,30年生的白桦树高可达12m,胸径可达16cm。

【水土保持功能】白桦耐瘠薄土壤,适应性强,在沼泽地、干旱阳坡和湿润的阴坡都能够生长,寿命较短,萌芽性强,天然更新良好。在原始林被采伐后或火烧迹地上,常与山杨混生构成次生林的先锋树种。树皮洁白,树姿优美,可作庭园绿化树种。是东北林区主要阔叶树种之一。

【资源利用价值】木材黄白色,纹理直,结构细,但不耐腐,可以作胶合板、枕木、矿柱、车辆、建筑等用材。干叶羊喜食。树皮能入药,具有清热利湿、祛痰止咳、消肿解毒的功效,主治肺炎、痢疾、腹泻、黄疸、肾炎、尿路感染、慢性气管炎、急性扁桃腺炎、牙周炎、急性乳腺炎、痒疹、烫伤等症。树皮还能提取桦皮油及栲胶。桦油供化妆品香料用。树干汁液可制饮料。木材和叶可作黄色染料。

【繁殖栽培技术】播种繁殖。9月采集种子,风干后装袋内贮藏于室内通风阴凉处。翌年4月播种,播种前用2倍于种子的湿沙拌种催芽1周,也可不经处理直接播种。因种子细小,多用床播,播前灌水,覆土3~5mm厚,床面覆盖塑料薄膜来保温保湿,约1周后小苗出土,待苗出齐后可撤去薄膜,但需要设架遮荫,以后及时浇水间苗。

同属的黑桦 *Betula dahurica* Pall. 又名棘皮桦、千层桦,功能与白桦相近,也可用于水土保持生态建设中,限于篇幅,此处不再赘述。

5.27 板 栗

板栗 *Castanea mollissima* Blume(图5-27)

【科属名称】壳斗科 Fagaceae,栗属 *Castanea* Mill.

【形态特征】乔木,高达20m,胸径1m;树冠扁球形;树皮灰褐色,交错纵深裂;小枝有灰色绒毛,无顶芽。叶椭圆形至椭圆状披针形,长9~18cm,先端渐尖,基部圆形或广楔形,缘齿尖芒状,背面常有灰白色柔毛。雄花序直立;总苞球形,直径6~8cm,密被长针刺,内含1~3坚果。花期5~6月;果期9~10月。

【分布与习性】中国特产树种,栽培历史悠久。现北自东北南部,南至两广,西达甘肃、四川、云南等省区均有栽培。但以华北和长江流域栽培较集中,其中河北省是最著名产区。大多分布在丘陵山地的谷地、缓

图5-27 板栗 *Castanea mollissima* Blume
[引自《树木学》(北方本)第2版]

坡和河滩地。垂直分布由平原至海拔2 800m。喜光树种，光照不足会引起树冠内部小枝衰枯。北方品种较能耐寒、耐旱；南方品种则喜温暖而不怕炎热，但耐寒、耐旱性较差。板栗对土壤要求不严，以土层深厚湿润、排水良好、含有机质多的沙壤或沙质土为最好，喜微酸性或中性土壤，在钙质土和盐碱性土上生长不良。在过于黏重、排水不良处亦不宜生长。幼年生长较慢，以后加快，实生苗一般5~7年开始结果，15年左右进入盛果期。深根性，根系发达，根萌蘖力强。寿命长，可达200~300年。对有毒气体有较强抵抗力。

【水土保持功能】板栗深根性树种，根系发达，根萌蘖力强，具有较强的固土能力，枝茂叶大，枯落物易腐烂，可有效地改良土壤，并对防止冲刷及水源涵养起到积极作用。

【资源利用价值】板栗树冠圆广，枝茂叶大，在公园草坪及坡地孤植或群植均适宜；也可用作山区绿化造林和水土保持树种。栗果营养丰富，味美可口，富含淀粉和糖，是优良的副食品。尤其是我国北方的板栗具有甜、香、糯的特点，是传统的出口商品。木材坚硬耐磨，纹理直，耐湿，抗腐，但结构较粗，易遭虫蛀；可供桥梁、枕木、舟、车、地板、家具、农具等用。树皮、果苞等可提制栲胶，也可饲养柞蚕；又是良好的蜜源植物。

【繁殖栽培技术】主要用播种、嫁接法繁殖，分蘖亦可。目前主要作干果栽培。板栗在我国已有2 000多年的栽培历史，各地品种很多。繁殖应注意选用当地适宜的优良品种。板栗适应性强，栽培管理容易，产量稳定，深受广大群众欢迎，华北地区的群众把板栗称作"铁杆庄稼"，是绿化结合生产的良好树种。

5.28 麻栎

麻栎 Quercus acutissima Carruth. (图5-28)

【科属名称】壳斗科 Fagaceae，栎属 Quercus L.

【形态特征】落叶乔木，高达25m，胸径1m。干皮交错深纵裂；小枝黄褐色，初有毛，后脱落。叶长椭圆状披针形，长8~18cm，先端渐尖，基部近圆形，缘有刺芒状锐锯齿，背面绿色，无毛或近无毛。坚果球形；总苞碗状，苞片木质钻形，反卷。花期5月；果期翌年10月。

【分布与习性】中国分布很广，北自东北南部、华北，南达两广，西至甘肃、四川、云南等地；日本、朝鲜亦产。喜光，喜湿润气候，耐寒、耐旱；对土壤要求不严，但不耐盐碱土。以深厚、肥沃、湿润而排水良好的中性

图 5-28 麻栎 *Quercus acutissima* Carruth.
[引自《树木学》(北方本)第2版]

至微酸性的山沟、山麓地带生长最为适宜。

【水土保持功能】麻栎根系发达，主根明显，是深根系树种，对半风化母质状土壤的穿透力很强，主根深可达3~4m，对改良土壤物理性状、增加土壤的渗透性具有明显的效果。该树枝大、冠大，叶厚坚实，树冠的空间体积较大，在拦截降水、减少雨水对地表的打击力方面具有较好作用。

枝叶茂密，叶大革质厚而坚，粗纤维较多，落叶不易破碎也不易腐烂，在一般情况下，自然腐烂需3~4年，腐烂速度较慢，在一般接近郁闭的林内，每年可产生6~7cm厚的新枯落物。麻栎寿命长，耐干旱、瘠薄，在同样条件下比油松、侧柏、刺槐等树种生长旺盛，生物量高，林相稳定，水保功能相应持久。萌芽力很强，萌条生长较快，砍伐后的萌芽林，早期速生，多代砍伐，仍能形成较好的林相。

【资源利用价值】是我国著名硬阔叶优良用材树种。木材坚重，耐久，耐湿，纹理美观，可供建筑、车、船、家具、枕木等用。叶可饲养柞蚕。枝及朽木是培养香菇、木耳、银耳的好材料。种子含淀粉，可入药、酿酒或作饲料；总苞及树皮含单宁。

【繁殖栽培技术】播种繁殖或萌芽更新。种子发芽力可保持1年。

5.29 槲 树

槲树 *Quercus dentata* Thunb.（图5-29）

【科属名称】壳斗科 Fagaceae，栎属 *Quercus* L.

【形态特征】落叶乔木，高达25m，胸径1m；树冠椭圆形。小枝粗壮，有沟棱，密生黄褐色绒毛。叶倒卵形，长15~25cm，先端圆钝，基部耳形或楔形，缘具波状裂齿，侧脉8~10对，背面灰绿色，有星状毛；叶柄甚短，长仅2~5mm，密生毛。坚果总苞之鳞片披针形，红褐色，反曲。花期5月；果期10月成熟。

【分布与习性】产东北、华北至长江流域；蒙古、日本亦有分布。喜光，稍耐荫，耐寒，耐旱。抗烟尘及有害气体，耐火力强。深根性，萌芽力强。生长速度中等。

【水土保持功能】槲树喜光、耐寒、耐旱，是北方荒山造林树种，可用于工矿区绿化。该树根系发达，主根明显，是深根性较强的树种，且萌芽力强，固土能力较强。

【资源利用价值】幼叶可饲养柞蚕；木材坚硬，供建筑、家具等用；树皮及总苞可提取栲胶；枝干可培养香菇。

【繁殖栽培技术】种子繁殖。

图5-29 槲树 *Quercus dentata* Thunb.
［引自《树木学》(北方本)第2版］

5.30 蒙古栎

蒙古栎 Quercus mongolica Fisch. ex Ledeb., 又名柞树(图 5-30)

【科属名称】壳斗科 Fagaceae，栎属 Quercus L.

【形态特征】乔木，高达 30m；树皮暗灰色，深纵裂；当年生枝褐色，光滑；冬芽矩圆形或长卵形。叶互生，革质，稍厚，倒卵状椭圆形或倒卵形，长约 6~14cm，宽约 3~8.5cm，先端钝圆或急尖，基部耳形，边缘具 7~11 对波状裂片。花单性同株，雄花为柔荑花序，下垂，花被常为 6~7 裂，雄蕊 8，黄色；雌花具 6 裂花被。坚果长卵圆形或椭圆形，长 2~3cm，单生或 2~3 枚集生，密被黄色短绒毛，花柱宿存；壳斗浅碗状，包围果实 1/2~1/3，苞片小，三角状卵形，背面瘤状突起。花期 6 月；果期 10 月。$2n=24$。

【分布与习性】分布于我国东北及河南、山东、河北、山西等地；多生于向阳干燥山坡，常与杨、桦混生；在大、小兴安岭垂直分布于海拔 200~800m，在河北垂直分布于海拔 800~2 000m。俄罗斯(远东)、朝鲜及日本也有。喜光，耐寒性强，能抗 -50℃的低温，喜凉爽气候，耐干旱瘠薄；生于土层深厚，排水良好的中性至酸性土壤，生长速度中等偏慢。

【水土保持功能】喜光，耐干旱瘠薄，是北方荒山造林的树种之一。树皮厚，抗火性强，为东北夏绿阔叶林的重要建群种之一。

【资源利用价值】木材坚硬耐腐，但干后易裂，可供建筑、器具、胶合板等用。树皮入药，能清热、解毒、利湿，主治肠炎、腹泻、痢疾、黄疸、痔疮等症。橡实含淀粉可以酿酒。树皮、壳斗、叶均可以提制栲胶，叶还可以喂蚕。种子油可制肥皂及工业用。

【繁殖栽培技术】种子繁殖。具体方法是：每年 9 月下旬，采集当地有光泽，饱满个大，种仁乳黄，种壳内皮红褐色，无虫孔，无霉烂的种子，进行晾晒，晾晒期间对该种子喷施杀虫剂防虫，可以采取有机磷农药进行浸种 24h 或拌种，再进行贮藏，挖坑 1m 深左右，一层沙土一层种子，中间设通风孔，防止种子发热，种子贮藏最好在上冻前 1~2d 内完成。4 月初，土地解冻后，即可播种，将贮存的种子从沙子中筛出，浸泡 24~48h，进行催芽，采取条播种植，开沟深 2~3cm，株距 2cm，播种量为每公顷 337.5kg。为了防止病虫害的发生，可喷施杀菌灵、祛菌特、石硫合剂、溴氰菊酯、氯

图 5-30 蒙古栎 Quercus mongolica Fisch. ex Ledeb. [引自《树木学》(北方本)第 2 版]

氰菊酯等。为了适应上山造林的需要，采取春季切根或换床的方法，减少主根长度，增加毛细根数量。

同属的辽东栎 Q. mongolica Fisch. et Turcz. var. liaotungensis Nakai.，功能与蒙古栎相近，也可用于水土保持生态建设中，限于篇幅，此处不再赘述。

5.31 白 榆

白榆 Ulmus pumila Linn.，又名家榆、榆树（图5-31）

【科属名称】榆科 Ulmaceae，榆属 Ulmus L.

【形态特征】乔木，高可达25m，胸径可达150cm；树冠卵圆形；树皮暗灰色，不规则纵裂。小枝黄褐色、灰褐色或紫色。花芽近球形，叶芽卵形。叶互生，矩圆状卵形或矩圆状披针形，长2~7cm，宽1.2~3cm，先端渐尖或尖，基部近对称或稍偏斜，圆形、微心形或宽楔形，边缘具不规则的重锯齿或为单锯齿；叶柄长2~8mm。花先叶开放，两性，簇生于去年枝上；花萼4裂，紫红色，宿存；雄蕊4，花药紫色。翅果近圆形或卵圆形，黄白色，长1~1.5cm，果核位于翅果的中部或微偏上。花期4月；果熟期5月。$2n=28, 30$。

【分布与习性】分布于我国东北、华北、西北、华东、华中及西南；东北、华北和淮北平原普遍栽培，常见于河堤两岸、村旁、道旁和宅旁等处，山麓、草原和沙地上也能够生长。俄罗斯、蒙古、朝鲜也有分布。白榆是旱中生喜光树种，幼龄时侧枝多向阳排成2列。耐寒性强，在冬季绝对低温−48~−40℃的严寒地区也能生长。抗旱性强，喜湿润、深厚和肥沃的土壤，也能够生长在干旱瘠薄的固定沙丘和栗钙土上。耐盐碱性强，根系发达，不耐水湿，在地下水位过高或排水不良的洼地，主根常常腐烂。生长快，20~30年成材。寿命长。

【水土保持功能】白榆抗旱性强，在年降水量不足200mm，空气相对湿度小于50%的荒漠地区，能够正常生长。耐盐碱性强，在含0.3%的氯化物盐土和含0.35%的苏打盐土上，土壤pH9时还能够生长。根系发达，具有强大的主根和侧根，抗风力强。此外，对烟和氟化氢等有毒气体抗性较强。是营造防风林、水土保持林和盐碱地造林的主要树种。

【资源利用价值】树干通直，树形高大，绿荫较浓，是北方重要的城乡绿化树

图5-31 白榆 Ulmus pumila Linn.
[引自《树木学》（北方本）第2版]

种，可以做行道树、庭荫树、绿篱和"四旁"绿化树种，老茎残根萌芽力强，可制作盆景。白榆木材纹理直，结构较粗，材质坚硬，花纹美观，可供建筑、家具、农具等用。种子含油率达 25.5%，可榨油供食用，或制肥皂及其他工业用油。树皮含纤维 16.14%，纤维坚韧，可代麻用，制绳索、麻袋、人造棉。树皮可入药，具有利水、通淋、消肿的功效。主治小便不通、水肿等症；羊和骆驼喜食其叶。叶还可制土农药，是一种杀虫杀菌剂。

【繁殖栽培技术】繁殖以播种为主，分蘖也可。种子容易失去发芽能力，宜采后即播。播前不必做任何处理，床播或大田播。可直播造林和植苗造林。在盐碱地造林时，轻盐碱地上可在头年冬天挖 50cm×50cm 大穴，疏松土壤，围埝蓄水，洗碱脱盐，秋季植树。重盐碱地造林可采用挖深沟，修窄台田的办法，先灌水洗盐或蓄淡水压碱，使土壤含盐量降到 0.3% 以下，然后挖大穴栽苗。沙地造林可在沙丘迎风坡下部以及丘间低地，采用 2~3 年生大苗，深栽 1m 以上，不用设沙障，生长好，成活率高。常见虫害幼金花虫、天牛、刺蛾、榆毒蛾等，应该进行及早防治。

同属的旱榆 U. glaucescens Franch.，榔榆 U. parvifolia Jacq. 也可用于水土保持生态建设中，限于篇幅，此处不再赘述。

5.32 青檀

青檀 *Pteroceltis tatarinowii* Maxim.，又名翼朴（图 5-32）

【科属名称】榆科 Ulmaceae，青檀属 *Pteroceltis* Maxim.

【形态特征】落叶乔木，高达 20m，胸径 1m 以上；树皮灰或深灰色，不规则长片状剥落。小枝疏被柔毛，后渐脱落。冬芽卵圆形。叶互生，纸质，宽卵形或长卵形，长 3~10cm，先端渐尖或尾尖，基部楔形、圆或平截，锯齿不整齐，基脉 3 出，侧出的 1 对伸达叶上部，侧脉 4~6 对，脉端在近叶缘处弧曲，上面幼时被短硬毛，下面脉上被毛，脉腋具簇生毛；叶柄长 0.5~1.5cm，被柔毛，托叶早落。花单性、同株；雄花数朵簇生于当年生枝下部叶腋；花被 5 深裂，裂片覆瓦状排列；雄蕊 5，花丝直伸，花药顶端具毛；雌花单生于 1 年生枝上部叶腋；花被 4 深裂，裂片披针形，子房侧偏，花柱短，柱头 2，线形，胚珠下垂。翅状坚果近圆形或近四方，宽 1~1.7cm，翅宽厚，顶端凹缺，无毛或被曲柔毛，花柱及花被宿存；果柄纤细，长 1~2cm，被短柔毛。种子胚乳稀少，胚弯曲，子叶宽。花期 3~5 月；果期 8~10 月。

图 5-32 青檀 *Pteroceltis tatarinowii* Maxim.
［引自《树木学》（北方本）第 2 版］

【分布与习性】分布较广，星散分布于我国辽宁、河北、山东、山西、河南、陕西、甘肃、青海、四川、贵州、湖北、湖南、广西、广东、江西、安徽、江苏、浙江等地。多生于海拔800m以下低山丘陵地区，四川康定可达海拔1700m。喜光树种，常生于山麓、林缘、沟谷、河滩、溪旁及峭壁石隙等处，成小片纯林或与其他树种混生。生长速度中等，萌蘖性强，寿命长，山东等地庙宇留有千年古树。种子天然繁殖力较弱。花期4~5月；果期8~9月。

【水土保持功能】青檀适应性较强，喜钙，喜生于石灰岩山地，也能在花岗岩、砂岩地区生长。较耐干旱瘠薄，根系发达，主根粗壮，侧根多而长。栽植1年后侧根长达67cm，2年侧根最大长度265cm，且95%的根系密集分布在表土层和淀积层之间；3年主根均在100cm以上，并伸展到母质层。相邻植株的根系相互缠绕、穿插延伸，盘根错节。尽管2~3年砍伐1次取枝剥皮，但根系已构成密集的根网，牢牢地固持着土壤，加之凋落物较多，可有效地起到防止水土流失作用。

【资源利用价值】青檀为我国特有的单种属，对研究榆科系统发育具有学术价值。茎皮、枝皮纤维为制造驰名国内外的书画宣纸的优质原料；木材坚实，致密，韧性强，耐磨损，供家具、农具、绘图板及细木工用材。青檀叶、果实能作饲料，在皖南民间有用鲜叶喂猪的习惯。青檀叶中粗蛋白含量高达19.43%，并含有17种氨基酸，其中动物必需氨基酸有7种，叶粉中含有12种微量元素，其中Ca、K含量尤为丰富。因此，使用青檀叶粉充当饲料添加剂对禽畜体内蛋白质合成、提高饲料营养价值，促进动物生长发育都具有重要作用。青檀茎叶具有祛风、止血和止痛的功效。

【繁殖栽培技术】

①播种育苗　种子采收与处理：青檀9~10月种子成熟，一般在9月中下旬采种为宜。必须在晴天采种，雨天采收的种子水分大，易霉烂变质。种子可在阳光下晒2~3h，干燥后放在室内通风处1~2d，然后装袋，存放于阴凉、干燥、通风良好的室内。青檀种子具有生理休眠特性，第二年播种前需催芽。催芽方法一般采用凉水浸种室温层积法，是将种子装入木桶，用室温水（凉水）浸种4d，然后捞出装入箩筐中，上覆稻草，每天翻动1次，并用室温水淋湿，3~4d后即可播种。采用高床条播育苗，播种时间一般在每年3月，条播行距25cm，播沟深2cm，覆土以不见种子为宜。覆土后立即盖草，1个月左右幼苗出土，如出苗不均可选阴天间苗，移密补稀。幼苗期至少松土锄草6~7次，5~6月结合松土施以混合肥。苗期怕水湿，应做好清沟排水。青檀苗木根系发达，主根较长，起苗时应尽量少伤根系，苗木假植时间不宜过长。

②扦插育苗　可在冬季选取优良母树上萌发的1年生健壮枝条，打成小捆，埋入湿沙中，翌春剪除嫩梢，截成15cm左右插穗，基部削成马耳形，100枝一捆并将其基部浸入500倍醋酸溶液中1h，或用200倍高锰酸钾稀释液浸一昼夜，即可取出扦插。扦插时间以2月底至3月初为宜。圃地应选沙质壤土，或在做床后盖以15cm左右的黄心土。扦插前用0.1%高锰酸钾稀释液喷透床面土层消毒，喷后覆盖薄膜，24h后揭膜扦插。扦插后搭荫棚，及时松土除草和加强水肥管理。

5.33 朴 树

朴树 *Celtis sinensis* Pers.（图5-33）

【科属名称】榆科 Ulmaceae，朴属 *Celtis* L.

【形态特征】落叶乔木，高达20m，胸径1m；树冠扁球形。小枝幼时有毛，后渐脱落。叶卵状椭圆形，长4～8cm，先端短尖，基部不对称，锯齿钝，表面有光泽，背脉隆起并疏生毛。果熟时橙红色，径4～5mm，果柄叶柄近等长，果核表面有凹点及棱脊。花期4月；果期9～10月。

【分布与习性】产淮河、秦岭以南至华南各地，散生于平原及低山区，村落附近习见。喜光，稍耐荫，喜温暖气候及肥沃、湿润、深厚之中性黏质壤土，能耐轻盐碱土。深根性，抗风力强。寿命较长，在中心分布区常见200～300年生的老树。抗烟尘及有毒气体。

图 5-33　朴树 *Celtis sinensis* Pers.
[引自《树木学》（北方本）第2版]

【水土保持功能】朴树是深根系树种，具有较强的固土作用。树冠宽广，绿荫浓郁，具有较好的防风性能及截留雨水、减少雨水对地表的打击力功能。

【资源利用价值】树形美观，树冠宽广，绿荫浓郁，是城乡绿化的重要树种。最宜用作庭荫树，也可试作行道树。并可作厂矿区绿化及防风、护堤树种。有时作为制作盆景的常用树种。木材坚硬，纹理直，但较粗糙，供家具、建筑、枕木、砧板、鞋楦等用。茎皮纤维可供造纸及人造棉原料；果核可榨油；树皮及叶入药。

【繁殖栽培技术】播种繁殖。9～10月间采种，堆放后熟，搓洗去果肉后阴干。秋播或湿沙层积贮藏至翌年春播。条播行距约25cm，覆土厚约1cm。1年生苗高34～40cm。育苗期间要注意整形修剪，培养通直的树干和树冠，大苗移栽要带土球。

5.34 大叶朴

大叶朴 *Celtis koraiensis* Nakai.（图5-34）

【科属名称】榆科 Ulmaceae，朴属 *Celtis* L.

【形态特征】落叶乔木，高达20m；树冠倒广卵形至扁球形。树皮灰褐色，平滑。小叶通常无毛。叶长卵形，长4～8cm，先端尾状尖，锯齿尖锐，两面无毛，或仅幼树及萌芽枝之叶背面沿脉有毛；叶柄长0.3～1cm。核果近球形，径4～7mm，熟时紫黑色，果核常平滑，果柄长为叶柄长2倍或2倍以上。花期5~6月；果期9~10月。

【分布与习性】产东北南部、华北，经长江流域至西南(四川、云南)、西北(陕西、甘肃)各地。华北一般分布在海拔1000m以下的山地沟坡。喜光，稍耐荫，耐寒；喜深厚湿润之中性黏质土壤。深根性，萌蘖力强，生长较慢。

【水土保持功能】大叶朴深根性，侧根发达，萌蘖力强，具有较强的固土作用。

【资源利用价值】可作庭荫树及城乡绿化树种。木材白色，纹理直，结构中等，供家具、农具及薪柴用。根皮入药，可治老年慢性气管炎等症。

【繁殖栽培技术】播种繁殖。

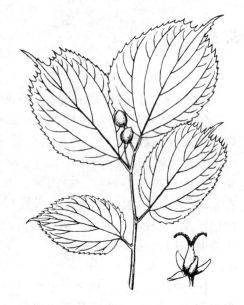

图 5-34　大叶朴 Celtis koraiensis Nakai.
[引自《树木学》(北方本)第2版]

5.35　构　树

构树 Broussonetia papyrifera L'Hér ex Vent.，又名构桃树、楮实子、楮树、沙纸树、谷木、谷浆树(图5-35)

【科属名称】桑科 Moraceae，构树属 Broussonetia L' Herit. exVent.

【形态特征】乔木或灌木状，高达16m。小枝密被灰色粗毛。叶宽卵形或长椭圆状卵形，长6~18cm，宽5~9cm，先端尖，基部近心形、平截或圆，具粗锯齿，不裂或2~5裂，上面粗糙，被糙毛，下面密被绒毛，基生叶脉3出；叶柄长2.5~8cm，被糙毛，托叶卵形。花雌雄异株；雄花序粗，长3~8cm；雄花花被4裂。雌花序头状。聚花果球形，径1.5~3cm，熟时橙红色，肉质；瘦果具小瘤。花期4~5月；果期6~7月。

【分布与习性】我国华北、华中、华南、西南、西北各地都有分布，尤其是南方地区极为常见。日本、越南、印度等国也有分布。生于低山丘陵、荒地、水边。耐烟尘。

【水土保持功能】构树根系再生力强，须根极为发达，部分根还可形成根瘤菌，在土壤中形成网络坚固结构，固土固沙效果很好，能牢固锁住泥土，防止水土流失；地上丛生植株能够形成良好的保护结构，减少风蚀，是石漠化治理的理想树种之一。构树生长快，剥皮后的树干燃烧值高，是极好的薪炭材。可以有效缓解水土保持重点地区人民的日常燃料问题。大面积种植构树，对加固堤防，治理水土流失，改善生态环境等，都将起到积极作用。

【资源利用价值】构树用途很广，树皮富含纤维，是造纸的上等原料。乳液、根皮、树皮、叶、果实及种子可入药。构树叶营养丰富，蛋白质含量高达20%~30%，氨基酸、维生素、碳水化合物及微量元素等营养成分也十分丰富，经科学加工后可用于生产畜禽饲料，也可制农药，作绿肥。

【繁殖栽培技术】构树可用分根、插条、压条和种子育苗等方法繁殖，但以种子育苗为好。育苗方法与一般小粒种子的树种相似，最好随采随播，圃地宜选择在背风向阳的空旷地，要求疏松、肥沃、排水良好的沙质土壤。因构树种子细小，48万~50万粒/kg，所以育苗时整地要细致，圃地起畦后每公顷施放堆肥或厩肥15 000~22 500kg，与石灰约450kg混合后翻入土中作基肥，采用条播法育苗，行距20cm，沟宽6~8cm，深2~3cm。每公顷用种量为12~18kg，将种子均匀地撒在播种沟内，然后撒上细碎的厩肥，盖土要薄，以不见种子为度，畦面要盖上一层草，保持土壤湿润。种

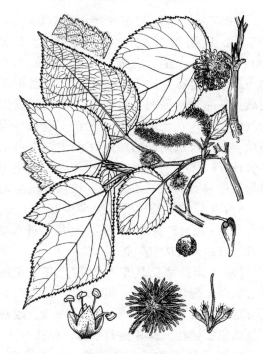

图 5-35　构树 Broussonetia papyrifera L'Hér ex Vent. ［引自《树木学》(北方本)第 2 版］

子发芽达40%时，可在阴天或早、晚两段时间揭草，1年生苗达40cm时可出圃定植，每公顷产苗18万株左右。构树苗长到40cm后即可上山种植，四季均可。初植密度为2 505株/hm²左右，在石山或半石山上栽植，尽可能选择土层深厚、肥沃的地方打穴种植，穴的规格50cm×50cm×30cm，种植时清除穴内的石块和杂质，施足底肥回填土。然后将苗置于穴的中央，让根系舒展，填土至一半时压实，浇足定根水。

5.36　厚　朴

厚朴 *Magnolia officinalis* Rehd.，又名川朴、温朴、油朴(图5-36)

【科属名称】木兰科 Magnoliaceae，木兰属 *Magnolia* L.

【形态特征】落叶乔木，高达20m，树皮厚。顶芽窄卵状圆锥形，无毛。幼叶下面被白色长毛，叶近革质，7~9聚生枝端，长圆状倒卵形，长22~45cm，先端骤短尖或钝圆，基部楔形，全缘微波状，下面被灰色柔毛及白粉；叶柄粗，长2.5~4cm，托叶痕长约叶柄2/3。花芳香，径10~15cm。花梗粗短，被长柔毛，离花被片下1cm处具苞片痕；花被片9~12(17)，肉质，外轮3片淡绿色，长圆状倒卵形，长8~10cm，盛开时常外卷，内2轮渐小，白色，倒卵状匙形，具爪，花盛开时直立；雄蕊约72，长2~3cm，花药长1.2~1.5cm，内向开裂，花丝红色；雌蕊群椭圆状卵圆形，长2.5~3cm。聚合果长圆状卵圆形，长9~15cm；蓇葖具长3~4mm喙。种子三角状倒卵形，长约1cm。花期5~6月；果期8~10月。

【分布与习性】分布区年平均气温14~20℃，1月平均气温3~9℃，年降水量800~1400mm。生于海拔300~1500m山地林中。厚朴为喜光的中生性树种，幼龄期需荫蔽；喜凉爽、湿润、多云雾、相对湿度大的气候环境。在土层深厚、肥沃、疏松、腐殖质丰富、排水良好的微酸性或中性土壤上生长较好。常混生于落叶阔叶林内，或生于常绿阔叶林缘。根系发达，生长快，萌生力强。5年生以前生长较慢，20年生高达15m，胸径达20cm，15年开始结实，20年后进入盛果期。寿命可长达100余年。

【水土保持功能】根系发达，有一定抗旱、抗烟、耐盐碱能力，寿命长，是我国大部分地区优良的保持水土、防风固沙、改良土壤的主要树种。具有涵养水源、保持水土、调节径流等生态效益。抗逆性好，耐干旱、瘠薄、抗病虫害，生长迅速，郁闭快，树冠浓密，落叶丰富，覆盖土壤能力强，根系发达。

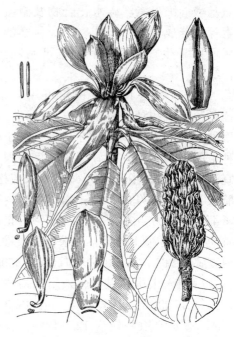

图5-36　厚朴 *Magnolia officinalis* Rehd.
[引自《树木学》(北方本)第2版]

【资源利用价值】厚朴具有较高的经济价值，木材材质轻软细致，可供板料、家具、细木工等用材；也可用作煤矿壁材；树皮、根皮、枝皮、种子、花均可药用，药效好；功能温中益气、燥湿、祛痰，治腹胀、呕吐、积食、痢疾、多咳喘等症；厚朴还可用作行道树和园林树的栽培，种子含油量35%，可供制皂。

【繁殖栽培技术】

①采种育苗　10月下旬当纺锤形聚合果壳露出红色种子时，连柄将果实采下，晾晒1~2d后，用干沙混合贮藏或装入麻袋存放在干燥通风处。翌年2月下旬取出种子，在室内用冷水浸3~5d，再用粗砂将红色种皮揉搓、冲洗干净。圃地每公顷施腐熟厩肥600担或枯饼肥3000kg，再每公顷撒入硫酸亚铁75~120kg或生石灰450~600kg消毒，耙平作床。播种前先开横沟，沟宽、沟距20~25cm，沟深5~8cm。播种用点播法，每沟点播10~15粒种子，每公顷播种量180~225kg。覆土厚3~4cm，并盖草保湿。当大部分种子发芽出土后揭草，并适时中耕除草和追肥灌溉。当年秋末冬初时苗高约35cm，不分枝，有粗大的主根。2~3年后移栽到已经下足基肥、土壤消毒和深犁耙平作床的新圃地上，按株行距25~30cm的规格挖穴移栽。移栽前要在幼苗主根长20cm处剪去过长主根，促其增生侧根和细根。移栽后要及时搞好除草松土、施肥灌溉等田间管理。秋末冬初或翌年3月苗高约1m时即可出圃。

②造林　砍杂清山后挖山整地。坡度在15°以下的山场全垦。坡度在16°~25°的水平带状条垦，坡度25°以上的穴垦。全垦、条垦深20~25cm，挖掉草蔸、树蔸和石块，打碎土块。按株行距2m×2m或2m×3m(即1185~2490株/hm²)的密度挖树穴，

穴长、宽、深为70cm×70cm×40cm,并将表土、底土分别堆放。植树时每穴施腐熟农家肥一担或枯饼肥1~1.5kg,先将肥与底土拌匀后填入穴底约10~15cm,再将树苗入穴,舒展根系后再把拌肥的底土、表土填入和压实,最后盖一层松土,以高出地面10cm为限。苗木入土深度比在圃地时深3~4cm。

③抚育管理 幼林在前5年生长较慢,第6年加快。故在前5年内,每年的4~5月和8月下旬至9月要进行2次松土除草和追肥。此外,为加速幼林生长,凡全垦和条垦的林地应农林间作,间种大豆、绿豆、豇豆、蚕豆、豌豆等豆科作物,既可以耕代抚,增加收入,又可使豆科作物的根瘤菌为林地固氮增肥。每年作物收获时割秆留根为林地增肥。15年后可用分段环状剥皮再生法剥皮出售,3~4年后可再次环状剥皮创收,长期永续利用。

5.37 枫 香

枫香 *Liquidambar formosana* Hance,又名枫仔树、枫树、香枫(图5-37)。

【科属名称】金缕梅科 Hamamelidaceae,枫香属 *Liquidambar* L.。

【形态特征】大乔木,高达30m,胸径1.5m。小枝被柔毛。叶宽卵形,掌状3裂,中央裂片先端长尖,两侧裂片平展,基部心形,下面初被毛,后脱落,掌状脉3~5,具锯齿;叶柄长达11cm,托叶线形,长1~1.4cm,被毛,早落。短穗状雄花序多个组成总状,雄蕊多数,花丝不等长;头状雌花序具花24~43,花序梗长3~6cm,萼齿4~7,针形,长4~8mm,子房被柔毛,花柱长0.6~1cm,卷曲。头状果序球形,木质,径3~4cm,蒴果下部藏于果序轴内,具宿存针刺状萼齿及花柱。种子多数,褐色,多角形或具窄翅。花期3~4月;果期10月。

【分布与习性】产中国长江流域及其以南地区,西至四川、贵州,南至广东,东到台湾;越南、老挝及朝鲜有分布。垂直分布一般在海拔1 000~1 500m以下之丘陵及平原。性喜光,幼树稍耐荫,喜温暖湿润气候,耐干旱瘠薄土壤,不耐水涝。在湿润、肥沃而深厚的红黄壤土上生长良好。深根性,主根粗长,抗风力强,不耐移植及修剪。

【水土保持功能】枫香是我国重要的乡土树种,也是亚热带地区优良速生落叶阔叶树种。其适应性广,生长迅速,抗风抗大气污染,对土壤要求不严,耐干旱瘠薄、耐火烧,采伐迹地能天然更新恢复成

图5-37 枫香 *Liquidamba formosana* Hance
[引自《树木学》(北方本)第2版]

林，属典型的"荒山先锋"树种。具良好的水土保持功能，维护地力明显，生态效益好，是人工林树种结构调整的首选树种之一。

【资源利用价值】枫香树高干直，树冠宽阔，气势雄伟，深秋叶色红艳，美丽壮观，是南方著名的秋色叶树种。在我国南方低山、丘陵地区营造风景林很合适。枫香对二氧化硫、氯气有较强抗性，可试用于厂矿绿化。木材易旋切作胶合板，及供茶叶箱、食品箱、车辆、船底板、建筑、室内装修、家具、床柜等用。叶可饲天蚕（滇南）和柞蚕（江西）。树皮可割取枫脂制作香料，是苏合香代用品，又供药用，可祛痰、活血、解毒、止痛、作解郁剂。果为镇痛药，可治腰痛、四肢痛等。树皮含糅质5%～12%，叶含8%～13.5%，可提制栲胶。

【繁殖栽培技术】枫香3～4月开花，10月下旬至11月中旬果实成熟，摊开暴晒，筛出种子，去杂干藏。出籽率0.5%～1%，种子千粒重3.1～5.5g，每千克种子19×10^4～32×10^4粒，发芽率30%～50%。2月播种，播前将种子倒入清水中浸泡10min，捞去浮粒，取出下沉种子，消毒阴干后宽幅条播（可每升种子用30mL H_2O_2 或每千克种子用5mg 三十烷醇浸种6d）。条距25cm，播幅5～6cm，播种沟深约2cm，每公顷播纯净种子约15～22.5kg，筛土覆盖，以不见种子为度，并盖草。播后约20～30d发芽出土，出苗持续24d，视出苗情况分2～3次揭草，及时除草、松土、间苗和施肥，注意防治地老虎危害。枫香树种子的发芽温度以30℃为好，发芽率在70%以上。根据播种年生长规律，从5月到9月要加强水肥管理，用复合肥或人粪尿进行追肥，幼苗期每月施1次，速生期每隔7～10d追施1次，肥料浓度早期宜稀，后期逐渐加大。苗木在生长过程中常遭枯叶蛾科的害虫危害，可用50%的敌敌畏乳油1 000～1 500倍液喷洒。在幼苗生长过程中要注意除草、松土、间苗，留苗密度以每平方米保留50～60株为佳，每公顷产合格苗24×10^4～30×10^4株。培育大苗，可分床移植，培育1年后出圃定植。移栽在落叶后或新芽萌动前，块状整地，穴径60cm，深50cm。栽后前2～3年进行松土除草、培土等抚育工作。

5.38 杜 仲

杜仲 *Eucommia ulmoides* Oliv.，又名思仙、思仲（图5-38）

【科属名称】杜仲科 Eucommiaceae，杜仲属 *Eucommia* Oliv.

【形态特征】落叶乔木，高达20m，胸径1m；树皮灰褐色，粗糙；植株各部具胶丝。枝皮孔显著，髓心片隔状。单叶互生，椭圆形、卵形或长圆形，薄革质，长6～15cm，宽3.5～6.5cm，先端渐尖，基部宽楔形或近圆，羽状脉，具锯齿；叶柄长1～2cm，无托叶。花单性，雌雄异株，无花被，先叶开放，或与新叶同出；雄花簇生，花梗长约3mm，无毛，具小苞片，雄蕊5～10，线形，花丝长约1mm，花药4室，纵裂；雌花单生小枝下部，苞片倒卵形，花梗长8mm，子房无毛，1室，先端2裂，子房柄极短，柱头位于裂口内侧，先端反折，倒生胚珠2，并立、下垂。翅果扁平，长椭圆形，长3～3.5cm，宽1～1.3cm，先端2裂，基部楔形，周围具薄翅。种子1粒，扁平线形，垂悬于顶端，长1.4～1.5cm，宽3mm，两端圆。

【分布与习性】星散分布河南西部、陕西南部、甘肃东部、四川、贵州、湖北西部及湖南西北部。此外，上述各省及辽宁、河北、山西、山东、江苏、浙江、安徽、江西、福建、台湾、广西、广东、云南等地均有栽培。通常生于海拔300~2500m地带。喜阳光充足、温和湿润气候，耐寒，对土壤要求不严，丘陵、平原均可种植，也可利用零星土地或四旁栽培。

【水土保持功能】杜仲喜光不耐荫，能耐严寒，喜生于土壤肥沃、深厚且排水良好、温暖湿润、阳光充足的环境中，在酸性、中性及微碱性土壤上均可正常生长。

【资源利用价值】是我国特产名贵中药材，树皮入药，有补肝肾，健筋骨和降血压等功用。杜仲的皮、叶、雄花还是很好的保健型调味品，配方烹饪或加工成各种功能性保健菜肴、食品等。美味保健菜肴的烹饪可用杜仲雄花茶、杜仲叶茶或杜仲皮用水浸泡后的浸提液。植株可提取硬橡胶，抗酸、耐碱、耐腐蚀，为电线、海底电缆优质绝缘材料；种子含油率达27%；木材结构细，不翘不裂，供造船、建筑、家具等用。

图5-38　杜仲 *Eucommia ulmoides* Oliv.
［引自《树木学》(北方本)第2版］

【繁殖栽培技术】将杜仲种子装入塑料编织袋内，悬挂通风凉爽处，于12月下旬直接入畦播种。或于10月底采下后，悬挂存置，12月下旬用清水浸1~2d，每天换1次清水，最后一次换水时加少许硫酸铜或代森铵(锌)、多菌灵，以灭病菌捞出滤至以播种时能撒开不粘手，直接入畦播种。杜仲种子寿命为1年，种子发芽率与成熟度、新鲜度关系密切，老熟的种子发芽率低，春播发芽率则更低。选择沙田或沙壤田，播前反复耕耙2~3遍。在最后一次耕耙前撒复合肥"打茬口"。做成1m畦，沟深20~25cm，沟内施圈肥或撒复合肥及菜饼，也可用人畜尿粪打底，覆土低于畦面1.5~2cm。在施有基肥的沟内按5cm间放1粒种子或稀稀匀匀地撒在沟内，过密者则拣起另摆稀处。覆草木灰混和土或细土1.5~2cm。畦上顺沟向平铺稻、茅草保温。盖草不必过厚，以免苗齐后掀草时顺势带出幼苗。稻草盖畦后，招引老鼠极快，老鼠咬吃杜仲籽极为严重。必须即时投药诱杀老鼠。苗出土的15~20d前，即用1:3的呋喃丹和黄土拌和撒畦面，毒杀地老虎。苗基本出齐即掀去稻草、茅草，再撒一次1:4的寿辰百虫粉和草木灰及细土。干瘪籽或因杜仲结籽灌浆期遇旱，其籽内肉呈黑色，不要有"铺铺看"的侥幸心理，更不要和壮实籽一块育苗，以防壮实籽出苗后感染立枯病。

5.39 刺 槐

刺槐 Robinia pseudoacacia L.，又名洋槐（图5-39）

【科属名称】蝶形花科 Fabaceae，刺槐属 Robinia L.

【形态特征】乔木，高10～20m；树皮灰黑褐色，深纵裂；小枝灰褐色；单数羽状复叶，互生，具7～19小叶，对生或互生，小叶矩圆形、椭圆形、卵状矩圆形或矩圆状披针形，全缘，长1.5～4.5cm，宽1～2cm，先端圆形或微凹，有小刺尖，基部圆形或宽楔形，托叶2，刺状，宿存。花两性，总状花序腋生；花白色，芳香，长1.5～2cm；花萼钟状，先端不整齐5浅裂，稍带2唇形，密被柔毛；蝶形花冠。荚果扁平，深褐色，条状矩圆形，长3～10cm，含种子8～13；种子肾形，黑色。花期5～6月；果期8～9月。$2n = 20，22$。

【分布与习性】刺槐原产美国东部，20世纪初从欧洲引入我国，目前已遍布全国各地，尤其以黄河、淮河流域最常见，多植于平原或低山丘陵。刺槐是极喜光树种，不耐庇荫，喜欢较干燥和凉爽的气候，在年平均气温8～14℃，年降水量900mm以下的地区生长最好。较耐干旱瘠薄，能在沙土、砂壤土、壤土、黏壤土、发育良好的黏土，甚至是石砾土上都能生长。对土壤酸性适应性较强，酸性土、中性土以及轻度盐碱土上可以正常发育，但在肥沃、湿润、排水良好的冲积沙质壤土上生长最佳。浅根性树种，多分布在20～30cm的表土层中。抗风能力较弱，7～8级风力下有风折现象。萌蘖力强，寿命较短，30～50年后逐渐衰老。

【水土保持功能】刺槐生长迅速，截干的萌蘖条1年高达2～3m，8～10年即可成材，是重要的速生用材树种。它的萌蘖力强，侧根发达，10年生的刺槐侧根可扩展到20m，具根瘤，有一定的抗旱、抗烟和耐盐碱的能力，花洁白芳香，是华北、西北地区优良的水土保持、防风固沙、改良土壤和"四旁"绿化树种。

【资源利用价值】刺槐的木材坚实而有弹性，纹理直、耐湿、耐腐，但易翘裂，可制枕木、支柱、桩木、车辆、家具等用；又因其质硬耐磨，可作滑雪板、木撬、地板。由于耐腐蚀，也适用于水工、造船、海带养殖等用。枝桠及根易燃烧，火力强，发烟少，燃烧时间长，是头等的薪炭材。种子含油量达12%～13.9%，可榨油，作肥皂及油漆原料。花可作香料；嫩叶及花可食。树皮可供造纸及人造棉。花、茎皮、根、叶入药，具有凉血、

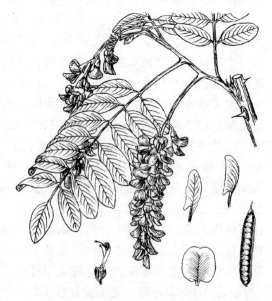

图5-39 刺槐 Robinia pseudoacacia L.
[引自《树木学》（北方本）第2版]

止血作用，主治便血、咯血、吐血、子宫出血等功效。

【繁殖栽培技术】刺槐可以播种、分蘖和根插等方法繁殖，但以播种为主。播种繁殖的具体方法为：8~9月份采种，采后晒干、碾压脱粒，风选后干藏，一般3~4月条播，由于种子皮厚而且硬，硬粒种子多达15%~20%，因此，播前需要进行催芽处理。催芽方法是：将种子放入缸中，约达缸深的1/3，然后倒入80℃的热水，搅拌使水温降到30~40℃，然后捞出水面漂浮的空粒种子，剩余的种子浸泡1~2d后捞出过筛，放入箩筐内，盖上湿布，放在较温暖处，并每天用温水淘洗1次，3~5d即可开始发芽，然后，将种子取出阴凉3~4h即可播种。也可以在雨季后期播种。此外，也可以采用秋季层积方法，翌年春天播种。插根繁殖的具体方法是：选用直径0.5~2.0cm的根，剪成15~20cm长的小段进行扦插，插后盖上塑料薄膜可以提高成苗率。

在造林方面，混交造林比纯林生长好。在土层深厚的低山丘陵和平原地区，刺槐可以和杨、白榆、臭椿、苦楝、旱柳、紫穗槐混交，在土石山区可与臭椿、麻栎、侧柏等混交。刺槐容易受种子虫害和紫纹羽病的伤害，应及早防治。

5.40 黄檗

黄檗 *Phellodendron amurense* Rupr.，又名黄柏、檗木、黄波罗（图5-40）

【科属名称】芸香科 Rutaceae，黄檗属 *Phellodendron* Rupr.

【形态特征】高达22m；树冠开阔呈广圆形；树皮木栓层发达，内皮鲜黄色。枝条粗壮，小枝橙黄色或黄褐色。小叶5~13片，对生，卵状椭圆形至卵状披针形，长5~12cm，宽3.5~4.5cm，先端长渐尖，叶缘有细锯齿，齿间有透明油点。花黄绿色。核果球形，径约1cm，成熟时蓝黑色，破碎后有较浓的单宁酸臭味。花期5~6月；果期10月。

【分布与习性】产东亚，我国主要分布于东北和华北北部。喜光，不耐荫，耐寒性强；喜湿润、深厚、肥沃而排水良好的土壤，能耐轻度盐碱。深根性，抗风力强。

【水土保持功能】黄檗深根性，萌生能力很强，抗风及抗烟尘能力均较强，可用于营造防护林及水源涵养林，对 Cl_2、HCl 气体有较强的抗性。

【资源利用价值】黄檗是我国东北林区三大珍贵硬阔叶用材树种之一，木材宜作上等家具、胶合板及各种工业用材，栓皮层为优质软木工业原料，可制瓶塞及某些抗震、

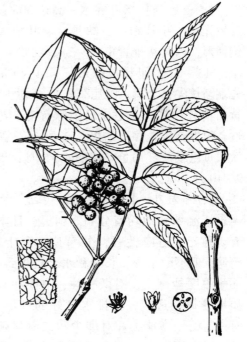

图5-40 黄檗 *Phellodendron amurense* Rupr.
[引自《树木学》（北方本）第2版]

隔音、绝缘的配件，内皮、果实作染料，种子榨油，制肥皂及机械润滑油，为良好的蜜源树种；黄檗树干的内皮（去栓皮）可入药。

【繁殖栽培技术】

①播种育苗 当年采集的种子，若行秋播，可不进行催芽处理。若行春播，种子则应进行雪埋法催芽处理。垄播，垄底宽60~70cm，顺垄做成两行，行距15~20cm，沟深5~6cm，将种子均匀地撒播于沟内，用熏土和细土混合盖种，覆土厚度1.7~3cm，在风大干旱的地区或沙质土壤的圃地上覆土可稍厚，然后盖草。

②扦插育苗 在芽萌动前剪取大树伐根1年生萌条，低温保湿贮藏，于4月末或5月初剪成10 cm长插穗扦插。或6~8月高温多雨季节，选取健壮枝条，剪成长约15~18cm的枝段，斜插于苗床，经常浇水，保持一定的湿度，培育至第2年冬季移栽。

③埋根育苗 北方于黄檗休眠期选刨手指粗的嫩根，剪成长15~18 cm的小段，斜埋于选好的地方，也可窖藏至翌年春解冻后栽植（埋时不能露出地面）。栽后浇水，30d后发芽出苗，1年后移栽。萌芽更新大树砍伐后，树根周围萌生许多嫩枝，可培土，使其生根后截离母树，进行移栽。

5.41　臭　椿

臭椿 *Ailanthus altissima*（Mill.）Swingl.（图5-41）

【科属名称】苦木科 Simaroubaceae，臭椿属 *Ailanthus* Desf.

【形态特征】落叶乔木，高达30m；树皮较光滑。小枝粗壮，缺顶芽。叶痕大而倒卵形，内具9维管束痕。奇数羽状复叶，小叶13~25，卵状披针形，长4~15cm，先端渐长尖，全缘，仅基部具1~2对腺齿，背面稍有白粉，无毛或沿中脉有毛。花杂性，顶生圆锥花序。翅果长3~5cm，熟时淡褐黄色或淡红褐色。花期4~5月；果期9~10月。

【分布与习性】东北南部、华北、西北至长江流域各地均有分布。朝鲜、日本也有。喜光，适应性强，分布广。耐干旱、瘠薄，但不耐水湿，长期积水会烂根致死。能耐中度盐碱土，对微酸性、中性和石灰质土壤都能适应，喜排水良好的砂壤土。有一定的耐寒能力。对烟尘和二氧化硫抗性较强。根系发达，为深根性树种，萌蘖性强，生长较快。

【水土保持功能】臭椿主根发达，向下

图5-41 臭椿 *Ailanthus altissima*（Mill.）**Swingle.**［引自《树木学》（北方本）第2版］

生长的深度可达3m以下，为深根系树种，侧根多分布在20~70cm土层内，数量不多，故可与其他浅根系树种营造混交林。由于根系发达，穿透能力强，能充分利用母质层内的水分养分，因此，在岩石裸露、土壤干旱、土层瘠薄地区，营造臭椿可起到水土保持作用。

【资源利用价值】是一种很好的观赏树和庭荫树。木材坚韧有弹性，硬度适中，不易翘裂，易加工，纹理直，有光泽，在干燥的空气中较为坚实耐久，可制农具、家具、建筑等。木材的纤维较长，故为造纸的上等材料。种子可榨油，根皮可入药，用以杀蛔虫、治痢、去疮毒。叶可养樗蚕。

【繁殖栽培技术】播种繁殖。当翅果成熟时连小枝一起剪下，晒干去杂后干藏，发芽力可保持2年。播种前用40℃温水浸泡一昼夜，可提前5~6d发芽。播种量每公顷75~120kg，条播行距25~40cm，覆土1~1.5cm，发芽率可达85%。种子发芽适宜温度为9~15℃，一般在3月上旬至4月下旬进行播种。1年生苗高达60~100cm，地际直径0.5~1.5cm。此外，还可用分蘖及根插繁殖。作为行道树用的大苗，要求主干通直而分枝点高。一般可在育苗的第二年春进行平茬，以后要及时摘除侧芽，使主干不断延伸，到达定干高度后再让发侧枝养成树冠。春季移栽要待苗木上部壮芽膨大成球状时进行，并要适当深栽。

5.42 苦 木

苦木 *Picrasma quassioides* (D. Don) Benn.，又名苦皮树、苦胆木(图5-42)

【科属名称】苦木科 Simaroubaceae，苦木属 *Picrasma* Bl.

【形态特征】落叶乔木；树皮紫褐色，平滑，茎皮、枝皮极苦。复叶长15~30cm，小叶9~15，卵状披针形或宽卵形，具不整齐粗锯齿，先端渐尖，基部楔形，上面无毛，下面幼时沿中脉和侧脉有柔毛，后无毛；托叶披针形，早落。雌雄异株，复聚伞花序腋生，花序轴密被黄褐色微柔毛；萼片(4)5，卵形或长卵形，被黄褐色微柔毛；花瓣与萼片同数，卵形或宽卵形；雄花雄蕊长为花瓣2倍，与萼片对生，雌花雄蕊短于花瓣；花盘4~5裂；心皮2~5，分离。核果蓝绿色，长6~8mm，萼片宿存。花期4~5月；果期6~9月。

【分布与习性】产辽宁、河北、山西、河南、山东、江苏、安徽、浙江、福建、台湾、江西、湖北、湖南、广东、香港、广西、贵州、云南、西藏、四川、陕西及甘肃；印度北部、不丹、尼泊尔、朝鲜及

图5-42 苦木 *Picrasma quassioides* (D. Don) Benn. [引自《树木学》(北方本)第2版]

日本有分布。自然状态下，生长速度缓慢。生于海拔(1 400)1 650~2 400m 山坡、山谷、水溪及村边较潮湿处，以偏碱性或微碱性土壤或石山居多，其母岩为页岩和石灰岩。

【水土保持功能】抗逆性好，耐干旱、耐瘠薄、抗病虫害，树冠浓密，落叶丰富，覆盖土壤能力强，根系发达，具有良好的经济效益。

【资源利用价值】苦木有抗癌活性成分，它的生物碱的各种制剂对呼吸系统、消化系统和泌尿系统的感染、外伤感染和脓肿等有显著疗效；兽医用苦木皮治牛咳嗽、胃炎、大小肠热症、炭疽病等，民间还有以苦树作土农药，杀灭蔬菜及园林害虫。随着现代医学技术的发展，人类对苦木的各种生物碱的不断研究、开发、利用，发现它对保障人类的身体健康起着越来越重要的作用，需求量越来越大。

5.43 香 椿

香椿 *Toona sinensis* (A. Juss.) Roem.，又名山椿(图5-43)

【科属名称】楝科 Meliaceae，香椿属 *Toona* Roem.

【形态特征】落叶乔木，高达25m；树皮浅纵裂，片状剥落。偶数羽状复叶，长30~50cm；小叶16~20，卵状披针形或卵状长圆形，长9~15cm，宽2.5~4cm，先端尾尖，基部一侧圆形，一侧楔形，全缘或疏生细齿，两面无毛，下面常粉绿色，侧脉18~24对；小叶柄长0.5~1cm。大型圆锥花序疏被锈色柔毛或近无毛；花萼5齿裂或浅波状，被柔毛；花瓣5，白色，长圆形，长4~5mm；雄蕊10，5枚退化；花盘无毛，近念珠状。蒴果窄椭圆形，长2~3.5cm，深褐色，具苍白色小皮孔，种子上端具膜质长翅。花期6~7月；果期10~11月。

【分布与习性】原产我国，主要分布在山东、安徽、河南、河北、广西北部、湖南南部及四川。香椿喜温，适宜在平均气温8~10℃的地区栽培，抗寒能力随树龄的增加而提高。用种子直播的1年生幼苗在-10℃左右可能受冻。香椿喜光，较耐湿，适宜生长于河边、宅院周围肥沃湿润的土壤中，一般以砂壤土为好。适宜的土壤酸碱度为pH5.5~8.0。

【水土保持功能】适应能力强，抗逆性好，耐干旱、耐瘠薄、抗病虫害，生长迅速，能及早郁闭，树冠浓密，落

图5-43 香椿 *Toona sinensis* (A. Juss.) Roem. [引自《树木学》(北方本)第2版]

叶丰富，覆盖土壤能力强，根系发达，具有巨大的经济效益。

【资源利用价值】清热解毒，健胃理气，润肤明目，杀虫。主治疮疡，脱发，目赤，肺热咳嗽等病症。经常食用可以提高机体免疫功能，润泽肌肤。香椿含有丰富的维生素 C、胡萝卜素等物质，有助于增强机体免疫功能，并有很好的润滑肌肤的作用，是保健美容的良好食品。涩血止痢，止崩。香椿能燥湿清热，收敛固涩，可用于久泻久痢、肠痔便血、崩漏带下等病症。祛虫疗癣。香椿具有抗菌消炎，杀虫的作用，可治蛔虫病、疮癣、疥癞等病。

【繁殖栽培技术】

①普通栽培 香椿的繁殖分播种育苗和分株繁殖（也称根蘖繁殖）两种。播种繁殖，由于香椿种子发芽率较低，因此，播种前，要将种子在 30～35℃温水中浸泡 24h，捞起后，置于 25℃处催芽。至胚根露出米粒大小时播种（播种时的地温最低在 5℃左右）。上海地区一般在 3 月上中旬。出苗后，2～3 片真叶时间苗，4～5 片真叶时定苗，行株距为 25cm×15cm。分株繁殖，可在早春挖取成株根部幼苗，植在苗地上，当翌年苗长至 2m 左右，再行定植。也可采用断根分蘖方法，于冬末春初，在成树周围挖 60cm 深的圆形沟，切断部分侧根，而后将沟填平，由于香椿根部易生不定根，因此，断根先端萌发新苗，次年即可移栽。香椿苗育成后，都在早春发芽前定植。大片营造香椿林时，行株距 7m×5m。植于河渠、宅后时，都为单行，株距 5m 左右。定植后要浇水 2～3 次，以提高成活率。

②矮化密植栽培 这是近年来发展的一种栽培方式。它的育苗方法与普通栽培相同，只是在栽植密度和树型修剪方面不同。一般每公顷栽 90 000 株左右。树型可分为多层型和丛生型两种：多层型是当苗高 2m 时摘除顶梢，促使侧芽萌发，形成 3 层骨干枝，第 1 层距地面 70cm，第 2 层距第 1 层 60cm，第 3 层距第 2 层 40cm。这种多层型树干较高，木质化充分，产量较稳定。丛生型是苗高 1m 左右时即去顶梢，留新发枝只采嫩叶不去顶芽，待枝长 20～30cm 时再抹头。特点是树干较矮，主枝较多。

③保护地栽培 也可分为两种：一种是将栽植在温室（或管棚）的矮化密植香椿，到 11 月中旬（指华北南部）进行扣膜。另一种是将已通过休眠的 2～3 年生苗木假植于温室内。室（棚）内温度白天保持 18～24℃，夜温不低于 12℃，经 40～45d，就可采食嫩叶。

5.44 乌 桕

乌桕 *Sapium sebiferum*(Linn.)Roxb.，又名蜡子树、木油树（图 5-44）

【科属名称】大戟科 Euphorbiaceae，乌桕属 *Sapium* P. Br.

【形态特征】乔木，高达 15m。叶菱形、菱状卵形或菱状倒卵形，长 3～8cm，先端骤尖，基部宽楔形，全缘，侧脉 6～10 对；叶柄长 2.5～6cm，顶端有 2 腺体。花雌雄同序，总状花序顶生，长 6～12cm；雌花常生于花序最下部，稀雌花下部有少数雄花；雄花生于花序上部或花序全为雄花；雄花苞片宽卵形，基部两侧各具 1 腺体，每苞片具 10～15 花；小苞片 3，边缘撕裂状；花萼杯状，3 浅裂，裂片具不规则细齿；

雄蕊2(3)，伸出花萼，花丝分离；雌花苞片3深裂，基部两侧具腺体，每苞片1雌花，间有1雌花和数雄花聚生苞腋；花萼3深裂；子房3室。蒴果梨状球形，熟时黑色，径1~1.5cm，具3种子。种子扁球形，黑色，长约8mm，被白蜡层。花期4~5月。

【分布与习性】产于我国秦岭、淮河流域以南，东至台湾，南至海南岛，西至四川中部海拔1 000m以下，西南至贵州、云南等地海拔2 000m以下，主要栽培区在长江流域以南浙江、湖北、四川、贵州、安徽、云南、江西、福建等地。日本、越南及印度有分布。欧洲、美洲和非洲有栽培。喜光，不耐荫。喜温暖气候，不甚耐寒。年平均气温15℃以上，年降水量750mm以上地区都可生长。对土壤适应性较强，沿河两岸冲积土、平原水稻土、低山丘陵黏质红壤、山地红黄壤都能生长。适生于深厚肥沃、含水丰富的土壤，对酸性、钙质土、盐碱土均能适应。主根发达，抗风力强，耐水湿。寿命较长。土壤水分条件好、生长旺盛。能耐短期积水，亦耐旱。

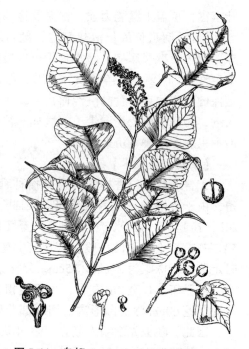

图5-44 乌桕 *Sapium sebiferum* (Linn.) Roxb. [引自《树木学》(北方本)第2版)

【水土保持功能】发展乌桕生产对防止水土流失，保护生态环境有重要作用。乌桕具有改良土壤、净化空气、保持水土、防风固沙等功能，是维护生态平衡的理想树种之一。它不占耕地，可利用田边，地边，道路边，房前屋后，山上山下，沟沟叉叉栽种，不误农时，效益可观，有利无弊。乌桕根系发达，适应性强，耐短期和间断性水渍，具有一定的抗风、抗盐性，能够固持水土、涵养水源、改良土壤，可作为河滩、海滩和江河、水渠、水库营造防浪林、防护堤岸林树种；萌发力强，生长迅速，经营强度低，因而有巨大的发展空间，适于大面积荒山造林。

【资源利用价值】乌桕加工的初级产品是桕脂(皮油)和梓油(青油)。皮油的主要用途是生产硬脂酸、软脂酸、脂可可，产品是橡胶，塑料，纺织，化工，造纸，炼钢等工业原料，皮油中含有14%左右的甘油，可以制取环氧树脂和硝化甘油，是制造炸药，炮弹和飞机上玻璃钢的重要原料。梓油是一种干性油，是制造高级油漆，油墨的重要原料，为不少植物油所不及。它还广泛应用于蜡纸、化妆品、防水织物和机器润滑油等方面，其性能可替代桐油，为重要的工业用油，是我国传统的出口产品。桕饼可作燃料和饲料；青饼(种仁榨青油的饼)是优质的有机肥料，籽壳、果壳可制糠醛。

【繁殖栽培技术】一般用播种法，优良品种用嫁接法，也可用埋根法繁殖。具体繁殖方法如下：11月初至下旬，当果壳呈黑褐色、开裂露白时，根据品种特性和"弱树弱枝留短，强树强枝留长"的原则，截取果枝，一般留10~15cm；切忌折大枝，以免影响第二年结果。采回的果枝，暴晒后，除去果壳，脱出种子，放阴凉通风处干藏。可在采种时结合修剪。短截结果枝，将果穗连同结果枝上部大部分一起剪去，仅留果枝基部一截作为次年的结果母枝。初结果的幼树，截枝强度不能太大。冬季深挖结合施有机肥。

①造林地选择与整地　选海拔800m以下，土壤深厚、肥沃的向阳缓坡；河滩，含盐量0.3%以下的海涂；"四旁"地等。山地造林可采用筑梯地或宽3m以上的宽水带整地，以便造林后长期套种农作物。苗圃整地做床。防治地下害虫。苗圃整地和造林地整地时，每公顷撒敌百虫粉30～37.5kg，翻入土中，杀死蛴螬等。

②播种育苗　条播，每公顷用去蜡种子75～112.5kg。播前，带蜡种子用60～80℃热水浸泡并立即搅拌，待冷却后再浸24h，捞取种子除去软化了的蜡皮，用筛筛下。去蜡皮的种子经水选后晾干后播种。

③嫁接育苗　早春从优良品种母树上选取树冠中、上部一两年枝条作接穗。2月初进行切腹接。砧木苗露出根颈黄色部分。离地面2～3cm处剪去。在砧木的一侧用刀削去厚1cm左右切面，切面下端开一稍斜接口，深约2cm，将长约10cm上带2～3个芽的接穗，削成楔形插入砧木接口，绑紧接口用细土培壅成馒头形，接穗顶端微露。6月上旬以后苗木进入速生期，及时除草、松土和施肥。幼苗极怕庇荫，要及时间苗，保持苗木株距8cm左右，每公顷留苗12×10^4～15×10^4株。嫁接苗抚育时，要浇水、除草等。接穗发芽抽梢后，拨开壅土。新梢长至20cm时，选留粗壮的一株，加强培育。

④幼林抚育　间种农作物，并中耕施肥。

⑤成林抚育　4～5月份，施入速效肥，以促进春梢生长和花序形成与发育。

5.45　黄连木

黄连木 *Pistacia chinensis* Bunge（图5-45）

【科属名称】漆树科 Anacardiaceae，黄连木属 *Pistacia* L.

【形态特征】落叶乔木，高达25m，胸径1m；幼枝疏被微柔毛或近无毛；冬芽红色，有特殊气味。偶数羽状复叶，小叶5～6(7)对，叶轴被微柔毛，小叶对生或近对生，披针形或卵状披针形，长5～10cm，宽1.5～2.5cm，先端渐尖或长渐尖，基部不对称，一边窄楔形一边圆，小叶柄长1～2mm。先叶开花，花单性，雌雄异株；雄花排成密总状花序，长5～8cm；雌花排成疏松的圆锥花序，长18～22cm；雄花花被片2～4，披针形或线状披针形，大小不等，雄蕊3～5；雌花花被片7～9，外面2～4片披

图5-45　黄连木 *Pistacia chinensis* Bunge
［引自《树木学》（北方本）第2版］

针形或线状披针形，外面和边缘被毛，里面5片卵形或长圆形，外面无毛，具睫毛；核果倒卵圆形，直径约6mm，顶端具小尖头，红色果均为空粒，绿色果内含成熟种子。花期3~4月；果期9~11月。

【分布与习性】产于河北（北京以南）、山西、陕西、山东，分布南达广东、广西、海南、台湾，西至四川（海拔1 000m以下）、云南（海拔1 500m以下），东部海拔500m以下，散生于低山丘陵及平原。菲律宾也有分布。喜光，幼时稍耐荫；喜温暖，畏严寒；耐干旱瘠薄，多生于石灰岩山地，微酸性、中性和微碱性的沙质、黏质土均能适应，而以肥沃、湿润而排水良好的砂壤土上生长最好。深根性，主根发达，抗风力强；萌芽力强。生长较慢，寿命可长达300年以上。对二氧化硫、氯化氢和煤烟的抗性较强。

【水土保持功能】黄连木树冠广阔，枝叶稠密，落叶量大，枯落物多，有效地拦截降水，削弱雨水对地面的直接冲击，还能很好地改良土壤，提高土壤的渗透速度和增强土体的抗侵蚀能力。黄连木主根发达，根系较多，分布较深，萌芽力强，能防风、固土和减少土壤冲刷，有较高的水土保持效益。

【资源利用价值】种仁含油率约56.5%，可制肥皂、润滑油及治牛皮癣等。油味苦涩，处理后可食用；叶生五倍子虫瘿，含鞣质30%~40%，叶含10.8%，果含5.4%，树皮含4.8%，均可提制栲胶；根、枝、叶和皮可作农药；叶可提芳香油，嫩叶可代茶，称"黄鹂茶"。

【繁殖栽培技术】播种繁殖。将种子浸入混草木灰的温水中浸泡数日，或用5%的石灰水浸泡2~3d，然后搓洗，除去种皮蜡质，捞出种子用清水洗净，晾干后秋播或沙藏3个月以上春播。出苗前要保持土壤湿润，一般20~25d出苗。要及早间苗，第一次间苗在苗高3~4cm时进行，去弱留强。以后根据幼苗生长发育间苗1~2次，最后一次间苗应在苗高15cm时进行。

5.46 漆 树

漆树 *Toxicodendron vernicifluum*(Stokes)F. A. Barkl.，又名山漆，大木漆（图5-46）

【科属名称】漆树科 Anacardiaceae，漆树属 *Toxicodendron*(Tourn.)Mill.

【形态特征】落叶乔木，高达20m，胸径80cm，树皮灰白色，粗糙，成不规则的纵裂。小枝淡黄或灰色，生棕色柔毛。奇数羽状复叶互生，小叶4~6对，卵状椭圆形或长圆形，长6~13cm，宽3~6cm，先端尖，基部偏斜，圆或宽楔形，全缘，叶上面常无毛或沿中脉被微柔毛，下面沿中脉被黄色柔毛，侧脉10~15对，叶柄长4~7mm。花杂性或雌雄异株，成圆锥花序腋生，长12~25cm，有短柔毛；花黄绿色，密而小，直径约1mm；花瓣长圆形，具褐色羽状脉，花时外卷；花萼裂片卵形，花盘五浅裂。核果扁圆形或肾形，径6~8mm，棕黄色，光滑，中果皮蜡质，果核坚硬。花期5~6月；果期7~10月。

【分布与习性】产于河北南部、山西南部、陕西南部（海拔3 500m以下）、河南、山东（海拔1 000m以下）、江苏、浙江、福建、安徽、江西、湖南、湖北（海拔1 000~

2 500m)、四川(中部海拔2 600m以下)、贵州、云南(海拔1 500~2 500m)、广西北部、广东北部。秦岭、大巴山、武当山、巫山、武陵山、大娄山、乌蒙山等山脉一带最为集中,是我国漆树的中心产区。印度、日本、朝鲜半岛也有分布。性喜光,常生于阳坡林中,对气候、土壤适应性强,在年平均气温8~20℃,年平均降水量600mm以上,相对湿度60%以上,海拔2 000m以下,砂壤土、壤土,山区或平原都能生长。在河谷两岸、地势平缓的阳坡、水分条件较好处生长较好。

【水土保持功能】漆树耐瘠耐旱,对气候、土壤适应性强。根系发达,增强了土壤的透水性能,固持土壤的能力强,使土壤免受径流侵蚀。速生、萌发力强,长势旺,易管理,是优良的水土保持树种。

图 5-46 漆树 *Toxicodendron vernicifluum* (Stokes) F. A. Barkl.

[引自《树木学》(北方本)第2版]

【资源利用价值】漆树是我国重要的经济特用树种之一。树干可割生漆乳液,为优良涂料,防腐性能极好,易结膜干燥,耐高温,可用以涂饰海底电缆、机器、车船、建筑、家具及工艺品等。种子可榨油。果肉可取蜡,为蜡烛及蜡纸原料。材质优良,不易变形,易加工,耐腐朽,抗压力强;可制家具、雕刻、工艺品等用。叶可提制栲胶。根叶均可作农药。花果入药,可止咳、消淤血、杀虫等。

【繁殖栽培技术】播种繁殖和根插繁殖。

①种子繁殖 一般选择12~20年生长旺盛的漆树作为采种母树,由于漆树种子外皮附有一层蜡质,不易透水透气,所以播种前需对种子进行人工脱蜡和催芽处理。处理方法是:将种子放入40~50 ℃的草木灰溶液中浸泡3~5 d,然后用力搓洗,直至种子变为黄白色或手捏感觉不再光滑时,用水淘洗干净,再用冷水浸泡24h,保湿,在5 ℃的低温条件下贮藏20 d后即可播种。也可以把漆籽与湿粗沙(1:1)混合,用力搓揉,待种子手感不再光滑时用水除去种子表面蜡质,将湿沙及种子铺成10~15cm厚摊晾2~3 d,阴干后加入细沙(种子与粗细沙比例为1:3)保持湿润进行沙藏。

②埋根繁殖 漆树的根具有很强的萌芽和发根的能力,具体方法是:首先采集根段。在原栽漆树周围,挖取部分根茎,或在起苗移栽时,取部分直径在0.5~1.5cm的须根备用。将所取根条截成12~15cm长,并按粗细分级;其次进行催芽。在苗床上开20cm深、25cm宽的斜沟,把根段分级成把置于沟中,把与把之间相距5cm,大头朝上,覆土,土壤高出插根3cm左右,保持土壤相对含水量在50%左右,经过20~30d的催芽,即可分批取出发芽的插根,然后进行扦插。在苗床上每隔40cm开

20cm 深的沟，沟的一边修成 50°的斜坡，将插根的大头朝上放在斜坡上，每隔 15cm 放一根，覆土，使萌芽露出床面，稍压实土壤，使土壤与插根接触紧密有利于生根，需注意保持土壤潮湿和适当遮阴。

同属的野漆树 *T. succedaneum* (Linn.) O. Kuntz.，功能与漆树相近，也可用于水土保持生态建设中，限于篇幅，此处不再赘述。

5.47 五角枫

五角枫 *Acer mono* Maxim.，又名色木、地锦槭（图5-47）

【科属名称】槭树科 Aceraceae，槭属 *Acer* L.

【形态特征】落叶乔木，高可达20m，小枝无毛，棕灰色或灰色。单叶，对生，叶长 6～8cm，宽 9～11cm，基部近心形或平截，叶常掌状 5 裂，裂深达叶片中部，有时 3 或 7 裂，裂片卵形，先端渐尖或尾尖，全缘，上面光绿色，背面淡绿色，下面叶脉或脉腋被黄色柔毛，叶柄长 4～6cm。顶生复伞房花序；花瓣淡黄色，椭圆形或椭圆状倒卵形，长约 3mm；萼片黄绿色，长圆形；雄蕊 8，生于花盘内侧。翅果淡黄色，扁平，卵圆形，长 2～2.5cm，翅长圆形，两翅开展成锐角或近钝角，翅长约为小坚果的 2 倍，长达 2cm。花期 5 月；果期 9 月。

图 5-47 五角枫 *Acer mono* Maxim.
[引自《树木学》（北方本）第 2 版]

【分布与习性】分布于东北、华北、西北和长江流域各地，西至陕西、四川、湖北，南达江苏、安徽、浙江、江西；生于海拔 1 400m 以下的山区。喜光，稍耐荫；喜温凉湿润气候；适应性强，抗旱，耐严寒，耐贫瘠，在中性、酸性、石灰性土壤均能生长，但在土层深厚、肥沃、疏松、湿润的山地褐土上生长最好；生长速度中等，深根性；很少病虫害。

【水土保持功能】五角枫抗旱，耐寒，耐贫瘠，为深根性树种，根系密集，有良好的固土作用；枝叶密度大，截留降雨能力强，有效地削弱了降雨对土壤的击溅作用，减少了土壤侵蚀，延长了产生地表径流的过程；枯落物较多，对改良土壤、涵养水源、增强土壤下渗能力具有良好的作用，水土保持作用显著。

【资源利用价值】五角枫冠大荫浓，树姿优美，嫩叶红色，秋季叶又变成黄色或红色，为优良的园林绿化树种。木材坚韧细致，材质优良，纹理美观，有光泽，可供家具、乐器、胶合板、建筑、车辆及细木工用材；种子可榨油；嫩叶可作菜和代茶。茎皮可作人造棉及造纸原料，也可提制栲胶；种子榨油，可供工业原料及食用。

【繁殖栽培技术】主要采用播种繁殖。翅果成熟后脱落期较长，逐渐随风飘落，故应及时采集；采后晾晒3~5d，去杂后袋藏，所得纯净翅果即为播种材料。在播种前种子用湿水浸泡1天或湿沙层积催芽；1年生苗高为60~80cm，园林、城镇绿化苗木2年生即可出圃；移植在秋季落叶后至春季芽萌动前进行，大苗移植需带土球，还需适当修剪。

同属的元宝槭 A. truncatum Bunge.，三角枫 A. buergerianum Miq.，鸡爪槭 A. palmatum Thunb. 功能与五角枫相近，也可用于水土保持生态建设中。

5.48 栾 树

栾树 Koelreuteria paniculata Laxm.，又名灯笼花（图5-48）

【科属名称】无患子科 Sapindaceae，栾树属 Koelreuteria Laxm.

【形态特征】落叶乔木，高达15m，树冠近圆球形。树皮灰褐色，细纵裂。小枝稍有棱，无顶芽，皮孔明显。奇数羽状复叶，有时部分小叶深裂而为不完全的2回羽状复叶，长达40cm，卵形或卵状椭圆形，缘有不规则锯齿，近基部常有深裂片，背面沿脉有毛。花小，金黄色；顶生圆锥花序宽而疏散。蒴果三角状卵形，长4~5cm，成熟时红褐色或橘红色。花期6~7月；果期9~10月。

【分布与习性】产中国北部及中部，北自东北南部，南到长江流域及福建，西到甘肃东南部及四川中部均有分布，而以华北较为常见；日本、朝鲜也产。多分布于海拔1500m的低山及平原，最高海拔可达2600m。喜光，耐半荫，耐寒，耐干旱瘠薄；喜生于石灰质土壤，也能耐盐渍及短期水涝。深根性，萌蘖能力强；生长速度中等，幼树生长较慢，以后渐快。有较强的抗烟尘能力。

【水土保持功能】栾树根深叶茂，羽状复叶柄不易腐烂，具有枯落物多而厚的特性，其适于生长在坡基及坡谷堆积物处，不仅可以固持土壤及石块，而且还能拦截坡面冲刷下来的泥土，是很好的水土保持树种。该树具有一定枯落物的环境，天然更新良好，可以自我调节林分的密度与林分状况，林分的水土保持效益比较稳定。

【资源利用价值】此树是理想的绿化、观赏树种。宜作庭荫树、行道树及园景树，也可用作防护林、水土保持及荒山绿化树种。木材较脆，易加工，可作板料、器具等。叶可提制栲胶；花可作黄色燃料；种子可榨油，供制肥皂及润滑油。

【繁殖栽培技术】繁殖以播种为主，分

图5-48 栾树 Koelreuteria paniculata Laxm
[引自《树木学》(北方本)第2版]

蘖、根插也可以。秋季果实熟时采收，及时晾晒去壳净种。因种皮坚硬不易透水，如不经处理第二年春播，常不发芽或发芽率很低。故最好当年秋季播种，经过一冬后第二年春天发芽整齐。也可用湿沙层积埋藏越冬春播。一般采用垄播，垄距60～70cm。因种子出苗率低(约为20%)，故用种量要大，一般每10m²用种0.5～1kg。幼苗长到5～10cm高时要间苗，约每10m²留苗120株。秋季苗木落叶后即可掘起入沟假植，翌年春季分栽。由于栾树树干往往不易长直，栽后可采用平茬养干的方法养直育苗。苗木在苗圃中一般要经2～3次移植，每次移植时适当剪短主根及粗的侧根，这样可以促进多发次根，使出圃定植后容易成活。栾树适应性强，病虫害少，对干旱、水湿及风雪都有一定的抵抗能力，故栽培管理较为简单。

5.49 蒙 椴

蒙椴 *Tilia mongolica* Maxim.，又名蒙古椴(图5-49)

【科属名称】椴树科 Tiliaceae，椴树属 *Tilia* L.

【形态特征】落叶小乔木，高6～10m，树皮红褐色；小枝光滑无毛。叶广卵形至三角状卵形，长3～6(10)cm，缘具不整齐锯齿，有时3浅裂，先端突渐尖或近尾尖，基部楔形或广楔形，有时心形，仅背面脉腋有簇毛，侧脉4～5对；叶柄细，长1.5～3.5cm。花6～12朵排成聚伞花序；苞片狭矩圆形，长2～5cm，具柄；花黄色，雄蕊多数，有5退化雄蕊。坚果倒卵形，长5～7mm，外被黄色绒毛。花期7月；果期9月。

【分布与习性】主产华北，东北及内蒙古也有。在北方山区落叶阔叶混交林中常见。喜光，也相当耐荫；耐寒性强，喜冷凉湿润气候及肥厚而湿润之土壤，在微酸性、中性和石灰性土壤上均生长良好，但在干瘠、盐渍化或沼泽化土壤上生长不良。适宜山沟、山坡或平原生长。生长速度中等偏快。深根性，萌蘖能力强，不耐烟尘。

【水土保持功能】蒙椴枝叶繁茂，具有良好的截留降水的功能，可形成枯枝落叶层，防止雨水直接打击地表，并能吸收大量降水。该树根系发达，主根深，固土能力强，对改良表土的物理性状，增加降水入渗具有较好效应，是一个很好水源涵养林树种。

【资源利用价值】因树形较矮，只宜在公园、庭院及风景区栽植，不宜作大街的行道树。

【繁殖栽培技术】多用播种法繁殖，分

图5-49 蒙椴 *Tilia mongolica* Maxim.
[引自《树木学》(北方本)第2版]

株、压条也可以。种子有很长的后熟性，采收后需沙藏1年，渡过后熟期后开始播种。在种子沙藏的1年多时间内要保持一定湿度，并需每隔1~1.5月倒翻1次，使种子经历"低温—高温—低温—回温"的变温阶段，到第三年3月中旬前后有20%左右种子发芽时再播。幼苗畏日灼，需进行适当遮荫。也可将其与豆类间作，既可以起到遮荫效果，又能节省架费用，还能增加土壤肥力。幼苗主干易弯，而萌蘖力强，故需加强修剪养干工作。4~5年生苗高达2m左右即可出圃定植；若要较大规格的苗木，则有留圃培养7~8年。定植后应注意及时剪除根蘖，并逐步提高主干高度。常见病虫害有吉丁虫及鳞翅目昆虫的幼虫危害，老树易生腐朽病，均应及时防治。

5.50 紫 椴

紫椴 Tilia amurensis Rupr.，又名籽椴（图5-50）

【科属名称】椴树科 Tiliaceae，椴树属 Tilia L.

【形态特征】落叶乔木，高达30m，胸径达1m。树冠卵圆形，幼枝黄褐色，老枝灰色或暗灰色。树皮深纵裂，呈片状剥落，皮内多纤维含黏液，小枝常曲折成"之"字形。叶宽卵形或卵圆形，基部心形，先端凸尖，边缘有粗锯齿，下面脉腋具黄褐色毛，叶柄无毛。花两性，复聚伞花序，花序柄下部与带状苞片贴生；花白色，极香。坚果椭圆状卵形或近球形，密被灰褐色星状毛，五纵脊，果皮薄，花期6~7月；果期9月。

【分布与习性】紫椴产黑龙江、辽宁、吉林及华北等地，其中以长白山和小兴安岭林区为最多，垂直分布在长白山海拔500~1 200m，以600~900m分布最多。小兴安岭林区分布在200~1 100m，以300~800m最为普遍。西北地区主要分布在陕西中北部，尤以黄龙、乔山林区海拔800~1 400m最为集中，宁夏六盘山有分布，新疆从东北引种，乌鲁木齐、石河子等地有栽培。紫椴喜光，稍耐侧方庇荫，较耐寒，主要分布区年平均气温2~8℃，冬季极端最低气温一般在-30℃以下，极端最高气温在35℃以上，≥10℃积温2 200~2 600℃，平均降水350~1 000mm。该树喜生于湿润、肥沃深厚的山腰，山腹的阴坡、半阴坡，阳坡也有生长。在山地棕壤上生长良好，也能在褐土、灰褐土和黄土上生长稳定，但在沼泽、盐碱土上不能生长。

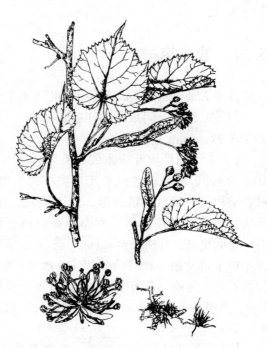

图 5-50 紫椴 *Tilia amurensis* **Rupr.**
[引自《树木学》(北方本) 第2版]

【水土保持功能】紫椴是北方营造水土保持用材林的理想树种,可配置在湿润、深厚、肥沃的山地缓坡的中、下部阴坡、半阴坡,可与针叶树种混交,适宜与紫椴混交的树种有:红松、油松、水曲柳、核桃楸、辽东栎、蒙古栎等。该树枯枝落叶分解快,具有改良土壤,提高土壤肥力的作用。该树属深根系树种,固土能力强,且树高冠大,其防风、改善小气候作用大。

【资源利用价值】紫椴是优良的阔叶用材树种和园林观赏树种。木材轻软,纹理致密,有光泽,不翘裂,富有弹性,加工及油漆性能良好,用途十分广泛。又因木材无特殊气味,故常用作木桶、蒸笼、箩筐的佳料。该树是优良的蜜源植物,椴花蜜,淡白色、味芳香,为特级质优蜂蜜,深受国内外市场欢迎。花可入药,有发汗、镇静和解毒之功效。果实可供工业榨油。该树树姿优美,花白色,繁而茂,盛开时清香,秋季叶变红,十分美丽,加之抗烟抗毒性强,虫害少,是理想的行道树和庭院绿化树种,更适宜工矿绿化。

【繁殖栽培技术】播种育苗及扦插育苗均可。播种育苗时种子休眠期长,未经催芽处理,当年很难发芽,比较理想的办法为种子采后即行沙藏,可采用垄播或床播,垄式条播每公顷播种量195kg,覆土2cm;床播每$10m^2$播种量0.3~0.4kg,覆土1.5~2.0cm,以春播为宜。小苗出齐20d后应进行间苗,播后3个月左右定苗。扦插育苗时,若进行硬枝扦插,秋季应选取1年生健壮萌芽条,进行越冬沙藏,来年春季扦插可提高成活率。若进行嫩枝扦插,6月份采取当年嫩枝并以浓度100ug/g萘乙酸沾湿其下端,然后扦插在具有一定湿度和温度的塑料大棚内,并加强管理,可获得好的效果。

5.51 沙 枣

沙枣 *Elaeagnus angustifolia* L.(图 5-51)

【科属名称】胡颓子科 Elaeagnaceae,胡颓子属 *Elaeagnus* L.

【形态特征】落叶灌木或小乔木,高5~10m。幼枝银白色,老枝栗褐色,有时具刺。叶椭圆状披针形至狭披针形,长4~8cm,先端尖或钝,基部广楔形,两面均有银白色鳞片,背面更密;叶柄长5~8mm。花1~3朵生于小枝下部叶腋,花被筒钟状,外面银白色,里面黄色,芳香,花柄甚短。果椭圆形,径约1cm,熟时黄色,果肉粉质。花期6月;果期9~10月。

【分布与习性】产于东北、华北及西北;地中海沿岸地区、俄罗斯、印度也有。喜光、耐寒性强、耐干旱也耐水湿又耐盐碱,耐瘠

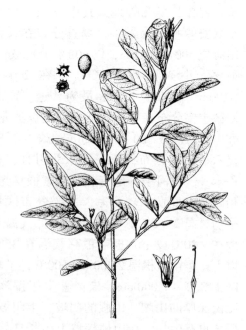

图 5-51 沙枣 *Elaeagnus angustifolia* L.
[引自《树木学》(北方本)第2版]

薄，能生长在荒漠，半沙漠和草原上。根系发达，以水平根系为主，根上具有根瘤。喜疏松的土壤，不喜透气不良的粘重土壤。生长迅速，5年生苗可高达6m，10年生近10m，10余年后生长减缓。通常4年生开始结果。10年后可丰产；寿命可达60～80年。

【水土保持功能】沙枣根系浅，水平根发达，在疏松的土壤上能发育大量的根瘤菌，提高土壤肥力。由于具有多种抗性，最宜作盐碱和沙荒地区的绿化用，常植为防护林，其防风固沙效果显著。

【资源利用价值】果可生食或加工成果酱、或酿酒；叶含蛋白质，可作饲料。花香而有蜜，是良好的蜜源植物，花又可提供香精用。树汁可作树胶，作阿拉伯胶的代用品。木材质地坚韧，纹理美观可供家具、建筑用。其花、果、枝、叶、树皮均可入药，可治慢性支气管炎、神经衰弱、消化不良、白带等症。

【繁殖栽培技术】用播种繁殖。果实于10月成熟后采下晒干，经碾压脱去果肉后获得种子。可直接秋播或干藏至翌春播种。种子发芽保存年限长，新鲜者发芽率达90%以上。春播前应浸种催芽，也可秋播但不必催芽。每公顷播600kg，当年苗高可达30cm以上。此外，也可用扦插法繁殖。

5.52 刺 楸

刺楸 *Kalopanax septemlobus* (Thunb.) Koidz.，又名后娘棍（图5-52）

【科属名称】五加科 Araliaceae，刺楸属 *Kalopanax* Miq.

【形态特征】落叶乔木，高达30m，胸径1m；树皮灰黑褐色，纵裂；小枝粗，淡黄棕或紫褐色，幼枝有时被白粉。叶在长枝上互生，短枝上簇生，近圆形，径9～25cm，5～7(3)掌状分裂，裂片宽三角状卵形或长圆状卵形，先端渐尖，基部心形，具细齿，上面无毛，下面幼时有短柔毛，5～7掌状脉，叶柄较细，长8～30cm。复伞形花序顶生，长15～25cm，花序梗细，长2～6cm；花白色或淡绿色；花瓣5，花梗长约5mm，疏被柔毛；萼边缘有5齿；雄蕊5，花丝较花瓣长一倍以上；子房下位，2室，花柱2，合生成柱状，先端分离。核果球形，熟时蓝黑色，径约5mm。花期7～8月；果期9～10月。

图5-52 刺楸 *Kalopanax septemlobus* (Thunb.) Koidz. ［引自《树木学》（北方本）第2版］

【分布与习性】产于辽宁东部、南部，河北东陵，山东海拔400m以下，长江流域各地,西南至四川海拔1 200m以下,云南西北部2 500m以下,贵州,南至广东、广西北部。日本、朝鲜、俄罗斯西伯利亚地区也有分布。喜光,对气候适应性较强,喜土层深厚湿润的酸性土或中性土,多生于山地疏林中,常与其他常绿或落叶阔叶树混生成林,速生。

【水土保持功能】刺楸耐寒、耐旱、耐盐碱。树体高大,叶大,具有很好的截留降雨作用,防冲刷,叶回归林地,增加土壤的有机质,提高土壤的通透性;深根性,速生,固土作用明显;根蘖能力强。栽植成活率高,有明显的保持水土的功能。

【资源利用价值】边材黄白或浅黄褐色,心材黄褐色,轻韧致密,纹理细致,有光泽,耐摩擦,易加工,为优良珍贵用材,供家具、乐器、雕刻、车辆、造船、桥梁、建筑等用。树皮、根皮及枝入药,有清热祛痰、收敛镇痛之效。种子含油达38%,可榨油,供制肥皂等用。树皮及叶含鞣质,可提取栲胶。嫩叶可食。

【繁殖栽培技术】播种繁殖或根插繁殖。种子三棱形,外种皮革质坚硬,未经处理的气干种子有深休眠现象,采用鲜种室内沙藏法直至播种前1个月,再进行阶段变温处理:即晚上露天堆放(温度 −3 ~ 8 ℃),白天热水浸种(间断3次保持25 ~ 30 ℃水温,每次1h,每次间隔3 ~ 4h),连续1周后沙藏直至播种。刺楸是肉质根,根插繁殖要选择排水良好的立地条件,防止根腐现象发生,影响育苗成活率。

5.53 楤 木

楤木 Aralia chinensis L.,又名虎阳刺、海桐皮(图5-53)

【科属名称】五加科 Araliaceae,楤木属 Aralia L.

【形态特征】小乔木,高2 ~ 8m,树皮灰色,疏生粗壮而直的皮刺,小枝被黄棕色绒毛,疏生短刺。2回或3回羽状复叶,羽片有小叶5 ~ 11片,基部另有小叶一对,小叶卵形、宽卵形或长卵形,长5 ~ 12cm,宽3 ~ 8cm,上面疏生糙伏毛,下被黄色或灰色短柔毛,沿脉更密。伞形花序聚生为顶生大型圆锥花序,长30 ~ 60cm;花序轴长,密生黄棕色或灰色短柔毛;花梗长4 ~ 6mm;花白色,花瓣5,萼边缘有5齿;雄蕊5,子房下位,5室,花柱5,离生或基部合生;果球形,径约3mm,熟时黑色。

【分布与习性】分布于华北、华中、华东、华南和西南,生于林内、林缘或灌丛中。喜光,适应性强,耐荫耐寒,但在阳光充足、温暖湿润的环境下生长更好。空气湿

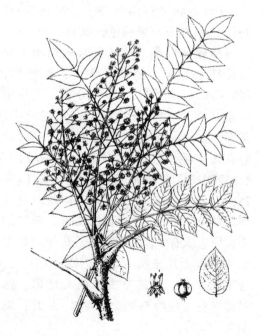

图5-53 楤木 Aralia chinensis L.
[引自《树木学》(北方本)第2版]

度在30%~60%，喜肥沃而略偏酸性的土壤。

【水土保持功能】侧根发达，固土作用强，减轻或避免了土壤侵蚀；萌发力强，易繁殖。在退耕还林工程中是首选的树种，水土保持效益明显。

【资源利用价值】种子含油量20%以上，供制皂等用油。根皮入药，有活血散淤、健胃、利尿功效，可治胃炎、肾炎及风湿疼痛。

【繁殖栽培技术】可用种子、扦插繁殖。

①种子繁殖 每年9~10月中龄树上采收成熟的种子，将种子放入25~30℃的温水中浸泡4~6h，搓洗种子，洗去抑制种子发芽的分泌物，捞出沥干，拌入干净细河沙，种子与沙的比例为1:5，湿度保持在60%~70%，拌匀后装入木箱内把种子移到0~5℃的冰箱、冷柜等容器，恒温冷藏1个月，打破休眠，促种子萌发。2月上旬为最佳播种时期。

②扦插繁殖 冬春及夏季，选择粗壮、无病虫害、芽眼好，直径2~4cm的两年生枝条，剪成20~30cm长的节段，每节有芽眼3~8个的插条短枝，用农膜或蜡封顶后，用0.1g生根粉加水15kg浸插条基部20~30min，捞出晾干后扦插育苗。冬春扦插，地面应覆盖农膜保温保湿，到夏季应搭棚遮阳。

同属的辽东楤木 *A. elata*（Miq.）Seem.，功能与楤木相近。

5.54 毛 梾

毛梾 *Swida walteri*（Wanger.）Sojak.，又名车梁木（图5-54）

【科属名称】山茱萸科 Cornaceae，梾木属 *Swida* Opiz.[*Cornus* L.]

【形态特征】落叶乔木，高6~14m，树皮黑褐色，纵裂，幼枝被灰白色平伏毛，后脱落。叶对生，椭圆形或长椭圆形，长4~12cm，先端渐尖，基部楔形，上面被平伏的柔毛，下面密被平伏的短柔毛，淡绿色，侧脉4~5对，叶柄长0.8~3.5cm。伞房状聚伞花序顶生，长5cm，被平伏柔毛；花白色，有香气，径约9.5mm；萼齿三角形，花瓣舌状披针形，长5~6mm，疏被柔毛；雄蕊4，子房下位，密被灰色短柔毛，花柱棍棒状，柱头头状；核果球形，黑色，径约6mm。花期5月；果期9~10月。

【分布与习性】分布于辽宁、华北、陕西、甘肃、江苏、浙江、安徽、江西、湖北、湖南、广东、广西、四川、云南、贵州；生于海拔300~1800m，西南可达2600~

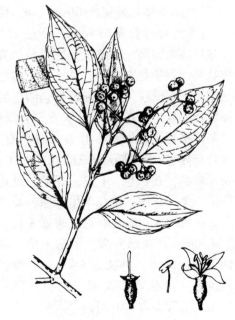

图5-54 毛梾 *Swida walteri*（Wanger.）Sojak.［引自《树木学》（北方本）第2版］

3 300m。性喜光，在阳坡和半阳坡生长结实正常，在蔽荫条件下，结果很少或只开花不结果；耐旱、耐寒，喜深厚湿润肥沃土壤，较耐干旱瘠薄，在中性、酸性、微碱性土壤上均能生长；深根性，根系发达，萌芽性强，当年生萌条可达2m。

【水土保持功能】毛梾为喜光树种，耐干旱瘠薄。树冠大，枝叶茂密，且耐平茬，繁茂的枝叶有效地截持降雨，削弱雨滴对地表土壤的直接击溅，防止了土壤侵蚀。枯落物多，增加了地表的糙度，削减雨水的冲刷力，起到了拦蓄、分散、阻碍地表径流的作用，改善了土壤的理化性质，增强了土壤的渗水、保水、保土的能力。毛梾为深根性树种，主根和侧根均很发达，能够有效地固定土壤，防止水土流失，是配置坡面防护林、沟头防蚀林以及崖边固土的理想的水土保持树种。

【资源利用价值】果肉和种子可榨油，可供食用及工业用，又可药用，治皮肤病，油杂作饲料及肥料；木材坚硬，纹理细致，可供家具、农具、车轴、车梁、雕刻、工具柄、建筑等用。叶及树皮均可提制栲胶，叶还可作饲料。

【繁殖栽培技术】播种繁殖。去除果肉油脂，并用混沙埋藏，温水浸种、火坑催芽等方法，以混沙埋藏出芽最好，具体做法是：将种子用清水浸泡7d，每天换水1次，再用1份种子3份沙混合（沙湿度以能用手握成团为宜）埋藏，沙藏不宜太深，并选择荫凉地方。也可用插根、嫁接、萌芽更新繁殖。

5.55 柿 树

柿树 *Diospyros kaki* Linn. f.（图5-55）

【科属名称】柿树科 Ebenaceae，柿树属 *Diospyros* L.

【形态特征】落叶乔木，高达15m；树冠呈自然半圆形；树皮暗灰色，呈长方形小块状裂纹。冬芽先端尖。小枝密生褐色或棕色柔毛，后渐脱落。叶椭圆形、阔椭圆形或倒卵形，长6~18cm，近革质；叶端渐尖，叶基阔楔形或近圆形，叶表深绿色有光泽，叶背淡绿色。雌雄异株或同株，花4基数，花冠钟状，花白色，4裂，有毛；雄花3朵排成小聚伞花序；雌花单生叶腋；花萼4深裂，花后增大；雌花有退化雄蕊8枚，子房8室，花柱自基部分离，子房上位。浆果卵圆形或扁球形，直径2.5~8cm，橙黄色或鲜黄色，宿存萼卵圆形，先端钝圆。花期5~6月；果期9~10月。

【分布与习性】原产中国，分布极广，北至河北长城以南，西至陕西、甘肃南部，南至东南沿海、广东、广西及台湾，西至四

图5-55 柿树 *Diospyros kaki* Linn. f.
[引自《树木学》（北方本）第2版]

川、贵州、云南均有分布。性强健，喜温暖湿润气候，也耐干旱，深根性树种，根系强大，吸水、肥的能力强，故不择土壤，在山地、平原、微酸、微碱性的土壤上均能生长；也很能耐潮湿土地，但以土层深厚肥沃、排水良好的富含腐殖质的中性壤土或黏质壤土最为理想。

【水土保持功能】柿树适应性强，能在自然条件较差的山区生长，对土壤要求不严，经济寿命长，可达百年，是水土流失区治穷致富的重要树种。该树属深根性树种，根系强大，固土能力强，且枝叶繁茂，提高地面覆盖率较强，对调节小气候，改善环境具有重要作用。

【资源利用价值】柿树是极好的园林结合生产树种，既适宜于城市园林，又适宜于山区自然风景点中配置应用。材质坚韧，不翘不裂，耐腐；可制家具、农具及细工用。果实的营养价值较高，有"木本粮食"之称。有降血压、治胃病、醒酒的作用。除少数品种外，一般均需脱涩后可生食。柿果除生食外，又可加工成柿酒、柿醋、柿饼等。在制柿饼的过程中又可产生柿霜，甘甜可口并有治喉痛、口疮的效果。

【繁殖栽培技术】用嫁接法繁殖，砧木在北方及西南地区多用君迁子，在江南多用油柿、老鸦柿及野柿。枝接时期应在树液刚开始流动时为好，芽接应在生长缓慢时期，方法以方块芽接法为好。定植期可在深秋或春节，株距以6~8m为宜，但在园林中不受此限制。定植后应在休眠期施基肥，在萌芽期、果实发育期和在花芽分化期施追肥，并适当灌溉，避免干旱，可减少落果，提高产量。柿树的结果枝发自结果母枝的顶芽及其下附近的1~2个芽，故在早春修剪时，多行疏剪不行短剪。修剪时应将病虫枝、枯枝或细弱的小冗枝剪除。

5.56 君迁子

君迁子 Diospyros lotus L.，又名软枣（图5-56）

【科属名称】柿树科 Ebenaceae，柿树属 Diospyros L.

【形态特征】落叶乔木，高达20m；树皮灰色，称方块状深裂；幼时被灰色毛；冬芽先端尖。叶长椭圆形、长椭圆状卵形，长6~13cm；叶端渐尖，叶基楔形或圆形，叶表光滑，叶背灰绿色，有灰色毛。花淡橙色或绿白色。浆果球形或圆卵形，径1.2~1.8cm，幼时橙色，熟时变蓝黑色，外被白粉；宿存萼的先端钝圆形。花期4~5月；果期9~10月。

【分布与习性】原产中国，分布极广，北至河北长城以南，西至陕西、甘肃南部，

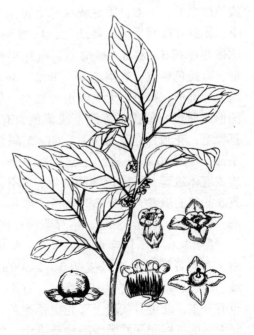

图5-56 君迁子 *Diospyros lotus* Linn.
[引自《树木学》(北方本)第2版]

南至东南沿海、广西、广东及中国台湾，西至四川、贵州、云南均有分布。性强健，喜光、耐半荫；耐寒及耐旱性比柿树强；很耐湿。喜肥沃深厚土壤，但对瘠薄土、中等碱土及石灰质土也有一定的忍耐力。寿命长；根系发达但较浅。生长较迅速。

【水土保持功能】君迁子适应性强，生态幅广，在土壤干旱、土层瘠薄等地区营造君迁子可起到水土保持作用。该树根系发达，分布浅，具有较强的抗冲蚀作用。

【资源利用价值】君迁子树干挺直，树冠圆整，适应性强，可供园林绿化用。果实脱涩后可食用，亦可干制或酿酒、制醋；种子可入药。嫩枝的涩汁可作漆料。木材坚重，纹理细致美丽，耐水湿，耐磨损，可作家具、文具以及纺织工业上的木梭线轴用。树皮、树枝可提取栲胶。

【繁殖栽培技术】播种繁殖。将成熟的果实晒干或堆放待腐烂后取出种子，可混沙贮藏或阴干后干藏，至翌春播种；播前应浸种 1~2d，待种子膨胀再播。当年较粗的苗即可作柿树的砧木行芽接，或在翌年春季行枝接、在夏季行芽接。

5.57 白 檀

白檀 *Symplocos paniculata*(Thunb.)Miq.，又名碎米子树、乌子树（图5-57）

【科属名称】山矾科 Symplocaceae，山矾属 *Symplocos* Jacq.

【形态特征】落叶小乔木或灌木。嫩枝被灰白色柔毛，老枝无毛。叶膜质或薄纸质，宽倒卵形、椭圆状倒卵形或卵形，长 3~11cm，宽 2~4cm，先端急尖、渐尖或骤窄渐尖，基部宽楔形或近圆形，边缘有细尖锯齿，长 3~11cm，宽 2~4cm，上面无毛或被微柔毛，下面被柔毛或仅脉上被柔毛；中脉在叶面 1/2 以上处平，1/2 以下处凹下，侧脉在叶面平坦或微凸起，4~8 对，在近叶缘处分叉或网结；叶柄长 3~5mm。圆锥花序长 5~8cm，被柔毛，苞片早落，条形，有褐色腺点；花萼 5 裂，长 2~3mm，萼筒倒圆锥形，褐色，无毛或被疏柔毛，裂片半圆形或卵形，稍长于萼筒，淡黄色，有纵纹，具缘毛；花冠白色，长 4~5mm，5 深裂几达基部；雄蕊 40~60 枚，花丝长短不一，基部连成五体雄蕊，子房顶端圆锥形，2 室，花盘具 5 凸起的腺点。核果熟时蓝色，卵形或近球形，稍偏斜，长 5~8mm，宿存萼裂片直立。

【分布与习性】产东北、华北、华中、华南、西南各地，生于海拔 760~2 500m 的山坡、路边、疏林或密林中；朝鲜、日本、印度也有分布，北美有栽培。喜光也稍耐荫，喜温暖湿润的气候和深厚肥沃的沙质壤土；深根性树种，适应性强，耐寒，抗干旱瘠薄，以阳坡和近溪边湿润处生长最为良好；根系发达，萌

图 5-57 白檀 *Symplocos paniculata*(Thunb.) Miq.［引自《树木学》（北方本）第 2 版］

发力强。

【水土保持功能】白檀耐干旱瘠薄；根系发达，深根性，固土能力强，对改良土壤物理性能、增加土壤的渗透性能有明显的效果；萌发力强，易繁殖，是保持水土的先锋树种。

【资源利用价值】材质细密，供细工及建筑用；种子油供制油漆肥皂用；叶药用，治乳腺炎、淋巴腺炎、疝气等症；根皮与叶作农药用。

【繁殖栽培技术】采用播种繁殖。于7月采收果实，去掉果肉，种子常用沙藏层积90d以上，春播。

5.58 大叶白蜡

大叶白蜡 *Fraxinus rhynchophylla* Hance（图5-58）

【科属名称】木犀科 Oleaceae，白蜡树属 *Fraxinus* L.

【形态特征】落叶乔木，高达10~15m，树皮褐灰色，幼时光滑，老时浅裂。1年生枝，嫩时青绿色，老时灰褐色。皮孔明显，散生。芽广卵形，密被黄色绒毛或无，奇数羽状复叶，对生。小叶3~7，多为5，宽卵形或倒卵形，长4~16cm，顶端中央小叶特大，边缘有浅而粗的钝锯齿，下面脉上有褐毛。圆锥花序，花杂性或单性异株。翅果倒披针形，花与叶同时开放。花期3~5月；果期8~10月。

【分布与习性】主要分布在河北、山西、山东、北京、天津及河南北部、辽宁南部。垂直分布于海拔2 000m以下的山地及平原，陕西、甘肃也有，在我国适生于北纬35°~48°之间。喜光，幼时也耐荫，树冠开展枝叶茂密。深根性，根系发达，喜湿润肥沃的土壤，具有较强的抗干旱能力。对温度的适应范围较广，具有较强的抗寒能力。生长快，寿命长。材质优良，韧性强，白色细致，年高生长量可达1m，胸径生长量达1cm。3年后生长加快，20年后缓慢，萌芽力很强。大叶白蜡6~7年开始结实，雌雄异株，结实成熟后，不马上落实，直到第二年春季才落地。

【水土保持功能】主侧根发达，须根很多，防冲固土作用很强。枝叶茂密，冠幅开张较大，叶大，阻截降雨降低雨滴对地面的打击作用强。叶大

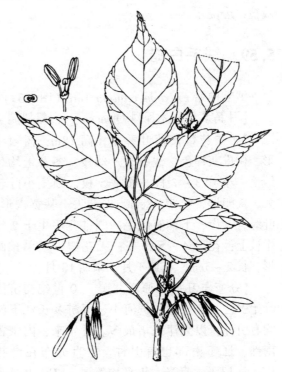

图5-58 大叶白蜡 *Fraxinus rhynchophylla* Hance. ［引自《树木学》(北方本)第2版］

且叶柄粗，不易腐烂。林内具有较厚的枯枝落叶，对于吸收雨水、防止形成地表径流。增加土壤的渗透性，具有良好的作用，是山地中山及低山优良的水土保持和水源涵养树种之一。

【资源利用价值】材质优良，是很好的建筑用材及家具用材，树干通直，冠大，枝叶茂密，也是一个优良的绿化美化树种，可作行道树及公园的绿化树种。

【繁殖栽培技术】大叶白蜡以植苗造林为主。选择10~12年生健壮母树采种，一般在9月中、下旬，当翅干燥，果皮由黄绿色变为黄褐色时，选择生长健壮、结实良好，无病虫害的树木作为母树进行采种。充分晒干，装入麻袋备用。播前翻耕整地，平整作床，播种时间分秋季播种和春季播种。秋播，采种后即可播种，播后灌水，11月份降雪覆盖，翌年春季出苗整齐。若春播，提前在2月初将种子水浸1~2d混湿沙催芽，当种子30%裂嘴时，即可播种。按50cm的行距，开沟5~6cm，撒播种子，每公顷播种量60~75kg。

大苗培育　当今大叶白蜡造林或城镇绿化都需2~3年的大苗。1年生苗木换床，按0.5m×0.5m株行距栽植，在每年秋季或春季4~5月换床，苗木移栽成活率达99%以上。

造林　因大叶白蜡生长较慢，宜植纯林或与紫穗槐混交造林，既能割条编筐，又能改良土壤。如营造防护林应选择大叶白蜡3年生大苗和1~2年生窄冠杨树（新疆杨、箭杆杨等），行间混交，收效较好。春秋两季均可造林。造林时做到边起苗，边栽植，边浇水。

5.59　绒毛白蜡

绒毛白蜡 *Fraxinus velutina* Torr.（图5-59）

【科属名称】木犀科 Oleaceae，白蜡树属 *Fraxinus* L.

【形态特征】落叶乔木，高18m；树冠伞形，树皮灰褐色，浅纵裂。幼枝、冬芽上均生绒毛。小叶3~7枚，通常5枚，顶生小叶较大，狭卵形，长3~8cm，先端尖，基宽楔形，叶缘有锯齿，下面有绒毛。圆锥花序生于2年生枝上；花萼4~5齿裂；无花瓣。翅果长圆形，长2~3cm。花期4月；果期10月。

【分布与习性】原产北美。20世纪初济南开始引种，解放后，黄河中、下游及长江下游均有引种，以天津栽培最多。近年来，内蒙古南部、辽宁南部也有引种。垂直分布在海拔1 500m以下。喜光，年平均气温12℃，1月平均温度4℃，极端最高气温40℃，极端最低气温-18℃，全年无霜期238d的条件下，均能种

图5-59　绒毛白蜡 *Fraxinus velutina* Torr.（引自《中国高等植物图鉴》）

植生长；耐水涝，在连续水泡30d的情况下，生长正常；不择土壤，耐盐碱，在含盐量0.3%~0.5%的土壤上均能生长；抗有害气体能力强，在二氧化硫污染或石灰粉尘沾黏树冠枝叶的情况下也没有严重影响其生长。抗病虫害能力强。

【水土保持功能】绒毛白蜡耐盐碱，抗涝，环境适应性强，是黄河中、下游及长江下游地区优良的抗盐碱防护林树种。该树枝繁叶茂，树体高大，属深根系树种，固土作用、防风性能、调节小气候等功能较强。

【资源利用价值】本种枝繁叶茂，树体高大，对城市环境适应性强，具有耐盐碱、抗涝、抗有害气体和抗病虫害的特点，是城市绿化的优良树种，尤其对土壤含盐量较高的沿海城市更为适用。目前已成为天津、连云港等城市的重要绿化树种之一。

【繁殖栽培技术】播种繁殖。天津市通常采用大田式条播育苗。秋播于11月下旬至12月上旬，采种后即播。夏播于4月下旬，种子用40~50℃温水浸泡24h后，置于室内催芽，室温保持25℃，每天用温水冲洗1~2次，种子裂嘴即播。

5.60 紫丁香

紫丁香 *Syringa oblata* Lindl.（图5-60）

【科属名称】木犀科 Oleaceae，丁香属 *Syringa* L.

【形态特征】灌木或小乔木，高可达4m；枝条粗壮无毛。叶广卵形，通常宽度大于长度，宽5~10cm，先端锐尖，叶基心形或楔形，全缘，两面无毛。圆锥花序长6~15cm；花萼钟状，有4齿；花冠堇紫色，端4裂开展；花药生于花冠筒中部或中上部。蒴果长椭圆形，顶端尖，平滑。花期4月。

【分布与习性】分布于吉林、辽宁、内蒙古、河北、山东、陕西、甘肃、四川等地。朝鲜也有分布。生海拔300~2600m山地或山沟。喜光，稍耐荫，阴蔽地能生长，但花量少或无花；耐寒性较强；耐干旱，忌低温。喜湿润、肥沃、排水良好的土壤。

【水土保持功能】紫丁香主根明显，侧根发达，须根丰富，特别是侧根相互盘根错节，在土体中形成根系网，对土壤起着有力的网络、固结作用。该树枝叶繁茂，林冠可有效截持降水，减少林下降水强度，削弱雨滴对土壤的直接击溅，延缓雨滴到达地面的时间及减少地表径流速度等。紫丁香耐旱，对土壤要求不严，是治理水土流失、绿化荒山荒坡的先锋树种，采取自然封育后，紫丁

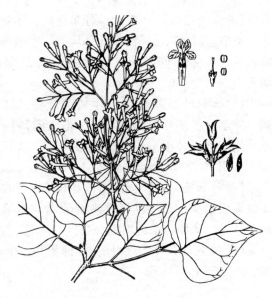

图5-60 紫丁香 *Syringa oblata* Lindl.
[引自《树木学》(北方本)第2版]

香是较早出现的树种之一。

【资源利用价值】紫丁香枝叶茂密，花美而香，是我国北方各地园林中应用最普遍的花木之一。广泛栽植于庭院、机关、厂矿、居民区等地。常丛植于建筑前、茶室凉亭周围；散植于园路两旁、草坪之中；于其他种类丁香配植成专类园，形成美丽、清雅、芳香，青枝绿叶，花开不绝的景区，效果极佳；也可盆栽、促成栽培、切花等用。种子入药，花提制芳香油，嫩叶代茶。

【繁殖栽培技术】播种、扦插、嫁接、分株、压条繁殖，播种苗不易保持原有性状，但常有新的花色出现；种子须经层积，翌年春天播种。夏季用嫩枝扦插，成活率很高、嫁接为主要繁殖方法，华北以小叶女贞作砧木，行靠接、枝接、芽接都可；华东偏南地区，实生苗生长不良，高接于女贞上使其适应。

5.61 金银木

金银木 *Lonicera maackii*(Rupr.)Maxim. (图 5-61)

【科属名称】忍冬科 Caprifoleaceae，忍冬属 *Lonicera* L.

【形态特征】落叶灌木，高达 5m。小枝髓黑色，后变中空，幼时具微毛。叶卵状椭圆形至卵状披针形，长 5～8cm，端渐尖，基宽楔形或圆形，全缘，两面疏生柔毛。花成对腋生，总花梗短于叶柄，苞片线形；相邻两花的萼筒分离；花冠唇形，花先白后黄，芳香，花冠筒 2～3 倍短于唇瓣；雄蕊 5，与花柱均短于花冠。浆果红色，合生。花期 5 月；果期 9 月。

【分布与习性】产东北，分布很广，华北、华东、华中、西北东部、西南北部均有。性强健，耐寒，耐旱，喜光也耐荫，喜湿润肥沃及深厚之壤土。

【水土保持功能】金银木树势旺盛，枝叶丰满，枯落物多，可起到拦蓄、分散、阻碍地表径流作用，该树种根系发达，主根明显，具有较强固土作用。

【资源利用价值】金银木初夏开花有芳香，秋季红果缀枝头，是一良好之观赏灌木，孤植或丛植于林缘、草坪、水边均很合适。

【繁殖栽培技术】播种、扦插繁殖，管理粗放，病虫害少。

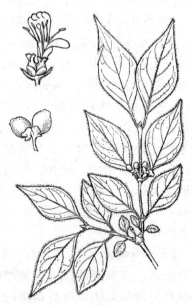

图 5-61　金银木 *Lonicera maackii*
(Rupr.)Maxim.
［引自《树木学》(北方本)第 2 版］

5.62 臭 檀

臭檀 *Evodi daniellii*(Benn.) Hemsl.(图 5-62)

【科属名称】芸香科 Rutaceae，吴茱萸属 *Evodi* J. R. et G. Forst.

【形态特征】落叶乔木，高达 15m。树皮暗灰色。奇数羽状复叶对生，小叶 7～11cm，卵形至长圆状卵形，先端渐尖，基部圆形，叶缘有钝锯齿。聚伞状圆锥花序顶生；花小，雌雄异株，白色，5 基数。聚合蓇葖果，4～5 瓣裂，紫红色，先端有喙状尖，种子黑色。

【分布与习性】喜光树种，耐盐碱，抗海风，深根性，喜生于山崖或山坡上。分布于我国河北、山西、陕西、甘肃、山东、河南、湖北等地。朝鲜、日本也有分布。

【水土保持功能】臭檀主根发达，深根性，根系发达，穿透能力强，具有较强固土能力。

【资源利用价值】边材淡黄色，心材灰褐色，有光泽，纹理美丽，木质坚硬，可供制家具及农具；果实药用及榨油，含油率达 39.7%，属干油性，半透明，有光泽，适用于油漆工业；枝叶含芳香油；树皮含鞣质，均可提取利用。树木可作庭园观赏树种。

【繁殖栽培技术】主要靠种子繁殖。

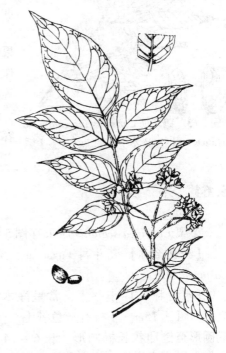

图 5-62 臭檀 *Evodi daniellii*(Benn.) Hemsl. [引自《树木学》(北方本)第 2 版]

5.63 鹅耳枥

鹅耳枥 *Carpinus turczaninowii* Hance.(图 5-63)

【科属名称】榛科 Corylaceae，鹅耳枥属 *Carpinus* L.

【形态特征】落叶小乔木或灌木状，高达 5m，树冠紧密而不整齐。树皮灰褐色，浅裂。小枝细，有毛；冬芽红褐色。叶卵形，长 3～5cm，先端渐尖，基部圆形或近心形，叶缘有重锯齿，表面光亮，背面脉腋及叶柄有毛，侧脉 8～12 对。雌雄同株，雄花无花被；雌花序长 3～5cm，苞片覆瓦状排列，每苞片有 2 花；每花基部有一大苞片和一小苞片，果熟时形成叶状果苞，花被与子房贴生。果穗稀疏，下垂；果苞叶状，偏长卵形，一边全缘，一边有齿；坚果卵圆形，具肋条，疏生油腺点。花期 4～5 月；果期 9～10 月。

【分布与习性】广布于东北南部、华北至西南各地；垂直分布为海拔 200～2 300m。稍耐荫，喜生于背阴之山坡及沟谷中，喜肥沃湿润之中性及石灰质土壤，也能耐干旱瘠薄。

【水土保持功能】萌芽力强，多呈丛状生长，所以枝叶稠密，截留降水多。由于萌枝从基部生长，枯落物多且不易被风吹走，枯落物腐烂后形成较厚的腐殖质层，有效地改良土壤，并对防止冲刷及水源涵养起到积极作用。

【资源利用价值】本种枝叶茂盛，叶形秀丽，果穗奇特，颇为美观，可植于庭园观赏，尤宜制作盆景。木材坚硬致密，可供家具、农具及薪材等用。

【繁殖栽培技术】种子繁殖或萌蘖更新，移栽容易成活。

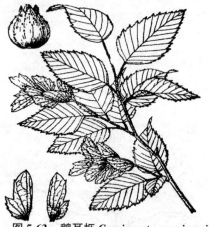

图 5-63 鹅耳枥 *Carpinus turczaninowii* Hance. ［引自《树木学》（北方本）第 2 版］

5.64 茅 栗

茅栗 *Castanea seguinii* Dode.（图 5-64）

【科属名称】壳斗科 Fagaceae，栗属 *Castanea* Mill.

【形态特征】小乔木，常呈灌木状，高有时可达 15m。小枝有灰色绒毛。叶长椭圆形至倒卵状长椭圆形，长 6~14cm，齿短尖锐或短芒状，叶背有鳞片状黄褐色腺点；叶柄长 0.6~1cm。总苞较小，径 3~4cm，内含 2~3 坚果。花期 5 月；果期 9~10 月。

【分布与习性】主要分布于长江流域及其以南地区，山野荒坡常见，多呈灌木状。喜温，抗旱，病虫少。

【水土保持功能】茅栗根系发达，萌芽力较强，具有较强的固土作用，多呈丛状生长，所以枝叶稠密，截留降水多，可防止冲刷，涵养水源。

【资源利用价值】果虽小，但仍香甜可食；木材可制家具；树皮可提取栲胶。

【繁殖栽培技术】可以封山育林、人工植苗造林。

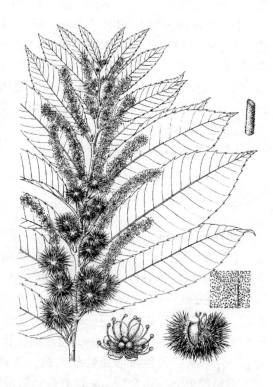

图 5-64 茅栗 *Castanea seguinii* Dode. ［引自《树木学》（北方本）第 2 版］

本章小结

  乔木植物是森林生态系统结构的骨架和功能的主体，以其高大的树冠、茂密的枝叶和强大的根系具有较高的保持水土、涵养水源、防风固沙等生态功能，在水土保持植被恢复与重建等生态工程建设中具有重要地位与作用。本章在介绍了65种乔木植物(17种常绿乔木和48种落叶乔木)的形态特征、区域分布和生态习性的基础上，重点分析了它们的水土保持功能、资源利用价值和繁殖栽培技术。为防护林体系建设的优良乔木植物选择与栽培提供技术支撑。

思 考 题

1. 比较分析常绿和落叶乔木植物水土保持功能的主要特点？
2. 通常被称为木本油料和木本粮食的树种及其栽培技术措施？
3. 干旱和半干旱地区适宜的主要乔木树种及其栽培技术措施？

第 6 章

水土保持灌藤植物

6.1 沙地柏

沙地柏 Sabina vulgaris Ant.，又名新疆圆柏、叉子圆柏、爬地柏（图6-1）

【科属名称】柏科 Cupressaceae，圆柏属 Sabina Mill.

【形态特征】匍匐灌木，高不及1m，或为直立灌木或小乔木。枝密生，斜上伸展。叶2型：刺叶出现在幼树上，长3~7mm，上面凹，下面拱形，中部有腺体；壮龄树几全为鳞叶，背面有明显腺体。球果卵球形或球形，径7~8mm，熟时蓝黑色，有蜡粉；种子2~3粒。

【分布与习性】分布于新疆、青海、甘肃、宁夏、内蒙古和陕西等地。黑龙江、辽宁、吉林、河北等地有栽培，垂直分布于陕西榆林海拔1 100~3 300m。欧洲南部和中亚也有分布，华北各地常见栽培。喜光树种，略耐荫；耐-40℃的低温；极耐干旱瘠薄，能在干燥的沙地和石山坡上生长良好，喜生于石灰质的肥沃土壤；具有较强的抗沙埋能力。

【水土保持功能】沙地柏耐干旱瘠薄，适应性强，侧根发达，是良好的水土保持和防风固沙植物。沙地柏枝叶茂密，树冠截持降水作用强，对降雨截持率为36.4%~50%，平均为43.2%。由于枯落物与根系的影响，林地水的入渗速度40min内较无林地提高1.29倍。17年生沙地柏林枯落物吸水量为1.45 t/hm^2。沙地柏具有耐沙压、固土、防止风蚀及改良土壤作用，是水土保持和固沙护坡的优良树种。沙地柏在植被稀少的地区可作为骆驼和羊的饲料，100t沙地柏干柴相当于71.5 kg的标准煤，为优良燃料树种；沙地柏枝、叶可入药，小枝可提取芳香油，供药用；沙地

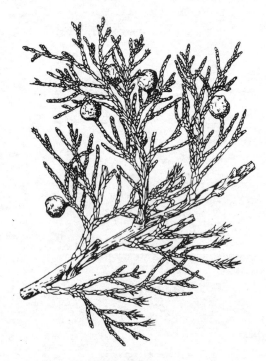

图6-1 沙地柏 Sabina vulgaris Ant.
[引自《树木学》(北方本)第2版]

柏树姿匍匐蜿蜒，叶色苍翠碧绿，多植于草坪边缘或风景区坡上或林缘，也整形或作绿篱绿化。

【资源利用价值】沙地柏在植被稀少的地区可作为骆驼和羊的饲料，100t沙地柏干柴相当于71.5kg的标准煤，为优良燃料树种；沙地柏枝、叶可入药，小枝可提取芳香油，供药用；沙地柏树姿匍匐蜿蜒，叶色苍翠碧绿，多植于草坪边缘或风景区坡上或林缘，也整形或作绿篱绿化。

【繁殖栽培技术】

①播种育苗　种子深休眠，天然下种发芽较困难，播后常需2~3年才能萌发。需低温层积处理150d，层积温度5~8℃，高于或低于这个温度都会引起二次休眠。秋播或春播，但据陕西省榆林治沙研究所试验，播期对苗影响明显，以7月上旬至8月底播种发芽率最高。行距15~25cm，每公顷播种量52.5~75kg，覆土厚度1~2cm，盖草。播后15~25d即可发芽出土。苗木出齐后要保持苗床湿润，防止日灼和防治立枯病。

②扦插育苗　于4月上旬至5月上旬剪取1~3年生枝条，长15~20cm，插入沙床中，浇透水，扣上塑料拱棚，棚上方遮荫，透光率30%，地温控制在20~25℃，气温在20~24℃，相对湿度在85%左右，30d即可生根，成活率85%~90%。

③造林方法　植苗造林：春季或雨季带土球或泥浆蘸根移栽。栽植不要过深，以不超过原土印10cm为宜，造林株行距1m×1m。埋条造林：利用其匍匐枝能产生不定根的特点，采用埋条，深度10cm，株行距1m×1m。扦插造林：选健壮种条剪成长20~35cm的插穗进行扦插，扦插株行距1m×1m。分根造林：选健壮植株进行分根，带根3~4条/株，按植苗造林方法进行。

6.2　北沙柳

北沙柳 *Salix psammophila* C. Wang et C. Y. Yang，又名蒙古柳（图6-2）

【科属名称】杨柳科 Salicaceae，柳属 *Salix* L.

【形态特征】灌木，高2~4m。树皮灰色；老枝颜色变化较大，浅灰色、黄褐色或紫褐色。叶互生，叶可长达12cm，先端渐尖，基部楔形，边缘有稀疏腺齿，下面苍白色；叶柄长3~5mm；托叶条形，常早落。花单性，雌雄异株，柔荑花序，先叶开放，长1.5~3cm；苞片全缘，卵状矩圆形，先端钝圆，中上部黑色或深褐色，基部有长柔毛；腺体1，腹生；雄花具雄蕊2，完全合生，花丝基部有短柔毛，花药黄色或紫色；雌蕊由两个心皮组成，子房被柔毛，花柱明显，柱头2裂。蒴果长5.8mm，被柔毛；种子多而小，有白色丝状长毛。花期在4月下旬；果期5月。

【分布与习性】分布于我国陕西北部及宁夏东部。沙柳是干草原地带典型的中生性灌木或小乔木。在低山、梁地、平地、滩地、河边、沙丘和碱滩均能生长。在沙区一般多生长在高水位的流沙地，在湿润丘间低地常与乌柳和芦苇等伴生。在地下水位较高的固定、半固定沙地常与黑沙蒿构成群丛。沙柳是喜光树种，但也能生长于疏林下。耐寒且耐热，在冬季气温-30℃和夏季地表温度高达60℃的沙地，均可生长。此外，沙柳还喜湿、耐旱。它喜欢湿润疏松的土坡，耐低湿盐碱的能力较旱柳为强。在水分条件好的地方，如在地下水位50~100cm 的沙质丘间低地，长势旺盛，地表潮湿的丘间低地常分布有天然下种的沙柳林，在地下水位5~8m 的丘间地上，生长不良，在有季节性积水的地方，旱柳造林常被淹死，而沙柳仍能正常生长。

【水土保持功能】沙柳根系十分发达，生长于丘间低地的 2 龄实生幼树，垂直主根深1.51m，水平侧根长5.96m。流沙上无性繁殖的沙柳，造林后第一年水平根可达100cm 长，第 5 年可达7~9m。垂直主根虽不明显，但根深也可达 1~1.5m 以下。

沙柳萌芽力强，繁殖容易，通过下种自繁，适当沙压和平茬更新，能很快形成灌丛。在插条造林初期生长很快，当年一

图 6-2 北沙柳 *Salix psammophila* C. Wang et C. Y. Yang(引自《中国高等植物图鉴》)

般高可达60~80cm，2~4 年后高可达3~5m，可迅速起到固沙作用。5~6 年生以上的灌丛，在沙埋的条件下，其 2 年生萌条高可达3m 以上，地径 1~2.5cm，每丛萌条数多的有 144 个。

沙柳能忍受一定程度的风蚀，特别耐沙埋。沙埋能促使被埋枝条产生大量不定根，增加植株吸收水分和养分的能力，促进其生长，一株生长在沙丘背风坡的沙柳，沙埋1.4m 深时，能产生不定根247 条，株高达2.8m，冠幅达18.7m^2。借此能力，它常爬上丘顶，逐渐固定沙丘。是优良的固沙树种，也是沙荒地和黄土丘陵地造林树种。

【资源利用价值】沙柳枝条细长，材质洁白，轻软，可用于编筐和篮，加工人造板，尤以精巧的"柳编"，颇负盛名，远销国外。枝叶可作骆驼和羊的饲料，枝干容易燃烧，是良好的薪材。树皮可提取鞣料制革。花为蜜源。皮、根均可入药，味苦性寒，可以清热、泻火、顺气、消肿。

【繁殖栽培技术】沙柳天然分布多，种条来源广，繁殖容易，通常不经过育苗，采用插条法和埋条断根法直接造林。其中插条法简便易行，成本低，见效快，生产上应用最广。具体方法是：在早春土壤解冻，芽苞未放前，或者秋季落叶后，选取 2~3 年生、直径0.6cm 以上的枝条，截成60cm 长的插条，随截随插。掌握"深插、少露、实埋"的原则，成活很容易。一般多采用穴状栽植和障蔽式密植。埋条断根造林法的具体方法是：在春秋造林时，在 3~4 年生沙柳四周挖宽 30cm 的坑 4 个，将沙柳枝条 2~4 根合成一束，每坑压入一束，枝梢露出坑外，覆土踏实，待翌年新根长出后，用刀将枝条与母树连接处砍断，一般成活均在95% 以上。此外还有植苗造林和天然下种法。

在管理上需要平茬更新，一般造林后 2~3 年，即开始平茬。平茬在"立冬"到第二年土壤解冻前进行，这样不影响植株生长，可免根茬撕裂，易于施工。以后每隔

3~5年再行平茬。为了避免风蚀起沙，应隔行轮换平茬。沙柳经过平茬，有利于萌发大量枝条，促进生长和更新复壮，提高防沙效益，又能获取燃料和饲料，增加经济收入。沙柳的主要病虫有柳天蛾、柳金花虫、金龟子、柳大蚜、杨柳烂皮病等。应及早发现，及早防治。

6.3 黄 柳

黄柳 *Salix gordejevii* Y. L. Chang et Skv. （图6-3）

【科属名称】杨柳科 Salicaceae，柳属 *Salix* L.

【形态特征】灌木，高1~2m。树皮淡黄白色，不裂，1年生枝黄色，有光泽，当年幼枝黄褐色。叶互生，狭条形，长3~8cm，宽3~5mm，先端渐尖，基部楔形，边缘具细密腺齿（叶幼时腺齿不明显），叶下面苍白色；托叶易脱落；叶柄长2~5mm。花单性，雌雄异株，柔荑花序先叶开放；苞片全缘，倒卵形或卵形，具柔毛，先端黑褐色；腺体1，腹生；雄花具2离生雄蕊；雌蕊两个心皮构成。蒴果长3~4mm。种子多而细小，有白色丝状长毛。花期4~5月；果期5~6月。

【分布与习性】分布于内蒙古、辽宁西部。旱中生植物。生森林草原及干草原地带的固定、半固定沙地。

【水土保持功能】为森林草原及干草原地带的固沙造林树种。

【资源利用价值】可用作薪炭柴；羊和骆驼喜欢吃它的嫩枝与叶。

【繁殖栽培技术】通常扦插繁殖。具体方法是：选择生长健壮无病虫害的1~2年生平茬条。在11月份到翌年的1月份采条，将黄柳条的下端平茬头和梢头去掉，铡成60~70cm的插穗，将插穗打捆并立即下窖。冬贮窖深一般为3~4m，将插穗分层排列，并每隔一层放一层冰或雪，并装到离地面0.5m左右时封盖，并多加雪或冰，每隔3~4m设一个通风口。一般在4月初土壤解冻即可出窖造林。

扦插的时间在土壤化冻后进行，冬贮插条最晚5月中下旬造林，现采集插条最晚5月上旬。一般都是随整地随造林。在丘间低地或平缓沙地造林时，先将干沙层清除然后开深50~60cm的沟，宽度一般10~20cm或开深30cm的沟，然后扦插，扦插时要将底部挤实。在沙丘的中上部造林时，首先也是将干沙层清理净，开沟，沟深60cm左右，宽度以不下泄干沙为准，扦插后要踏实，并且需要盖一层干沙以防止土壤水分流失。株行距通常0.15m×4m或0.15m×6m。插穗一般在地表上露出5~10cm，将湿沙先填进去踏实，再填干沙踏实。在风沙较大，风蚀严重的地块最好先设置一定的死沙障，在死沙障带内栽植黄柳效果更好。

图6-3 黄柳 *Salix gordejevii* Y. L. Chang et Skv. ［引自《树木学》（北方本）第2版］

6.4 榛

榛 *Corylus heterophylla* Fisch. ex Trautv.，又名榛子、平榛（图6-4）

【科属名称】榛科 Corylaceae，榛属 *Corylus* L.

【形态特征】灌木，稀为小乔木，高可达7m；树皮灰褐色，具光泽；枝暗灰褐色，光滑，具细裂纹，散生黄色皮孔；小枝黄褐色；冬芽卵球形，边缘具白色缘毛。叶互生，圆卵形或倒卵形，长3～13cm，宽2.2～10cm，先端平截或凹缺，中央具三角状骤尖或短尾状尖裂片，基部多心形或宽楔形，有时两侧稍不对称，边缘具不规则的重锯齿，在中部以上尤其在先端常有小浅裂；叶下面被短柔毛，沿脉较密，侧脉5～8对；叶柄长1～2cm。花单性，雌雄同株，先叶开放；雄柔荑花序2～3个生于叶腋，圆柱形，下垂，长4～6cm，雄蕊8，花药黄色；雌花着生枝顶，鲜红色；花柱2。坚果近球形，长约15mm常单生、2～3枚簇生或头状；果苞钟状，外面具突起细条棱，密被短柔毛间有疏长柔毛及红褐色刺毛状腺体，全部包被坚果，通常较果长1倍，上部浅裂，具6～9三角形裂片，边缘多全缘，两面被密短柔毛及刺毛状腺体。花期4～5月；果期9月。$2n=22, 28$。

【分布与习性】分布于我国内蒙古、黑龙江、吉林、辽宁、河北、山西、陕西；国外日本、朝鲜、俄罗斯（东西伯利亚和远东）、蒙古也有。中生喜光灌木，生于向阳山地、多石的沟谷两岸、林缘和采伐迹地。由于其萌芽力甚强。常成灌丛。

【水土保持功能】对土壤适应性强，生长快，萌芽力强，3～4年生就可以开花结实，为优良水土保持树种。

【资源利用价值】榛的木材可做手杖、伞柄或作薪炭等用。树皮、叶和果苞均含鞣质，可提制栲胶。叶可作柞蚕饲料，嫩叶晒干贮藏，可做冬季猪的饲料，种子含淀粉15%，可加工成粉制糕点，也可以供食用。种子含油率为51.6%，可榨油或制作营养药品。种仁入药，具有调中、开胃、明目的功能。榛也是很好的护田灌木。

【繁殖栽培技术】可种子繁殖或分蘖繁殖，其栽培品种大果榛子的栽培技术如下：挖直径70～80 cm、深60～70 cm的坑，每坑施腐熟农家肥25kg，其上放一些秸秆，表土回填。榛树栽植距离一般不小于3m，最大也不要超过6m，需配置授粉树，榛树是异花授粉植株，适宜栽植时间通常为5月初至5月中旬，栽植前苗木根系用生根粉水浸泡24h。栽时将苗放在穴正中，将根系舒展开，轻提苗木地径处3～4 cm，不能深栽。栽后在苗木周围做土埂，浇透水，而后覆地

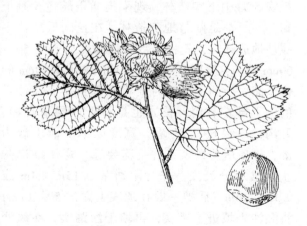

图6-4 榛 *Corylus heterophylla* Fisch. ex Trautv. ［引自《树木学》（北方本）第2版］

膜，防止水分蒸发，增加地温，提高成活率。栽后定干，分单干形和丛状形。土肥水条件好的地块宜作单干树形，定干高度 60~70cm；反之，宜作丛状树形，定干高度 30~40cm。当年定植的幼苗，要加强水肥管理，使其生长发育健壮，萌发一定数量枝条，木质化程度良好，防止徒长。秋季落叶后，需要进行培土防寒，培土高达植株的 1/2 即可。翌年春天撤去防土，一般第 2 年起就不用培土防寒。

6.5　虎榛子

虎榛子 *Ostryopsis davidiana* Decne.（图 6-5）

【科属名称】榛科 Corylaceae，虎榛子属 *Ostryopsis* Decne.

【形态特征】灌木，高 1~4m；树皮淡灰色；枝暗灰褐色，具细裂纹，小枝黄褐色，密被黄色极短柔毛，间有疏生长柔毛，近基部散生红褐色刺毛状腺体，具圆形黄褐色皮孔；冬芽卵球形。叶互生，宽卵形、椭圆状卵形，长 1.5~7cm，宽 1.3~5.5cm，先端渐尖或锐尖，基部通常心形，边缘具粗重锯齿，中部以上有浅裂；叶下面密被黄褐色腺点，被短柔毛，侧脉 7~9 对，叶柄长 2~10cm。花单性，雌雄同株；雄柔荑花序单生叶腋，下垂，长 1~2cm，每苞片具 4~6 雄蕊。果序总状，下垂，由 4~10 多枚果组成，着生于小枝顶端；果苞囊状，厚纸质，长 1~1.3cm，外具 10~12 紫红色细条棱，密被短柔毛，上半部延伸呈管状，先端 4 浅裂，下半部紧包果；小坚果卵圆形或近球形，直径 3~5mm，栗褐色。花期 4~5 月；果期 7~8 月。$2n=16$。

图 6-5　虎榛子 *Ostryopsis davidiana* Decne.
［引自《树木学》(北方本)第 2 版］

【分布与习性】分布于我国内蒙古、河北、山西、陕西、甘肃和四川等地。中生喜光灌木，稍耐干旱，耐瘠薄，根系发达，萌芽力强。常形成虎榛子灌丛，在荒山坡或林缘常见，为黄土高原优势灌木。

【水土保持功能】是山坡或黄土沟岸的水土保持树种。虎榛子枝叶茂盛，枝叶重叠，丛间交错，密度大，林冠能较大限度地削减雨滴动能，减轻雨滴溅蚀地表土壤。10 年生虎榛子林地枯落物厚度可达 3.4cm，平均有枯落物 5.5t/hm^2，吸水量可达 24.0t/hm^2。根系发达，为华北、西北山坡或黄土沟岸水土保持林树种。

【资源利用价值】树皮含鞣质 5.95%，叶含鞣质 14.88%，可以提制栲胶。枝条编织农具。种子蒸炒可食，亦可以榨油，含油量 10% 左右，供食用和制肥皂。

【繁殖栽培技术】科学繁殖。目前未进行人工繁殖栽培。

6.6 柘 树

柘树 Cudrania tricuspidata (Carr.) Bureau ex Lavallee，又名柘桑（图6-6）

【科属名称】桑科 Moraceae，柘属 Cudrania Tréc.

【形态特征】落叶灌木或小乔木，高 1~7m；树皮灰褐色；小枝无毛，略具棱，有棘刺，刺长 5~20mm；叶卵形或菱状卵形，偶为 3 裂，长 5~14cm，宽 3~6cm，先端渐尖，基部楔形至圆形，表面深绿色，背面绿白色，无毛或被柔毛，侧脉 4~6 对；叶柄长 1~2cm，被微柔毛；雌雄异株，雌雄花序均为球形头状花序，单生或成对腋生，具短总花梗；雄花序直径 0.5cm，雄花有苞片 2 枚，附着于花被片上，花被片 4，肉质，先端肥厚，内卷，内面有黄色腺体 2 个，雄蕊 4，与花被片对生，花丝在花芽时直立，退化雌蕊锥形；雌花序直径 1~1.5cm，花被片与雄花同数，花被片先端盾形，内卷，内面下部有 2 黄色腺体，子房埋于花被片下部；聚花果近球形，直径约 2.5cm，肉质，成熟时橘红色。花期 5~6 月；果期 6~7 月。

【分布与习性】柘树分布于我国华北、华东、中南、西南各地。喜光、耐荫、耐寒，喜钙土树种，耐干旱瘠薄，多生于山脊的石缝中，适生性很强。生于较荫蔽湿润的地方，则叶形较大，质较嫩；生于干燥瘠薄之地，叶形较小。根系发达，生长较慢。

【水土保持功能】柘树耐干旱瘠薄，多生于山脊的石缝中，适生性很强；根系发达，生长较慢；繁殖容易，是保持水土的先锋树种。

【资源利用价值】柘树边材是浅黄褐色，心材为浅红褐色至黄色，木材纹理非常细腻清晰，手感温润，独具天然之美，可以作家具或作染料。茎皮纤维可以造纸；根皮入药，止咳化痰，祛风利湿，清热凉血，散淤止痛；嫩叶可以养幼蚕；果可生食或酿酒；柘树叶秀果丽，适应性强，繁殖容易，是良好的绿篱树种。

【繁殖栽培技术】播种或扦插繁殖。繁殖容易，在此不作详细介绍。

图 6-6 柘树 Cudrania tricuspidata (Carr.) Bureau ex Lavallee［引自《树木学》(北方本)第 2 版］

6.7 鸡 桑

鸡桑 *Morus australis* Poir.，又名小叶桑、山桑(图6-7)

【科属名称】桑科 Moraceae，桑属 *Morus* L.

【形态特征】灌木或小乔木，树皮灰褐色；叶卵形，长5~14cm，宽3.5~12cm，先端急尖或尾状，基部楔形或心形，边缘具粗锯齿，不分裂或3~5裂，表面粗糙，密生短刺毛，背面疏被粗毛；叶柄长1~1.5cm，被毛；雄花序长1~1.5cm，被柔毛，雄花绿色，具短梗，花被片卵形，花药黄色；雌花序球形，长约1cm，密被白色柔毛，雌花花被片长圆形，暗绿色，花柱很长，柱头2裂，内面被柔毛；聚花果短椭圆形，直径约1cm，成熟时红色或暗紫色。花期3~4月，果期4~5月。

【分布与习性】鸡桑分布于我国东北、华北、华中、西南地区，国外朝鲜、日本、斯里兰卡、不丹、尼泊尔及印度也有分布。喜光树种，耐旱、耐寒、抗风，但不耐水湿。

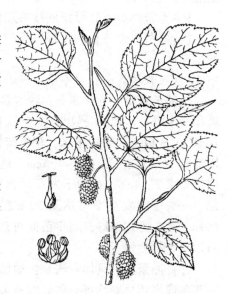

图6-7 鸡桑 *Morus australis* Poir.
(引自《中国高等植物图鉴》)

【水土保持功能】鸡桑根系发达，耐旱、耐瘠薄，是良好的水土保持树种。

【资源利用价值】鸡桑茎皮纤维可造纸或制人造棉；果实味酸甜，可生吃或酿酒；种子油可制肥皂和润滑油。

【繁殖栽培技术】一般采用扦插繁殖，成活率在90%以上。最佳扦插时间是2月下旬至3月中旬。可选用上年生粗壮无病害枝条，用中下部枝条剪成10cm左右小段，每段上留2~3个冬芽，下段剪成钝斜面，上面在芽上方0.5cm处下剪，剪成马蹄形，然后将插条按30cm株距竖直插入，回填细土压紧，并用潮沙覆盖。

6.8 沙木蓼

沙木蓼 *Atraphaxis bracteata* A. Los. (图6-8)

【科属名称】蓼科 Polygonaceae，木蓼属 *Atraphaxis* L.

【形态特征】灌木，植株高1~2m；茎节膨大，嫩枝淡褐色或灰黄色，老枝灰褐色，外皮条状剥裂。叶互生，革质，具短柄，圆形、卵形、长倒卵形、宽卵形或宽椭圆形，长1~3cm，宽1~2cm，先端锐尖或圆钝，有时具短尖头，基部楔形、宽楔形或稍圆，全缘或具波状折皱，有明显的网状脉，具白色膜质托叶鞘。花少数，生于1年生枝上部，每2~3朵花生于1苞腋内成总状花序，花梗细弱，长达6mm，在中上部具关节；花被片5，2轮，粉红色，内轮花被片圆形或心形，果时增大，包被瘦果；外轮花被片宽卵形，水平开展，边缘波状；雄蕊8，花丝基部扩展并联合。瘦果卵形，具3棱，暗褐色，有光泽。花、果期6~9月。

【分布与习性】分布于我国内蒙古、宁夏、甘肃西部、陕西北部、青海。沙生旱生灌木。生于流动、半流动沙丘中下部。为亚洲中部沙地（沙漠）特有种。

【水土保持功能】可作固沙的先锋植物。

【资源利用价值】为良好饲用植物，夏季和秋季山羊、绵羊喜欢食其嫩枝叶，骆驼也喜食。

【繁殖栽培技术】沙木蓼可种子繁殖和扦插繁殖。

①种子繁殖　方法如下：沙木蓼种子呈三棱形，深褐色，千粒重5.6g，播种前需要用清水浸种1~2d，捞出拌上少量干沙，即可播种。播种地每公顷施基肥625 725kg，深翻20cm以上，做成平床，耙平待播。播种一般采取条播的方式，条距30cm，每公顷播量11.25kg，覆土1~1.5cm，适当镇压保墒，播后灌水；也可播前灌水，但覆土厚度要求2~4cm，待种子发芽后再将上部覆土去掉一些，这样既保墒，表土又不板结。一般场圃发芽率可达到50%左右。苗高5cm后，要及时松土锄草，灌水时每667m^{2}施追肥12.5kg。当年苗高可达70cm以上，可出圃造林。沙木蓼适宜播期是4月末至5月上旬。

②扦插繁殖　具体方法是：抽穗的选取在前一年冬或当年早春均可，剪好的枝条应注意保持水分。当年采条一般在3月下旬至4月上旬树液流动前为宜，选取粗0.4~1.5cm的1~2年生的通直枝条，最好是1年生枝条。将选好的枝条截成20cm的插穗，浸水1~2d，在备好的育苗地按15cm×30cm的株行距垂直插入，插穗上端与地表持平，插后立即灌水。在插穗生根前，要保持苗床湿润，发根后可适当延长灌水间隔期，插后10d左右侧根生出，苗高可达35cm以上，这时要及时松土锄草，每公顷追施化肥187.5kg。当年苗高可达30cm以上，地径0.4cm左右，秋季或来年春季即可出圃造林。

沙木蓼的栽植：植苗造林林地在造林前经拖拉机整耕1次，栽植密度一般2m×3m，栽深50cm为宜。插条造林采1~2年生枝条，截成40cm长，穴状栽植，穴行距2.5m×3m或3m×3m，每穴插放4根，要垂直插入穴的4个角上，插穗顶端与地面平，一般3月下旬进行，当0~100cm沙层内平均含水率达4%以上时，扦插造林的成活率可达75%以上，插后每穴浇2kg定

图6-8　沙木蓼 *Atraphaxis bracteata* A. Los.［引自《树木学》（北方本）第2版］

根水，成活率能达 85% 以上。

同属还有锐枝木蓼 A. pungens Jaub.（M. B.）Jaub. et Spach. 和东北木蓼 A. mandshurica Kitag. 等植物可作固沙植物。

6.9 沙拐枣

沙拐枣 Calligonum mongolicum Turcz.，又名蒙古沙拐枣（图6-9）

【科属名称】蓼科 Polygonaceae，沙拐枣属 Calligonum L.

【形态特征】灌木，植株高 30～150cm，多分枝，分枝呈"之"形弯曲，老枝灰白色，当年枝绿色，有关节，节间长 1～3cm，具纵沟纹。叶互生，退化成细鳞片状，长 2～4mm。花两性，淡红色，通常 2～3 朵簇生于叶腋；花梗细弱，下部具关节；花被片卵形或近圆形，果期开展或反折；雄蕊12～16，与花被近等长；子房椭圆形，有纵列鸡冠状突起。瘦果椭圆形，长 8～12mm，两端锐尖；沿棱肋有刺毛，刺毛较细，易断落，每棱肋 3 排，有时有 1 排发育不好，基部稍加宽，二回分叉，刺毛互相交织，长等于或短于瘦果的宽度。花期 5～7 月，果期 8 月。

【分布与习性】分布于我国内蒙古、甘肃西部及新疆东部；蒙古也有。广泛生长于荒漠地带和荒漠草原地带的流动、半流动沙地，覆沙戈壁、砂质或砂砾质坡地和干河床上。沙拐枣是沙生强旱生灌木。为沙质荒漠的重要建群种。也经常散生或群生于蒿类群落和梭梭荒漠中，为常见伴生种。

【水土保持功能】沙拐枣灌丛常引起大量集沙，有时大风将整个灌丛埋没，仅露出最上部枝条，但是它能够很快萌发出新梢，在沙堆上形成新的灌丛。降雨较多的地区，被沙埋的枝条能够在湿沙中产生不定根而发育成新的植株。沙拐枣是速生树种，生长较快，2～3 年树形基本固定，当枝干风折或被砍伐后，仍然可以萌发出新梢，旺盛生长。沙拐枣结实早，种植当年就有少量的结实，2～3 年开始大量结实。沙拐枣根性较浅，侧根异常发达，可水平延伸 20～30 m。沙拐枣耐干旱，在高温、干旱条件下，会出现休眠，当土壤水分增加时，休眠消失。沙拐枣对风沙流具有较强的适应性，在完全裸露的流沙上种植沙拐枣，只要当年成活，第二年就能够迅速生长，死亡很少。因此，沙拐枣可作为固定流沙的先锋树种。

【资源利用价值】沙拐枣是优等的饲用植物，夏秋季骆驼喜欢食其枝叶，冬春采食较差，绵羊、山羊夏秋季喜欢采食其嫩枝及果实。根及带果全株可以入药。主要治小便

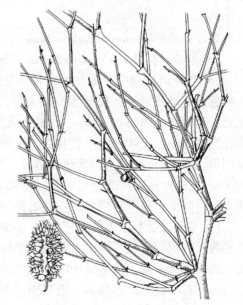

图6-9 沙拐枣 Calligonum mongolicum Turcz.

[引自《树木学》（北方本）第 2 版]

混浊，皮肤皱裂等症。

【繁殖栽培技术】通常播种繁殖。以吐鲁番为例，沙拐枣种子多在6月初成熟，果熟后易脱落，随风飞散，应及时采集。种子发芽率颇高，约为80%，其生活力不易丧失，在干燥、通气条件下可贮藏2年以上。苗圃地应选择盐碱轻、地下水位低、便于排灌的沙土或砂质壤土，最好在冬季(或秋末)和早春播种，也可于夏季随采种随播种。早春播种，要进行种子催芽，即在春播前半个月左右用凉水浸泡种子3昼夜，然后用3倍于种子的湿沙混合堆积在向阳处，待少数种子露白时即播种。冬播和夏播不必催芽。最好采用条播，行距30cm，覆土3~5cm，每米落种50粒左右。育苗管理可较粗放。冬春播种苗和扦插苗宜在2~3个月内每隔20~30d浇水1次，以后可不再浇水。冬、春播种苗在播种时灌足底水后，也可全年不再浇水。夏播育苗，可在播后半个月内每隔2~3d浇水1次，以后逐渐减少，约半个月或1个月灌水1次。沙拐枣苗易遭涝害，当灌水量较大、积水时间较长时，常发生根腐病而成片死亡，故每次灌水量宜少。

直播造林可在冬春进行。冬播省工，效果也较好。常用穴播和开沟条播，行距2m，穴距1m，每穴撒种子15粒，覆土(沙)5~8cm。沙拐枣实生幼苗抗风沙能力弱，即使在背风的地段，也只有个别年份才取得较好的结果，因而直播造林宜少采用。植苗造林宜用1年生苗，苗木要有较完整的根系，根长40~50cm。秋末和春季都可造林，但以春季为好。秋季栽植后必须及时灌水，否则苗木根系严重失水，影响成活。植苗造林最好采用簇植、缝植，栽深50cm较易成活。

6.10 梭 梭

梭梭 Haloxylon ammodendron Bunge，又名琐琐、梭梭树(图6-10)

【科属名称】藜科 Chenopodiaceae，梭梭属 Haloxylon Bunge

【形态特征】矮小的半乔木，有时呈灌木状，高1~4m；树皮灰黄色，二年生枝灰褐色，有环状裂缝；枝对生，有关节，有咸味，嫩枝粗壮，开展，当年生枝细长，蓝色，节间长4~8mm。叶对生，退化成鳞片状宽三角形，顶端钝，腋间有绵毛。花小，两性，单生于叶腋；小苞片2；花被片5，矩圆形，果时自背部横生膜质翅，翅半圆形，宽5~8mm，有黑褐色纵脉纹，全缘或稍有缺刻，基部心形，全部翅直径8~10mm，花被片翅以上部分稍内曲。胞果包藏于花被内，半圆球形，顶部稍凹，果皮黄褐色，肉质；种子扁圆形，直径2.5mm。花期7月；果期9月。$2n=18$。

【分布与习性】分布在东经60°~111°、北纬36°~48°之间的广大干旱荒漠地区。包括我国准噶尔盆地、塔里木盆地东部和北部、东天山山间盆地、河西走廊和嘎顺戈壁、巴丹吉林沙漠、腾格里沙漠、乌兰布和沙漠等地，柴达木盆地中部和北部沙漫戈壁地区也有少量分布；蒙古、俄罗斯也有。梭梭适生于干旱荒漠地区地下水位较高，有一定含盐量的古湖盆地，在古老河床边缘，现代湖盆周围沙地，固定、半固定沙丘和丘间沙地上，砾石沙质戈壁和石质戈壁上也能生长。梭梭喜光性很强，不耐庇荫。生长较快，寿命较长。在1~3年生梭梭的高生长一般。5~6年生高生长最为迅速。

20年之后生长逐渐停滞，35~40年开始枯顶逐渐死亡。在条件较好的地区，树龄可达50年。

【水土保持功能】抗旱能力非常强，叶子退化成为极小的鳞片状，仅用当年生绿色嫩枝进行光合作用。在干旱炎热的夏季到来后，部分幼嫩同化枝自动脱落以减少其蒸腾面积，适应降水量仅有几十厘米而蒸发量高达3 000mm的大气干旱。梭梭具有二次休眠特性，4月底至5月初开花，花小而数量繁多，开放5~8d后，子房暂不发育而处于休眠状态(夏眠)，直到秋季气候凉爽后才开始发育成果实，10月底或11月初成熟随即进入冬眠。根系发达，主根较长，往往能够深达3~5m而扎入地下水层，以充分吸收地下水。其侧根也非常发达，长达5~10m。往往分为上下两层，上层侧根通常分布于地表层40~100cm，可充分吸收春季土壤上层的不稳定水，下层侧根一般分布于2~3m，便于充分利用土壤内的悬着水。

梭梭耐高温，不但能够凭借其枝干的坚硬，表面灰白色，绿色同化幼嫩枝光滑发亮来反射掉部分阳光的照射，减轻高温对树体的灼伤，而且嫩枝肉质化，细胞液黏滞度很大，蛋白质凝固点很高，原生质亲水力很强，使其不致因高温而强烈脱水，造成代谢紊乱或停止。所以梭梭在气温高达43℃而地表温高达60~70℃甚至80℃的情况下仍然能够正常生长。

梭梭也能够忍耐低温，这是由于它的茎枝坚硬，木质部非常发达，韧皮部极度退化。夏秋季节肉质同化嫩枝不断脱落；秋末剩下的同化嫩枝皮层逐渐加厚，迅速木质化，使它能够忍耐冬季-40℃低温。

梭梭抗盐性很强，茎枝和枝条内盐分含量可高达15%左右，在土壤含盐量在1%时梭梭生长很好。甚至在3%时成年树仍能生长。幼树在固定半固定沙丘土壤含盐量0.2%~0.3%时生长良好，而在0.13%以下反而生长不良。

由于梭梭是适应性强，生长迅速，枝条稠密。根系发达，抗旱、抗热、抗寒、耐盐、防风固沙能力强，并且是肉苁蓉的寄主。因此，它是我国西北和内蒙古干旱荒漠地区固沙造林的优良树种。

【资源利用价值】梭梭树干弯曲，木材非常坚硬，脆而易折，不能作建筑材料，仅能作简陋的牛羊圈棚用材。它的材质坚硬、耐火力强，是沙区广大农牧民所喜爱的薪炭材，在煤炭缺乏的沙区，大量种植梭梭，可以帮助解决群众的燃料问题。另外，梭梭的绿色同化枝是沙区牲畜喜食的饲料，为荒漠地区的优等饲用植物，骆驼在冬、春、秋季均喜食，春末和夏季因贪食嫩枝，有肚胀腹泻现象；羊也拣食落在地上的嫩枝和果实。

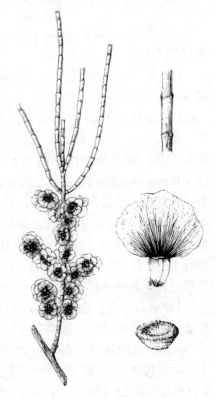

图6-10 梭梭 *Haloxylon ammodendron* **Bunge**[引自《树木学》(北方本)第2版]

因此，大面积的梭梭林可以作为放牧基地。

【繁殖栽培技术】一般在10月到11月间果实由绿色变成淡黄色或褐黑色时，即为成熟，可及时采集，否则易被大风吹失。梭梭种子含水量高，生命力持续期短，以秋播为宜。在鼠害严重地方可在早春土壤完全解冻后（3月上旬至4月上中旬）进行春播，春播宜早不宜晚，否则会因种子大量丧失萌芽力和地面高温，水分蒸发量大，以及大风影响而大大降低出苗率。为了防止根腐病和白粉病的发生，播种前可用0.1%~0.3%的高锰酸钾或硫酸铜水溶液浸种20~30min后捞出晾干拌沙播种。播种后，苗床一般不需要覆草，在早春多风和干旱地区要及时覆草，避免吹蚀和地表干燥。苗床要保持湿润，可视土壤的干旱情况酌情灌水。通常直播造林和植树造林。其中，植树造林成活率较高。春季造林和秋季造林均可，春季造林一般早春3月上旬至4月上旬冰雪融化后，土壤水分状况较好时及时造林。秋季降雨量较多的地方，也可秋季造林。在湖盆沙地、砂壤土、丘间沙地、固定沙丘或其他一般沙荒地上植树造林，造在流动沙丘上要设置沙障，一般栽植在迎风坡的中下部沙障网格内；在风蚀较为严重的砂壤地栽植梭梭，也要设置沙障。沙障应在造林头年秋季或初冬设置。应及时防治大沙鼠害。

6.11　白梭梭

白梭梭 *Haloxylon persicum* Bunge，又名阿克苏克锁克（新疆维吾尔、哈萨克族名称）（图6-11）。

【科属名称】藜科 Chenopodiaceae，梭梭属 *Haloxylon* Bunge.

【形态特征】落叶小乔木，或长成灌木状，高达5m；树皮灰白色，主干明显，具节瘤至扭曲，枝味苦，枝下高0.5~1m，基径15~30cm。小枝细长，直立或下垂，绿色有节。叶对生，退化为细小鳞片，长三角形，先端尖，紧贴于节上。花两性，黄色，小形，对生于叶腋，花被5，绿色，以后发育成果翅，雄蕊5，与花瓣对生，花丝细，柱头2。胞果饼状，基部具白色膜质翅，种子灰褐色。

【分布与习性】白梭梭在我国主要分布在新疆维吾尔自治区北部准噶尔盆地沙漠，约东经90°，西至国境线，海拔高度在1 000m以下。白梭梭天然分布区平均气温在2~11℃，7月平均气温22~26℃，年平均日较差在12~16℃，绝对最高气温极值为42.2℃，绝对最低气温-42.6℃，年降水量变幅在94.9~

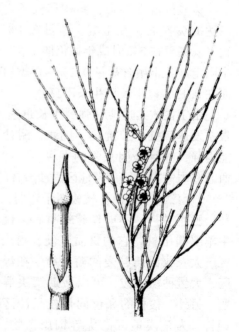

图6-11　白梭梭 *Haloxylon persicum* Bunge
（引自《中国高等植物图鉴》）

189.4mm，多生长在轻度盐化的半固定、半流动沙丘、沙地上。

【水土保持功能】白梭梭抗干旱能力极强。其成年植株在深6m以内的沙层含水量为1%~2%时仍能正常生长。根系强大，其垂直根系深达4m以下，可吸收深处沙层的悬着水，水平根系在夏季最大干沙层（通常为50cm左右）以下向四周延伸，最远可达10m以外，可充分吸收大气降水，压力达51.1个大气压（1标准大气压=$1.013 \times 10^5 Pa$），超过柽柳、胡杨、白刺等沙漠植物，相当于小麦的近5倍。其成年植株在深6m以内的沙层含水量为1%~2%时仍能正常生长。因此，其嫩枝鲜重含水率高达82.25%，使其具有强大的抗干旱能力。白梭梭和梭梭属其他种一样，都具有从土壤中汲取盐分积存体内的能力，由于嫩枝内含有高浓度的盐溶液，形成高的渗透压，因此，具有从土壤中吸取水分能力强的特点。据测定，梭梭吸水最高时，气孔关闭。这些结构，有利于减少蒸腾，抗拒高热。在一般干旱年份，从夏季开始，白梭梭进入休眠状态，枝条先端部分脱落，即所谓夏季休眠，至8月份重新进入生长。在降水较多年份或人工栽培条件下，白梭梭无夏季休眠，生长迅速而旺盛，生长量可达干旱休眠条件下的数倍。

白梭梭的地下根系分布呈锚化，经风蚀吹露地面后，形成支柱，对植株起到固定和保护作用，常有多年生植株露出根系1m左右，仍然正常生长。白梭梭坚硬的树干，对防止沙粒的切割，保护植株有良好作用。耐沙埋能力稍逊于梭梭。

白梭梭耐盐能力远不及梭梭柴，盐分超过1.5%时，种子发芽率即受到很大限制，含盐量到3%时，即丧失发芽力。其植株在含盐量在2%以下的盐化沙丘、沙地上生长良好。

白梭梭是我国新疆沙区分布较广的典型荒漠植物。抗沙耐旱的性能强，防风固沙的作用大，薪柴及牧用的价值较高，是我国西北沙漠地区固沙造林的重要树种之一。

【繁殖栽培技术】种子繁殖。具体方法是：梭梭种子成熟后遇风极易脱落飞散，应及时采集。采集时可用木棒将种子击落于沙面上，然后扫集装入袋中。新采集种子水分含量较大，应及时摊晒。至含水量低至10%以下时，风选扬去小枝等杂质，然后用石碾轻度碾压去翅，通过风选，去掉杂质，然后将种子收集至通风干燥处贮藏。白梭梭种子生命力持续期限较短，一般条件下，可贮藏半年，发芽率为80%左右。白梭梭种子没有休眠期，发芽速度快，发芽能力强。在适宜的温、湿度条件下，2h后即开始发芽，1d内发芽粒数为总发芽粒数的30%，2d为60%，3d为80%，1周内发芽结束。成熟种子发芽率达90%以上。

通常采用种子育苗法。圃地应选择盐碱轻，地下水位低，便于排水，有林带（或沙障）庇护的沙土或沙质壤土。高床、平床皆可。秋播或早春播。早春最好，一般在地表白天化冻5cm左右时即可播种。秋播宜在11月初至土壤封冻前。每公顷播种用量（去翅纯种）37.5kg左右。常用单行式条播，行距25~30cm。覆土砂质壤土为1~1.5cm，沙土为2~3cm。在苗期很耐旱。土壤过湿，则易引起根腐现象，在沙质土上，当5~50cm深处土壤含水量为最大田间持水量的40%~45%时进行适量灌溉较为恰当。在年降水量100~150mm地区，全年灌溉1~2次即可，为保持墒情，保证幼苗正常生长，应适当进行松土锄草。当年苗高一般50~60cm，可出圃造林。

通常采用植苗造林，造林季节春、秋皆可，但以春季为好。一般采用挖穴栽植，穴深50cm左右。秋植时应以挖到湿沙以下为宜，栽植后用湿沙埋压、踩实。栽植行距约2~3m，株距1~1.5m。此外，还可以直播造林，其特点是省工、进度快。但是由于受气候条件、立地环境、播种技术等多种因素的制约，成活率极不稳定。苗期和造林后注意及时防治白粉病、根腐型立枯病和鼠害。

【资源利用价值】白梭梭是一种优良的薪炭用材和放牧饲料。白梭梭材质坚硬而脆，气干容重大于1，能沉入水中，是沙漠中牲口圈棚和固定井壁的良好材料。按发热力，白梭梭和梭梭属其他种是极好的木材燃料，稍逊于煤，有"荒漠活煤"的美誉。在天然条件下，当白梭梭覆盖度15%左右时，每公顷薪柴产量2t左右，此外，白梭梭的嫩枝和头年干枯细枝是骆驼、驴、羊的良好饲料，据测算，覆盖度为10%~20%的半固定沙丘上，白梭梭地上绿色部分鲜重，每公顷为300~650kg，适宜发展羔皮用羊和三北羊。

6.12　垫状驼绒藜

垫状驼绒藜 *Ceratoides compacta* (Losinsk.) Tsien et C. G. Ma. (图6-12)

【科属名称】藜科 Chenopodiaceae，驼绒藜属 *Ceratoides* Gueldenst.

【形态特征】小灌木，高8~15cm，密集分枝株丛呈垫状。老枝短，粗壮，密被残存的黑色叶柄，当年生枝1.5~3(5)cm。叶小，密集，椭圆形或长椭圆状倒卵形，长约1cm，宽约3mm，先端圆形，密被星状毛，基部渐狭，边缘向背部卷折；叶柄较长，舟状，抱茎，后期叶片脱落，叶柄下部宿存。雄花序短而紧密，头状；雌花管矩圆形，长约0.5cm，上端裂片兔耳状，常与管长相等或较管稍长，先端圆形，向下渐狭，果时管外被短毛。果椭圆形，被毛。

【分布与习性】垫状驼绒藜分布于甘肃与青海境内的祁连山西段高山山地，新疆的昆仑山和西藏的羌塘高原西北与北部部分地区。分布区较狭窄，在新疆昆仑山、阿尔金山以南的高原海拔4 000~4 500m砂质、砂砾质的高山寒漠土、常有盐分的山坡生长。抗寒、耐旱，根系发达，枝条极短，枝叶被灰绿色绒毛。叶小而厚，伏于地表，形成适应高寒、干旱的生态型。

【水土保持功能】垫状驼绒藜为小半

图6-12　垫状驼绒藜 *Ceratoides compacta* (Losinsk.) Tsien et C. G. Ma. [引自《树木学》(北方本)第2版]

灌木荒漠植被，株丛分枝密集，呈垫状，根系发达，具有较强的护土、固土及水源涵养的能力。

【资源利用价值】驼绒藜当年生枝条及叶片数量很多，幼嫩枝叶蛋白质和脂肪都较丰富，各种家畜终年喜食。山羊、牦牛较喜食，马、驴少食。适口性好，也是其他高寒地区野生动物采食牧草，对保持高寒地区生态平衡，有重要意义。

【繁殖栽培技术】主要依靠种子繁殖。

6.13 木 通

木通 Akebia quinata (Thunb.) Decne.，又名五叶木通、山通草、万年藤（图6-13）。

【科属名称】木通科 Lardizabalaceae，木通属 Akebia Decne.

【形态特征】落叶木质藤本，茎纤细，圆柱形，缠绕，茎皮灰褐色，有圆形、小而凸起的皮孔；掌状复叶互生或在短枝上的簇生，通常有小叶5片；叶柄纤细，长4.5~10cm；小叶纸质，倒卵形或倒卵状椭圆形，长2~5cm，宽1.5~2.5cm，先端圆或凹入，具小凸尖，基部圆或阔楔形，上面深绿色，下面青白色；小叶柄纤细，长8~10mm；伞房花序式的总状花序腋生，长6~12cm，疏花，基部有雌花1~2朵，以上4~10朵为雄花；总花梗长2~5cm；着生于缩短的侧枝上，雄花花梗纤细，长7~10mm；萼片通常3~5片，淡紫色，偶有淡绿色或白色，兜状阔卵形，顶端圆形，长6~8mm，宽4~6mm；雌花花梗细长，长2~5cm，萼片暗紫色，偶有绿色或白色，阔椭圆形至近圆形，长1~2cm，宽8~15mm；果孪生或单生，长圆形或椭圆形，长5~8cm，直径3~4cm，成熟时紫色，腹缝开裂；种子多数，卵状长圆形，略扁平，种皮褐色或黑色，有光泽。花期4~5月；果期6~8月。

【分布与习性】木通分布于我国长江流域各地；日本和朝鲜有分布。稍耐寒、耐旱，对土壤要求不高。

【水土保持功能】木通枝叶繁茂，根系发达，是很好的水土保持树种。

【资源利用价值】木通茎、根和果实药用，清热利尿，通经活络，镇痛，排脓，通乳。用于泌尿系感染，小便不利，风湿关节痛，月经不调，红崩，白带，乳汁不下。果味甜可食。种子可榨油，含油率43%，可制肥皂。是垂直绿化的良好材料，可用于篱垣、花架、凉廊的绿化，或令其缠绕树木、点缀山石。

【繁殖栽培技术】播种繁殖。

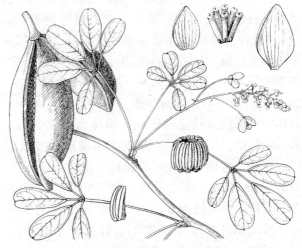

图6-13 木通 Akebia quinata (Thunb.) Decne. [引自《园林树木学》（修订版）]

适宜种植时间为4~10月。选阴雨天或晴天下午太阳偏斜时,按行距20~25cm开沟条播,株距可依土质肥瘠、管理粗细、排灌难易而定。种子播入沟内后,覆土2~3cm,镇压即可。

6.14 细叶小檗

细叶小檗 *Berberis poiretii* Schneid.(图6-14)

【科属名称】小檗科 Berberidaceae,小檗属 *Berberis* L.

【形态特征】落叶灌木,高达2m。小枝细而有沟槽,紫褐色;刺常部分分叉而较短小。叶倒披针形,长2~4.5cm,先端尖,基部楔形,通常全缘,表面亮绿色,背面灰绿色。花黄色,8~15多成下垂之总状花序。果卵状椭圆形,长约1cm,亮红色。

【分布与习性】产辽宁、吉林、内蒙古、河北、山西等地;俄罗斯、蒙古、朝鲜亦有。多生于山坡路旁或溪边。细叶小檗喜光、耐寒、耐瘠薄,能耐-42℃极端低温,适生于疏松肥沃的褐土、山地灰褐土、山地棕色森林土上。该灌木主侧根明显,萌蘖力强,耐平茬。

【水土保持功能】细叶小檗适于配置在阴坡、半阳坡,营造水土保持护坡林,并进行封育,成林后每3~4年平茬1次。该灌木枝叶茂密,树冠截持降雨作用强,截留降水率在25.0%~57.1%,根系发达,具有较强固土作用,可提高土壤的透水性,减少超渗径流。

【资源利用价值】可用于城镇绿化,常配置于建筑物门口,窗下或庭前,丛植于草坪、池畔、花坛、岩石假山间,或作花刺篱或作盆景;根和茎可提取黄连素。

【繁殖栽培技术】播种育苗、扦插育苗均可,其中扦插育苗是主要的繁殖方法。播种育苗:8~9月采种,揉搓淘洗除去果皮、杂质,即得种子,晾干贮藏。秋播、春播均可。若春播种子宜冬季沙藏60d,气温15℃时,整地作床,按15~20cm的行距开沟,顺沟条播,覆土1.0~1.5cm,轻压,出苗前保持土壤湿润。当年苗高30cm左右,可移植。扦插育苗:早春尚未萌动前剪取1年生枝条,剪成6~8cm的插穗,上口剪平,下口剪成45°斜面,除去下部余刺与叶片,插穗放在ABT1号生根粉100×10^{-6}的溶液中浸泡3~6h,浸泡基部深度4cm左右。扦插可干插和湿插,干插可直接将插穗按株行距5cm×5cm密度插入土中,扦插深度为3~5cm,插完立即浇透水1次。湿插即苗床先灌足水,待水下渗后,立

图6-14 细叶小檗 *Berberis poiretii* Schneid.[引自《树木学》(北方本)第2版]

6.15 北五味子

北五味子 *Schisandra hinensis* (Turcz.) Baill. (图 6-15)

【科属名称】北五味子科 Schisandraceae，北五味子属 *Schisandra* Michx.

【形态特征】落叶藤本，茎长达数米，不易折断，树皮褐色；小枝无毛，稍有棱。叶互生，倒卵形或椭圆形，长 5~10cm，先端急尖或渐尖，基部楔形，叶缘疏生细齿，叶表有光泽，叶背淡绿色，叶柄及叶脉常带红色，网脉在叶表下凹，在叶背凸起。花单性异株，乳白或带粉红色，芳香，径约 1.5cm；雄蕊 5 枚。浆果球形，熟时深红色，聚合成下垂之穗状。花期 5~6 月；果期 8~9 月。

【分布与习性】产中国东北、华北及湖北、河南、江西、四川等地；朝鲜、日本、俄罗斯亦有分布。北五味子是一种抗寒性很强的植物，芽眼萌动比一般树木早，几乎不受晚霜的危害；喜光、耐半荫，喜耐荫潮湿环境，在不同的生长发育阶段对外界环境条件要求不同，忌低洼地，在自然界常缠绕他树而生，多生于山之阴坡。

【水土保持功能】北五味子抗逆性强，少病虫害，生长迅速，繁殖容易，经济价值高，容易被开发利用，在乔灌混交林中适当配置北五味子，不仅可减少林木病害发生，也可治理水土流失。北五味子分蘖能力强，栽后 2~3 年，可分蘖 2~3 株。主根不明显，侧根及须根十分发达，多分布在 30cm 土层中，串根能力极强，根系可构成一个稠密分根群。因此，北五味子具有强的固土能力，是荒山绿化、控制水土流失、开发山地资源的优良植物。

【资源利用价值】果肉甘酸，种子辛苦而略有咸味，五味俱全故名为"五味子"。果实入药，治肺虚喘咳、泻痢、盗汗等。

【繁殖栽培技术】用播种、压条或扦插法繁殖，颇易生根。

图 6-15 北五味子 *Schisandra hinensis* (Turcz.) Baill. [引自《树木学》(北方本) 第 2 版]

6.16 溲 疏

溲疏 *Deutzia scabra* Thunb.（图6-16）

【科属名称】虎耳草科 Saxifragaceae，溲疏属 *Deutzia* Thunb.

【形态特征】灌木，高达2.5m；树皮薄片状剥落。小枝红褐色，幼时有星状柔毛。叶长卵状椭圆形，长3~8cm，叶缘有不明显小刺尖状齿，两面有星状毛，粗糙。花白色，后外面略带粉红色，花柱3，稀为5；萼片短于筒部；直立圆锥花序，长5~12cm。蒴果近球形，顶端截形，长约5mm。花期5~6月；果期10~11月。

【分布与习性】产我国长江流域各地，包括浙江、江西、安徽南部、江苏、湖南、湖北、四川、贵州；日本亦有分布。

【水土保持功能】溲疏枝繁叶茂，根系发达，具有较强保持水土及水源涵养作用。

【资源利用价值】木材坚硬，不易腐朽。根、叶可供药用。

【繁殖栽培技术】可用扦插、播种、压条、分株等法繁殖。扦插极易成活，6~7月间用软材插，半月即可生根；也可在春季萌芽前用硬枝扦插，成活率均可达90%。播种于10~11月采种，晒干脱粒后密封干藏，翌年春播；撒播或条播，行距12~15cm，每公顷用种量约为3.75kg。覆土以不见种子为度，播后盖草，待幼苗出土后揭草搭棚遮荫。幼苗生长缓慢，1年生苗高约为20cm，需留苗圃培养3~4年方可出圃定植。溲疏在园林中可粗放管理。因小枝寿命较短，故经数年后应将植株重剪更新，这样可以促使生长旺盛而开花多。

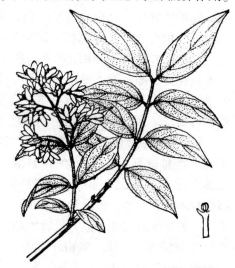

图6-16 溲疏 *Deutzia scabra* Thunb.
（引自《中国高等植物图鉴》）

6.17 大花溲疏

大花溲疏 *Deutzia grandiflora* Bge.（图6-17）

【科属名称】虎耳草科 Saxifragaceae，溲疏属 *Deutzia* Thunb.

【形态特征】灌木，高达2m。树皮通常灰褐色。叶卵形，产2.5~5cm。先端急尖或短渐尖，基部圆形，缘有小齿，表面散生星状毛，背面密被白色星状毛。花白色，较大，径2.5~3cm，1~3朵聚伞状花序；雄蕊10，花丝端部两侧具钩齿牙；花柱3，长于雄蕊；萼片披针形，比花托长。蒴果近球形。花期4月中下旬；果期6月。

【分布与习性】产湖北、山东、河北、陕西、内蒙古、辽宁等地；朝鲜亦有分布。喜光，稍耐荫，耐寒，耐旱，对土壤要求不严，萌蘖力强。

【水土保持功能】与溲疏类似。

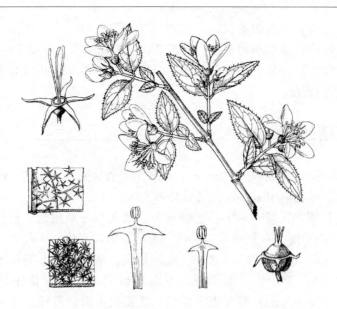

图 6-17 大花溲疏 *Deutzia grandiflora* Bge.
[引自《树木学》(北方本)第 2 版]

【资源利用价值】本种花朵大而开花早，颇为美丽，宜植于庭院观赏。
【繁殖栽培技术】可用播种、分株等法繁殖。

6.18 小花溲疏

小花溲疏 *Deutzia Parviflora* Bunge(图6-18)

【科属名称】虎耳草科 Saxifragaceae，溲疏属 *Deutzia* Thunb.

【形态特征】灌木，高达2m。小枝疏生星状毛。叶卵形至狭卵形，长3～8cm，先端短渐尖，基部广楔形或圆形，缘有短芒状尖齿，两面疏生星状毛。花白色，较小，径约1.2cm；萼裂片稍短于筒部；花丝顶端无牙齿；花柱3，短于雄蕊；花序伞房状，具花多数。花期5～6月。

【分布与习性】主产于我国华北及东北；朝鲜、俄罗斯亦有分布。多生于山地林缘及灌丛中。性喜光，稍耐荫，耐寒性强。

图 6-18 小花溲疏 *Deutzia Parviflora* Bunge
[引自《园林树木学》(修订版)]

【水土保持功能】与溲疏类似。

【资源利用价值】花虽小而繁密,且正是初夏少花季节,宜植于庭院观赏。

【繁殖栽培技术】扦插、播种、压条、分株繁殖,每年落叶后对老枝条进行分期更新,以保持植株繁茂。

6.19 土庄绣线菊

土庄绣线菊 Spiraea pubescens Turcz., 又名柔毛绣线菊、土庄花(图6-19)

【科属名称】蔷薇科 Rosaceae,绣线菊属 Spiraea L.

【形态特征】灌木,高 1~2m;老枝灰色、暗灰色、紫褐色;幼枝淡褐色,被柔毛,芽宽卵形,先端钝,有数鳞片,褐色,被毛。单叶互生,无托叶,叶菱状卵形或椭圆形,长 1.5~8cm,宽 0.6~1.8cm,先端锐尖,基部楔形、宽楔形,边缘中下部以上有锯齿,有时 3 裂,幼时被柔毛,下面密被柔毛;伞形花序具总花梗,有花 15~20 朵;花直径 5~7mm;萼片近三角形,花瓣近圆形,直径为 2.5~3mm,白色;雄蕊 25~30,与花瓣等长或稍超出花瓣;花盘环状,10 深裂,心皮 5,离生。蓇葖果,沿腹缝线开裂,萼片直立,宿存。花期 5~6 月;果期 7~8 月。$2n=18$。

【分布与习性】分布于我国东北及内蒙古、河北、河南、山西、甘肃、陕西、山东、安徽、湖北等地;朝鲜、蒙古、俄罗斯也有分布。中生灌木,多生于山地林缘及灌丛,也见于草原带的沙地,一般零星生长,有时能成为优势种。

【水土保持功能】喜光,耐寒,耐旱,是水土保持树种。

【资源利用价值】是良好的庭院观赏树种,也可以用作绿篱。

【繁殖栽培技术】通常行播种、分株或扦插繁殖。

同属的三裂绣线菊 S. trilobata L.、麻叶绣线菊 S. cantoniensis Lour.、华北绣线菊 S. fritschiana Schneid. 和欧亚绣线菊 S. media Schneid. 与本种的功能作用相近,由于篇幅有限,不再详细论述。

图 6-19 土庄绣线菊 Spiraea pubescens Turcz. [引自《树木学》(北方本)第 2 版]

6.20 山荆子

山荆子 Malus baccata (L.) Borkh., 又名山定子(图6-20)

【科属名称】蔷薇科 Rosaceae，苹果属 *Malus* Mill.

【形态特征】小乔木或乔木，高达10m；树皮灰褐色，枝红褐色或暗褐色，芽卵形，红褐色；叶片椭圆形、卵形，长2~7cm，宽1.2~3.5cm，先端渐尖或尾状渐尖，基部楔形或圆形，边缘有细锯齿；托叶披针形，早落。花两性，伞形花序，有花4~8朵；花梗长1.5~4cm，花直径3~3.5cm；萼片和花瓣各5，花瓣卵形、倒卵形或椭圆形，长1.5~2.2cm，基部有短爪，白色，雄蕊15~20，花药黄色，花柱5(4)，基部合生，有柔毛，比雄蕊长。梨果近球形，外皮光滑，直径8~10mm，红色或黄色，花萼早落。花期5月；果期9月。$2n=34$。

【分布与习性】分布于我国东北、内蒙古、山东、山西、河北、陕西、甘肃等地；蒙古、朝鲜东部、俄罗斯(远东、西伯利亚)也有分布。中生落叶阔叶小乔木或乔木，喜肥沃、潮湿的土壤，常见于落叶阔叶林区的河流两岸谷地，为河岸杂木林的优势种；也见于山地林缘及森林草原带的沙地。

【水土保持功能】山荆子喜光、抗寒、抗旱、耐瘠薄土壤，是北方山地优良的水土保持树种。此外，山荆子花期早，花朵多，果艳丽，具有较高的观赏价值，也可以嫁接苹果，也是现代城乡绿化的优良树种之一和水土流失区经济林树种之一。

【资源利用价值】山荆子果可酿酒，出酒率10%。嫩叶可代茶叶用。叶含有鞣质，可提取栲胶。又因为生长健壮、耐寒力强、繁殖容易，它也是我国东北、华北各地苹果、花红、海棠花等的砧木；在欧美多作杂交亲本用于耐寒品种的育种。

【繁殖栽培技术】种子繁殖。具体方法是：山荆子种子9月下旬成熟，直接在树上采摘果实。用水沤或搓碎果皮、果肉，清水冲洗，滤去果肉，漂去瘪粒，净出种子，晒干，使种子含水量控制在10%左右。

10月下旬浸泡种子，将精选好的种子先用0.3%的高锰酸钾溶液浸种30min消毒后，捞出冲洗净，再用凉水浸种1~2d，待种子充分吸水后，捞出混拌3倍湿润细沙。在上冻前，选择地势高燥、背风向阳、排水良好、地下水位低处挖深0.5m、宽0.5m的长条坑。将坑底铺一层草帘片，上铺10cm细河沙，四周用细眼铁丝网或草帘片围好，将混拌好的种子放入坑中，中间竖一直径15cm秫秸把以利通气，总厚度不超过30cm，其上面再覆10cm细沙，最上面盖一层草帘，最后用土封坑，厚度0.5m左右，高出地面，培成土丘状。种子第二年4月上旬取出，将种子和沙子的混合物摊晒于背风向阳处，用草帘和塑料盖上，每天翻动一次，湿度保持在60%左右，温度保持在10~20℃，待有30%种子裂嘴时即可播种。

图6-20 山荆子 *Malus baccata* (L.) Borkh.
[引自《树木学》(北方本)第2版]

种子也可以不经过沙藏，在早春2月，先将种子消毒，用60℃温水浸泡种子24h左右，使种子受热均匀。然后将种子混沙装袋，放在背阴处5℃以下，注意保湿，用草帘盖上。经50d即可解除休眠。4月上旬取出，将种沙摊晒于背风向阳处，方法同上，待有30%种子裂嘴时即可播种。

育苗地宜选在质地疏松、土层深厚呈中性或微酸性、土质肥沃、排水良好的砂壤土。不宜重茬。翻地前每公顷施腐熟的农家肥75~90m^3，打垄前每公顷施入二铵375kg和过磷酸钙225kg。播种前土壤要用五氯硝基苯200倍混沙（6g/m^2），撒扬垄面消毒，平均地温达到10℃时，即可播种，播种量以5g/m^2为宜。将种子均匀撒到垄面上，镇压1次，上覆0.5cm细土，再覆1cm细沙，再镇压1次。播种后立即喷灌浇水，从播种到苗出齐，保持垄面土壤湿润，防止干芽；生长初期少量多次浇水；7~8月速生期，每隔2~3d浇1次透水，保持根系层湿润；生长后期控制浇水。及时进行人工除草和间苗，注意防治立枯病和黄化病。第二年春天出圃。

6.21 山 楂

山楂 *Crataegus pinnatifida* Bunge.（图6-21）

【**科属名称**】蔷薇科 Rosaceae，山楂属 *Crataegus* L.

【**形态特征**】乔木，高达6m；树皮暗灰色，小枝淡褐色，常有枝刺，长1~2cm。叶宽卵形、三角状卵形或菱状卵形，长4~7cm，宽3~6.5cm，先端锐尖或渐尖，基部宽楔形或楔形，边缘有3~4对羽状深裂，裂片披针形、卵状披针形或条状披针形，边缘有不规则的锯齿，上面暗绿色，有光泽，下面沿叶脉疏生长柔毛；托叶大，镰状，边缘有锯齿。花两性，伞房花序，花梗及总花梗均被毛，花直径8~12mm，花瓣倒卵形或近圆形，长约6mm，白色；雄蕊20，短于花瓣，花药粉红色，花柱3~5。果实近球形或宽卵形，直径1~1.5cm，深红色，表面有灰白色斑点，内有3~5小核。花期6月；果期9~10月。2n=34。

【**分布与习性**】分布于东北、华北等地；朝鲜及俄罗斯西伯利亚地区也有分布。生于海拔100~1500m的山坡林边或灌丛中。

【**水土保持功能**】性喜光、稍耐荫、耐寒、耐干燥、耐贫瘠土壤，但以在湿润而

图6-21 山楂 *Crataegus pinnatifida* Bunge.
［引自《树木学》（北方本）第2版］

排水良好之沙质壤土生长最好。根系发达，萌蘖性强，可作嫁接山里红及苹果等砧木，是东北和华北等地水土流失治理中常用的经济林树种。

【资源利用价值】树冠整齐，叶茂花繁，果实鲜红可爱，是良好的观花、观果的绿化树种。果实酸甜可口，含糖量14%左右，富含维生素C，100g鲜果中含维生素C 72.8~89mg，可生食或作果酱、果糕，也可入药，具有消食化滞、散瘀止痛的功能。主治食积、消化不良、小儿疳积、细菌性痢疾、肠炎、产后腹痛、高血压等症。

【繁殖栽培技术】繁殖可用播种和分株法，播前必须沙藏层积处理。

6.22 玫 瑰

玫瑰 *Rosa rugosa* Thunb.（图6-22）

【科属名称】蔷薇科 Rosaceae，蔷薇属 *Rosa* L.

【形态特征】落叶直立丛生灌木，高达2m；茎枝灰褐色，密生刚毛与倒刺。小叶5~9；椭圆形至椭圆状倒卵形，长2~5cm，缘有钝刺，质厚；表面亮绿色，多皱，无毛，背面密柔毛及刺毛；托叶大部附着于叶柄上。花单生或数朵聚生，常为玫瑰红色、紫红色，芳香，径6~8cm。果扁球形，径2~2.5cm，砖红色，具宿存萼片。花期5~6月，7~8月零星开放；果期9~10月。

【分布与习性】原产中国北部，现各地有栽培，以山东、江苏、浙江、广东为多，山东平阴，北京妙峰山间沟，河南商水县皱口镇以及浙江吴兴等地都是著名的产地。玫瑰生长健壮，适应性很强，耐寒、耐旱，对土壤要求不严格，在微碱性土上也能生长。喜阳光充足、凉爽而通风及排水良好之处，在肥沃的中性或微酸性土壤上生长和开花最好。在阴处生长不良，开花稀少。不耐积水，遇涝则下部叶片变黄枯落，甚至死亡。

【水土保持功能】玫瑰无明显主根，侧根发达，纵横交错，可形成较大网络固持土体，其萌蘖力很强，水平伸展的侧根，通常在地表10~20cm，土层内萌蘖较多，枝条直立丛生，有较强的发枝能力，落叶量大，易腐烂，因此，玫瑰具有良好的水土保持和改良土壤功能，充分利用适生区山地、阳坡垲地、山坡沟谷种植玫瑰，是这些地区保持水土、发展经济的有效措施。

【资源利用价值】玫瑰色艳花香，适应性强，最宜在花篱、花镜、花坛及坡地栽植。玫瑰花可作香料和提取芳香油，用于食品工业；花蕾及根入药，有

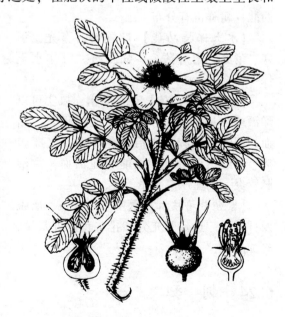

图6-22 玫瑰 *Rosa rugosa* Thunb.
[引自《树木学》（北方本）第2版]

理气、活血、收敛等效。玫瑰花是园林结合生产的好材料，特别适合在山地风景区结合水土保持大量栽种。

【繁殖栽培技术】玫瑰繁殖的方法很多，一般以分株、扦插为主。分株在春、秋进行，每隔2~4年分一次，视植株生长势而定；扦插用硬枝、嫩枝均可，南方气候温暖、潮湿，均可在露地进行，前者于3月选2年生枝行泥浆插；后者于7~8月选当年生枝在荫棚下苗床中扦插，一般成活率在80%以上。北方多行嫩枝插，在冷床中进行，空气保持高湿状态，也可保证大部成活。此外，还可用嫁接和埋条法繁殖；嫁接可用野蔷薇或七姊妹等为砧木，芽接、枝接、根接均可。埋条法宜于华北干旱地区采用，自落叶至翌春萌发前均可行之，而以较早为好。

6.23 黄刺玫

黄刺玫 *Rosa xanthina* Lindl.（图6-23）

【科属名称】蔷薇科 Rosaceae，蔷薇属 *Rosa* L.

【形态特征】直立灌木，高1~2m；树皮深褐色，小枝紫褐色，分枝稠密，有多数皮刺，皮刺直伸，坚硬。奇数羽状复叶，互生，小叶7~13，近圆形、椭圆形或倒卵形，长6~15mm，宽4~12mm，先端圆形。花两性，单生，黄色，直径3~5cm；花瓣多数，宽倒卵形，先端微凹；雄蕊多数；雌蕊多数，离生心皮，每个子房具有1个胚珠。聚合瘦果红黄色，近球形，1cm，先端有宿存反折的萼片。花期5~6月；果期7~8月。$2n=14, 28$。

【分布与习性】产于我国东北、华北至西北；朝鲜也有分布。

【水土保持功能】性强健，喜光，耐寒、耐旱、耐瘠薄；少病虫害。可作水土保持植物。

【资源利用价值】观赏灌木，果实可以酿酒或食用。花、果入药，花能理气、活血、调经、健脾，主治消化不良、气滞腹痛、月经不调等症；果能养血活血，主治脉管炎、高血压、头晕等症。

【繁殖栽培技术】繁殖多用分枝、压条及扦插法。选日照充分和排水良好处栽植，管理简单。

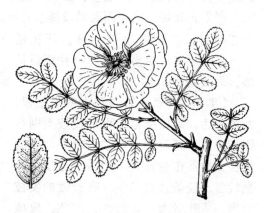

图6-23 黄刺玫 *Rosa xanthina* Lindl.
[引自《树木学》（北方本）第2版]

6.24 刺 梨

刺梨 *Rosa roxburghii* Tratt.（图6-24）

【科属名称】蔷薇科 Rosaceae，蔷薇属 *Rosa* L.

【形态特征】落叶或半常绿灌木，高可达2.5m。茎直立，小枝细，无毛，灰色或灰褐色，具成对小刺，长约5mm。奇数羽状复叶，小叶椭圆形，长1~2.5cm，宽0.6~1.2cm，先端急尖或圆钝，边缘具细锐单锯齿，叶两面都无毛。花单生，花梗粗壮，具针刺；花托杯状，外面密生针刺；花瓣重瓣，淡红色。蔷薇果扁球形，黄色，密生针刺，成熟时阳面有红晕。花期5~7月；果期9月。

【分布与习性】刺梨属亚热带野生灌木，主要分布在亚热带中低山地，垂直分布于海拔300~1 800m，适生区在海拔600~1 600m。我国南方各地多有分布，以贵州最多。长江以南的温暖地区，刺梨不落叶，长江以北地区，落叶或半落叶。

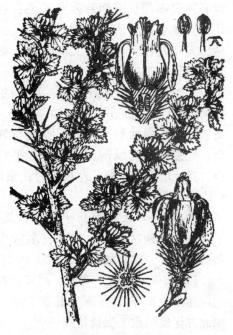

图 6-24 刺梨 *Rosa roxburghii* Tratt.
［引自《树木学》（北方本）第 2 版］

刺梨对土壤既有广泛的适应性，又有严格的选择性，刺梨产区的土壤大都是由砂岩、页岩、沙页岩、紫色砂岩等发育风化而来的红黄壤、黄棕壤或黄壤，最适合于生长在偏酸性和中性土壤中。刺梨喜光，其正常生长发育要求年均温度在16℃以上，≥10℃年有效积温4 000~5 000℃，年降水量1 400~1 600mm。光照良好，花芽易形成，果品质量高。

【水土保持功能】刺梨适应性强，浅根性，根系多分布在5~30cm的土层中，根蘖性强，在防止水土流失、涵养水源、调节气候、保护自然环境方面具有重要作用。

【资源利用价值】刺梨是重要的食品加工原料，富含多种糖类、有机酸、胡萝卜素、维生素和20多种氨基酸，尤其维生素C含量极高，被誉为"维生素C"之王，其果即可加工成果汁、果酒、果酱、果脯和蜜饯等；刺梨花密，花色鲜艳，既是一种很好的蜜源植物，又是极佳的观赏植物，可作为园林景观配置树种，也可作为果园、公路两旁的绿篱。

【繁殖栽培技术】刺梨可用种子、枝条和根段进行繁殖。刺梨种子无休眠期，采摘后可立即种植，其根蘖性强，用根蘖繁殖成活率极高。

6.25 山 杏

山杏 *Prunus ansu* Kom.，又名野杏（图6-25）

【科属名称】蔷薇科 Rosaceae，李属 *Prunus* L.

【形态特征】小乔木，高1.5~5m；树冠开展，树皮暗灰色，纵裂，小枝暗紫红色，有光泽；无顶芽，腋芽和花芽2~3个簇生于叶腋。单叶，互生，宽卵形至近圆形，长3~6cm，宽2~5cm，先端渐尖或短骤尖，基部截形，近心形，稀宽楔形，边缘有钝浅锯齿，下面脉腋有柔毛；托叶膜质，极微小，早落。花两性，单生，近无柄，先叶开放，花瓣5，粉红色，宽倒卵形，雄蕊多数，长短不一；心皮1，子房1室，具2胚珠。核果近球形，直径约2cm，稍扁，密被柔毛，顶端尖，果肉薄，干燥，离核；果核扁球形，平滑，腹棱与背棱相似，腹棱增厚有纵沟，边缘有2平行的锐棱，背棱增厚有锐棱。花期5月；果期7~8月。

【分布与习性】分布于我国东北南部、华北、西北地区。中生乔木，多散生于向阳石质山坡，栽培或野生。

【水土保持功能】喜光，耐寒，对土壤适应性强，耐干旱瘠薄，根系发达，是我国北方优良的水土保持植物。

【资源利用价值】粉红花朵稠密而美丽，是园林绿化的优良树种。果实未成熟

图6-25 山杏 *Prunus ansu* Kom.
[引自《树木学》（北方本）第2版]

时可以食用。山杏仁入药，具有去痰、止咳、定喘、润肠的功效，主治咳嗽、气喘、肠燥、便秘等症。山杏仁油可掺合干性油用于油漆，也可作肥皂、润滑油的原料，在医药上常用作软膏剂、涂布剂和注射药的溶剂等。

【繁殖栽培技术】通常播种繁殖。具体方法为：春播或秋播，春播一般在4月下旬，土壤解冻后进行，播种采用条播，行距30cm，沟深2~3cm，每公顷播种量为1 950kg，播种时将种子均匀撒入沟内，覆土2cm，镇压后灌溉。秋播一般在10月上旬进行，直接播种，方法及要求与春播相同，秋播后要灌足冬水。春季播种15~20d幼苗出土，4~5片真叶时要及时定苗，留优除劣，每公顷保留 $225 \times 10^4 \sim 270 \times 10^4$ 株，当年苗高平均可达60cm。定苗后要及时进行松土除草，全年松土除草5次；幼苗生长旺期要加强施肥，追施化肥或农家肥，第一次松土、除草后及时浇水，8月底前停止灌溉和施肥，以防苗木徒长，造成越冬干梢。山杏生长期常见的虫害有红蜘蛛、蚜虫，危害枝叶，可用氧化乐果或敌敌畏等无公害药剂防治。

6.26 蒙古扁桃

蒙古扁桃 *Prunus mongolica* Maxim.，又名山樱桃、土豆子（图6-26）

【科属名称】蔷薇科 Rosaceae，李属 *Prunus* L.

【形态特征】灌木，高1~1.5m；多分枝，枝条成近直角方向开展，小枝顶端成长枝刺；树皮暗红紫色或灰褐色，常有光泽；嫩枝常带红色，被短柔毛。单叶，多簇生于短枝上或互生于长枝上，叶片近革质，倒卵形、椭圆形或近圆形，小型叶，长

图6-26 蒙古扁桃 *Prunus mongolica* Maxim.
[引自《树木学》(北方本)第2版]

5~15mm，宽4~9mm，先端圆钝，有时有小尖头，基部近楔形，边缘有浅钝锯齿，托叶早落。花两性，单生短枝上，花梗极短，先叶开放，花瓣5，淡红色，倒卵形，长约6mm；雄蕊多数，长短不一；雌蕊1，2胚珠。核果宽卵形，稍扁，长12~15mm，直径约10mm，顶端尖，被毡毛；果肉薄，干燥，离核；果核扁宽卵形，有浅沟；种子扁宽卵形，长5~8mm，淡褐棕色。花期5月；果期8月。$2n=160$。

【分布与习性】分布于我国内蒙古、宁夏、甘肃等地；蒙古也有分布。旱生灌木，生于海拔1 000~2 400m的荒漠和荒漠草原区的低山丘陵坡麓、石质坡地、山前洪积平原及干河床等地。

【水土保持功能】蒙古扁桃是亚洲中部戈壁荒漠特有种，是荒漠区和荒漠草原的景观植物和水土保持植物。

【资源利用价值】蒙古扁桃是国家三级保护植物。也是重要的木本油料树种之一，种仁含油率约为40%，其油可供食用。种仁可代"郁李仁"入药，具有润肠、利尿的功能，主治大便燥结、水肿、脚气等症。它又是一种优良饲用植物，山羊最喜采食。

【繁殖栽培技术】种子繁殖。目前未进行人工繁殖。

6.27 山 莓

山莓 *Rubus corchorifolius* L. f. (图6-27)

【科属名称】蔷薇科 Rosaceae，悬钩子属 *Rubus* L.

【形态特征】落叶灌木，高1~2m，小枝红褐色，有皮刺，幼枝带绿色，有柔毛及皮刺。叶卵形或卵状披针形，长3.5~9cm，宽2~4.5cm，顶端渐尖，基部圆形或略带心形，不分裂或有时作3浅裂，边缘有不整齐的重锯齿，两面脉上有柔毛，背面脉上有细钩刺；叶柄长约1.5cm，有柔毛及细刺；托

图6-27 山莓 *Rubus corchorifolius* L. f.
(引自《中国高等植物图鉴》)

叶线形，基部贴生在叶柄上。花白色，直径约2cm，通常单生在短枝上；萼片卵状披针形，有柔毛，宿存。聚合果球形，直径1~1.2cm，成熟时红色。花期4~5月；果期5~6月。

【分布与习性】生长在溪边、路旁或山坡草丛中；我国北自河北、陕西，南至广东、云南等地均有分布。山莓对土壤要求不严，适应性强。

【水土保持功能】与牛叠肚类似。

【资源利用价值】果含有机酸，熟后可食及酿酒；根入药，有活血散瘀、止血作用。

【繁殖栽培技术】主要依赖种子繁殖。

6.28 茅 莓

茅莓 *Rubus parvifolius* Linn.，又名山楂叶悬钩子（图6-28）。

【科属名称】蔷薇科 Rosaceae，悬钩子属 *Rubus* L.

【形态特征】落叶灌木，高约1m，有短柔毛及倒生皮刺。单数羽状复叶，小叶通常3，有时5，小叶菱状宽卵形至宽倒卵形，长2.5~5cm，宽2~5cm，顶端圆钝，边缘浅裂，有不整齐粗锯齿，上面疏生柔毛，背面密生白色绒毛；叶柄、叶轴有柔毛及小皮刺。伞房花序顶生或腋生，有花数朵；总花序梗和花柄密生柔毛及小皮刺；花红色或紫红色，直径约1cm；萼片卵状披针形至三角状卵形，顶端尖，外面有柔毛，边缘及内面密生柔毛。聚合果球形，直径不到1cm，红色。花期5~6月；果期7~8月。

【分布与习性】分布很广，生长在山坡、路旁及灌丛中；我国各地都有分布。

【水土保持功能】与牛叠肚类似。

【资源利用价值】果酸甜可食，亦可熬糖和酿酒；叶及根皮提栲胶，入药有清热解毒、祛风收敛的效能。

【繁殖栽培技术】主要依靠种子繁殖。

图6-28 茅莓 *Rubus parvifolius* Linn.
（引自《中国高等植物图鉴》）

6.29 石 楠

石楠 *Photinia serrulata* Lindl.，又名千年红（图6-29）。

【科属名称】蔷薇科 Rosaceae，石楠属 *Photinia* Lindl.

【形态特征】常绿灌木或小乔木，高4~6m，有时可达12m；枝褐灰色，无毛；叶片革质，长椭圆形、长倒卵形或倒卵状椭圆形，长9~2.2cm，宽3~6.5cm，先端尾尖，基部圆形或宽楔形，边缘有疏生具腺细锯齿，近基部全缘，上面光亮，幼时中脉有绒毛，成熟后两面皆无毛，中脉显著，侧脉25~30对；叶柄粗壮，长2~4cm，幼时有绒毛，以后无毛；复伞房花序顶生，直径10~16cm；总花梗和花梗无毛，花梗长3~5mm；花密生，直径6~8mm；萼筒杯状，长约1mm，无毛；萼片阔三角形，长约1mm，先端急尖，无毛；花瓣白色，近圆形，直径3~4mm，内外两面皆无毛；果实球形，直径5~6mm，红色，后成褐紫色，有1粒种子；种子卵形，长2mm，棕色，平滑。花期4~5月；果期10月。

图6-29 石楠 *Photinia serrulata* Lindl.
［引自《树木学》（北方本）第2版］

【分布与习性】石楠主要分布于我国长江流域及秦岭以南地区，华北地区有少量栽培；日本，印度尼西亚也有分布。喜温暖湿润的气候，抗寒力不强，气温低于-10℃以下会落叶、死亡，喜光也耐荫，对土壤要求不严，以肥沃湿润的沙质土壤最为适宜，萌芽力强，耐修剪，对烟尘和有毒气体有一定的抗性。

【水土保持功能】石楠繁茂的树冠可截留降雨，削减雨水的冲刷力；根系发达且萌芽力强，能够有效地固定土壤，防止水土流失，是优良的水土保持树种。

【资源利用价值】石楠树冠圆整，叶片光绿，初春嫩叶紫红，春末白花点点，秋日红果累累，为优美观赏树种，抗烟尘和有毒气体，且具隔音功能。木材坚韧，可制车轮及工具柄；叶和根药用，为强壮剂、利尿剂，有镇静解热等作用；又可作土农药防治蚜虫，并对马铃薯病菌孢子发芽有抑制作用；种子榨油供制油漆、肥皂或润滑油用；可作枇杷的砧木，用石楠嫁接的枇杷寿命长，耐瘠薄土壤，生长强健。

【繁殖栽培技术】繁殖以播种为主，亦可用扦插、压条繁殖。播种于11月采种，将果实堆放捣烂漂洗，取籽晾干，层积沙藏，至翌春播种，注意浇水、遮荫管理，出苗率高。扦插于梅雨季节剪取当年健壮半熟嫩枝为插穗，长10~12cm，基部带踵，上部留2~3叶片，每叶剪去2/3，插后及时遮荫，勤浇水，保持床土湿润，极易生根。

6.30 椤木

椤木 *Photinia davidsoniae* Rehd. et Wils.，又名椤木石楠、山官木、凿树（图6-30）

【科属名称】蔷薇科 Rosaceae，石楠属 *Photinia* Lindl.

【形态特征】常绿乔木或灌木，高6~15m；幼枝棕色，贴生短柔毛，后紫褐色，老时灰色，无毛；树干、枝条有刺。叶片革质，长圆形或倒卵状披针形，少数椭圆形，长5～15cm，宽2～5cm，顶端急尖或渐尖，有短尖头，基部楔形，边缘稍反卷，有带腺的细锯齿，幼时表面沿中脉贴生短柔毛，后脱落；叶柄长0.8～1.5cm；复伞形花序花多而密；花序梗、花柄贴生短柔毛，无皮孔；花白色，直径1～1.2cm；花瓣近圆形，两面无毛；梨果黄红色，球形或卵形，直径7～10mm。花期5月；果期9～10月。

【分布与习性】椤木分布于我国安徽、浙江、江西、福建、湖北、湖南、广东、广西、陕西、贵州、四川、云南等地。

【水土保持功能】椤木树冠整齐繁茂，根系萌芽力强，是较好的水土保持树种。

【资源利用价值】椤木枝繁叶茂，树冠圆球形，早春嫩叶绛红，初夏白花点点，秋末赤实累累，艳丽夺目。椤木在一年中色彩变化较大，叶、花、果均可观赏，是目前我国长江流域及南方最适宜园林树种。椤木树冠整齐，耐修剪，可根据需要进行造型，是园林和小庭院中很好的骨干树种，特别耐大气污染，适用于工矿区配植。

图6-30 椤木 *Photinia davidsoniae* Rehd. et Wils. [引自《树木学》（南方本）第2版]

【繁殖栽培技术】椤木通常采用播种繁殖，10～11月，果实由青绿色变黑色时即可采摘。采回后即行踩烂，用水漂洗，去掉果皮、果肉，然后摊放于通风阴凉处阴干，也可以先适当晒干水分再阴干，用密筛或风选法除去杂质。种子与种壳混合一起，难于分开，但不影响发芽率，可随采随播，也可干藏或混细湿沙贮藏一段时间后，于翌年春季播种。压条、扦插、分根繁殖也可。

6.31 火　棘

火棘 *Pyracantha fortuneana*（Maxim.）L.，又名火把果、救军粮（图6-31）

【科属名称】蔷薇科 Rosaceae，火棘属 *Pyracantha* Roem.

【形态特征】常绿灌木，高达3m，侧枝短，先端成刺状；嫩枝外被锈色短柔毛，老枝暗褐色，无毛；叶片倒卵形或倒卵状长圆形，长1.5～6cm，宽0.5～2cm，先端圆钝或微凹，有时具短尖头，基部楔形，下延连于叶柄，边缘有钝锯齿，齿尖向内弯，近基部全缘，两面皆无毛；叶柄短，无毛或嫩时有柔毛；花集成复伞房花序，径3～4cm，花梗和总花梗近于无毛，花梗长约1cm；花径约1cm；萼筒钟状，无毛；萼片三角卵形，先端钝；花瓣白色，近圆形，长约4mm，宽约3mm；雄蕊20，花丝长3～4mm，花药黄色；花柱5，离生，与雄蕊等长；果实近球形，径约5mm，橘红色或深红色。花期3～5月；果期8～11月。

【分布与习性】火棘分布于我国黄河以南及广大西南地区。喜温暖和阳光充足的环境，喜疏松、肥沃的土壤，耐贫瘠，抗干旱；黄河以南露地种植，温度可低至0~5℃或更低。

【水土保持功能】火棘枝繁叶茂，可有效截留降雨；还可改良土壤结构，增加其通透性，提高土壤的抗冲刷性。因其适应性强，自然抗逆性强，根蘖能力强，适合栽植护坡，固定土壤，防止水土流失，是优良的水土保持树种。

【资源利用价值】火棘耐修剪，喜萌发，我国西南各地区田边习见栽培作绿篱。果实可鲜食或酿酒，磨粉可作代食品，营养丰富。果有消积止痢，活血止血功能；根可清热凉血，治疗脾胃虚寒，消化不良；叶能清热解毒，主治贫血、闭经，外敷治疮疡肿毒。火棘枝叶茂盛，初夏白花繁密，入秋红果累累，具有较高的观赏价值，火棘的枝干刚劲有力，曲折多姿，也是制作盆景的优良材料。

图 6-31　火棘 *Pyracantha fortuneana* (Maxim.) Li.［引自《树木学》（北方本）第2版］

【繁殖栽培技术】播种或扦插繁殖。将果实放入塑料盆或桶之中，再在种子盖上一层稻草，用石块压实。浸泡若干天后，果皮松软，用手挤压，使种子从果肉中，挤出，再用清水飘洗4~5次，除去果皮、果肉及瘪种子等杂物，即获得纯度较高成熟饱满的黑色种子。将种子与细沙按1:3比例进行混合，湿度为手握成团，松手即散为宜。在室内墙角下层铺3cm厚细沙置入种子，上层覆5cm厚细沙进行贮藏。火棘种子因其种皮光滑坚韧，对种子发芽有一定影响，因而播种前将种子用30℃温水浸种6~8h，以软化种皮，促其发芽。也可用0.02%的赤霉素处理以提高火棘种子的发芽率。也可夏末扦插繁殖，可于春季2~3月选用健壮的1~2年生枝条，剪成10~15cm长的插穗，随剪随插；或在梅雨季节进行嫩枝扦插，易于成活。但移栽时必须带土球，以提高成活率。定植后行重剪，促使萌发新枝、调整树型。

6.32　野皂荚

野皂荚 *Gleditsia microphylla* Gorden ex Y. T. Lee.（图6-32）

【科属名称】云实科 Caesalpiniaceae，皂荚属 *Gleditsia* L.

【形态特征】灌木或小乔木，高2~4m。枝条灰白色，有褐色突出的皮孔，幼枝密生短柔毛，有刺，刺长约1.5~5cm，单一或2个短分枝。一回和三回羽状复叶同生于一枝上；二回羽状复叶有羽片2~4对；小叶10~20，长圆形，上部小叶比下部小叶小得多，叶脉在两面皆不显著。花杂性，穗状花序腋生或顶生；萼钟状，长约3~4mm，裂片4，长卵形；雄花具雄蕊6~8，花丝基部被长柔毛，红棕色，顶端有短喙；柄长2~2.5cm。种子1~3，长椭圆形，扁平，褐色。花期5~6月；果期8~9月。

【分布与习性】分布极广，自中国北部至南部以及西南均有分布。多生于平原、山谷及丘陵地区，分布在海拔1 000m左右，适生区年降水量在600~800mm。喜在石灰岩风化的褐土性石灰土上生长，对坡向选择不严，但阴坡的生物量往往比阳坡大。抗旱性极强，在土层薄、石砾多的低山石灰岩区，可以发育成优势植物群落。喜光，不耐庇荫；适于碱性钙质土生长；深根系，侧根发达，根萌蘗力强，种子发芽率高。

图6-32 野皂荚 *Gleditsia microphylla* Gorden ex Y. T. Lee.

[引自《树木学》（北方本）第2版]

【水土保持功能】野皂荚根系发达，据报道，1m²样方，分布在土层10~20cm的根系量为2 171g，20~40cm根系生物量1 539g，40~60cm根系生物量1 200g，地下部根系生物量占总生物量的60.4%，年枯落物量为1 148kg/hm²。因此，野皂荚固土保水及改良土壤效果好，在荒山上营造野皂荚并封禁，对改善生态环境和水土保持将会起到良好的作用。

【资源利用价值】野皂荚枝干韧性强，农村一般用作编筐，也可作薪炭材，枝条燃烧时火力强且易燃。幼枝上的刺可入药。

【繁殖栽培技术】用播种法繁殖。野皂荚种子10月下旬成熟，这时荚果变成黄褐色，荚果采收后，平铺地面晾晒，用棍棒敲打，风选筛净，选择饱满种子贮藏。春季育苗一般在3月下旬，可用容器直径5cm，长14cm，进行塑料容器育苗，7~8月苗高10~20cm时，即可上山造林。若直播造林，播种时间以雨后直播最好，播前凉水浸种10h，沿等高线开沟，播种沟深15cm，沟宽50cm，将开沟的草根扒到沟外缘，每米均匀播种100粒左右，覆土2cm。造林后，因苗幼小，需注意中耕除草，消灭草荒。

6.33 苦豆子

苦豆子 *Sophora alopecuroides* L.，又名苦甘草、苦豆根（图6-33）

【科属名称】蝶形花科 Fabaceae，槐属 *Sophora* L.

【形态特征】外皮红褐色而有光泽。茎直立，分枝多呈帚状；枝条密生灰色平伏绢毛。单数羽状复叶，长 5~15cm，小叶 11~25；托叶小，钻形；叶轴密生灰色平伏绢毛；小叶矩圆状披针形、矩圆状卵形、矩圆形或卵形，长 1.5~3cm，宽 5~10mm，先端锐尖或钝，基部近圆形成楔形，全缘，两面密生平伏绢毛。总状花序顶生，长 10~15cm；花多数，密生，花梗较花萼短；苞片条形，较花梗长；花萼钟形或筒状钟形，长 5~8mm，密生平伏绢毛，萼齿三角形；花冠黄色，长 15~17mm；旗瓣矩圆形或倒卵形，长 17~20mm，基部渐狭成爪；翼瓣矩圆形，比旗瓣稍短，有耳和爪，龙骨瓣与翼瓣等长；雄蕊 10，离生；子房有毛。荚果串珠状，长 5~12cm，密生短细而平伏的绢毛，有种子 3 至多颗，种子宽卵形，长 4~5mm，黄色或淡褐色。花期 5~6 月；果期 6~8 月。$2n=36$。

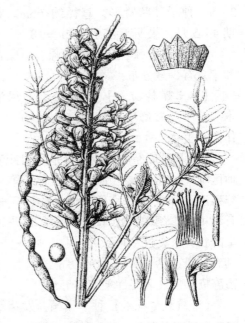

图 6-33 苦豆子 Sophora alopecuroides L.
［引自《树木学》(北方本) 第 2 版］

【分布与习性】耐盐旱生植物。在暖温草原带和荒漠区的盐化覆沙地上，可成为优势植物或建群植物。多生于湖盐低地的覆沙地上、河滩覆沙地以及平坦沙地、固定、半固定沙地。分布于我国内蒙古、河北、山西、陕西、甘肃、宁夏、新疆、河南、西藏；蒙古、俄罗斯、伊朗也有分布。

【水土保持功能】苦豆子具有很好的固沙作用。

【资源利用价值】苦豆子是有毒植物，青鲜状态家畜完全不食，干枯后，绵羊、山羊及骆驼采食一些残枝和荚果。根入药，能清热解毒，主治痢疾、湿疹、牙痛、咳嗽等症。枝叶可沤绿肥。

【繁殖栽培技术】种子繁殖。目前未进行人工繁殖。

6.34 沙冬青

沙冬青 Ammopiptanthus mongolicus (Maxim. et Kom.) Cheng f.，又名蒙古黄花木（图 6-34）

【科属名称】蝶形花科 Fabaceae，沙冬青属 Ammopiptanthus Cheng f.

【形态特征】常绿灌木，高 1.5~2m，多分枝；树皮黄色；枝粗壮，灰黄色或黄绿色，幼枝密被灰白色平伏绢毛。叶互生，掌状三出复叶，少有单叶；小叶菱状椭圆形或卵形，长 2~3.8cm，宽 6~20mm，先端急尖或钝、微凹，基部楔形或宽楔形，全缘，两面密被银灰色毡毛。花两性，总状花序顶生，具花 8~10 朵；花萼钟状，稍革质，长约 7mm，密被短柔毛，萼齿边缘有睫毛，蝶形花冠，黄色，长约 2cm，子房披针形，有柄。荚果扁平，矩圆形，长 5~8cm，宽 1.6~2cm，顶端有短尖，含种子

2~5；种子球状肾形，直径约7mm。花期4~5月；果期5~6月。2n=18。

【分布与习性】目前仅新疆、内蒙古和宁夏有少量分布；蒙古也有分布。

【水土保持功能】强度旱生常绿灌木。沙质及砂砾质荒漠的建群植物，可作固沙植物。

【资源利用价值】沙冬青是我国沙漠地区唯一的常绿阔叶灌木、古老的第三纪残遗种和重要的珍稀濒危植物，还是有毒植物，绵羊、山羊偶尔采食其花则呈醉状，采食过多可致死。枝、叶入药，具有祛风、活血、止痛的功能，外用主治冻疮、慢性风湿性关节痛等症。

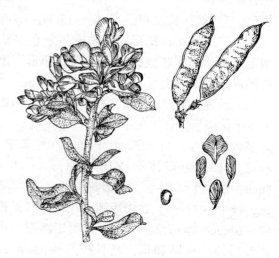

图 6-34 沙冬青 *Ammopiptanthus mongolicus* (Maxim. et Kom.) Cheng f.

[引自《树木学》(北方本)第2版]

【繁殖栽培技术】种子繁殖，发芽率85%~90%，在20~25℃的室内催芽1~2d，播种后6d发芽出土。

6.35 胡枝子

胡枝子 *Lespedeza bicolor* Turcz.，又名横条、横笆子、扫条 (图 6-35)

【科属名称】蝶形花科 Fabaceae，胡枝子属 *Lespedeza* Michx.

【形态特征】灌木，高达2m；老枝灰褐色，嫩枝黄褐色或绿褐色，有细棱并疏被短柔毛。三出复叶，互生；托叶2，条形；顶生小叶较大，宽椭圆形、倒卵状椭圆形、矩圆形或卵形，长1.5~5cm，宽1~2cm，先端圆钝，微凹，少有锐尖，具短刺尖，基部宽楔形或圆形，下面疏生平伏柔毛，侧生小叶较小。花两性，总状花序腋生，全部成为顶生圆锥花序，花萼杯状，萼齿5，与萼筒近等长；花冠紫色；二体雄蕊(9+1)。荚果卵形，两面微凸，长5~7mm。花期7~8月；果期9~10月。2n=18，20，22。

【分布与习性】分布于我国东北、华北；朝鲜、日本、俄罗斯也有分布。属于林下耐荫中生灌木，在温带落叶阔叶林地区，为栎林灌木层的优势种，也见于林缘，常与榛子一起形成林缘灌丛。

【水土保持功能】喜光，耐寒，耐干旱瘠薄，根系发达，适应力强，根部具根瘤，具有固氮性能，是防风固沙、保持水土、涵养水源、改良土壤的优良树种。

【资源利用价值】可作绿肥植物，为中等饲用植物。幼嫩时各种家畜均喜采食，羊最喜食，山区牧民常采收它的枝叶作为冬春补喂饲料。春季枝叶繁茂，夏季繁花似锦，具有耐修剪、抗污染等特性，可作树篱、花篱供观赏。蜜源植物，花期较长，每公顷产蜂蜜40~60kg，为山区、半山区的主要蜜源植物。枝条可编筐，嫩茎叶可代茶用，籽实可食用；全草入药，具润肺解热、利尿、止血的功效，主治感冒发热、咳嗽、眩晕头痛、小便不利、便血、尿血、吐血等症。是很好的编织材料，可压制纤维板或作薪炭，嫩叶可代茶饮用。近年来，日本、南韩等国开始食用嫩叶。种子含油量9.2%，可榨取工业用油。

【繁殖栽培技术】播种繁殖。具体方法为：9~10月份当荚果黄褐色时采种，采集的荚果晾干后搓掉果柄，清除杂物后，装袋贮藏在干燥通风处。选中性的沙质壤土做育苗地，要深翻，一般不浅于30cm。翻后作床或畦。播种前3天用"两开一凉"的热水浸种（即用2份开水1份凉水，当水温降到50℃时，边倒水边搅拌种子）浸24h后捞出，放入箩筐内，保持一定温度和湿度的条件下催芽，当种子裂嘴1/3时即可播种。一般采用开沟条播，按20~30cm开沟，覆土0.5~1cm，每公顷播种量30kg。也可以插条育苗。首先选取粗0.5~1cm的萌条，截成约20cm的插穗，秋季或早春扦插均可。

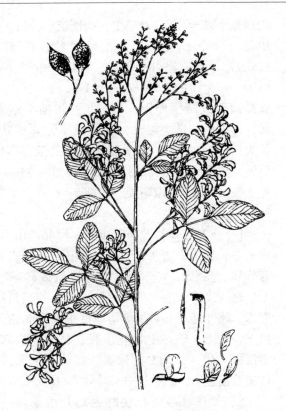

图6-35 胡枝子 *Lespedeza bicolor* Turcz.
［引自《树木学》(北方本)第2版］

造林方法通常包括植苗造林和直播。植苗造林的方法是：在有水土流失的坡地，采用水平沟、水平阶整地。选根系良好的截干壮苗进行穴植。穴径30cm，深30~50cm，每穴植苗1~2株，栽后浇水并覆土保墒。直播的具体方法是：在春播或夏天雨季播种，雨季效果更好。播前同样要进行种子处理，穴播或条播。穴播时，穴径30cm，深20cm，每穴播10~15粒。条播时开沟后，每米播70~80粒，播后覆土1~2cm，稍镇压即可。

同属的还有美丽胡枝子 *L. formosa* Koehne.、多花胡枝子 *L. floribunda* Bunge 和达乌里胡枝子 *L. davurica* Schindl. 等具有相似的水土保持功能，可作水土保持植物。

6.36 狭叶锦鸡儿

狭叶锦鸡儿 *Caragana stenophylla* Pojark.（图6-36）

【科属名称】蝶形花科 Fabaceae，锦鸡儿属 *Caragana* Fabr.

【形态特征】矮灌木，高15~70cm。树皮灰绿色或灰黄色。枝条细而短，具纵棱，幼时疏生柔毛；长枝上的托叶和叶轴均宿存并硬化成针刺状，笔直或向下弯曲，长3.5~7mm。小叶4枚，假掌状排列，条状倒披针形，长4~11mm，宽1~1.5mm，先端有针尖，无毛。花单生，花梗较短，长5~10mm，中下部有关节；花萼筒状，长5~5.6mm，无毛，基部稍偏斜，萼齿三角形，有针尖，长为筒的1/4；花冠黄色，14~20mm；旗瓣圆形或阔倒卵形，有短爪；翼瓣上端较阔，稀截形，爪为瓣片的1/2以下，耳矩状，长为爪的1/2以下；龙骨瓣矩较长的爪，耳短而钝；子房无毛。荚果圆筒形，长20~25mm，宽2.5~3mm，两端渐尖。花期5~6月；果期9~10月。

【分布与习性】分布于山东、河北、山西、内蒙古、甘肃、陕西、宁夏；俄罗斯及蒙古也有分布。生长山坡、石山坡或沙质或砂壤土上，是沙漠草原地带冬夏的一种较好的饲料用灌木。狭叶锦鸡儿对土壤适应性很强，无论是黄土、沙土、砂砾土均能生长，抗旱、抗寒，能抵御-40~-30℃的低温，抗热、抗风沙，抗逆性很强。

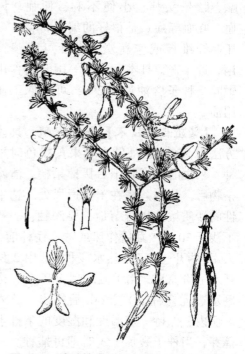

图6-36 狭叶锦鸡儿 *Caragana stenophylla* Pojark. [引自《树木学》(北方本)第2版]

【水土保持功能】狭叶锦鸡儿根系发达，防蚀保土性能强，耐风蚀，是我国荒漠、半荒漠及干草原地带营造防风固沙林、水土保持林的重要树种。

【资源利用价值】狭叶锦鸡儿是沙漠草原地带冬夏的一种较好的饲料用灌木。

【繁殖栽培技术】播种、育苗造林均可。

6.37 柠条锦鸡儿

柠条锦鸡儿 *Caragana korshinskii* Kom. (图6-37)

【科属名称】蝶形花科 Fabaceae，锦鸡儿属 *Caragana* Fabr.

【形态特征】树皮金黄色有光泽；分枝能力较差，一般3~5枝，幼枝有棱，密生绢毛，长3~5cm，先端有刺尖，全部脱落。小叶长12~18mm，羽状排列，倒披针或长椭圆形状倒披针形，宽3~6mm，基部楔形，两面密生绢毛。花单生，长约25mm，花梗密被短柔毛，长15~25mm；花萼筒状，长10~15mm，萼齿三角形；花冠呈黄色，旗瓣卵圆形；翼瓣爪长为瓣片的1/2，耳短，牙齿状；龙骨瓣基部楔形；子房密生短柔毛。荚果为短披针形，长20~30mm，宽6~7mm，深红褐色，先端急尖，腹缝线为突出，近无毛。花期5~6月；果期6~7月。

【分布与习性】柠条锦鸡儿系沙地旱生灌木，天然分布于甘肃、宁夏、内蒙古、山西、陕西、新疆等地；蒙古亦有分布。以内蒙古格里沙漠、巴丹吉林沙漠东南部、伊克昭盟的西鄂尔多斯、毛乌素沙漠、巴彦淖尔盟的乌兰布和沙漠和陕西榆林地区分布较多，一般多以零星小片出现。一般自然分布的柠条锦鸡儿稀疏灌丛草原，群落总覆盖度不超过30%，柠条锦鸡儿分盖度一般为8%～20%；人工种植者总覆盖度可达70%～80%，柠条锦鸡儿分盖度可达60%～70%，与其他半灌木及草本常形成柠条锦鸡儿灌丛草原。柠条锦鸡儿喜光，适应性很强，既耐寒又抗高温。在年平均气温1.5℃，最低气温-42℃，最大冻土层深达290cm的内蒙古锡林郭勒盟，能正常安全越冬，叶片受伤温度55℃，致死温度为60℃。极耐干旱，既耐大风干旱，又耐土壤干旱，但不耐涝。喜生于具有石灰质反应、pH值7.5～8.0的灰栗钙土，土石山区可成片分布，在贫瘠干旱沙地、黄土丘陵、荒漠和半荒漠地区均能生长，而

图6-37　柠条锦鸡儿 *Caragana korshinskii* Kom. [引自《树木学》(北方本)第2版]

在砂壤土上生长迅速。根系发达，有固氮性能，主根深长，侧根成层分布。柠条锦鸡儿萌芽力强，幼林平茬可促进生长，4～5年生植株平茬后，次年枝条丛生，当年高达1～1.5m，成林母树平茬后的萌发更新力也强。

柠条锦鸡儿寿命较长，生长发育随年龄而变化，播种当年生长缓慢。第二年高生长加快，第三年开始分枝形成灌丛。株高和地茎生长的速度以5年生时最快，5～6年生一般高2～3m，而主干和树冠的生长则以10年生时最大。天然灌丛3年开始结实，在水分条件较好的丘间低地，人工林3年可开花结实。通常于造林5～6年进入分枝和开花结实，7～8年以后，进入结实盛期，20年高生长停滞，干径生长趋缓，30年后进入衰老期，立地条件好，树龄可达70年以上。

【水土保持功能】柠条锦鸡儿株丛高大，枝叶稠密，根系发达，防蚀保土性能强，耐风蚀，当沙地遭受风蚀根系裸露出地面1m时，仍可正常生长，是我国荒漠、半荒漠及干草原地带营造防风固沙林、水土保持林的重要树种。

【资源利用价值】柠条锦鸡儿枝干含有油脂，外皮有蜡质，干湿均能燃烧，火力强，是良好的薪材。春季萌芽早，枝梢柔嫩，羊和骆驼喜食，春末夏初，连叶带花都是牲畜的好饲料。枝干的皮层很厚，富含纤维，于5～6月采条剥皮，制成"毛条麻"，可供拧绳、织麻袋等。此外，柠条锦鸡儿为优良蜜源植物。

【繁殖栽培技术】

①直播造林　该法效率高，成本低，只要土壤墒情好，春、夏、秋均可，但以雨季最好，要很好掌握墒情，防止烧苗、闪苗、曲苗，砂质土壤雨前较雨后好，易全苗。可采用点播或簇播、条播、撒播等方法。

②育苗造林　育苗于7月上旬当年种子成熟后，荚果未开裂前及时采种，晒干、脱粒、去杂后播种，苗圃地以排灌良好的砂壤土最为适宜，结合整地施入有机肥

30 000~45 000kg/hm² 作基肥，播前对种子进行催芽处理，条播，沟深 2~3cm，宽 10cm，行距 20cm，窄行距，宽播幅，播种量 112.5~150kg/hm²，覆土 2~3cm。苗期不要多灌水，仅在土壤过于干旱时适当浅灌。生长期适当追肥，前期以氮肥为主，中后期加大磷钾肥比重，每公顷施肥量 180~225kg，苗高 30~40cm 时，即可出圃造林。在沙区营造防护林时，可与小叶杨、樟子松等树种带状混交，在黄土丘陵沟壑区营造水土保持林，亦可采用带状混交。造林密度因经营目的、立地条件不同而异，造林后封禁，一般 4 年生为平茬最适年龄，若长期不平茬，反而会引起衰退。第一次平茬，茬口应高出地面 2~3cm，以免损伤萌生枝条的发芽点，以后平茬可与地面平齐。

6.38 荒漠锦鸡儿

荒漠锦鸡儿 *Caragana roborovskyi* Kom.，又名猫耳锦鸡儿(图 6-38)

【科属名称】蝶形花科 Fabaceae，锦鸡儿属 *Caragana* Fabr.

【形态特征】灌木，高 30~50cm。树皮黄褐色，条状剥裂；小枝密被白色长柔毛，托叶狭三角形，先端具刺尖。叶轴全部宿存并硬化成针刺，长约 2cm，密被柔毛；小叶 3~5 对，宽倒卵形，长 5~7mm，宽 2~5mm，两面密被绢状长柔毛。花单生，花梗短，基部具关节，花萼筒形，萼齿狭三角形；蝶形花冠黄色，旗瓣倒宽卵形；翼瓣长椭圆形、耳条形，与爪等长；龙骨瓣先端锐尖，向内弯曲。荚果圆筒形，长 25~30mm，宽约 4mm，有毛。

【分布与习性】分布于我国的新疆、青海、甘肃、宁夏及内蒙古。主要分布于荒漠草原、草原化荒漠中。荒漠锦鸡儿抗寒，耐旱性极强，对土壤要求不严，是一种强旱生矮灌木。

【水土保持功能】荒漠锦鸡儿是一种适应性很强的强旱生矮灌木，具有强的抗风蚀能力，是荒漠地带防风固沙的优良树种。

【资源利用价值】荒漠锦鸡儿在灌丛草原群落中，为较好的饲草之一，是家畜冬季重要牧草。羊、骆驼、马均乐意采食，有保膘作用，特别在灾害严重的年份，其他牧草枯死，它却能良好地生长。

【繁殖栽培技术】可采用点播或簇播、条播、撒播等方法繁殖。

图 6-38 荒漠锦鸡儿 *Caragana roborovskyi* Kom. (引自《中国高等植物图鉴》)

6.39 紫穗槐

紫穗槐 *Amorpha fruticosa* L.，又名棉槐(图 6-39)

【科属名称】蝶形花科 Fabaceae，紫穗槐属 Amorpha L.

【形态特征】灌木，高1~2m，丛生；树皮暗灰色，平滑；小枝灰褐色，有凸起的锈色皮孔，嫩枝密被短柔毛。叶互生，单数羽状复叶，具小叶11~25；托叶条形，早落；小叶卵状矩圆形、矩圆形或椭圆形，长1~3.5cm，宽6~15mm，先端钝尖、圆形或微凹，具短刺尖，基部宽楔形或圆形，全缘，下面有长柔毛，沿中脉较密，并有黑褐色腺点。花序集生于枝条上部，成密集的圆锥状总状花序，长可达15cm；花萼钟状，密被短柔毛和一些腺点，萼齿5，三角形，有睫毛；花冠仅具旗瓣，蓝紫色；荚果弯曲，棕褐色，有瘤状腺点，长7~9mm。花期6~7月；果期8~9月。$2n=43$。

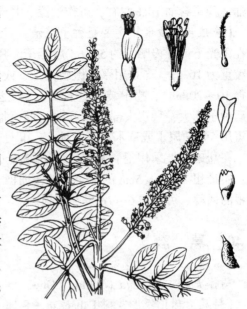

图6-39 紫穗槐 Amorpha fruticosa L.
[引自《树木学》(北方本)第2版]

【分布与习性】原产北美，我国东北中部以南、华北、西北，南至长江流域海拔1 000m以下的平原、丘陵山地多有栽培。广西及云贵高原也在试验引种。紫穗槐是喜光树种，在光照不足条件下，不能生长。紫穗槐适应性很强，在年平均气温10~16℃，年降水量500~700mm的华北平原，生长最好。在温带地区长期生长发育过程中，也形成一定的耐寒性；在1月最低平均气温-25.6℃的黑龙江省密山县尚能生长。生长快，繁殖力强，适应性广，耐盐碱、耐水湿、耐干旱和耐瘠薄。根系发达，具有根瘤菌，能改良土壤。

【水土保持功能】紫穗槐耐干旱能力较强，在年降水量只有213mm的宁夏中卫，处在腾格里沙漠东部边缘地带，蒸发量比降水量大15倍，沙面绝对最高气温达74℃时，也能生长。同时又具有耐湿特性，在短期被水淹而不死，林地流水浸泡1个月左右也影响不大。对土壤要求不严，但以砂壤土生长较好，能耐盐碱，在土壤含盐量0.3%~0.5%的条件下，也能生长。在黄河冲积沙丘上种植，根系被风沙吹出一部分时，仍能成活。紫穗槐生长快，萌芽力强，枝叶茂密，侧根发达。在一般情况下，当年高生长1m以上，次年就能开花结实。平茬后，当年高2m左右，每丛20~30萌生条，丛幅宽达1.5m，根系盘结在2m²内深30cm的表土层。每公顷收割紫穗槐枝条，1年生可割1 500kg，2年生可割3 000kg，3年生就能割7 500kg以上，20年不衰。紫穗槐病虫害很少，并有一定的抗烟和抗污染的能力。根部具根瘤，具有固氮性能，为优良的绿肥和水土保持和固沙保土树种，可栽植于河岸、沙堤、沙地、山坡及铁路两旁，作护岸、防沙、护路、防风造林等树种。

【资源利用价值】紫穗槐栽植可供观赏，枝条可编制筐篓，并为造纸及人造纤维原料。嫩枝叶可作饲料，干叶和种子是家禽和家畜的好饲料。花为蜜源植物。果含芳香油，种子含油10%左右，可作油漆、甘油及润滑油。

【繁殖栽培技术】主要是种子繁殖，具体方法是：9~10月份进行采种。采收后，放在阳光下散开摊晒，约5~6d后晒干，用风车或扬场机进行风选去杂，装袋贮藏。千粒重为10.5g。冬季用碾子碾破荚壳，或者播前用70℃温水浸种1~2d(刚放入时要搅拌10~20min)，捞出装入筐箩内，盖上湿布或稻草，每天洒水(温水)1~2次，几天后种子膨大，种皮大部分裂开时，即可播种。浸种的比不浸种提早10~15d发芽。也可用6%的尿水或草木灰水浸种6~7h处理，去掉果荚皮中的油脂。

在盐碱地上采用播种育苗，保苗率低，插条育苗可以获得壮苗丰产。具体方法是：用径粗1.2~1.5cm的1年生条作插穗，扦插前，先将插穗浸水2~3d。经过浸水催根的插穗，可提早6~7d发芽生根。

6.40 葛 藤

葛藤 *Pueraria lobata* (Willd.) Ohwi，又称葛、野葛(图6-40)

【科属名称】蝶形花科 Fabaceae，葛属 *Pueraria* DC.

【形态特征】粗壮藤本，长可达8m，全体被黄色长硬毛，茎基部木质，有粗厚的块状根；羽状复叶具3小叶；小叶3裂，偶尔全缘，顶生小叶宽卵形或斜卵形，长7~15cm，宽5~12cm，先端长渐尖，侧生小叶斜卵形，稍小，上面被淡黄色、平伏的疏柔毛，下面较密；小叶柄被黄褐色茸毛；总状花序长15~30cm，中部以上有较密集的花，花序轴的节上聚生2~3花，苞片线形至披针形；花萼钟形，长0.8~1cm，被黄褐色茸毛；花冠长1~1.2cm，紫色，旗瓣倒卵形，基部有2耳及1黄色硬痂状附属体，具短柄，翼瓣镰形，龙骨瓣镰状长圆形，与翼瓣近等长；荚果长椭圆形，长5~9cm，宽0.8~1.1cm，扁平，被褐色长硬毛。花期9~10月；果期11~12月。

【分布与习性】葛藤在我国华南、华东、华中、西南、华北、东北等地区广泛分布，而以东南和西南各地最多；东南亚至澳大利亚有分布。喜温暖湿润的气候，喜生于阳光充足的阳坡。对土壤适应性广，除排水不良的黏土外，山坡、荒谷、砾石地、石缝都可生长，而以湿润和排水通畅的土壤为宜。耐酸性强，土壤pH值4.5左右时仍能生长。耐旱，年降水量500mm以上的地区可以生长。耐寒，在寒冷地区，越冬时地上部冻死，但地下部仍可越冬，第二年春季再生。

【水土保持功能】葛藤易生易长，是良好的覆被植物，一棵5年生的葛藤，茎蔓可覆盖20~30m²的土地。由于葛藤枝叶茂密，枯枝落叶量大，改良土壤作用强，能拦蓄地表径流，防治土

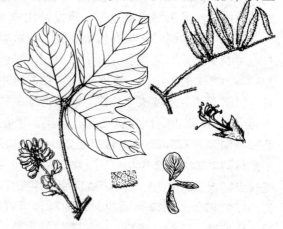

图6-40 葛藤 *Pueraria lobata* (Willd.) Ohwi
[引自《树木学》(北方本)第2版]

壤侵蚀，葛藤林地降雨后在地面停滞的时间短，渗入土壤速度快，从根本上防止了土壤侵蚀。葛藤扎根深，根茎发达，特别适用于荒坡土地的开发利用，是优良的水土保持、改良土壤的植物之一。

【资源利用价值】葛藤茎和叶可作饲草。根的淀粉含量较高，可达40%左右，提取后可供食用。茎蔓可作编织材料，韧皮部的纤维精制后可制绳或供纺织。葛花清凉解毒、消炎去肿，可入药。葛根粉是传统的保健食品。有生津止渴、清热除燥、解酒醒酒、治脾胃虚弱之功效；生饮对风火牙痛、咽喉肿痛有特殊效果。嫩叶可炒食或做汤喝；根块可蒸食还可做成葛根粉。

【繁殖栽培技术】扦插繁殖。选择粗壮、节间比较密、有节3~4个的种藤，长18cm左右。扦插分为春季、夏季和秋季。春季扦插在3月份春分节前后为宜，夏季扦插在4月中下旬至5月上中旬，秋季扦插在9月上旬至10月上旬，春、秋季扦插用竹片插拱盖薄膜保温，促进发根发藤。夏季扦插，为了防大雨和太阳暴晒，要盖遮阳网，有利于扦插苗的成活。扦插好后要淋一次水，并立即用竹片插拱盖好薄膜或遮阳网，膜（网）四周用泥压紧。如土壤干燥5~7d再淋水一次。

6.41 马 棘

马棘 *Indigofera pseudotinctoria* Matsum.，又名狼牙草、野蓝枝子（图6-41）

【科属名称】蝶形花科 Fabaceae，槐蓝属 *Indigofera* L.

【形态特征】小灌木，高1~3m；多分枝；枝细长，幼枝灰褐色，明显有棱，被丁字毛；羽状复叶长3.5~6cm；叶柄长1~1.5cm，被平贴丁字毛，叶轴上面扁平；小叶（2~）3~5对，对生，椭圆形、倒卵形或倒卵状椭圆形，长1~2.5cm，宽0.5~1.5cm，先端圆或微凹，有小尖头，基部阔楔形或近圆形，两面有白色丁字毛，有时上面毛脱落；小叶柄长约1mm；总状花序，花开后较复叶为长，长3~11cm，花密集；总花梗短于叶柄；花梗长约1mm；花萼钟状，外面有白色和棕色平贴丁字毛，萼筒长1~2mm，萼齿不等长，与萼筒近等长或略长；花冠淡红色或紫红色，旗瓣倒阔卵形，长4.5~6.5mm，外面有丁字毛，翼瓣基部有耳状附属物，龙骨瓣近等长，有距，长约1mm，基部具耳；荚果线状圆柱形，长2.5~5.2cm，径约3mm，顶端渐尖，幼时密生短丁字毛；种子间有横

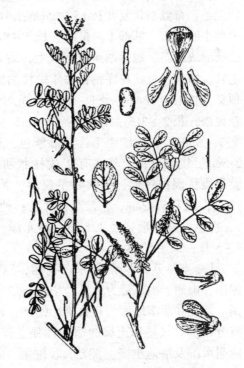

图6-41 马棘 *Indigofera pseudotinctoria* Matsum. [引自《树木学》（北方本）第2版]

隔，仅在横隔上有紫红色斑点；种子椭圆形。花期 5～8 月；果期 9～10 月。

【分布与习性】马棘在我国华东、华南、西南及山西、陕西等地有分布；日本也有分布。具有抗旱、耐瘠薄、生活力强的特点，尤其在岩石山、风化石山等偏碱性土壤中生长良好。

【水土保持功能】马棘耐热，耐干旱，适应性强，抗逆性好，早春可萌发大量嫩枝叶，成长后生长力强，根系发达，覆盖度高，是很好的水土保持植物。

【资源利用价值】枝叶、果实均是牛、羊的优质青饲料；根供药用，能清凉解表、消肿散结、活血祛瘀，用于感冒咳嗽，扁桃体炎，颈淋巴结结核，小儿疳积，痢疾、痔疮；外用治疗疮。

【繁殖栽培技术】马棘主要以种子育苗栽培繁殖为主，也可从母树剪取枝条快速繁殖。每年春季萌发前，需在露地塑料大棚育苗，每平方米播种量 10g，当苗高 30cm，平均温度稳定在 10～15℃ 时，即可移栽。

6.42 紫 藤

紫藤 *Wisteria sinensis*(Sims.) Sweet，又名朱藤、招藤、招豆藤、藤萝（图 6-42）

【科属名称】蝶形花科 Fabaceae，紫藤属 *Wisteria* Nutt.

【形态特征】大型藤本，长达 20m；茎粗壮，左旋；嫩枝黄褐色，被白色绢毛，后无毛；奇数羽状复叶长 15～25cm；小叶 9～13，纸质，卵状椭圆形至卵状披针形，上部小叶较大，基部 1 对最小，长 5～8cm，宽 2～4cm，先端渐尖至尾尖，基部钝圆或楔形或歪斜，嫩叶两面被平伏毛，后无毛；小叶柄长 3～4mm，被柔毛；小托叶刺毛状，宿存；总状花序发自去年短枝的腋芽或顶芽，长 15～30cm，径 8～10cm，先叶开放；花梗细，长 2～3cm；花萼杯状，长 5～6mm，宽 7～8mm，密被细绢毛；花冠紫色，长 2～2.5cm，旗瓣反折，基部有 2 枚柱状胼胝体；荚果线状倒披针形，成熟后不脱落，长 10～15cm，宽 1.5～2cm，密被灰色茸毛；种子 1～3，褐色，扁圆形，径 1.5cm，具光泽。花期 4～5月；果期 5～8月。

【分布与习性】紫藤原产我国，以河北、河南、山西、山东最为常见；华东、华中、华南、西北和西南地区均有栽培。朝鲜、日本亦有分布。对气候和土壤的适应性强，较耐寒，能耐水湿及瘠薄土壤，喜光，较耐荫。以土层深厚，排水良好，向阳避风的地方栽培最适宜。主根深，侧根浅，不耐移栽。生长较快，寿命很长。缠绕能力强，它对其他植物有绞杀作用。

图 6-42 紫藤 *Wisteria sinensis*(Sims.) Sweet[引自《树木学》（北方本）第 2 版]

【水土保持功能】紫藤有萌发力强、分枝多，对土壤要求不严，生长速度快，耐旱等特点，是较好的水土保持树种。

【资源利用价值】紫藤春季紫花烂漫，别有情趣，是优良的观花藤木植物；紫藤花蒸食，清香味美；紫藤花可提炼芳香油，并有解毒、止吐泻等功效。紫藤的种子有小毒，含有氰化物，可治筋骨疼，还能防止酒腐变质。紫藤皮具有杀虫、止痛、祛风通络等功效，可治筋骨疼、风痹痛、蛲虫病等。

【繁殖栽培技术】紫藤繁殖容易，可用播种、扦插、压条、分株、嫁接等方法，主要用播种、扦插，但因实生苗培育所需时间长，所以应用最多的是扦插，包括插条和插根。插条繁殖一般采用硬枝插条。3月中下旬枝条萌芽前，选取1~2年生的粗壮枝条，剪成15cm左右长的插穗，插入事先准备好的苗床，扦插深度为插穗长度的2/3。插后喷水，加强养护，保持苗床湿润，成活率很高，当年株高可达20~50cm，两年后可出圃。插根是利用紫藤根上容易产生不定芽。3月中下旬挖取0.5~2.0cm粗的根系，剪成10~12cm长的插穗，插入苗床，扦插深度保持插穗的上切口与地面相平。其他管理措施同枝插。播种繁殖是在3月进行。11月采收种子，去掉荚果皮，晒干装袋贮藏。播前用热水浸种，待开水温度降至30℃左右时，捞出种子并在冷水中淘洗片刻，然后保湿堆放一昼夜后便可播种。或将种子用湿沙贮藏，播前用清水浸泡1~2d。

6.43 细枝岩黄芪

细枝岩黄芪 *Hedysarum scoparium* Fisch. et Mey.，又名花棒、花柴、花帽、花秧、牛尾梢（图6-43）。

【科属名称】蝶形花科 Fabaceae，岩黄芪属 *Hedysarum* L.

【形态特征】灌木，高达7m；茎和下部枝紫红色或黄褐色，皮剥落，多分枝；嫩枝绿色或黄绿色具纵沟，被平伏的短柔毛或近无毛。单数羽状复叶互生，下部叶具小叶7~11，上部的叶具少数小叶，最上部的叶轴完全无小叶；托叶中部以上彼此连合，早落；小叶矩圆状椭圆形或条形，长1.5~3cm，先端渐尖或锐尖，基部楔形，上面密被红褐色腺点和平伏的短柔毛，下面密被平伏的柔毛。花两性，总状花序腋生，花少数，排列疏散；花紫红色，长15~20mm，花萼钟状筒形。荚果有荚节2~4，荚节近球形，膨胀，密被白色毡状柔毛。花期6~8月；果期8~9月。$2n=16$。

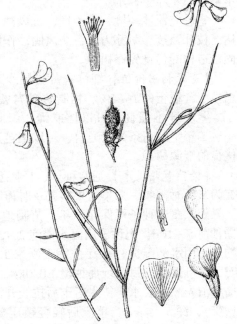

图6-43 细枝岩黄芪 *Hedysarum scoparium* Fisch. et Mey.（引自《中国高等植物图鉴》）

【分布与习性】主要分布在甘肃、宁夏、

内蒙古、新疆等地的巴丹吉林沙漠、腾格里沙漠、河西走廊沙地,往西至古尔班通古特沙漠尚见有散生。蒙古和俄罗斯地区也有分布。是旱生沙生半灌木,为荒漠和半荒漠地区植被的优势植物或伴生植物,在固定及流动沙丘均能生长。喜光,耐旱,根系发达,幼龄树生长快,寿命长,树龄可达 70 年以上。造林 3~4 年开始少量开花结实,5~6 年后结实量增多。一般每隔 3~4 年有一个丰收年。

【水土保持功能】细枝岩黄芪喜光,耐旱,主、侧根都很发达,主根伸展到含水率高的沙层,即加速向水平生长,一旦水分消耗过多,主根就再向垂直方向发展。5~6 年生的植株,根幅达 10m 左右,有时有好几层水平根系网,扩大吸收面以适应干旱生境。

花棒耐沙埋能力强,沙埋深度到枝高一半时,生长仍正常,超过此高度时,生长减弱。新枝梢顶被沙淹埋没 20cm 左右,仍能穿透沙层,迅速生长。在新枝萌发的基部与主枝干交接的节间上,沙埋后不定根的萌发力特别活跃,能发出大量不定根,形成独立的植株和根系。种子耐沙埋能力也较强,花棒果实于 10 月下旬成熟,成熟的小荚果很易从节间断落。果实很轻,脱落后随风滚动,沙埋后遇到适宜的水分条件,就迅速发芽。发芽时,根部垂直生长快,根扎入稳定湿沙层后,幼茎即迅速生长,幼茎具锥状顶端,发芽时子叶不出土,这使埋入深层的种子能出苗,当沙埋厚度达 20cm 时,部分幼苗尚能出土。幼苗根系上有明显的根瘤,随着根系生长而增多,在瘠薄的土地上也能旺盛生长。

抗热性强,能忍受 40~50℃ 高温,在夏季沙面温度达 70℃ 以上的沙丘上,仍能正常生长,但在沙丘上新栽植的花棒,从基部萌发的幼芽,容易被沙面高温烫伤枯死。萌芽更新力强,幼苗期平茬,可促进生长;成林期平茬,能提高枝条的产量。树龄 6 年的植株,平茬后当年,萌枝高 2.2m,丛幅度径 2.6m,1 年的生长量约相当于不平茬的 4 年生林木。

它适应流沙环境,喜沙埋,抗风蚀,耐严寒酷热,极耐干旱,生长迅速,根系发达,枝叶繁茂,萌芽力强,防风固沙作用大,是西北沙荒漠、半荒漠以及干草原地带固沙造林的优良先锋树种。

【资源利用价值】细枝岩黄芪是沙区优良饲料和绿肥。枝叶骆驼和羊喜食,风干嫩枝叶含粗蛋白 16.4%,粗脂肪 2.71%,粗纤维 23.03%。树干可以用作农具柄及橡子。茎皮纤维强韧,可以搓麻绳,织麻袋。枝条含油脂,活力旺,是优良的薪柴。一、二年生的萌条光滑通直,可以编笆造房,经久耐用。种子可以榨油。花期长,是优良的蜜源树种。

【繁殖栽培技术】通常种子、扦插繁殖。种子繁殖的方法为:10 月中下旬当荚果变为灰色时采收,采集的果实要及时摊晒,去掉枝叶杂质后再晒一遍,然后放在通风干燥处贮藏,种子可保存 5 年。苗圃地以选择地下水位深,排水良好的沙壤土为宜,播种前 5~10d,把种子用温水浸泡 2~3d 后,在室温下按种子、河沙 1:2 的比例混合均匀,用水洒湿进行催芽,每天洒水 1 次,保持湿润,当有少量种子开始裂口露白时,即可播种。每公顷播种量 1 020kg。种子在 4 月下旬播种,一般采用大田式育苗。播种前先灌足底水,待水落干后拉线开沟条播。行距 30cm,带距 40~50 cm(3~4 行一带),深 3~4 cm,覆土后轻轻镇压整平,10~15d 左右苗木基本出齐。苗木出土后,每 15d 左右松土除草 1 次,7 月底停止。在苗期,除非土壤过于干旱,尽量不要浇水,浇水过量,常出现死苗现象。当年秋季可出圃造林。

此外,还有同属的山竹岩黄芪 *H. fruticosum* Pall. 等具有相似的功能。

6.44 白刺

白刺 *Nitraria sibirica* Pall.,又名小果白刺、西伯利亚白刺(图6-44)

【科属名称】蒺藜科 Zygophyllaceae,白刺属 *Nitraria* L.

【形态特征】灌木,高0.5~1m;多分枝,有时横卧,被沙埋压形成小沙丘,枝上生不定根;小枝灰白色,尖端刺状。叶单生,肉质,在嫩枝上多为4~8个簇生,倒卵状匙形,长0.6~1.5cm,宽2~5mm,全缘,无柄。花小,黄绿色,排成顶生蝎尾状花序;萼片5,三角形;花瓣5,白色;雄蕊10~15,子房3室。核果多汁,近球形或椭圆形,长6~8mm,熟时暗红色,果汁暗蓝紫色;果核卵形,长约4~5mm。花期5~6月;果期7~8月。$2n = 24, 60$。

【分布与习性】分布于我国东北、华北、西北;蒙古、俄罗斯也有分布。属于耐盐旱生植物,生于轻度盐渍化低地、湖盆边缘、干河床边,可以成为优势种并形成群落。在荒漠草原及荒漠地带,株丛下常形成小沙堆。

【水土保持功能】具有耐旱、耐盐碱的特性,多年生的白刺枝条的再生能力相当强,被掩埋后即可产生不定根,形成新的植株。常可见到几十平方米甚至几百平方米被白刺锁住的沙包,具有非常强的防风固沙作用,是重要的固沙植物和改良盐碱地植物。

【资源利用价值】果实味酸甜,可以食用。果实入药,具有健脾胃、滋补强壮、调经活血的功效,主治身体瘦弱、气血两亏、脾胃不和、消化不良、月经不调、腰腿疼痛等症。枝叶和果实可做饲料。

【繁殖栽培技术】通常种子繁殖。具体方法为:在8月中下旬采收成熟果实,然后洗去外表皮和果肉,晒干后存放在干燥通风处,待翌年春季气温稳定在8℃以上时播种育苗。播种前种子要进行催芽,将种子与细沙按1:1或1:2的比例掺水拌匀,置于15~30℃避风向阳处堆置或覆膜坑藏,保持湿润,温度不可超过35℃。育苗地最好选择砂壤土,每公顷施腐熟的农家肥22 500~45 000kg,播种前需浇一次透水,待2/3的种子露白时立刻播种,通常条播,行距为40 cm,播种深度3~5 cm,播种量为225~400 kg/hm^2。出苗后15~20d要及时进行间(定)苗,间苗和松土除草结束后,进行第1次浇水,以后每隔30 d左右浇水1次。苗木生长2个月后追施二铵和尿素1次,施肥量为75~100 kg/hm^2。

图6-44 白刺 *Nitraria sibirica* Pall.
[引自《树木学》(北方本)第2版]

一般常用裸根苗植苗造林。整地方法一般采用带状整地、沟状整地和穴状整地3种方式。其中，带状整地带宽一般1m，带距1.5~3m。沟状整地通常是在坡度为5°~15°的地块，沿等高线开挖水平沟，沟深30~50cm，沟长依据地形而定，外沿要培土踩实，水平沟间距一般为2~3m。而穴状整地的穴径与穴深规格通常为30~50cm。最好在春季土壤解冻后进行整地造林。也可采用秋季造林，一般造林的株行距以2m×3m或3m×3m为宜。注意及时防治苗木立枯病、潜叶蛾和灰斑古毒蛾等虫害、鸟和中华鼢鼠的危害。

6.45 霸 王

霸王 *Zygophyllum xanthoxylon* Maxim. (图6-45)

【科属名称】蒺藜科 Zygophyllaceae，霸王属 *Zygophyllum* L.

【形态特征】灌木，高70~150cm；枝疏展，弯曲，皮淡灰色，小枝先端刺状。叶在老枝上簇生，在嫩枝上对生，小叶2枚，椭圆状条形或长匙形，长0.8~2.5 cm，宽3~5mm，顶端圆，基部渐狭；萼片4，花瓣4，黄白色，长7~11mm；雄蕊8，花丝基部有鳞片状附属物；子房3~5室。蒴果通常具3宽翅，宽椭圆形或近圆形，不开裂，长1.8~3.5cm，宽1.7~3.2cm，通常具3室，每室1种子。种子肾形，黑褐色。花期5~6月；果期6~7月。$2n=22$。

【分布与习性】分布于我国新疆、青海和内蒙古；蒙古也有分布。霸王为强旱生小灌木，是干旱荒漠区草地上的主要植物种，经常出现于荒漠、草原化荒漠及荒漠化草原地带。在戈壁覆沙地上，有时成为建群种形成群落，也散生于石质残丘坡地、固定与半固定沙地、干河床边、砂砾质丘间平地。能形成稳定的霸王群落。霸王先开花后长叶，4月中旬产生花蕾，下旬开花，6月下旬籽粒成熟，种子发芽率为90%；在干旱荒漠区幼苗成活后生长快，不易死亡，株丛寿命20年以上。霸王生长3~4年后进入壮龄期，开始大量结实。

【水土保持功能】抗旱，耐寒，耐贫瘠，适应性强，植株枝条被沙埋后，可从基部萌发新生枝条，并产生不定根。75%的根主要集中在40cm土层内，霸王根向下到达土层，土壤储水被利用后，难于补偿时，根又向地表方向生长，是一种值得在干旱荒漠区推广种植的优良的固沙小灌木。

【资源利用价值】霸王营养价值高，粗蛋白含量10.49%~12.68%，为中等饲用植

图6-45 霸王 *Zygophyllum xanthoxylon* Maxim. [引自《树木学》(北方本)第2版]

物，在幼嫩时骆驼和羊喜食其枝叶。还可以做燃料。根入药，能够行气散满，主治腹胀等症。

6.46 四合木

四合木 Tetraena mongolica Maxim. （图6-46）

【科属名称】蒺藜科 Zygophyllaceae，四合木属 Tetraena Maxim.

【形态特征】小灌木，高可达90cm；老枝红褐色，小枝灰黄色或黄褐色，密被白色稍开展的不规则的丁字毛。偶数羽状复叶，对生或簇生于短枝上，小叶2枚，肉质，倒披针形，长3~8mm，宽1~8mm，顶端圆钝，具突尖，基部楔形，全缘，两面密被不规则的丁字毛，无柄；托叶膜质。花1~2朵着生于短枝上，萼片4，宿存；花瓣4，白色，长约2mm；雄蕊8，排成2轮，花丝近基部有白色薄膜状附属物，具花盘；子房上位，4深裂，被毛，4室，花柱单一，丝状，着生子房近基部。果常下垂，具4个不开裂的分果瓣，分果瓣长6~8mm，宽3~4mm，种子镰状披针形，表面密被褐色颗粒。$2n=28$。

【分布与习性】为内蒙古东阿拉善特有。强旱生植物，在草原化荒漠地区，常成为建群种，形成有小针茅参加的四合木荒漠群落。

【水土保持功能】四合木是一种良好固沙植物。

【资源利用价值】珍稀濒危植物。枝含油脂，极易燃烧，为优良燃料。另外，还可以做饲料。

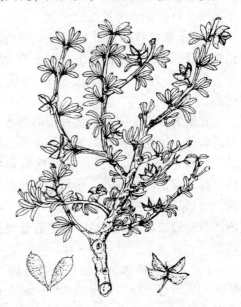

图6-46 四合木 Tetraena mongolica Maxim. ［引自《树木学》（北方本）第2版］

6.47 花 椒

花椒 Zanthoxylum bungeanum Maxim.，又名椒、秦椒、蜀椒（图6-47）

【科属名称】芸香科 Rutaceae，花椒属 Zanthoxylum L.

【形态特征】落叶小乔木或灌木状，高3~7m；茎干具粗壮刺，常早落；小枝刺基部宽而扁直伸；幼枝被短柔毛；奇数羽状复叶，叶轴具狭翅；小叶5~13，对生，无柄，卵形、椭圆形，稀披针形，长2~7cm，宽1~3.5cm，先端尖或短尖，基部宽楔形或近圆，两侧稍不对称具细裂齿，齿间具油腺点，上面无毛，下面基部中脉两侧具簇生毛；聚伞状圆锥花序顶生，花序轴及花梗密被短柔毛或无毛；花被片6~8，1轮。黄绿色，形状及大小近相同；雄花具5~8雄蕊；退化雌蕊顶端叉状浅裂；雌花有心皮 2～3 个，间有 4 个，花柱斜向背弯；蓇葖果紫红色，果瓣径 4～5mm，散生微凸起的油点，顶端有甚短的芒尖或无；种子长 3.5～4.5mm。花期 4～5 月；果期 8～9 月。

【分布与习性】花椒分布于我国北部至西南，我国华北、华中、华南均有分布。喜光，适宜温暖湿润及土层深厚肥沃壤土、砂壤土，萌蘖性强，耐寒、耐旱，抗病能力强，隐芽寿命长，故耐强修剪。不耐涝，短期积水可致死亡。

【水土保持功能】花椒繁茂的树冠和枯枝落叶，可截留降雨，削减雨水的冲刷力；根萌蘖力强，是水土保持的优良树种。

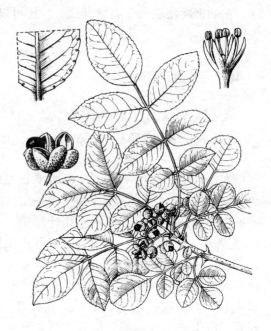

图 6-47　花椒 Zanthoxylum bungeanum Maxim.［引自《树木学》(北方本)第 2 版］

花椒为极喜光树种，具有较高的水土保持效益，抗逆性强，极耐干旱瘠薄。其丛生繁茂的树冠和枯枝落叶，可截留降雨，削减雨水的冲刷力，起到调节地表径流、控制水土流失的作用；还可改良土壤结构，增加其通透性。花椒发达的根系，可扎到 200 cm 以下的土层，在 0～25 cm 土层内的侧根形成庞大的网络，能够有效地固定土壤，防止水土流失，是优良的水土保持树种。

【资源利用价值】花椒可除各种肉类的腥气；促进唾液分泌，增加食欲；使血管扩张，从而起到降低血压的作用；服花椒水能去除寄生虫；有芳香健胃、温中散寒、除湿止痛、杀虫解毒、止痒解腥的功效。

【繁殖栽培技术】常播种繁殖，也可嫁接繁殖。7～9 月种子完全成熟时采种，采种后及时在室内干燥处晾干，果皮开裂后取出种子，晾干后贮藏，防止霉变出油。3 月上旬将贮藏的种子用 70℃ 水浸泡 12h 后，用碱水把种子表面的蜡质层搓去，再用清水洗净后湿沙增温至 20℃ 催芽贮藏。3 月中旬后，待种子露胚根后开始条播。一般株行距(3～5)cm ×(30～40)cm，也可成畦撒播。根据墒情，要足墒播种，覆土厚度 2～3cm。

6.48　两面针

两面针 Zanthoxylum nitidum (Roxb.) DC.，又名光叶花椒、钉板刺、麻药藤等(图 6-48)

【科属名称】芸香科 Rutaceae，花椒属 Zanthoxylum L.

【形态特征】木质藤本，幼株为直立灌木；茎枝、叶轴下面及小叶两面中脉常具钩刺；奇数羽状复叶，小叶(3)5~11，小叶对生，厚纸质至革质，阔卵形或近圆形，或狭长椭圆形，长3~12cm，宽1.5~6cm，先端尾状，有明显凹口，凹口处有油点，基部圆或宽楔形，边缘有疏浅裂齿或全缘，两面无毛；小叶柄长2~5mm，稀近于无柄；聚伞状圆锥花序腋生；花4基数；萼片上部紫绿色，宽约1mm；花瓣淡黄绿色，卵状椭圆形或长圆形，长约3mm；雄花具雄蕊，雄蕊长5~6mm；雌花花柱粗而短，柱头头状；蓇葖果，果梗长2~5mm，稀较长或较短，果皮红褐色，果瓣径5.5~7mm，顶端有短芒尖；种子近球形，径5~6mm。花期3~5月；果期9~11月。

图6-48 两面针 *Zanthoxylum nitidum* (Roxb.) DC. [引自《树木学》(北方本)第2版]

【分布与习性】两面针在我国分布于台湾、福建、广东、湖南、海南、广西、贵州及云南。喜光，喜温暖湿润的环境，较耐旱，对土壤要求不严，除盐碱地不宜种植外，一般土壤均能种植，忌积水。

【水土保持功能】两面针主根粗壮，支根多，固土能力强，是很好的水土保持树种。

【资源利用价值】叶和果皮可提芳香油；种子油供制肥皂用；根入药，能行气止痛，活血化瘀，祛风通络。用于气滞血瘀引起的跌打损伤、风湿痹痛、胃痛、牙痛，毒蛇咬伤；外治汤火烫伤；最新研究有降压作用。

【繁殖栽培技术】播种繁殖。秋播、春播均可。秋播于9月份种子成熟时，随采随播，发芽率高。春播于3月下旬。将种子撒播于苗床内，覆盖2cm细土，盖草，浇水。播种量每公顷18 750~22 500g。播后气温在25℃以上时20d即可出苗，出苗后揭去盖草。待苗高20cm左右时即可移栽。

6.49 叶底珠

叶底珠 *Flueggea suffruticosa* Rehd.，又名一叶萩、狗舌条、山扫条(图6-49)

【科属名称】大戟科 Euphorbiaceae，白饭树属 *Flueggea* Willd.

【形态特征】落叶灌木，高1~3m，多分枝；小枝浅绿色，近圆柱形，有棱槽；全株无毛；单叶，互生，纸质，椭圆形或长椭圆形，稀倒卵形，长1.5~8cm，宽1~3cm，先端急尖至钝，基部钝至楔形，全缘或间中有不整齐的波状齿或细锯齿，下面浅绿色；叶柄长2~8mm；花小，雌雄异株，簇生于叶腋；雄花3~18朵簇生；花梗长2.5~5.5mm；萼片通常5，椭圆形、卵形或近圆形，长1~1.5mm，宽0.5~1.5mm，全缘或具不明显的细齿；雄蕊5；雌花花梗长2~15mm；萼片5，椭圆形至卵形，长1~1.5mm，近全缘；蒴果三棱状扁球形，直径约5mm，成熟时淡红褐色，有网纹，3片裂；果梗长2～15mm，基部常有宿存的萼片；种子卵形而一侧扁压状，长约3mm，褐色而有小疣状凸起。花期3～8月；果期6～11月。

【分布与习性】叶底珠我国原产，华北地区有野生分布，东北、华中、华东、西南、西北地区也有生长；蒙古、俄罗斯、日本、朝鲜等也有分布。适应性极为广泛。耐寒、抗旱、抗瘠薄。喜深厚肥沃的沙质壤土，但在干旱瘠薄的石灰岩山地上也可生长良好。

【水土保持功能】因其抗旱、耐瘠薄，分布广，适应性极强，根系发达，是很好的水土保持树种。

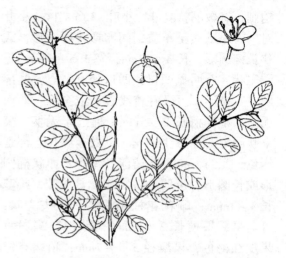

图6-49 叶底珠 *Flueggea suffruticosa* Rehd. [引自《树木学》(北方本)第2版]

【资源利用价值】叶底珠枝叶繁茂，花果密集，花色黄绿，果梗细长，叶入秋变红，有良好的观赏价值；茎皮纤维坚韧，可供纺织原料；枝条可编制用具；花和叶供药用，祛风活血，补肾强筋，对中枢神经系统有兴奋作用，可治面部神经麻痹、小儿麻痹后遗症、眩晕、耳聋、神经衰弱、嗜睡症、阳痿等；根皮煮水，外洗可治牛、马虱子危害。

【繁殖栽培技术】播种繁殖，也可扦插、分株繁殖。用种子繁殖，第一年育苗，第二年才能收获。3年之后亩产超过5 000kg。播种前要施足底肥，可用1%过磷酸钙或腐熟人粪尿。每亩用种子2kg左右，播种方式为大垄播种。播种方法有两种：一种是株距2～4cm，后期生长不开时开始间苗移栽；另一种为按20cm株距播种以后不用间苗进行移栽。分株法一般在秋季落叶后、早春萌动前进行，把整株挖起，用利刀把分蘖枝条带根从母株上分离，每棵母株一般分离3株为宜，分别把子株进行移栽，这种方法成活率很高。冬季要割去老茬，施足底肥，到了第三年还要进行移栽定植，因为蟠根可以造成营养不良，从而影响产量。

6.50 黄栌

黄栌 *Cotinus coggygria* Scop. var. *cinerea* Engl. (图6-50)

【科属名称】漆树科 Anarcardiaceae，黄栌属 *Cotinus* (Tourn.) Mill.

【形态特征】落叶灌木或小乔木，高达5～8m。树冠圆形，树皮暗灰褐色。小枝紫褐色，被蜡粉。单叶互生，通常倒卵形，长3～8cm，先端圆或微凹，全缘，无毛或仅背面脉上有短柔毛，侧脉顶端常2叉状；叶柄细长，1～4cm。花小，杂性，黄绿色，成顶生圆锥花序。核果肾形；径3～4mm。果序长5～20cm，有多数不育花的紫绿色羽毛状细长花梗宿存。花期4～5月；果期6～7月。

【分布与习性】产于中国西南、华北和浙江；欧洲南部、叙利亚、伊朗、巴基斯坦及印度北部亦产，多生于海拔500～1 500m阳山林中。喜光，也耐半荫；耐寒，耐干旱瘠薄和碱性土壤，但不耐水湿，以深厚、肥沃、排水良好之沙质土壤生长最好。生长快；根系发达，萌蘖性强，砍伐后易形成次生林，对二氧化硫有较强的抗性，对氯化物抗性较差。

【水土保持功能】黄栌喜光略耐荫，抗旱耐瘠薄，稍耐寒，能适应各种恶劣自然环境，在岩石裸露的干旱阳坡或无土的石缝里都能生长，其造林保存率高，根系发达，落叶量大，既能遮盖地表，减少径流，又能增加腐殖质，改良土壤。萌芽力强耐平茬，是西北地区水土保持、水源涵养、农田防护林的理想树种。

【资源利用价值】黄栌叶子秋季变红，鲜艳夺目，著名的北京香山红叶即为本种。每逢秋季，层林尽染，游人云集，初夏花

图6-50　黄栌 *Cotinus coggygria* Scop. var. *cinerea* Engl.［引自《树木学》（北方本）第2版］

后有淡紫色羽毛状的伸长花梗宿存树上很久，成片栽植时，远望宛如万缕罗沙林绕，故名有"烟树"之称。在园林应用中宜丛植于草坪、土丘或山坡，亦可混植于其他树群尤其是常绿树群中，可为园林增添秋色。木材可提制黄色燃料，并可作家具及雕刻用材等；树皮也可提制栲胶；枝叶入药，能消炎、清湿热。

【繁殖栽培技术】繁殖以播种为主，压条、根插、分株也可进行。种子成熟早，6～7月即可采收，采回藏于沟内，至8～9月间播种；如不沙藏，则在播种前浸泡种2d，捞出后晾干即可播种。播前灌足底水，覆土1.5～2cm，每公顷播种量约为187.5kg，在北京，苗床需覆草或落叶防寒越冬，春暖后撤去覆草，约3月底可出苗，也可将种子沙藏越冬，至翌年春播。幼苗生长迅速，当年苗可达1m左右，3年后即可出圃定植。黄栌苗木须根较少，移栽时应对枝进行强修剪容易保持树势平衡。栽培粗放，不需精细管理，夏秋雨水多时，易生霉病，可用波尔多液或石灰硫磺合剂喷布防治。

6.51　盐肤木

盐肤木 *Rhus chinensis* Mill.，又名五倍子树、五倍柴、山梧桐、乌桃叶等（图6-51）

【科属名称】漆树科 Anacardiaceae，盐肤木属 *Rhus*（Tourn.）L.

【形态特征】落叶小乔木或灌木，高2～10m；小枝棕褐色，被锈色柔毛，具圆形小皮孔；奇数羽状复叶互生，小叶7～13，叶轴具宽的叶状翅，小叶自下而上逐渐增大，叶轴和叶柄密被锈色柔毛，小叶椭圆形或卵状椭圆形，基部圆形或渐尖，先端急尖，长5.5～9.5cm，宽3.5～5cm，边缘有粗锯齿，背面粉绿色，有柔毛，小叶无柄；

圆锥花序被锈色柔毛，雄花序长 30 ~ 40cm，雌花序较短；花小，杂性；花萼被微绒毛，5 裂，裂片长卵形，长约 1mm；花瓣 5，白色，倒卵状长圆形，长约 2mm；果序直立，核果，扁球形，被腺毛和具节柔毛，成熟后红色。花期 8 ~ 9 月；果期 10 ~ 11 月。

【分布与习性】盐肤木在我国分布很广，北至吉林南部，南达海南岛，多省区有分布；日本、朝鲜、中南半岛、印度、马来西亚及印度尼西亚亦有分布。喜光，喜温暖湿润气候，也能耐一定寒冷和干旱；对土壤要求不严，酸性、中性或石灰岩的碱性土壤上都能生长，耐瘠薄，不耐水湿；根系发达，有很强的萌蘖性。

【水土保持功能】盐肤木根系发达，有很强的萌蘖性，生长快；耐干旱瘠薄土壤，在立地条件较差的山地

图 6-51　盐肤木 *Rhus chinensis* Mill.
[引自《树木学》(北方本) 第 2 版]

种植，也能很快形成绿化效果，因此，既可作风景林树种，又可作荒山绿化的优良水土保持树种。

【资源利用价值】盐肤木幼枝及嫩叶生虫瘿，称五倍子，富含鞣质，为医药、制革、塑料、墨水等工业原料。树皮也含鞣质，和虫瘿均可入药，为收敛剂、止血剂及解毒药；叶煎液可治疮；种子可榨油，供工业用；花白色，秋叶红色，供观赏。

【繁殖栽培技术】播种、压根或扦插繁殖。用 40 ~ 50℃ 温水加入草木灰调成糊状，搓洗盐肤木种子。用清水掺入 10% 浓度的石灰水搅拌均匀，将种子放入浸泡 3 ~ 5d 后摊放在簸箕上，盖上草帘，每天淋水 1 次，待种子"露白"后，方可播种。播种时间在春季 3 月中旬至 4 月上旬。压根繁殖就是将老盐肤木的根挖出来，切成一尺左右一段，再选土打塘，将切好的树根栽下，根留出地面 10 ~ 15cm，此法成活率高、生长快。树根大的一年就可以结果，2 ~ 3 年可以成林。

6.52　火炬树

火炬树 *Rhus typhina* Torner.，又名鹿角漆、火炬漆(图 6-52)

【科属名称】漆树科 Anacardiaceae，盐肤木属 *Rhus* L.

【形态特征】落叶小乔木，高可达 10m；分枝少，小枝粗壮，密被长绒毛；奇数羽状复叶互生，小叶 9 ~ 23(~ 31)，长椭圆状披针形或披针形，长 5 ~ 12cm，先端长渐尖，基部圆形或宽楔形，叶缘有整齐锯齿，叶表面绿色，背面粉白，两面被密柔

毛；叶轴无翅；圆锥花序直立顶生，密被毛。花单性异株，花部5基数；子房1室；核果扁球形，有红色刺毛，紧密聚生成火炬状。花期5~7月；果期8~11月。

【分布与习性】火炬树原产北美洲，现欧洲、亚洲及大洋洲许多国家都有栽培。我国自1959年引入栽培，目前已推广到东北、华北、西北等许多地区栽培。喜光、耐寒，对土壤适应性强，耐干旱瘠薄，耐水湿，耐盐碱。根系发达，根蘖萌发力极强，生长快，但寿命短，约15年后便开始衰退。但自然根蘖更新非常容易，只需稍加抚育，就可恢复林相。是良好的护坡、固堤及封滩、固沙的先锋树种。近年在华北、西北山地已推广作水土保持及固沙树种。

【水土保持功能】火炬树为喜光树种，适应性极强，根系分布较浅，水平根发达，一般多分布在10~50cm土层中，水平根分布较长，1年生根可达2.0m左右，且根蘖萌

图6-52 火炬树 *Rhus typhina* Torner.
[引自《树木学》(北方本)第2版]

发能力极强，根上密生不定芽，能寻找空隙萌生根蘖苗，生长快、郁闭早；3年生火炬树，其树冠截留降雨量为11.3%~25.5%，地表径流量比对照减少85.7%，土壤冲刷量减少91.8%，是良好的护坡、固堤、固沙的水土保持树种。

【资源利用价值】火炬树雌花序和果序均红色而形似火炬，十分艳丽，叶秋红色，供观赏，还用于风景林或防护林。树皮、叶含有单宁，是制取鞣酸的原料；果实含有柠檬酸和维生素C，可作饮料；种子含油蜡，可制肥皂和蜡烛；木材黄色，纹理致密美观，可雕刻、旋制工艺品；根皮可药用。木材可作细木工及装饰用材。枝干含水量高，油脂少，不宜被燃烧等特点，是理想的封山育林树种和天然的护林防火隔离带树种。

【繁殖栽培技术】播种繁殖或分蘖、插根繁殖。火炬树种子较小，种皮坚硬，其外部被红色针刺毛。播前用碱水揉搓，去其种皮外红色绒毛和种皮上的蜡质。然后用85℃热水浸烫5min，捞出后混湿沙埋藏，置于20℃室内催芽，视水分蒸发状况适量洒水。20d露芽时即可播种。播种、分蘖或插根繁殖时需注意其根蘖蔓延极强，不宜与其他树种配置，否则不久即会被火炬树所覆盖。

6.53 文冠果

文冠果 *Xanthoceras sorbifolia* Bunge，又名文冠树（图6-53）

【科属名称】无患子科 Sapindaceae，文冠果属 *Xanthoceras* Bunge

【形态特征】灌木或小乔木，高可达8m，胸径可达90cm；树皮灰褐色，条裂；

小枝粗壮，褐紫色。单数羽状复叶，互生，小叶9～19，无柄，窄椭圆形至披针形，长2～6cm，宽1～1.5cm，边缘具锐锯齿。总状花序，长15～25cm；萼片5，花瓣5，白色，内侧基部有由黄变紫红的斑纹；花盘5裂，裂片背面有1角状橙色的附属体；雄蕊8。蒴果3～4室，直径4～6cm，每室具种子1～8粒；种子球形，黑褐色，直径1～1.5cm。花期4～5月；果期7～8月。

【分布与习性】文冠果在我国分布于北纬32°30′～46°，东经100°～127°的东北、华北和西北的广大地区。中生植物，自然分布多在海拔400～1400m的山地和丘陵地带。

【水土保持功能】喜光，适应性强，耐干旱瘠薄，喜生于背风向阳、土层较厚、中性的砂壤土。抗寒性强，在绝对最低气温达

图6-53 文冠果 *Xanthoceras sorbifolia* Bunge
［引自《树木学》（北方本）第2版］

－42.4℃时冻不死。具有早结实，产量高，根系发达，萌芽力强，抗病虫害等特性。是优良的水土保持树种和园林绿化树种。

【资源利用价值】文冠果是我国北方地区很有发展潜力的木本油料树种。种子含油30.8%，种仁含油56.36%～70.0%，与油茶、榛子相近。除了油供食用和工业用外，油渣含有丰富的蛋白质和淀粉，可以用作提取蛋白质或氨基酸的原料，经加工也可以作精饲料。木材棕褐色，坚硬致密，花纹美观，抗腐性强，可作器具和家具。花是蜜源。果皮可提取工业上用途较广的糠醛。

【繁殖栽培技术】种子繁殖或插根繁殖。种子繁殖的方法是：一般在8月中旬当果皮由绿褐色变为黄褐色，1/3以上的果实果皮开裂时采种。采下的果实除掉果皮，放在阴凉通风处晾干种子，然后装入容器贮藏，种子千粒重一般为600～1250g。育苗地应以地势平坦、土质肥沃、土层较厚、排水良好、管理方便的砂壤土为最好，沙土和黏土作育苗地，要适当增施腐熟堆肥和厩肥。每公顷施农家肥2500～3000kg，种子处理可采用湿沙埋藏法和快速催芽法。湿沙埋藏法是选背风向阳的地方，挖深30cm，宽1m的平底坑。把种子与2～3倍的湿沙混拌放入坑内，再在上面覆盖约20cm厚的湿沙。次年播种前半个月左右，在背风向阳处另挖深度为50cm左右的斜底坑，将混沙的种子从埋藏坑内取出，再斜堆在上述坑内，倾斜面向着太阳，利用日光进行高温催芽。经常翻动种子和补充水分，以保持湿润。晚间以草席覆盖催芽坑。经过10d左右的高温催芽，有20%左右的种子裂嘴时播种。快速催芽法是临时处理种子的方法。具体方法是在播种前7d左右，将选出的种子用45℃温水浸种任其自然冷却，3天后捞出装入筐篓内，上面盖一层湿草帘，放在20～25℃的温室内催芽，每天翻动1～2次。并注意保持适宜湿度。待种子有2/3裂嘴时进行播种或选出裂嘴的种子分期播种。播种一般在4月中旬到5月上旬。每公顷需种子225～300kg。开15～20cm宽

3~4cm深的长条沟,在沟内每15~20cm点1粒种子,覆土厚度2~3cm。及时灌水,全年一般要耕作除草3~4次。

插根育苗是在春季利用文冠果起苗后残留在地下的粗0.4cm以上的根系或掐取部分老树的根,截成长10~15cm的根段作为插根。插根地要深耕20~25cm,每公顷施基肥45 000kg,做成床或垄。插根的株行距为15cm,开窄缝栽植,插根顶端要低于地表2~3cm。插根15~20d开始萌发出土,选留一个健壮的,其余全部摘除。平均苗高可达60cm以上。

6.54 酸 枣

酸枣 Ziziphus jujuba var. spinosa (Bunge) Hu ex H. F. Chow.,又名棘(图6-54)

【科属名称】鼠李科 Rhamanaceae,枣属 Ziziphus Mill.

【形态特征】常成灌木状,但也可长成高达10余米的大树。托叶刺明显,一长一短,长者直伸,短者向后钩曲。叶较小,长2~3.5cm。核果小,近球形,味酸,果核两端钝。

【分布与习性】我国自东北南部至长江流域习见,多生长于向阳或干燥山坡、山谷、丘陵、平原或路旁。极喜光,对气候、土壤适应性较强。喜干冷气候及中性或微碱性的砂壤土,耐干旱瘠薄,对酸性、盐碱土及低湿地都有一定的忍耐性。黄河流域的冲积平原是酸枣树的适生地区,在南方湿热气候下虽能生长,但果实品质较差。根系发达,深而广,根萌蘖力强;能抗风沙。结实年龄早,嫁接苗当年可结果,分蘖4~5年可结果。寿命长达200~300年。春天发芽晚。

【水土保持功能】酸枣根系发达,深而广,根萌蘖力强,固土作用强,其对不良环境适应能力强,特别适应干旱生境,在造林立地条件差的地方,可把酸枣作为治理水土流失的先锋树种进行造林。

【资源利用价值】酸枣常用作嫁接枣树的砧木。枣树是我国栽培最早的果树,已有3 000年的栽培历史,品种很多。由于结果早,寿命长,产量稳定,农民称之为"铁杆庄稼"。是园林结合生产的良好树种,可栽作庭荫树。果实富含维生素C、蛋白质和各种糖类,可生食和干制加工成多种食品,也可入药,种仁即中药"酸枣仁",有镇静安神之功效,畅销国内外。木材坚重,纹理细致,耐磨,家具及细木工的

图6-54 酸枣 Ziziphus jujuba var. spinosa (Bunge) Hu ex H. F. Chow.

[引自《树木学》(北方本)第2版]

优良用材。花期长，是优良的蜜源树种。

【繁殖栽培技术】酸枣可采用分株、播种、分蘖或根插法繁殖，嫁接也可，砧木可用酸枣或枣树实生苗。酸枣树周围每年都有水平根上萌发的根蘖苗，可以直接挖出苗移栽，为促生根蘖苗，可在健株周围挖沟，断根促萌。酸枣播种育苗是酸枣苗木培育的主要方法，选用健康脱壳酸枣种子，播前10d催芽处理，播时开沟窝播，覆土盖膜，出苗后破膜，加强管理，当年一般长到 50~60cm 高，7~8mm 粗，第二年即可出圃造林。

6.55 山葡萄

山葡萄 Vitis amurensis Rupr. (图6-55)

【科属名称】葡萄科 Vitaceae, 葡萄属 Vitis L.

【形态特征】落叶藤本，长达30cm。茎皮红褐色，老时条状剥落；小枝光滑，或幼时有柔毛，髓心红褐色；卷须间歇性与对生。叶互生，近圆形，长7~15cm，3~5掌状裂，基部心形，缘具粗齿；两面无毛或背面稍有柔毛；叶柄长 4~8cm。花小，黄绿色；圆锥花序大而长。浆果椭球形或圆球形，熟时黄绿色或紫红色，有白粉。花期 5~6月；果期 8~9月。

【分布与习性】葡萄品种很多，对环境条件的要求和适应能力随品种而异。但总的来说，喜光，喜干燥及夏季高温的大陆气候；冬季需要一定低温，但严寒时又必须防寒。以土层深厚，排水良好而湿度适中的微酸性至微碱性沙质或砾质壤土生长最好。耐干旱，怕涝，如降雨过多，空气潮湿，则易生病害，且易引起徒长、授粉不良、落果或裂果等不良现象。深根性，主根可深入土层2~3m。生长快，结果早。一般栽后2~3年开始结果，4~5年后进入盛果期。寿命较长。

【水土保持功能】山葡萄主根明显，可深入土层 2~3m，侧根发达，枝叶繁茂，具有较强的固土、护土作用。

【资源利用价值】葡萄是很好的园林棚架植物，即可观赏、遮阴，又可结合果实生产。庭院、公园、疗养院及居民区均可栽植，但最好选用栽培管理粗放的品种。果实多汁，营养丰富，富含糖分和多种维生素，除生食外，还可酿酒及制葡萄干、汁、粉等。种子可榨油；根、叶及茎蔓可入药，有安胎、止呕之效。

【繁殖栽培技术】可用扦插、压条、嫁接或播种等法。扦插、压条都较易成活。嫁接在某些砧木上，往往可以增强抗病、抗寒能力及生长势。葡萄作为果园栽培。管理精细，整枝

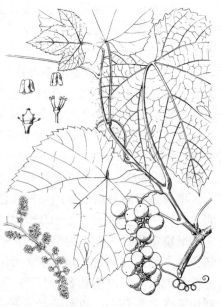

图6-55 山葡萄 Vitis amurensis Rupr.
[引自《树木学》(北方本) 第2版]

严格,分棚架式、篱壁式、棚篱式等;修剪更随品种特性不同而有差异。近年利用副梢结果,使之一年多次结果,可提高产量。埋土越冬等都有严格要求,可参阅有关果树栽培书籍。

6.56 蛇葡萄

蛇葡萄 *Ampelopsis glandulosa* (Wallich) Momiyama(图6-56)

【科属名称】葡萄科 Vitaceae,蛇葡萄属 *Ampelopsis* Michx.

【形态特征】落叶藤本;幼枝有柔毛,髓心白色,卷须分叉。单叶,纸质,广卵形,长6~12cm,基部心形,通常3浅裂,偶为5浅裂或不裂,缘有粗齿,表面深绿色,背面稍淡并有柔毛。聚伞花序与叶对生,梗上有柔毛;花黄绿色。花期5~6月;果期8~9月。

【分布与习性】产亚洲东部及北部,中国自东北经河北、山东到长江流域、华南均有分布。多生于山坡、路旁或林缘。性强健,耐寒。

【水土保持功能】与山葡萄类似。

【资源利用价值】在园林绿地及风景区可用作棚架绿化材料,颇具野趣。果可酿酒;根、茎入药,有清热解毒、消肿驱湿之功效。

【繁殖栽培技术】可用扦插、压条、播种等方法繁殖。

图6-56 蛇葡萄 *Ampelopsis glandulosa* (Wallich) Momiyama
[引自《树木学》(北方本)第2版]

6.57 葎叶蛇葡萄

葎叶蛇葡萄 *Ampelopsis humilifolia* Bunge. (图6-57)

【科属名称】葡萄科 Vitaceae,蛇葡萄属 *Ampelopsisi* Michx.

【形态特征】落叶木质藤本。小枝无毛或偶有微毛。叶硬纸质,近圆形至阔卵形,长10~15cm,3~5掌状中裂或近深裂,先端渐尖,基部心形或近截形,边缘有粗齿,上面鲜绿色,有光泽,下面苍白色,无毛或脉上微有毛;叶柄与叶片等长或稍短,无毛。聚伞花序与叶对生,有细长总花梗;花小,淡黄色;萼杯状;花瓣5;雄蕊5,与花瓣对生;花盘浅杯状,子房2室。浆果球形,径6~8mm,淡黄色或蓝色。花期5~6月;果期7~8月。

【分布与习性】生于山坡灌丛及岩石缝间。中国分布于陕西、河南、山西、河北、辽宁及内蒙古等地。喜光,抗旱,对土壤要求不严,适应性强。

【水土保持功能】主根发育明显,有较强的穿透能力,具有较强的固土、护坡作用。

【资源利用价值】根皮药用。有活血散瘀、消炎解毒的功效。可作为垂直绿化材料。

【繁殖栽培技术】可用扦插、压条、播种等方法繁殖。

6.58 柽 柳

柽柳 Tamarix chinensis Lour.，又名中国柽柳、桧柽柳、华北柽柳（图6-58）

【科属名称】柽柳科 Tamaricaceae，柽柳属 Tamarix L.

【形态特征】灌木或小乔木，高2~5m；枝细弱，常开展下垂，老枝深紫色或紫红色。叶鳞片状，互生，无柄，披针形或披针状卵形，长1~3mm，先端锐尖，平贴于枝或稍开张。每年开花3次，春季的总状花序侧生于去年枝上，夏、秋季总状花序生于当年枝上，常组成顶生圆锥花序；花两性，小，径约2mm；萼片5；花瓣5，粉红色，矩圆形或倒卵状矩圆形，长约2mm，果时宿存；雄蕊5，花盘5裂。蒴果圆锥形，长约5mm，熟时3裂；种子细小，多数，顶端簇生毛。花期5~9月。

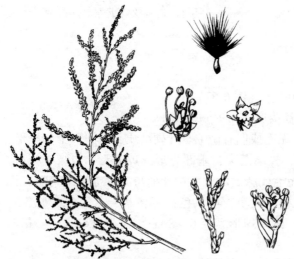

图6-57 葎叶蛇葡萄 *Ampelopsis humilifolia* Bunge［引自《树木学》(北方本)第2版］

【分布与习性】中国特有种，北自辽宁南部，南至江苏北部均有分布，以海河流域、黄河中下游及淮河流域各省的平原、沙丘间地及盐碱地分布较广，广东、福建等地有栽培。柽柳耐轻度盐碱，生湿润碱地、河岸冲积地及草原带的沙地。

【水土保持功能】柽柳是优良的盐碱地造林树种，也能起防风固沙作用。在黄河流域及淮河流域的低洼盐碱地上广泛栽培。

【资源利用价值】树形美观，适应性强，花期长，也适于庭园绿化。枝条可供编织用。嫩枝、叶入药（药材名：西河柳），具有疏风解表、透疹的功效，主治麻疹不透、感冒、风湿关节痛、小便不利等症；外用治风疹瘙痒。枝柔韧，可用于编筐、篮等用具。另外，柽柳还是中等饲用植物，骆驼乐食其幼嫩枝条。

【繁殖栽培技术】种子繁殖或插条繁殖。种子繁殖的方法是：10月果熟，种子易飞散，需及时采种，经晒、选后干藏。可春季播种育苗。

图6-58 柽柳 *Tamarix chinensis* Lour. ［引自《树木学》(北方本)第2版］

插条防治的具体方法是：选择含盐量较少的圃地，或经排水脱盐改良后，细致整地，筑成高20cm的高床。选择生长健壮、粗1~1.5cm的1年生萌芽条或苗干剪成长20cm的插穗。用直插法秋插或春插，以秋插成活率较高。秋插后应在插穗上端封土成堆，翌春扒开。春插时，插穗露出地面3~5cm。可以丛插，即每次插2~3根插穗，有利于提高成活率及促进苗木生长。经过抚育管理，1年生苗高可达1.5m左右，可以出圃造林。

造林选择地下水位较高的轻、中盐碱地或沙丘间盐渍化沙地。重盐碱地最好经脱盐改良后造林。在造林前一年的伏天进行全面整地，修成宽1~1.5m的条田或台地，消灭杂草，并让雨水淋洗脱盐。冬初或早春造林，可用扦插或植苗造林方法。扦插造林技术与扦插育苗技术相同。植苗造林一般用1m×0.5m的穴距，每穴2~3株，每公顷用条量630kg，以后的年产条量可达3 900kg以上。

同属的还有多枝柽柳 *T. ramosissima* Ledeb.、长穗柽柳 *T. elongate* Ledeb. 也可用于水土保持生态建设中，限于篇幅，此处不再赘述。

6.59 牛奶子

牛奶子 *Elaeagnus umbellata* Thunb.，又名伞花胡颓子（图6-59）

【科属名称】胡颓子科 Elaeagnaceae，胡颓子属 *Elaeagnus* L.

【形态特征】灌木，高4m，常具刺。幼枝密被银白色鳞片。叶卵状椭圆形至长椭圆形，长3~5cm，叶表幼时有银白色鳞片，叶背银白色杂有褐色鳞片。花黄白色，有香气，花被筒部较裂片长，2~7朵成腋生伞形花序。果近球形，径5~7mm，红色或橙红色。花4~5月；果期9~10月。

【分布与习性】分布于华北至长江流域各地；朝鲜、日本、印度亦有。性喜光略耐荫。在自然界常生于山地向阳疏林或灌丛中。

【水土保持功能】牛奶子根系发达，具有较强的固土、保水和持水能力。

【资源利用价值】果可食，亦可入药或加工酿酒用。可作绿篱及防护林的下木。

【繁殖栽培技术】多行播种繁殖。

图6-59 牛奶子 *Elaeagnus umbellata* **Thunb.**[引自《树木学》（北方本）第2版]

6.60 中国沙棘

中国沙棘 Hippophae rhamnoides L. ssp. sinensis Rousi，又名醋柳（山西）、酸刺（陕西）、黑刺（青海）（图6-60）。

【科属名称】胡颓子科 Elaeagnaceae，沙棘属 Hippophae L.

【形态特征】灌木或乔木，通常高1m，最高可达18m；枝灰色，通常具粗壮棘刺，幼枝具褐锈色鳞片。叶通常近对生，条形或条状披针形，长2~6cm，宽0.4~1.2cm，两端钝尖，上面被银白色鳞片，后渐脱落呈绿色，下面密被淡白色鳞片，中脉明显隆起；叶柄极短。花单性，雌雄异株，先叶开放，花小，淡黄色；花萼2裂；雄蕊4；雌花比雄花后开放，具短梗。坚果，被肉质的萼管包被，呈浆果状，橙黄或橘红色，近球形，直径5~10mm。种子1枚，卵形，种皮坚硬，黑褐色，有光泽。花期5月；果期9~10月。$2n=24$。

【分布与习性】沙棘分布很广，欧、亚两洲的温带均有分布。我国分布于内蒙古、河北、山西、陕西、甘肃、宁夏、青海、新疆、四川、云南、贵州、西藏等地。垂直分布在海拔1 000~4 000m。多野生于河漫滩、河谷阶地、洪积扇、丘陵河谷以及草原边缘和丘间低地。

【水土保持功能】喜光，不耐荫，能耐严寒，耐干旱和贫瘠土壤，耐酷热，耐盐碱，能在pH值9.5和含碱量达1.1%的地方生长。喜透气性良好的土壤，在黏重土壤上生长不良，能在沙丘流沙上生长。萌蘖性很强，生长迅速，耐修剪，又能迅速扩展植丛。根系发达但主根浅；根系主要分布在地下40cm左右处，但可延伸很远，有根瘤共生，固氮能力大于豆科植物。为优良水土保持、防风固沙、改良土壤和薪炭林树种。

【资源利用价值】果实味道酸，含有机酸、维生素C等多种维生素、多种氨基酸、类黄酮、类胡萝卜素和多种微量元素，可做浓缩性维生素C制剂、酿酒、饮料及果酱。还可以提取黄色燃料。果实还能祛痰止咳、活血散瘀、消食化滞，主治咳嗽痰多、胸闷不畅、消化不良、胃痛、闭经等症，果汁可解铅、铝、

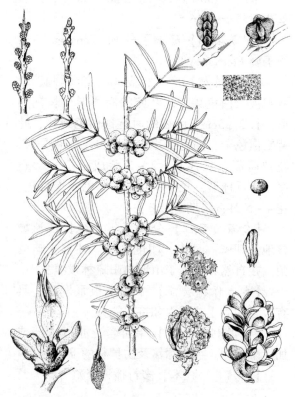

图6-60 中国沙棘 Hippophae rhamnoides L. ssp. sinensis Rousi [引自《树木学》（北方本）第2版]

磷、苯等中毒。也是理想的化妆品原料。花为蜜源。

【繁殖栽培技术】播种、扦插、压条及分蘖法繁殖。播种的具体方法是：4年生沙棘开始结果，果实长期不脱落，易采得。一般的方法是将果枝采下后，压破果实，用水淘净获得种子。春播前，先对种子进行催芽，即用50℃温水浸1~2d后混沙层积，待床土面下5cm处温度达10℃时和种子有一半裂口时即可春播。每公顷用种约75kg。扦插法多用硬材扦插法，2~3年生枝较1年生枝易于生根，插穗长20cm。沙棘性强健，定植后无须特殊管理。对生长差的可平茬重剪促其发生新枝达到复壮目的。

6.61 石 榴

石榴 *Punica granatum* L.，又名安石榴（图6-61）

【科属名称】石榴科 Punicaceae，石榴属 *Punica* L.

【形态特征】落叶灌木或乔木，高2~7m，枝顶常成尖锐长刺；幼枝具棱角，平滑，老枝近圆柱形；叶对生，纸质，矩圆状披针形，长2~9cm，先端短尖、钝尖或微凹，基部短尖至稍钝形，上面光亮，有柄短。花大，1~5朵生于枝顶或腋生；花萼钟状，红色或淡黄色，萼筒长2~3cm，先端5~8裂，裂片略外展，卵状三角形，长8~13mm，外面近顶端有1黄绿色腺体，边缘有小乳突；花瓣通常大，红色、黄色或白色，与萼片同数，长1.5~3cm，宽1~2cm，顶端圆形；花丝无毛，长达13mm；花柱长超过雄蕊；浆果近球形，直径5~12cm，通常为淡黄褐色或淡黄绿色，有时白色，稀暗紫色；种子多数，钝角形，红色至乳白色，肉质。花期5~7月；果期9~10月。

【分布与习性】石榴原产巴尔干半岛至伊朗及其邻近地区，全世界温带和热带都有种植。我国栽培石榴的历史可上溯到汉代。我国南北都有栽培，并培育出一些较优质的品种。喜光，喜温暖，稍耐寒，耐旱。以排水良好而较湿润的砂壤土或石灰质土壤为宜。

【水土保持功能】石榴适应性强，耐旱耐瘠薄，对土壤要求不严，

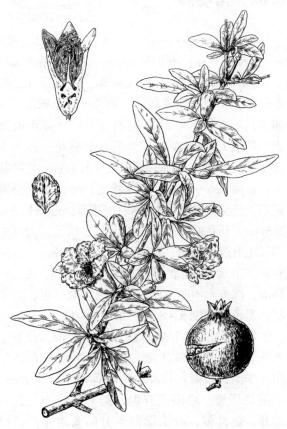

图6-61 石榴 *Punica granatum* Linn.
［引自《树木学》（北方本）第2版］

根系发达，根际易生根蘖；枝叶稠密，小枝柔软不易风折，能有效地截留和减弱地表径流，防止土壤冲刷，起到很好的水土保持功能，具有良好的生态效益。

【资源利用价值】石榴还具有较高的经济价值，外种皮供食用，是一种常见果树，果味酸甜，可生食或加工成清凉饮料；石榴汁含有多种氨基酸和微量元素，有助消化、抗胃溃疡、软化血管、降血脂和血糖、降低胆固醇等多种功能。果皮入药，治慢性下痢及肠痔出血等症；根皮可驱绦虫或蛔虫，花有止血、明目功能；树皮、根皮和果皮均含多量鞣质（20%~30%），可提取栲胶；叶翠绿，花大而艳丽，为园林绿化优良树种。

【繁殖栽培技术】常用扦插、分株、压条繁殖。扦插，春季选2年生枝条或夏季采用半木质化枝条扦插均可，插后15~20d生根。分株，可在早春4月芽萌动时，挖取健壮根蘖苗分栽。压条，春、秋季均可进行，不必刻伤，芽萌动前用根部分蘖枝压入土中，经夏季生根后割离母株，秋季即可成苗。露地栽培应选择光照充足、排水良好的场所。生长过程中，每月施肥1次。需勤除根蘖苗和剪除死枝、病枝、密枝和徒长枝，以利通风透光。

6.62 常春藤

常春藤 *Hedera helix* L.，又名洋常春藤、长春藤、木蔦、百角蜈蚣（图6-62）

【科属名称】五加科 Araliaceae，常春藤属 *Hedera* L.

【形态特征】常绿攀缘藤本，茎枝有气生根；嫩枝被星状毛；花枝上的叶片卵状披针形，歪斜，先端渐尖，基部楔形至截形，上面亮绿色，下面淡绿色，侧脉两面均明显；不育枝上叶片每侧有2~5个裂片或牙齿，叶柄1~1.5cm，几无毛。伞形花序近于伞房状排列；总花梗细长，长1~1.5cm，有星状毛；花梗长6~8mm，有星状毛；萼筒短，倒圆锥形，密生星状毛，长1mm；花瓣卵形，长2~2.5mm，开花时略反卷，外面有星状毛，内面中部以上有隆起的脊；雄蕊5，花丝长2mm；子房5室，花盘短圆锥形；花柱合生成柱状，长1mm，柱头有不明显的5裂；核果圆球形，浆果状，黑色。花期5~8月；果期9~11月。

【分布与习性】常春藤原产于我国，分布于亚洲、欧洲及美洲北部，在我国主要分布在华中、华南、西南、甘肃和陕西等地。性喜温暖、荫蔽的环境，忌阳光直射，但喜光线充足，较耐寒，抗性强，对土壤和水分的要求不严，以中性和微酸性为最好。

【水土保持功能】匍生木质藤本常春藤枝叶

图6-62 常春藤 *Hedera helix* L.
[引自《树木学》（北方本）第2版]

繁茂，可以防止雨水的冲刷侵蚀、防止裸露岩石的冻涨崩落，抗性强，是较好的水土保持树种。

【资源利用价值】常春藤在庭院中可用以攀缘假山、岩石，或在建筑阴面作垂直绿化材料。全株入药，袪风利湿，活血消肿，平肝，解毒。用于风湿关节痛，腰痛，跌打损伤，肝炎、头晕、口眼蜗斜、衄血、目翳、急性结膜炎、肾炎水肿、闭经、痈疖肿毒、荨麻疹、湿疹。常春藤能有效抵制尼古丁中的致癌物质，通过叶片上的微小气孔，将之转化为无害的糖分与氨基酸，净化空气，为人体健康带来极大的好处。是一种颇为流行的室内大型盆栽花木，尤其在较宽阔的客厅、书房、起居室内摆放，格调高雅、质朴，并带有南国情调。是一种株形优美、规整、世界著名的新一代室内观叶植物。

【繁殖栽培技术】用种子、扦插和压条繁殖。种子繁殖：果熟时采收，堆放后熟，浸水搓揉，待种洗净阴干，即可播种，也可拦湿沙贮藏，翌年春播，播后覆土1cm，盖草保湿保温。幼苗出土搭棚遮荫，翌年春季移栽或定苗后培育大苗。扦插繁殖：在生长季节用带气根的嫩枝插最易成活，插后搭塑料薄膜拱棚封闭，并遮荫，保持空间湿度80%~90%，但床土不宜太湿，以免插条腐烂，约30天左右即可生根。压条繁殖：在春、秋二季进行，用波状压条法，埋土部位环割后，极易生根。

6.63 连 翘

连翘 Forsythia suspensa (Thunb.) Vahl (图6-63)

【科属名称】木犀科 Oleaceae，连翘属 Forsythia Vahl

【形态特征】落叶灌木，高可达3m。干丛生，直立；枝开展，拱形下垂；小枝黄褐色，稍四棱，皮孔明显，髓中空。单叶或有时为3小叶，对生，卵形、宽卵形或椭圆状卵形，长3~10cm，无毛，短锐尖，基部圆形至宽楔形，缘有粗锯齿。花先叶开放，通常单生，稀3朵腋生；花萼裂片4，矩圆形；花冠黄色，裂片4，倒卵状椭圆形；雄蕊2；雌蕊长于或短于雄蕊。蒴果狭卵圆形，稍扁，木质，外有散生的瘤点，成熟时二裂，似鸟嘴状。种子多数，棕色扁平，一侧有薄翅，歪斜。花期3月；果期9~10月。

【分布与习性】产于我国北部、中部及东北各地，现各地有栽培。喜光，

图6-63 连翘 Forsythia suspensa (Thunb.) Vahl [引自《树木学》（北方本）第2版]

有一定程度的耐荫性，耐寒，耐干瘠薄，怕涝；不择土壤；抗病虫害能力强。连翘有两种花，一种花的雌蕊长于雄蕊，另一中花的雄蕊长于雌蕊，两种花不同在一植株上生长。

【水土保持功能】连翘生长快，每年春、夏、秋可抽3次新梢，春梢营养枝生长量最大，可达150cm，秋梢生长量最小，也可达20cm左右，定植后2~3年可基本覆盖地面；根系发达，主根、侧根和须根可形成网状，密集于1~40cm深的土壤中，固土能力强，且适应性强，是荒山绿化、水土保持的优良树种。

【资源利用价值】连翘枝条拱形开展，早春花先叶开放，满枝金黄，艳丽可爱，是北方优良的早春花木。亦丛植于草坪、角隅、岩石假山下、路缘、转角处、阶前、篱下及作基础种植，或作花篱等用。以常绿树作背景，与榆叶梅、绣线菊等配植，更能显出金黄夺目之色彩。大面积群植于向阳坡地、森林公园，则效果也佳；其根系发达，有护堤岸作用。种子可入药。

【繁殖栽培技术】用扦插、压条、分株、播种繁殖，以扦插为主。硬枝或嫩枝扦插均可，于节处剪下，插后易于生根。花后修剪，去枯弱枝，其他无需特殊管理。

6.64 菝葜

菝葜 *Smilax china* L.，又名金刚兜（图6-64）

【科属名称】百合科 Liliaceae，菝葜属 *Smilax* L.

【形态特征】攀缘灌木；根状茎粗厚，坚硬，为不规则的块状，径2~3，长可达5m，疏生刺；叶薄革质，干后通常红褐色或近古铜色，圆形、卵形或宽卵形，长3~10cm，宽1.5~6（~10）cm，下面通常淡绿色，较少苍白色；叶柄长5~1.5mm，约占全长的1/2~2/3，具宽0.5~1mm（一侧）的鞘，几乎全部具卷须，脱落点近卷须；伞形花序生于叶尚幼嫩的小枝上，具十几朵或更多的花，常呈球形；总花梗长1~2cm，花序托稍膨大，近球形，较少稍延长，具小苞片；花绿黄色，外花被片长3.5~4.5mm，宽1.5~2mm，内花被片稍狭；雄花中花药比花丝稍宽，常弯曲；雌花与雄花大小相似，有6枚退化雄蕊；浆果，径0.6~1.5cm，熟时红色，有粉霜。花期2~5月；果期9~11月。

【分布与习性】菝葜在我国分布于华东、中南、西南及台湾等地；缅甸、越南、泰国、菲律宾也有分布。喜光，稍耐荫、耐热、耐旱、耐瘠薄。在各种土壤中均能生长，以在疏

图6-64 菝葜 *Smilax china* L.
（引自《中国高等植物图鉴》）

松肥沃的沙质土中长势良好。

【水土保持功能】菝葜耐热、耐旱、耐瘠薄，枝繁叶茂。根系发达，是较好的水土保持植物。

【资源利用价值】菝葜果色红艳，可用于攀附岩石、假山，也可作地面覆盖。根状茎及叶入药，祛风利湿，解毒消肿；根状茎主治风湿关节痛，跌打损伤，胃肠炎，痢疾，消化不良，糖尿病，乳糜尿，白带，癌症；叶外用治痈疖疔疮，烫伤。根状茎还可以提取淀粉和栲胶，或用来酿酒；近代研究还有降血糖、抗肿瘤、抗炎等作用。

【繁殖栽培技术】菝葜既可用分株、扦插、压条等方法无性繁殖，也可用种子进行有性繁殖。无性繁殖时，应特别注意季节和繁殖部位的正确选择。如分株植栽时应待地下茎长出分蘖条后，截取部分块茎及其所生的分蘖条进行栽植；扦插时最好选择地下茎切块做插条，并于春或秋季置埋土中；压条时则应选择在雨季进行。

同属的华东菝葜 S. sieboldii Miq.，功能与菝葜相近，也可用于水土保持生态建设中，限于篇幅，此处不再赘述。

6.65 黄　荆

黄荆 Vitex negundo L.（图6-65）

【科属名称】马鞭草科 Verbenaceae，牡荆属 Vitex L.

【形态特征】落叶灌木或小乔木，高可达5m。小枝四棱形，密生灰白色绒毛。掌状复叶，小叶5，间有3枚，卵状长椭圆形至披针形，全缘或疏生浅齿，背面密生灰白色细绒毛。圆锥状聚伞花序顶生，长10～27cm；花萼钟状，顶端5裂齿；花冠淡紫色，外面又绒毛，端5裂，二唇形。核果球形，黑色。花期4～6月。

【分布与习性】主产长江以南各地，分布几遍全国。喜光，耐干旱瘠薄土壤，适应性强，常生于山坡路旁、石隙林边。

【水土保持功能】黄荆主根明显，根系发达，可起到固结土体，保持水土的作用。

【资源利用价值】黄荆叶秀丽、花清雅，是装点风景区的极好材料，植于山坡、路旁，增添无限生机；也是树桩盆景的好材料。枝、叶、种子入药，花含蜜汁，是极好的蜜源植物，枝可编框。

【繁殖栽培技术】播种、分株繁殖均可，

图6-65　黄荆 Vitex negundo L.
[引自《树木学》（北方本）第2版]

栽培简易，无需特殊管理。

6.66 荆 条

荆条 Vitex negundo L. var. *heterophylla* (Franch.) Rehd. (图6-66)

【科属名称】马鞭草科 Verbenaceae，牡荆属 Vitex L.

【形态特征】荆条是黄荆(*Vitex negundo* Linn.)的一个变种。落叶灌木，高可达2~8m，树皮灰褐色，幼枝方形有四棱，老枝圆柱形，灰白色，被绒毛，叶缘呈大锯齿状或羽状深裂，上面深绿色具细毛，下面灰白色，密被柔毛。花序顶生或腋生，先有聚伞花序集成圆锥花序，花冠紫色或淡紫色，萼片宿存形成果苞。核果球形，黑褐色，外被宿萼。花期6~8月；果期9~10月。

【分布与习性】我国东北、华北、西北、华东及西南各地均有分布，多分布在海拔100~800m山地阳坡及林缘。荆条抗旱耐寒，为中旱生灌丛优势种，其为阳生树种，喜光耐庇荫，在阳坡灌丛中多占优势，生长良好。对土壤要求不严，在黄绵土、褐土、红黏土、石质土、石灰岩山地钙质土及山地棕壤上都能生长。荆条人工林生长快，能迅速形成植被，其为早熟性灌木，2年生实生苗和1年生萌生条苗即可开花结实。

【水土保持功能】荆条主根明显，侧根发达，穿透力强，3年生荆条在红黏土上根深60cm，在黄土上根深达180cm，根系发达，可形成牢固的网络，起到固结土体，保持水土的作用。树冠茂密，截留(降雨)量为5.93~9.01t/hm^2，3年生荆条林内枯落物3cm厚，枯落物蓄水量7.73t/hm^2，且适应性强，分布广，资源丰富，是绿化荒山，保持水土的优良乡土灌木。

【资源利用价值】可提取芳香油，种子含油率16.1%，可制肥皂及工业用油，茎皮含纤维可造纸和人造棉及编绳索；根叶可入药，具有清凉镇静作用，能治痢疾、流感、止咳化痰、胃肠痛。荆条花繁、开放期长，是良好的蜜源植物，其枝叶含有丰富的营养，是很好的绿肥。老根形状多姿，耐雕刻加工，是理想的盆景制作材料。荆条叶形美观，花色蔚蓝，香气四溢，雅致宜人，也是优良的庭院绿化观赏树种。

图6-66 荆条 Vitex negundo L. var.
heterophylla (Franch.) Rehd.
[引自《树木学》(北方本)第2版]

【繁殖栽培技术】种子育苗造林、直播造林均可，多采用种子繁殖。

①种子繁殖　10月果实由绿色变为灰黑色，即可采种，采回的果穗摊于场院冻后，打下种子，除去杂物备用或干藏。春季土壤解冻后，整地作床，开沟条播，行距25cm，深3cm，3月中旬播种，播种量52～75kg/hm²，覆土1.0～1.5cm。播后1周可见苗，遇天气干旱时要及时浇水、松土、除草，秋后苗高可达50cm左右，产苗量$22.5 \times 10^4 \sim 30 \times 10^4$ 株/hm²。造林在来年3月上旬栽植，水土保持防护林，株行距0.5m×1.0m 或 1.0m×2.0m。荆条常是其他乔木树种的伴生种，可与侧柏、油松、山杏、酸枣、黄蔷薇等乔灌木成带状或块状混交。

②直播造林　秋季穴状整地，规格长×宽×深40cm×30cm×25cm，翌年3月上旬播种，每穴播5～20粒种子，如春季土壤干燥，最好等雨后直播，覆土1.5～2.0cm，成活稳定后间苗，每穴留1～2株健壮株，培育成林。

此外，牧荆 V. negundo var. cannbifolia (Sieb. et Zucc.) Hand. –Mazz. 与荆条类似，其主要形态区别为：小叶边缘有多数锯齿，背面淡绿色，无毛或稍有毛。是优良水土保持树种。

6.67 枸杞

枸杞 *Lycium chinense* Mill. (图6-67)

【科属名称】茄科 Solanaceae，枸杞属 *Lycium* L.

【形态特征】多分枝灌木，高1m，栽培可达2m多。细枝长，常弯曲下垂，有纵条棱，具针状棘刺。单叶互生或2～4枚簇生，卵形、卵状菱形至卵状披针形，长1.5～5cm，端急尖，基部楔形。花单生或2～4朵簇生叶腋；花萼常3中裂或4～5齿裂；花冠漏斗状，淡紫色，花冠筒稍短于或近等于花冠裂片。浆果红色、卵状。花果期6～11月。

【分布与习性】广布全国各地。性强健，稍耐寒；喜温暖，较耐寒；对土壤要求不严，耐干旱、耐碱性都很强，忌黏质土及低湿条件。

【水土保持功能】枸杞具有较强的适应性，根系发达，萌发力强，是干旱、沙荒、盐碱地水土保持造林及防风固沙造林的先锋树种。

【资源利用价值】枸杞花朵紫色，花期长，入秋红果累累，缀满枝头，状若珊瑚，颇为美丽，是庭院秋季观果灌木。可供池畔、河岸、山坡、径旁、悬崖石隙以及林下、井边栽植；根干虬曲多姿的老株常作树桩盆景；

图6-67　枸杞 *Lycium chinense* Mill.
[引自《树木学》(北方本)第2版]

雅致美观。果实、根皮可入药，嫩叶可作蔬菜食用。

【繁殖栽培技术】播种、扦插、压条、分枝繁殖均可。

①种子育苗 种子育苗以春播为好，播前将干果在水中浸泡1~2d。搓除果皮和果肉，在清水中漂洗出种子，捞出稍晾干，然后与3份细沙拌匀，在室内20℃条件下催芽，待种子有30%露白时，按行距0~40cm开沟，沟深为1~1.5cm，沟宽6cm，将催芽后种子拌细土或细沙撒于沟内，覆土1~2cm，轻踩后浇水，播种量3.75~6kg/hm²。前期要多浇水以加速幼苗生长，后期可浇水或不浇水可促进木质化。苗高20~30cm进行定苗，株距12cm，当苗木根茎粗>0.6cm时，即可出圃移栽。

②扦插育苗 扦插育苗于春季发枝前，选1年生枝条的徒长枝，截成15~20cm长的插条，每段插条要具有3~5个芽，上端切成平口，下端削成斜口并用ABT生根粉将插条浸泡24h，以利生根。然后按行株距30cm×15cm斜插苗床中，保持土壤湿润，以利成活。

③移栽 移栽春秋季均可，春季在3月下旬至4月上旬，秋季于10月中下旬，按穴距230cm挖大穴，每穴3株，穴内株距35cm，也可按170cm距离挖穴，每穴种1株，栽后踏实灌水。

④加强管理 白天气温一般应保持在15~20℃，夜间不低于10℃，超过25℃要及时通风降温。每年春天萌芽前结合中耕松土，追施一次发酵的猪羊粪或人粪尿等。方法是在树的一侧约30~50cm处挖半圆形沟，每株施5~6kg粪肥。施后盖土、拍实、浇水，灌溉因地制宜采取小水勤浇，保持土壤湿润，防止大水漫灌，降低地温。枸杞的萌蘖和发枝很强，只要合理地整形修剪，才能培养出均衡、稳固、结果面积大、便于管理的树型。在第一次采收后，每隔15~20d再追施速效化肥一次，一般每公顷追尿素75~120kg，二铵225kg，最好深松30cm与肥料拌匀，直到最后一次采收。

⑤采收 枸杞主要采摘10~15cm的新梢头，采收时为促使更多新枝条的萌发，提高产量，在枝条基部要留足4~6个腋芽，枸杞采果期在9~10月，采果期每隔5~7d采1次，忌在有晨露、雨水未干时采。采后可用晒干或烘干两种方法，前两天忌暴晒，忌手翻动。烘干可采用3阶段烘，第一阶段温度在40~45℃，历时1~1.5d，至果实出现部分收缩；第二阶段温度在45~50℃，历时1.5~2d，至果实全部呈现收缩皱纹，呈半干状；第三阶段温度可在50~55℃，历时1d左右，烘至干燥，干燥后要进行脱柄。

6.68 凌 霄

凌霄 *Campsis grandiflora*(Thunb.) Loisel.，又名紫葳、苕华、藤五加(图6-68)

【科属名称】紫葳科 Bignoniaceae，凌霄属 *Campsis* Lour.

【形态特征】攀缘藤本；茎木质，表皮脱落，枯褐色，以气生根攀附于它物之上；叶对生，奇数羽状复叶；小叶7~9，卵形或卵状披针形，先端尾状渐尖，基部阔楔形，两侧不等大，长3~6(~9)cm，宽1.5~3(~5)cm，侧脉6~7对，两面无毛，边缘有粗锯齿；叶轴长4~13cm；小叶柄长5~10mm；顶生疏散的短圆锥花序，花序轴长 15~20cm；花萼钟状，长 3cm，分裂至中部，裂片披针形，长约 1.5cm。花冠内面鲜红色，外面橙黄色，长约 5cm，裂片半圆形；雄蕊着生于花冠筒近基部，花丝线形，细长，长 2~2.5cm，花药黄色，个字形着生；花柱线形，长约 3cm，柱头扁平，2 裂。蒴果先端钝。花期 5~8 月；果期 10 月。

【分布与习性】凌霄分布于我国华东、华中、华南等地，在台湾有栽培；日本也有分布，越南、印度、巴基斯坦均有栽培。喜光、喜温暖湿润的环境，稍耐荫。喜欢排水良好土壤，较耐水湿，并有一定的耐盐碱能力。

【水土保持功能】凌霄枝繁叶茂，根蘖能力强，是良好的水土保持树种。

图 6-68 凌霄 *Campsis grandiflora* (Thunb.) Loisel.［引自《树木学》(北方本)第 2 版］

【资源利用价值】凌霄枝繁叶茂，入夏后朵朵红花缀于绿叶中次第开放，十分美丽，很好的垂直绿化植物。茎、叶、花入药，有泻血热、破血淤的功能。

【繁殖栽培技术】由于凌霄不易结果，很难得到种子，所以一般不用种子繁殖，主要用扦插法进行繁殖。扦插容易成活，春、夏都可进行。选择粗壮的 1 年生枝条，剪成长 10~15cm 插条，剪去叶片，斜插入整好的地里，用塑料薄膜覆盖，使其温度保持在 23~25℃，湿度保持在 60%，20d 即可生根。也可压条或分根繁殖。

6.69　金银花

金银花 *Lonicera japonica* Thunb. (图 6-69)

【科属名称】忍冬科 Caprifoliaceae，忍冬属 *Lonicera* L.

【形态特征】半常绿藤本，长可达 9m。枝细长中空，皮棕褐色，条状剥落，幼时密被短柔毛。叶卵形或椭圆状卵形，长 3~8cm，先端渐尖至钝，基部圆形至心形，全缘，幼时两面具柔毛，老后光滑。花成对腋生，苞片叶状；萼筒无毛；花冠二唇形，上唇 4 裂而直立，下唇反转，花冠筒与裂片等长，初开为白色略带紫晕，后转黄色，芳香。浆果球形，离生，黑色。花期 5~7 月；果期 8~10 月。

【分布与习性】中国南北各地均有分布，北起辽宁，西至陕西，南达湖南，西南至云南、贵州。喜光、耐荫、耐寒、耐旱及水湿，对土壤要求不严，酸碱土壤均能生长。性强健，适应性强，根系发达，萌蘖能力强，茎着地即能生根。

【水土保持功能】金银花根系发达，须根多，且茎叶密度大，郁闭覆盖能力强，具有强大的护坡、固土、保水和持水能力，是优良的水土保持植物。

【资源利用价值】金银花植株轻盈，藤蔓缭绕，冬叶微红，花先白后黄，富含清香，是色香具备的藤本植物，可缠绕篱垣、花架、花廊等作垂直绿化；或附在山石上，植于沟边，爬于山坡，用作地被，也富有自然情趣；花期长，花芳香，又值盛夏酷暑开放，是庭院布置夏景的极好材料；且植株体轻，是美化屋顶花园的好树种；老桩作盆景，姿态古雅。花蕾、茎枝入药。是优良的蜜源植物。

【繁殖栽培技术】播种、扦插、压条、分枝均可。10 月果熟，采回堆放后熟，洗净阴干，层积贮藏，至翌春 4 月上旬播种，种子千粒重为 3.1g，播前把种子放在 25℃温水中浸泡 1 昼夜，取出与湿沙混拌，置于室内，每天拌 1 次，待 30%～40%的种子裂口时进行播种，保持湿润，10d 后可出苗。春、夏、秋三

图 6-69　金银花 *Lonicera japonica* Thunb.
［引自《树木学》(北方本) 第 2 版］

季都可进行扦插，而以雨季为好，2～3 星期后可生根，第二年移植后就能开花。压条在 6～10 月进行。分株在春秋两季进行。

6.70　太行铁线莲

太行铁线莲 *Clematis kirilowii* Maxim.（图 6-70）

【科属名称】毛茛科 Ranunculaceae，铁线莲属 *Clematis* L.

【形态特征】落叶或半常绿藤本，长约 4m。叶常为二回三出羽状复叶，小叶卵形或卵状披针形，长 2～5cm，全缘或有少数浅裂，叶表暗绿色，叶背疏生短毛或近无毛，网脉明显。花单生于叶腋，无花瓣；花梗细长，于近中部处有 2 枚对生的叶状苞片；萼片花瓣状，常 6 枚，乳白色，背有绿色条纹，径 5～8cm；雄蕊暗绿色，无毛；子房有柔毛，花柱上部无毛，结果时不延伸。花期夏季，花白色。

【分布与习性】产于广西、广东、湖南、湖北、浙江、江苏、山东等地；日本及欧美多有栽培。生于山坡草地。喜光，单侧庇荫时生长更好。喜肥沃疏松、排水良好的石灰质土壤。耐寒性较差；在华北常盆栽，温室越冬。

【水土保持功能】太行铁线莲能积累土壤有机质，常与乔木、灌木和草本混生，具有改良土壤，涵养水源及保持水土的作用。

【资源利用价值】种子含油 18%，可供工业用。本种花大而美，是点缀院墙、棚架、围篱及凉亭等垂直绿化的好材料，亦可于假山、岩石相配或作盆栽观赏。

图 6-70 太行铁线莲 Clematis kirilowii Maxim.［引自《树木学》(北方本)第 2 版］

【繁殖栽培技术】用播种、压条、分株、扦插及嫁接等法繁殖。种子在成熟采收后应先层积，然后秋播或春播。压条和分株繁殖，国内普遍采用而以前者为主。于 4~5 月间将枝蔓压入土内或盆中，入土部分至少应有 2 个节，深约 3cm，封土后砸实并压一砖块，经常保持湿润，1 年以后即可隔离分栽。对于变种或园艺品种，多用扦插或嫁接法繁殖，尤以后者为多。扦插宜于夏季在冷床内进行。嫁接时可用实生苗作砧木，通常在早春于土内行根接，待成活后再栽于露地。具体方法是预先在露地掘取砧木的根，切成小段后栽于盆中。用割接法将品种接穗接上，用麻皮扎好后放在嫁接匣中使其在高温高湿的条件下加速愈合。成活后放在中温温室中，待室外较暖和后可连盆放置在外面，待植株长大后，如为露地栽培者，即可脱盆定植。

6.71 灌木铁线莲

灌木铁线莲 Clematis fruticosa Turcz.（图 6-71）

【科属名称】毛茛科 Ranunculaceae，铁线莲属 Clematis L.

【形态特征】直立小灌木。单叶对生，具短柄；叶片薄革质，狭三角形或披针形，长 2~3.5cm，宽 0.8~1.4cm，边缘疏生牙齿，下部常羽状深裂或全裂，上面几无毛，下面有微柔毛；叶柄长 3~8mm。聚伞花序腋生，长 2~4.5cm，含 1~3 花；总花梗长 1~2.5cm；花萼钟形，黄色，萼片 4，狭卵形，长 1.3~1.8cm，宽 3.5~8mm，顶端渐尖，边缘有短绒毛；无花瓣；雄蕊多数，无毛，花丝披针形；心皮多数。瘦果近卵形，长约 4mm，密生柔毛，羽状花柱长约 2cm。

【分布与习性】分布在甘肃、陕西、山西、河北北部和内蒙古南部，生于山坡灌丛中。

【水土保持功能】灌木铁线莲根系发达，落叶量大，易腐烂，固土及改良土壤作用比较突出。

【资源利用价值】铁线莲是一种优良垂直绿化植物，可美化庭园，棚架，点缀假山，也可作切花。

【繁殖栽培技术】主要依靠种子繁殖。

图 6-71 灌木铁线莲 Clematis fruticosa Turcz.［引自《树木学》(北方本)第 2 版］

6.72 华蔓茶藨子

华蔓茶藨子 Ribes fasciculatum Sieb. et. Zucc. var. chinense Maxim.（图6-72）

【科属名称】虎耳草科 Saxifragaceae，茶藨子属 Ribes L.

【形态特征】落叶灌木，高可达2m。老枝紫褐色，皮常剥落；小枝灰绿色，幼时有柔毛。叶卵形，宽约4cm，宽稍大于长，3~5裂，裂片阔卵形，基部截形或心形，边缘锯齿粗钝，两面疏生柔毛。花雌雄异株，簇生；雄花4~9朵，黄绿色，杯状，芳香；雌花2~4朵，子房无毛。浆果近球形，萼筒宿存；果梗有节。花期4~5月；果期8~9月。

【分布与习性】普遍野生于山野；长江流域及陕西、山东等地较为常见。

【水土保持功能】华蔓茶藨子枝繁叶茂，落叶量大，易腐烂，根系发达，具有良好的水土保持和改良土壤功能。

【资源利用价值】果实可酿酒或作果酱。根全年可采，为中药。

【繁殖栽培技术】主要依赖种子繁殖。

图6-72 华蔓茶藨子 Ribes fasciculatum Sieb. et. Zucc. var. chinense Maxim.
（引自《中国高等植物图鉴》）

6.73 麻叶绣线菊

麻叶绣线菊 Spiraea cantoniensis Lour.（图6-73）

【科属名称】蔷薇科 Rosaceae，麻绣线菊属 Spiraea L.

【形态特征】高达1.5m，枝细长，拱形，平滑无毛。叶菱状长椭圆形至菱状披针形，长3~5cm，有缺裂锯齿，两面光滑，表面暗绿色，背面青蓝色，基部楔形。6月开白花，花序伞形总状，光滑。

【分布与习性】原产于福建、广东、江苏、浙江、云南、河南；日本亦有分布。喜温暖湿润的气候。

【水土保持功能】麻叶绣线菊枝条直立丛生，落叶量大，易腐烂，根系发达，具有良好的水土保持和改良土壤功能。

【资源利用价值】为优良观赏灌木。

图6-73 麻叶绣线菊 Spiraea cantoniensis Lour.（引自《中国高等植物图鉴》）

【繁殖栽培技术】主要依赖种子繁殖。

6.74 华北绣线菊

华北绣线菊 Spiraea fritschiana Schneid. (图 6-74)

【科属名称】蔷薇科 Rosaceae，绣线菊属 Spiraea L.

【形态特征】为落叶直立灌木，高可达 2m，枝条密集，小枝有棱及短毛。单叶互生，卵形，椭圆状卵形或长圆状卵形，长 3~8cm，宽 1.5~3.5cm，先端急尖或渐尖，基部广楔形、圆形或浅心形，边缘有不整齐重锯齿或单锯齿，表面深绿色，无毛，稀沿叶脉有疏短柔毛，背面浅绿色，无毛或被短柔毛。复伞房花序顶生于当年生直立新枝上，花多数，无毛；苞片披针形或线形，微被短柔毛；花直径 5~6mm；萼筒钟状，内面密被短柔毛，萼裂片三角形；花瓣卵形，长 2~3mm，宽 2~2.5mm，先端圆钝，白色，花蕾期呈粉红色；雄蕊 25~30，长于花瓣；花盘圆环状，约有 8~10 个大小不等的裂片；子房被短柔毛，花柱比雄蕊短。蓇葖果几乎直立，开展，无毛或沿腹缝被短柔毛，花柱顶生，直立或稍斜，常具反折萼片。花期 6 月；果期 7~8 月。

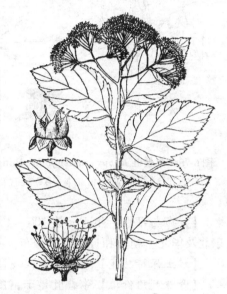

图 6-74 华北绣线菊 Spiraea fritschiana Schneid. [引自《树木学》(北方本) 第 2 版]

【分布与习性】生于山坡杂木林中、林缘、山谷、多石砾地及石崖上，海拔 100~600m。分布于我国河南、河北、山西、陕西、甘肃、山东、江西、江苏、浙江、湖北、安徽等地，朝鲜亦有分布。喜光也稍耐荫，抗寒，抗旱，喜温暖湿润的气候和深厚肥沃的土壤。萌蘖力和萌芽力均强，耐修剪。

【水土保持功能】华北绣线菊枝繁叶茂，根系发达，对绿化山区、保持水土、改善环境，均有显著效能。

【资源利用价值】枝繁叶茂，叶似柳叶，小花密集，花色粉红，花期长，自初夏可至秋初，娇美艳丽，是良好的园林观赏植物和蜜源植物。

【繁殖栽培技术】播种、分株、扦插均可。

6.75 牛叠肚

牛叠肚 Rubus crataegifolius Bunge，又名山楂叶悬钩子 (图 6-75)

【科属名称】蔷薇科 Rosaceae，悬钩子属 Rubus L.

【形态特征】落叶灌木，高 1~2m，茎直立；小枝黄褐色至紫褐色，无毛，具直立针状皮刺，微具棱角。单叶，互生；托叶线形，长约 6mm，基部与叶柄合生，早

图 6-75 牛叠肚 *Rubus crataegifolius* Bunge.
[引自《树木学》(北方本)第 2 版]

落；叶柄长 2~5cm，具疏柔毛和钩状小皮刺；叶片广卵形至圆卵形，长 5~12cm，宽 4~8cm，基部心形或微心形，先端急尖或微钝，边缘常为 3~5 掌状浅裂至中裂，各裂片卵形或长圆状卵形，先端急尖或稍钝，边缘具有整齐粗锯齿，表面无毛，背面沿叶脉具疏柔毛或近无毛，中脉具小皮刺或无。花 2~6 朵簇生于枝顶成短伞房状花序，或 1~2 朵生叶腋；花梗长 5~10mm，具柔毛；花直径 1~1.5cm；萼筒杯状，外被短柔毛，萼裂片三角状卵形，先端渐尖，全缘，外面具短柔毛，内面密被白色柔毛；花瓣卵状椭圆形，白色；雄蕊多数，长约 5mm；心皮多数，无毛。聚合果近球形，直径约 1cm，暗红色，无毛，有光泽。花期 6 月；果期 8~9 月。

【分布与习性】生于海拔 100~1 100m 山坡灌丛、林缘及林中荒地。分布于我国东北及华北；朝鲜和日本也有分布。牛叠肚抗旱，抗寒，适应性强。

【水土保持功能】牛叠肚主根发育明显，入土深，侧根发达，具有较强固土能力。

【资源利用价值】牛叠肚是丰富的 SOD 原料植物；果实可用于制作果酒、果酱、果汁等，还可入药，有补肾的功效，茎皮纤维可供造纸，全株含鞣质，可提取栲胶。果实含糖分、有机酸、维生素 C、盐类和果胶等成分。

【繁殖栽培技术】主要依赖种子繁殖。

6.76 鼠 李

鼠李 *Rhamnus davulrica* Pall.（图 6-76）

【科属名称】鼠李科 Rhamnaceae，鼠李属 *Rhamnus* L.

【形态特征】落叶灌木或小乔木，株高 3~4m，树皮灰褐色；小枝较粗壮，无毛。单叶，在长枝上近对生，在短枝上簇生，倒卵状长椭圆形至卵状椭圆形，长 4~10cm，先端锐尖，基部楔形，缘有细圆齿，上面绿色，无毛或疏生短柔毛，下面淡绿色，侧脉 4~5 对；叶柄长 6~25mm。花单性，花黄绿色，3~5 朵簇生叶腋，花梗长 1cm；萼片 4，披针形，具 3 脉，无毛，花瓣和雄蕊退化成丝状。核果，果实球形，径约 6mm，熟食时紫黑色；种子 2，卵

图 6-76 鼠李 *Rhamnus davulrica* Pall. [引自《树木学》(北方本)第 2 版]

形，背面有沟。花期5~6月；果期8~9月。

【分布与习性】产东北、内蒙古及华北；朝鲜、蒙古、俄罗斯也有。多生于山坡、沟旁或杂木林中。适应性较强，耐寒，耐荫，耐干旱瘠薄。

【水土保持功能】鼠李枝密叶繁，根系发达，具有较强的固土、保水能力，常配置在山地阴坡、半阴坡，营造水土保持林。

【资源利用价值】本种枝密叶繁，入秋有累累黑果，可植于庭院观赏。木材坚实致密，可作家具、车辆及雕刻等用材。种子可榨油供润滑用；果肉可入药；树皮及果可作黄色燃料。

【繁殖栽培技术】播种繁殖，无需精细管理。

6.77 葛藟

葛藟 *Vitis flexuosa* Thunb.（图6-77）

【科属名称】葡萄科 Vitaceae，葡萄属 *Vitis* L.

【形态特征】藤本，枝条细长，幼枝被灰白色绵毛，后变无毛。叶宽卵形或三角状卵形，长4~12cm，宽3~10cm，不分裂，顶端短尖，基部宽心形或近截形，边缘有波状小齿尖，表面无毛，背面主脉上有柔毛，脉腋有簇毛。圆锥花序细长，有白色绵毛。浆果球形，熟后变黑色。花期5~6月；果熟期9~10月。

【分布与习性】分布于广东、广西、云南、四川、陕西、湖北、湖南、江西、浙江、安徽、山东等地，生于山坡、林边或路旁灌丛中。

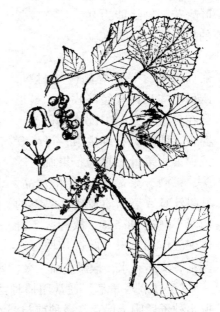

图6-77 葛藟 *Vitis flexuosa* Thunb.
[引自《树木学》（北方本）第2版]

【水土保持功能】葛藟枝叶繁茂，根系发达，具有较强的护坡、固土能力。

【资源利用价值】果实味酸，不能生食；根、茎和果实供药用，治关节酸痛。

【繁殖栽培技术】可用扦插、压条、播种等方法繁殖。

6.78 中华猕猴桃

中华猕猴桃 *Actinidia chinensis* Planch.（图6-78）

【科属名称】猕猴桃科 Actinidiaceae，猕猴桃属 *Actinidia* Lindl.

【形态特征】落叶藤本。小枝幼时密生灰棕色柔毛，老时渐脱落；髓大，白色，片状。叶纸质，圆形、卵圆形或倒卵形，长5~17cm，顶端突尖、微凹或平截，缘有刺毛状细齿，表面仅脉上有细毛，背面密生灰棕色星状绒毛。花乳白色，后变黄色，径3.5~5cm。浆果椭球形或卵形，长3~5cm，有棕色绒毛，黄褐绿色。花期6月；果熟期8~10月。

【分布与习性】分布于长江流域及其以南各地，北至陕西、河南等地也有分布。喜阳光，略耐荫；喜温暖气候，也有一定耐寒能力，喜深厚肥沃湿润而排水良好的土壤。在自然界常生于山地林内或灌木丛中，垂直分布可达海拔1 850m。

【水土保持功能】猕猴桃枝叶繁茂，攀缘能力强，具有较强的护坡固土的能力。

【资源利用价值】花大、美丽而芳香，是良好的棚架材料，既可观赏又可有经济收益，最适合在自然式公园中配置应用。果实含多种糖类和维生素，可生食或加工成果汁、果酱、果脯、罐头、果酒、果晶等饮料和食品。其果汁对致癌物质亚硝基吗啉的阻断率高达98.5%，故有益于身体保健作用。根、藤、叶均可入药，有清热利水，散淤止血之效。茎皮及髓含胶质，可作造纸胶料。花可提取香料。

图6-78　中华猕猴桃 *Actinidia chinensis* Planch.
[引自《树木学》（南方本）第2版]

【繁殖栽培技术】通常用播种法繁殖。将成熟的浆果捣烂，在水中用细筛淘洗，取出种子后阴干保存。播种前与湿沙混合装入盆内，保持温度在2~8℃，经沙藏50d后即可播种。在北京地区，以4月上旬播种为宜。幼苗在冬季应埋土防寒。定植时应设棚架以利攀缘，有利于通风透光，增加产量。此外也可用扦插法繁殖。

6.79　杠　柳

杠柳 *Periploca sepium* Bunge（图6-79）

【科属名称】杠柳科 Periplocaceae，杠柳属 *Periploca* L.

【形态特征】落叶蔓性灌木，丛生多枝，高0.6~2m，径粗1~4cm，枝叶具白色乳汁，除花外，全株无毛。茎皮灰褐色或浅褐色，具光泽，小枝黄褐色，常对生，具突起圆形皮孔。单叶对生，全缘，革质，卵状披针形或长圆状披针形，具光泽，均无毛；叶柄长3~10mm。聚伞花序腋生，花冠紫红色，辐状，裂片反折，中间加厚呈纺锤形，内面被长柔毛，外面无毛；副花冠10裂，其中5裂延伸丝状短柔毛；雄蕊着生在副花冠内面，并与其合生。蓇葖果2，圆柱状，长7~12cm，两端渐尖。种子多数，长圆形，两端尖，黑褐色，长约3cm，种子千粒重7.66g。花期5~6月；果期7~9月。

【分布与习性】分布于东北、华北、西北、华东及西南等地。常见于海拔400~2 000m平原、低山丘陵、林缘、沟坡、河边、沙质地灌草丛中。杠柳喜光，根蔓生能力强，主侧根发达，根长为植株地上部分的2~3倍，连年采割枝条，可形成粗壮根茎，根茎上有很多不定芽，每年都能重新萌发出新的枝条。杠柳抗风沙，耐盐碱，抗风蚀沙埋作用相当显著，抗旱性强，能在年降水量200mm的沙丘上顽强生长，有极强的抗涝能力。

【水土保持功能】杠柳抗风蚀、沙埋作用相当显著，其密集的地方，每年春季能截留大量淤沙，厚度一般为6~7cm。茎部被沙埋时，其茎部也能萌发出大量的水平根，倒伏的茎被沙埋后，能多处生根形成新的株丛。此外，杠柳种子以风为动力传播，故林地周围常萌生很多幼树，自我更新能力强，且杠柳生长迅速，成林早，郁闭快。因此，防风蚀作用相当显著，其保护距离可达10m左右。

图6-79　杠柳 *Periploca sepium* Bunge
[引自《树木学》（北方本）第2版]

【资源利用价值】杠柳茎、皮、根均可药用，其中含有的杠柳素、香树精等成分，药用价值较高，有祛风湿、通经络、强筋骨等功效，可治风寒湿痹、关节肿瘤、关节炎等症。根皮浸出液可杀死蚜虫。杠柳根茎萌力强，又多枝丛生，可逐年连续采割或平茬，是很好的薪炭树种。

【繁殖栽培技术】杠柳用播种或分根方法繁殖，一般采用播种育苗，育苗造林比较简单容易，采种时间10月份最佳，此时果皮不开裂，种子也较干，将采集的果荚去掉荚皮和种毛后放干燥处保存，来年播前取出，用木棍反复敲打揉搓，使白色种毛与种子脱离，除去种毛和杂质，即获得纯净种子。播种期5月上旬、中旬为宜，将种子用40~50℃热水浸泡4~5h，待种子膨胀，并有1/3露白，捞出后即可混沙播种育苗，每公顷播种15kg。杠柳造林时间一般在4月上、中旬为宜，株行距0.7m×1.0m或1.0m×1.0m，成活后基本不用管理。

6.80　锦带花

锦带花 *Weigela florida* (Bunge) A. DC. （图6-80）

【科属名称】忍冬科 Caprifoliaceae，锦带花属 *Weigela* Thunb.

【形态特征】灌木，高达3m。枝条开展，小枝细弱，幼时具2列柔毛。叶椭圆形或卵状椭圆形，长5~10cm，端锐尖，基部圆形至楔形，缘有锯齿，表面上有毛，背面尤密。花1~4朵成聚伞花序；萼片5裂，披针形，下半部连合；花冠漏斗状钟形，玫瑰红色，裂片5。蒴果柱形，种子无翅。花期4~5(6)月。

【分布与习性】原产华北、东北及华东北部。喜光，耐寒，对土壤要求不严，能耐瘠薄土壤，但以深厚、湿润而腐殖质丰富的壤土生长最好，忌水涝；对氯化氢抗性较强。萌芽力、萌蘖力强，生长迅速。

【水土保持功能】锦带花枝叶繁茂，根系发达，生长迅速，郁闭覆盖能力强，具有强大的固土、保水和持水能力。

【资源利用价值】锦带花枝叶繁茂，花色艳丽，花期长达两月之久，是华北地区春季主要花灌木之一。适于庭院角隅、湖畔群植；也可在树丛、林缘作花篱、花丛配置；点缀于假山、坡地也甚适宜。

【繁殖栽培技术】常用扦插、分株、压条法繁殖，为选用新品种可用播种法繁殖。休眠枝扦插在春季2~3月露地进行；半熟枝扦插于6~7月在阴棚地进行，成活率都很高。种子细小而不易采集，除为了选育新品种及大量育苗外，一般不常用播种法，10月果实成熟后迅速采收，脱粒，取净后密藏，至翌春4月撒播。栽培容易，

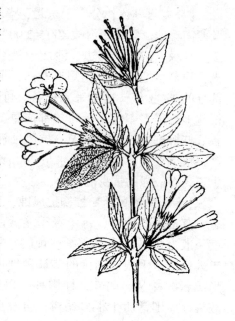

图 6-80　锦带花 *Weigela florida* (Bunge) A. DC.

[引自《树木学》(北方本)第2版]

生长迅速，病虫害少，花开于1~2年生枝上，故在早春修剪时，只需剪去枯枝和老弱枝条，每隔2~3年行一次更新修剪，将3年生以上老枝剪去，以促进新枝生长。花后及时摘除残花，增进美观，并能促进枝条生长。早春发芽前施一次腐熟堆肥，则可年年开花茂盛。

本章小结

藤木和灌木在水土保持植被中类似于筋络，以其密集的枝叶、发达的根系以及某些树种较强的抗旱性和抗盐性，在防风固沙、保持水土、防止土壤侵蚀、改良盐碱等方面具有重要作用。因此，必须重视学习藤木和灌木树种有关知识。本章简要介绍了80种灌木与藤本(16种木质藤本和64种灌木)的形态特征、分布区域及其生态习性，在此基础上重点介绍了它们的资源利用价值、水土保持功能和繁殖栽培技术。为防护林体系建设中优良灌木和藤本植物选择与栽培提供技术支撑。

思 考 题

1. 水土保持灌木植物在植被恢复与水土保持中的地位和作用？
2. 西北地区主要灌木树种及其水土保持特点与繁育栽培措施？
3. 耐盐碱性较强的水土保持藤本和灌木植物种类及其生态习性？

第 7 章 水土保持草本植物

7.1 地肤

地肤 Kochia scoparia (L.) Schrad. (图7-1)

【科属名称】藜科 Chenopodiaceae，地肤属 Kochia Roth

【形态特征】1年生草本，高50~100cm。根略呈纺锤形。茎直立，圆柱状，淡绿色或带紫红色，有多数条棱，分枝稀疏，斜上。叶披针形或条状披针形，无毛或稍有毛，先端短渐尖，基部渐狭，通常有3条明显的主脉，边缘有疏生的锈色绢状缘毛，茎上部叶较小，无柄，1脉。花两性或雌性，通常1~3个生于上部叶腋，构成疏穗状圆锥状花序，花被近球形，淡绿色，花被裂片近三角形，无毛或先端稍有毛，翅端附属物三角形至倒卵形，膜质，边缘微波状或具缺刻；柱头2，丝状，紫褐色，花柱极短。胞果扁球状五角形，果皮膜质，与种子离生。种子卵形，黑褐色，稍有光泽。花期7~9月；果期8~10月。

【分布与习性】分布几遍全国，多生于荒地、路边、田间、河岸、沟边或屋旁。地肤适应性较强，喜温、喜光、耐干旱瘠薄，耐寒、耐热；对土壤要求不严格，较耐碱性土壤，肥沃、疏松、含腐殖质多的壤土利于地肤旺盛生长。

【水土保持功能】地肤适应性强，对土壤要求不严，可在多种土壤环境下自然繁殖生长。地上部分生长繁茂，具有截留降水、覆盖地表、保持水土的作用。且具有一定的抗盐碱能力，可用于盐碱地改造。

【资源利用价值】果实称"地肤子"，为常用中药，能清湿热、利尿，治尿痛、尿急、小便不利及荨麻疹，外用治皮肤癣及阴囊湿疹。地肤中含有多种营养成分和化学成分，每百克可食部分含维生素 B_1 0.13mg、维生素

图7-1 地肤 Kochia scoparia (L.) Schrad.

(引自《中国高等植物图鉴》)

C62mg、胡萝卜素5 012mg、蛋白质502g、脂肪0.8g、糖类8g、硫胺素0.15g、核黄素0.31g、抗坏血酸39mg、尼克酸1.6mg，另外还含有人体所需的多种氨基酸，种子中含有三萜甙和脂肪油，碘值约140左右，具十分丰富的营养价值和特殊的医疗保健作用。地肤还是一种理想的、又极具开发价值的野生食用油脂植物资源，其种子含油量为16%，其中亚油酸占48%，油酸占38%。地肤中粗蛋白含量高达18.3%，含10余种氨基酸，粗纤维14.9%，粗脂肪2.4%，富含Fe、Cu、Zn、Mn及胡萝卜素、维生素C等，茎叶是家禽、家畜喜食的青饲料，营养较全，饲用价值较高，是一种优质的天然维生素补充料。地肤的幼苗是一种极好的野生蔬菜，营养价值高，又具有保健功能。另外，地肤可以在一些粗放地段，临时性绿地进行栽植，也可在一些园林植物丛中做配植，起到点缀作用，观赏性好，管理简便。

【繁殖栽培技术】种子繁殖。播种前精细整地，条播行距 0.5~0.8m，覆土0.4~0.5cm，播种量为 1kg/hm^2，播前稍镇压。一般4月播种，播后保持土壤湿润，约10d出苗。苗出齐后要及时间苗、定苗，并及时松土、除草，适时浇水，每年施追肥2~3次。植株长到15~20cm高时，即可结合间苗采收幼苗，4~7月可陆续采收嫩茎叶；秋季果实成熟时割取全草，晒干打下果实，除去杂质，晒干供用。茎叶切段晒干即可。种子收获后，脱粒干燥，保存备用。

7.2 木地肤

木地肤 *Kochia prostrata* Schrad.，又名伏地肤、红杆蒿（图7-2）

【科属名称】藜科 Chenopodiaceae，地肤属 *Kochia* Roth

【形态特征】多年生半灌木，高20~80cm。木质茎通常低矮，高不过10cm，有分枝，黄褐色或带黑褐色。叶互生，条形，常数片集聚于腋生短枝而呈簇生状，先端钝或急尖，基部稍狭，无柄，两面有稀疏的绢状毛，脉不明显。花两性兼有雌性，通常2~3花团集叶腋，于当年枝的上部或分枝上集成穗状花序；花被球形，有密绢状毛，花被裂片卵形或矩圆形，翅状附属物扇形或倒卵形，膜质，具紫红色或黑褐色脉；雄蕊5，花丝丝状，稍伸出花被外；柱头2，丝状，紫褐色。胞果扁球形，果皮厚膜质，灰褐色。种子小，横生，卵形或近圆形，黑褐色，千粒重约为1g。花期7~8月；果期8~9月。

【分布与习性】木地肤主要分布在荒漠地带及草原地带，在我国主要分布在黑龙江、吉林、辽宁、内蒙古、山西、陕西、宁夏、甘肃、新疆、西藏等地。木地肤具有广泛的生态可塑性。常生长在草原和荒漠区的沙质、砂壤质或砾石土壤上，

图7-2 木地肤 *Kochia prostrata* Schrad.
（引自《中国高等植物图鉴》）

偶与针茅草伴生，多单株生长，在荒漠草原形成层片，是温带干旱与半干旱地区的旱生植物。木地肤在表层土壤含水量下降到1.0%~2.0%时，则出现休眠，待土壤水分增加时，再恢复生长。

木地肤抗寒、抗热，耐碱性较强，冬季在-35℃能安全越冬，夏季土表温度达65℃也未见灼伤。在30cm土层中含盐量在0.5%以内生长良好，在1.0%时也能出苗生长。

【水土保持功能】木地肤再生性强，自繁自长，无需任何管理措施即不用浇灌，也不需锄草，封育撒种即可自然生长。在封育条件下，木地肤有较高生物产量，分枝好，特别是生长多年的木地肤，具备了保水、抗旱双重能力。木地肤主根粗大，侧根发达，一般主根长2~2.5m，侧根长1.4m，根系生长速度很快，可超过地上部1~1.5倍。发达的根系可固持沙土免受流失。木地肤抗盐碱能力极强，是改良盐碱地和荒漠植被类型的主要草种。

【资源利用价值】木地肤具有较高的营养价值，据分析，它在不同发育时期内，与藜科其他植物相比，其灰分多、蛋白质多，而且不随季节变化；木地肤饲用时间长、产量高，各类牲畜均喜食，秋季对山羊、绵羊有催肥作用，因而是干旱荒漠地区的优良牧草。木地肤冬季残株保存完好，返青早，叶量丰富，属多叶型小灌木，茎叶比为1:1.25~1:2.8，分枝多，成株分枝一般在20个以上，且生长快，成熟早，再生能力强，是干旱区理想的放牧型牧草，也可做割草用。木地肤在开花前每天生长达0.5cm，当年播种植株也能开花结实，第二年生长迅速，每年刈割2次，放牧可利用3次。

【繁殖栽培技术】种子繁殖。木地肤种子小，顶土能力弱，发芽要求较好的墒情，以秋末或春初抢墒播种为好。在土壤水分15%~20%时，出苗最好，播深以1cm最适宜，不能超过2cm，也可冬前寄籽播种。木地肤种子寿命短，存放3~5个月以后发芽率下降，应在收获当年播种。幼苗对遮荫敏感，要注意除草。

另外，本种有灰毛木地肤 *K. prostrata* 和密毛木地肤 *K. prostrata* 两个变种，与木地肤区别在于两者当年生枝有密的灰白色柔毛，也密生贴伏的绢毛。两变种区别在于后者当年生枝所被灰白色柔毛弯曲且贴伏绢毛长，产于内蒙古、宁夏、甘肃西部、新疆的山坡及沙地；后者只产新疆北部，生于戈壁、沙地、干山坡。

7.3 沙 蓬

沙蓬 *Agriophylum pungens* Link. ex A. Dietr.，又名沙米、沙蓬米、登相子、登粟楚尔布尔（内蒙古）（图7-3）

【科属名称】藜科 Chenopodiaceae，沙蓬属 *Agriophyllum* Bieb.

【形态特征】1年生草本，植株高14~100cm。茎直立，坚硬，浅绿色，具不明显的条棱，幼时密被分枝毛，后脱落；由基部分枝，最下部的一层分枝通常对生或轮生，平卧，上部枝条互生，斜展。叶无柄，披针形、披针状条形或条形，先端向基部渐狭，叶脉浮凸纵行，3~9条。穗状花序卵圆状或椭圆状，无梗；花被片1~3，膜质；雄蕊2~3，花丝锥形，膜质，花药卵圆形。果实卵圆形或椭圆形，两面扁平或背部稍凸，上部边缘略具翅缘；果喙深裂成两个扁平的条状小喙，微向外弯，小喙先端外侧各具一小齿突。种子近圆形，光滑，有时具浅褐色的斑点。花果期8~10月。

【分布与习性】沙蓬是一种耐寒、耐旱的沙生植物，为我国北部沙漠地区常见的沙生植物。喜生于流沙和退化的沙质地，常见于沙丘或流动沙丘的背风坡或较低部位，主要分布于东北及河北、河南、山西、内蒙古、陕西、甘肃、宁夏、青海、新疆和西藏等地。沙蓬通常伴随黑沙蒿、差巴嘎蒿及细枝岩黄芪或沙鞭等出现，有时局部可形成单纯的群落，或仅有少量其他沙生植物掺入。

图7-3 沙蓬 *Agriophylum pungens* Link. ex A. Dietr. （引自《中国高等植物图鉴》）

沙蓬为典型的避旱植物，对水分的影响较为敏感，生长高度因水分条件变化而不同。在干旱之年几乎不发育，植株矮小，株高约3~10cm，种子不成熟或不饱满；而在雨水丰富之年生长发育良好，结实丰富，株高可达1.5m。沙蓬在雨后可快速萌发生长，在流动沙丘上形成以沙蓬为主的绿色背景而固定沙丘。沙蓬主根短小，浅根性，侧根细长，向四周延伸，多分布于沙表层。沙蓬侧根有时长达8~12m，密布于5~40cm的沙层中，犹如丝网，根往往超过株高数倍到数十倍，在干旱之年这种差异更为悬殊。在鄂尔多斯地区，沙蓬4月下旬至5月上旬种子发芽出土，8月中旬至9月下旬为开花期，10月初为蜡熟期，此后植株开始枯黄死亡。但在8月中旬播种，仍能完成其发育阶段。

【水土保持功能】沙蓬幼苗期根系生长快，有利于在流沙上定居，具有适应干旱生态环境的重要特点，是一种很好的防风固沙先锋植物。沙蓬喜生于流动沙丘及丘间沙质土地或避风湾，耐旱、耐风沙。虽然在春冬季枝叶枯萎，但仍能在地表留存，对防风固沙起到积极的作用。沙蓬在沙生植被演替中处于最初阶段，当土地发生严重沙漠化时，沙蓬侵入定居，成为流沙上的先锋植物，因而在生态上具有一定的指示意义。

【资源利用价值】沙蓬在荒漠及荒漠草原地区，不仅是重要的固沙先锋植物，也是重要的饲用植物。骆驼终年喜食，山羊、绵羊、牛、马等仅采食其幼嫩的茎叶。开花后适口性降低，各种家畜不食或少食。种子可作精料，补饲家畜，磨粉熬成糊状，可作为幼畜的代乳品。若8月开花以前刈割调制干草，枝叶嫩绿，营养价值高，大小家畜皆喜食。

沙蓬是沙漠地区防沙固沙的重要野生经济植物，经分析，沙蓬籽的蛋白质脂肪、纤维素含量较高，必需氨基酸构成较合理，可作为保健、疗效食品或优质蛋白资源开发、种植，用于食品工业和饲料工业。沙蓬种子含丰富淀粉，沙区农牧民常制作成粉条食用。种子还可作药用，能发表解热，治感冒、发烧、肾炎。

【繁殖栽培技术】种子繁殖。沙蓬种子在降水湿透干沙层后才能发芽，但发芽率很低，其中以3cm沙层内的种子发芽率为高，发芽后，幼苗因虫害、风蚀和日灼而大量死亡，存活率也很低。在春季沙蓬植株常有被风整株刮断的现象，因此在种植推广时，要尽量避免种在迎风坡的中上部，在沙丘坡脚、湿润的沙海子或干河床两岸较潮湿的沙地比较适宜种植。

7.4 甘 草

甘草 Glycyrrhiza uralensis Fisch. in DC. Prodr.，又名甜草、甜根子（图7-4）

【科属名称】蝶形花科 Fabaceae，甘草属 Glycyrrhiza L.

【形态特征】多年生草本。根与根状茎粗壮，直径1~3cm，外皮褐色，里面淡黄色，具甜味。茎直立，多分枝，高30~120cm，密被腺点、腺体及白色或褐色的绒毛。叶互生，奇数羽状复叶，小叶5~17枚，卵形、长卵形或近圆形，两面均密被腺点及短柔毛，托叶三角状披针形。总状花序腋生，具多数花；花蝶形，花冠紫色、白色或黄色；旗瓣长圆形，顶端微凹，基部具短瓣柄。荚果弯曲呈镰刀状或环状，密集成球，密生瘤状突起和刺毛状腺体。种子3~11枚，圆形或肾形。花期6~8月；果期7~10月。

【分布与习性】甘草生于干旱的钙质土壤上，喜干燥气候，耐严寒，常生于干旱、半干旱沙地、河岸砂质地、山坡草地、荒漠草原、沙漠边缘、黄土丘陵地带及盐渍化土壤上。分布于东北、华北、西北各地及山东。甘草适应性强，抗逆性强，适宜于土层深厚、排水良好、地下水位较低的沙质土壤栽种，土壤酸碱度以中性或微碱性为宜。

【水土保持功能】甘草为多年生草本，地下根和根茎极发达，具有较强的抗旱、抗寒、耐盐碱和防风固沙的能力。对土质要求不严，喜生于干旱、半干旱地区钙质土上，可起到防风固沙的作用。在草原和荒漠草原上可成为优势植物，形成片状分布的甘草群落，对覆盖地表、防止水土流失具有重要意义。

【资源利用价值】甘草地上部分是畜牧业的良好饲草，地下根和茎可入药。甘草最早记载于公元一、二世纪，在《神农本草经》中被列为上品，在《名医别录》中陶弘景称甘草为国老，意即甘草为众药之主。西欧"植物学之父"提奥弗拉斯特在《植物的研究》中称甘草为甜根植物 G.

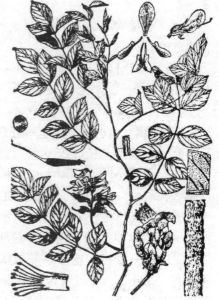

图7-4 甘草 Glycyrrhiza uralensis Fisch. in DC. Prodr.（引自《中国高等植物图鉴》）

glabra Linn.，并指出在民间入药治气喘、咳嗽等症。甘草的根和根状茎供药用，有解毒、消炎、祛痰镇咳之效，可用于治疗胃及十二指肠溃疡、肝炎、咽喉红肿、咳嗽、痈节肿毒等症及脾胃虚弱、中气不足、咳嗽气喘、痈疽疮毒、腹中挛急作痛、缓和药物烈性、解药毒。此外，甘草还可应用于食品、工业、饮料、卷烟、化工酿造等行业。

【繁殖栽培技术】种子和根状茎繁殖。用种子繁殖时，由于甘草种皮质硬而厚，硬实率较高，透气、透水性差，播后不易出苗，最好在播前将种皮磨破、用硫酸法处理种子或用温水浸泡后用湿沙藏30~60d播种，可加速种子的萌发，或用60℃温水浸泡4~6h，捞出后放到温暖处，用湿布覆盖，每天用清水淋两次裂口露芽时可播种。有灌溉条件的地区，4月中旬至8月中旬均可播种，4、5月份为最佳播种期。无灌溉条件，春季风沙危害严重地区以5月下旬至6月上旬播种最为理想。播种深度，沙质土壤播种深度3cm为宜；壤质土播种深度2~3cm，黏土1.5~2cm。播后一般当年幼苗灌水3~4次，翌年生长期内灌水2~3次，每次灌足灌透。

用根状茎繁殖时选粗壮的1年生甘草苗，去掉须根，将主根截留30~40cm。4月份土壤解冻后，选水肥条件较好的农田，施肥750~1 500kg/hm²，开沟8~12cm，沟间距15~20cm，每沟两株，头对头放置，株距15~20cm，覆土8cm，每公顷用苗条约10 500株，栽后及时浇水。甘草幼苗喜光，生长缓慢，易受杂草侵害，应注意适时拔草和浅松土。生长期要预防锈病、白粉病、褐斑病及红蜘蛛、蚜虫、地老虎等病虫害的发生。栽培2年以后甘草的根状茎就可布满整块地段，就不需特殊管理了。

7.5 紫花苜蓿

紫花苜蓿 Medicago sativa L.，又名紫苜蓿、苜蓿(图7-5)。

【科属名称】蝶形花科 Fabaceae，苜蓿属 Medicago L.

【形态特征】多年生草本，高30~100cm。根粗壮，根颈发达。茎直立、丛生以至平卧，四棱形，枝叶茂盛。三出复叶，托叶大，叶柄比小叶短，顶生小叶柄比侧生小叶柄略长。小叶长卵形、倒长卵形至线状卵形，等大，或顶生小叶稍大，纸质，先端钝圆，具由中脉伸出的长齿尖，基部楔形，边缘1/3以上具锯齿。花序总状或头状，总花梗挺直，比叶长；花冠淡黄、深蓝至暗紫色，花瓣均具长瓣柄，旗瓣长圆形，先端微凹，明显较翼瓣和龙骨瓣长，翼瓣较龙骨瓣稍长；子房线形，具柔毛，花柱短阔，上端细尖。

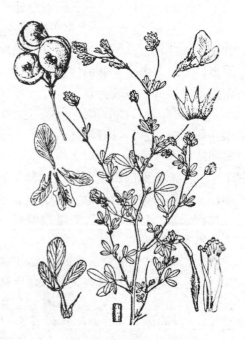

图7-5 紫花苜蓿 Medicago sativa L.
(引自《中国高等植物图鉴》)

荚果螺旋状紧卷 2～4 或 2～6 圈，中央无孔或近无孔，被柔毛或渐脱落，脉纹细，熟时棕色；有种子 10～20 粒。种子卵形，平滑，黄色或棕色，千粒重 1.5～2g。花期 5～7 月；果期 6～8 月。

【分布与习性】紫花苜蓿起源于小亚细亚、伊朗、外高加索和土库曼一带，中心为伊朗。目前广泛分布于北美洲、南美洲、欧洲、亚洲、南非及大洋洲、澳大利亚和新西兰等地。我国栽植紫花苜蓿的历史已有 2000 多年。目前我国苜蓿的种植范围向北推进到北纬 34°～35°，并延及北纬 50°，向南到江苏、湖南、湖北和云南的高山地区，主要产区是陕西、甘肃、山西、宁夏和新疆。

紫花苜蓿喜温暖和半湿润到半干旱的气候，耐寒性强，幼苗能耐 5～6℃ 寒冷，成株能耐 -30℃ 的低温，有雪覆盖可以耐 -40℃ 以下的低温。生长适宜温度 25℃ 左右。紫花苜蓿对土壤选择不严，除黏重土、低湿地、盐碱地以外，从沙土至轻黏土均能生长。但喜土质疏松、排水良好、富含钙质，pH6～8 的土壤，成株苜蓿能耐 0.3% 的含盐量。不耐水淹，生长期间 24～48h 水淹，会大量死亡。紫花苜蓿抗干旱，但需水量很大。适宜生长在年降水量 500～800mm 的地区，在温暖干燥有灌溉的条件下生长最好。夏季多雨、湿热对苜蓿的生长极为不利。年降水超过 1 000mm 的地区不宜种植。

紫花苜蓿的生长年限因地区和品种不同而异。在干燥地区有生长 25 年以上的记载，最多有 45 年，但在潮湿地区仅 4～5 年。一般苜蓿在 3～4 年产量最高，第 7 年则有下降的趋势。

【水土保持功能】紫花苜蓿是优良的水土保持植物，它茎叶繁茂，根系发达，在拦截径流，防止冲刷，减少水土流失方面的作用十分显著。据甘肃省天水试验站在坡地的试验，在同一地块上种植作物与紫花苜蓿，苜蓿地的雨水流失量仅是作物地的 1/16，土壤冲刷量仅是作物地的 1/9。中国科学院西北水土保持研究所测定，苜蓿地的冲刷量为 93kg/hm^2，农地和闲地的冲刷量为 3 570～6 750kg/hm^2。据山东农业大学的杨吉华等测定，紫花苜蓿地土壤饱和含水量比空旷地增加 6.18%，土壤饱和贮水量增加 720.5t/hm^2，渗透速度是空旷地的 2.42 倍。紫花苜蓿根系发达，主根肥厚，分布于 0～75cm 土层中的根量占 60% 以上，主根一般入土深度达 2～6m；0～30cm 土层内须根量占总须根量的 78.26%，其固持土壤作用强。因此，在荒地荒坡及陡坡地上种植苜蓿，能大大减少土壤的冲刷量和流失量，增强土壤的稳定性的抗冲能力。

【资源利用价值】紫花苜蓿茎叶营养价值高，产量高，品质好，利用方式多，适口性好，经济价值最高，有"牧草之王"的美称。紫花苜蓿可以做青刈、干草、青贮、青饲、打浆、干制成干草或干草粉利用，其营养丰富，粗蛋白质和灰分含量都比较高，营养价值可与麦麸、豆饼等精饲料相媲美。其干草营养成分中维生素含量较高。此外，还有各种色素及许多对家畜生长发育有益的未知生长素，是大小牲畜都喜食的饲草。

苜蓿的根极为发达，并生有大量根瘤，增氮改土作用极为显著。据测定，种植 1 年苜蓿，可增加土壤 N 素 66kg/hm^2；种植 5 年苜蓿，可增加土壤 N 素 285kg/hm^2。苜蓿根含 N 量为 1.463%，根系分解后，对培肥改良土壤均有好处，3 年生的紫花苜蓿地每公顷遗留根系 22.5t 左右，使土壤含氮量增长 2.5 倍以上。苜蓿鲜草产量高，肥分好，鲜草中 N、P、K 含量分别为 0.56%、0.18% 和 0.13%，因此可作绿肥压青或沤制肥料。此外，苜蓿还是良好的蜜源植物和水土保持植物。

【繁殖栽培技术】种子繁殖。人工紫花苜蓿地需选择深厚、肥沃的土壤，播种前须整地和进行种子处理。整地务必要精细，要深耕细耙，上松下实，以利于出苗。有灌溉条件的地方，应先灌水，后播种。整地播种后要先镇压，以利保墒。种子处理可采用碾米机碾磨，或播前晒 2~3d，或在 150~160℃ 高温下处理 15min，以提高发芽率和出苗的整齐度。播种深度为 1~2cm，砂性土壤可在 3cm 左右，春播时深一些，夏播则浅。播种方法可采用穴播、地面撒播、飞播和条播。地面撒播后一般需镇压；条播用播种机，行距 20~40cm，东北贫瘠地行距以 30~40cm 为宜，肥沃地行距 50~60cm 为宜，然后镇压。密行条播可很快覆盖地面，抑制杂草，提高产量、质量。宽行(带)种植，生长健壮分枝多，可提高产量、质量。播期在西北、东北和内蒙古地区以 4~7 月为宜，不适于 8 月上旬；华北地区 3~9 月播种，以 8 月为佳。土壤墒情好，以春播为好，春播尽量提早，有些地方秋播或冬播，争取早出苗，免受春旱、烈日、杂草危害，当年即可有收获。播种量根据土壤肥力和播种条件而有所不同，一般为 10.5~18.75kg/hm^2。播后需做好灌水、施肥、除草等田间管理，促进丰产稳产。紫花苜蓿的最佳刈割期为 10% 开花期，刈割后一般留茬 5cm 左右为宜。

7.6 黄花苜蓿

黄花苜蓿 *Medicago falcate* L.，又名野苜蓿、镰荚苜蓿（图 7-6）

【科属名称】蝶形花科 Fabaceae，苜蓿属 *Medicago* L.

【形态特征】黄花苜蓿和紫花苜蓿相似，也为多年生草本。根粗壮，侧根发达，向水平方向延伸。茎斜升或平卧，长 30~60(100) cm，多分枝。三出复叶，叶片细小，倒披针形、倒卵形或长圆倒卵形，边缘上部有锯齿。总状花序密集成头状，腋生，花黄色，蝶形花冠。荚果稍扁，镰刀形，被伏毛，每荚含种子 5~10 粒，千粒重 2.2g。花期 7~8 月；果期 8~9 月。

【分布与习性】分布于我国的东北、华北、西北各地，在内蒙古、新疆分布较多，是森林草原、山地草甸草原、山地草甸、低地草甸以及草原化草甸群落中的优势种或主要伴生种。与紫花苜蓿相比，黄花苜蓿生长慢，再生性差，但抗逆性强，比紫花苜蓿抗寒、耐旱、耐盐碱、耐牧性强，是苜蓿育种中优良种子资源。

黄花苜蓿对土壤要求不严，在黑钙土、栗

图 7-6 黄花苜蓿 *Medicago falcate* L.
（引自《中国高等植物图鉴》）

钙土和盐碱土上均能良好生长，喜稍湿润而肥沃的砂壤土。耐寒、耐旱、耐风沙、抗病虫害，在一般紫花苜蓿不能越冬的地方，本种皆可越冬生长，属于耐寒的旱中生植物。适应于年积温 1 700 ~ 2 000℃及降水量 350 ~ 450mm 的气候条件范围内，多生于砂质偏旱耕地、山坡、草原及河岸杂草丛中，在平原、河滩、沟谷、丘陵间低地等低湿生境的草甸中也多见，稀进入森林边缘。

【水土保持功能】黄花苜蓿为多年主轴根牧草，其主根发达，在干燥疏松的土壤上，主根可伸入土中 2~3m，从而较好地固持土壤。其分枝能力甚强，分枝多，可达 20~50 个，营养体繁茂，可有效增加地面覆盖，减缓地表径流和风速，防止水土流失。国外尤其在俄罗斯黄花苜蓿多在山坡种植用于固坡，效果显著。其适宜的盐含量在土壤溶液中由 0.9% ~ 1.75% 不等，适合在大面积盐渍化土壤上栽培，以改良盐碱土。黄花苜蓿具有广泛分布的根系和其特有的旱生结构，使其能在干旱地区甚至沙漠地区持续生长。因此，种植黄花苜蓿对改良土壤、改善环境、提高农牧区人民生活水平、促进畜牧业具有重要意义。

【资源利用价值】黄花苜蓿为优良饲用植物。青鲜状态为各种家畜，如羊、牛、马所最喜食。牧民称其对产乳畜有增加产乳量的作用；对幼畜有促进发育的功效，还认为是一种具有催肥作用的牧草。种子成熟后的植株，家畜仍喜食。冬季虽叶多脱落，但残株保存尚好，适口性并未见显著降低，可利用较长时间。制成干草时，也为家畜所喜食。黄花苜蓿具有优良的营养价值，含有较高的粗蛋白质，但结实之后，粗蛋白质含量下降较明显。

【繁殖栽培技术】黄花苜蓿的栽培技术与紫苜蓿相同。但黄花苜蓿苗期生长极缓慢，应加强管理。新种子硬实率较高，最高可达 70% 以上，所以播种前应进行种子处理，以提高出苗率。

黄花苜蓿其形态一般颇似紫花苜蓿，主要的区别是：黄花苜蓿的花序为黄色，荚果直或略弯呈镰刀形，而紫花苜蓿花为紫色，荚果为螺旋状。

7.7 金花菜

金花菜 Medicago hispida Gaertn.，又名南苜蓿、黄花草子、肥田草(图 7-7)

【科属名称】蝶形花科 Fabaceae，苜蓿属 Medicago L.

【形态特征】金花菜为 1 年生或越年生草本植物。主根细小，侧根发达。茎丛生，匍匐或稍直立，高 30~100cm，有棱，中空，表面光滑，分枝 4~8 个，自主茎基部叶腋中抽出。三出复叶，小叶圆形或倒心形。顶端钝圆或稍凹，上部叶缘锯齿状，下部楔形。托叶卵形，有细裂齿，叶面浓绿色，背面淡绿色。总状花序，从茎上部叶腋抽出，具 2~8 朵花，花冠黄色。荚果螺旋状，通常卷曲 2~3 圈，边缘有疏刺，刺端钩状，每荚有种子 3~7 粒，种子肾形，黄色或黄褐色，千粒重 2.5~3.2g。

【分布与习性】原产于印度，我国长江流域及南沿海地区均有栽培。金花菜在我国江苏、浙江、四川等地栽培面积较大，湖北、湖南、江西、福建和台湾等地也有栽培。

金花菜喜温暖湿润气候，不耐寒，1月份为2℃等温线以南的地区可种植。种子发芽的最适温度为20℃左右。幼苗在-3℃受冻害，-6℃大部死亡，生长期间在-12~-10℃也会受冻。植株地上部在初花盛花期生长最快，初花期在3月下旬至4月中旬，盛花期在4月上旬至4月下旬，种子成熟于5月下旬至6月上旬，全生育期约240d。

金花菜喜肥沃土壤，在一般排水良好的黏土和红壤都能较好地生长，但以排水良好的砂壤土和壤土生长最好。耐碱性较强，土壤pH值5.5~8.5，含氯盐0.2%以下也能较好生长。

【水土保持功能】金花菜茎丛生，枝叶茂盛，可有效覆盖地表，减少地表径流的土壤流失，发挥水土保持功能。

【资源利用价值】金花菜是品质优良的栽培牧草。它茎叶柔嫩，适口性好，猪、牛、羊、家禽等都喜食，是优良的家畜饲料。金花菜一般每公顷产鲜草45 000~52 500kg，高者可达75 000kg以上，鲜草主要利用时期在4~5月，如制成干草粉或青贮料，家畜全年均可利用。金花菜每百克嫩茎叶含水分87.5 g，蛋白质5.9g，脂肪0.1g，碳水化合物9.7g，钙168mg，磷64 mg，铁7.6mg，胡萝卜素3.48mg，维生素B_1 0.1mg，维生素B_2 0.22mg，尼克酸1.0mg，维生素C 85mg等。且在不同生长时期，营养成分含量也是不同的，一般其粗纤维含量低，蛋白质含量高。金花菜还可作绿肥作物种植，其嫩茎叶可食用。

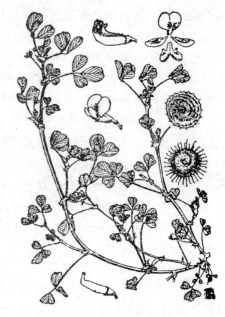

图7-7　金花菜 *Medicago hispida* Gaertn.
（引自《中国高等植物图鉴》）

【繁殖栽培技术】种子繁殖。单播或与水稻、棉花、小麦轮作。播种期为9月上旬至10月上旬，玉米、棉花套种在9月下旬。带荚种子播量为75~90kg/hm²或去荚种子15~22.5kg/hm²，套作带荚种子37.5~45kg/hm²，留种田可适当减少播量。播种时先浸种24h，然后用磷肥拌种播种。稻田在收获前5~20d，排水后开沟条播或穴播，在棉田收获前撒播，也可与大麦、油菜、蚕豆间作、混种。播种时要求土壤湿润，而在整个生育期中要求无积水。排水不良时，植株生长缓慢，分枝少，产量低。金花菜需肥较多，特别是磷钾肥，冬前追施N、P、K复合肥5~10kg。

7.8　草木樨

草木樨 *Melilotus suaveolens* (L.) Pall.，又名黄花草、黄花草木樨、香马料木樨、野木樨(图7-8)

【科属名称】蝶形花科 Fabaceae，草木樨属 *Melilotus* Mill.

【形态特征】2年生或1年生草本。主根深达2m以下。茎直立，多分枝，高50~

120cm，最高可达 2m 以上。三出复叶，小叶椭圆形或倒披针形，长 1~1.5cm，宽 3~6mm，先端钝，基部楔形，叶缘有疏齿，托叶条形。总状花序腋生或顶生，花小，长 3~4mm；花萼钟状，具 5 齿；花冠蝶形，黄色，旗瓣长于翼瓣。荚果卵形或近球形，长约 3.5mm，成熟时近黑色，具网纹，含种子 1 粒。

图 7-8 草木犀 *Melilotus suaveolens* Ledeb.（引自《中国高等植物图鉴》）

【分布与习性】草木犀的生态幅度很广，从寒温带到南亚热带，从沙滩到高寒草原，都有分布，喜生于温暖而湿润的沙地、山坡、草原、滩涂及农区的田埂、路旁和弃耕地上。在我国主要分布于东北、华北、西北、山东、江苏、安徽、江西、浙江、四川和云南等地。草木犀耐寒、耐旱、耐高温、耐酸碱和土壤贫瘠。对土壤的要求不严，沙土、黏土、盐碱土均可生长，可适应的 pH 值为 4.5~9。草木犀适应的降水范围为 300~1 700mm，可耐 -40℃的低温和 41℃的高温。

草木犀依赖种子繁殖，主要靠自播和风力传播，种子硬实率较高，主要通过种子寄存于土壤中越冬而提高萌芽率。1 年生的草木犀，当年即可开花结实完成其生命周期；2 年生的草木犀当年仅能处于营养期，翌年才能开花结实。2 年生草木犀在温带地区一般于 4 月中旬至 5 月中旬返青，6 月初至 7 月初开花，7 月中旬至 8 月底结实，生育期为 98~118d；在亚热带地区一般在 3 月底至 4 月初返青，5 月中旬至 7 月底开花，8 月初至 9 月中旬结实，生育期长达 183~230d。

草木犀为直根系草本植物，地上分枝能力依靠茎枝叶腋的芽点，故放牧或刈割时留茬不宜太低。一般留茬以 15cm 左右为好，每年可刈割 2~3 次。

【水土保持功能】草木犀是绿化荒坡、荒沟、荒山的先锋草种，它能迅速恢复地面植被、改良土壤结构、提高地力、拦蓄径流、防止冲刷、保持水土，对改善生态环境有显著的作用。种植草木犀后可使土壤中小于 0.001mm 和 0.001~0.005mm 的微团聚体数量明显减少，0.05~0.25mm 的微团聚体数量增加，孔隙度增大，土壤结构和能透性明显改善；同时可使土壤中盐分含量、pH 值、交换性钠和碱化度明显降低，有机质含量显著增加。

各地试验站历年来小区径流观测结果表明，在坡地上种植草木犀可较荒地和休闲地减少地表径流 12.5%~54.2%，减少土壤冲刷量 16%~43.0%。草木犀与农作物轮作，较一般倒茬减少地表径流量 66.8%~69.7%，减少土壤冲刷量 64.68%，且轮作可提高后茬作物产量。草木犀与玉米带状间作（带宽 10m），比不间作草木犀的玉米可减少径流量 42.0%，减少土壤冲刷量 52.0%。此外，草木犀对红土泻溜面堆积和防止沟床冲刷具有很好的防治作用。因此，草木犀在黄河中游黄土丘陵沟壑区治理荒山、荒沟、荒坡可发挥重要作用。在荒漠风沙地区草木犀的防风固沙能力也较强。

【资源利用价值】草木犀是干旱半干旱地区改良退化土壤的一种优良牧草。草木犀开花前，茎叶幼嫩柔软，马、牛、羊、兔均喜食；开花后经加工调制成干草或青贮可喂养牲畜。草木樨既可青饲、青贮，又可晒制干草、制成草粉，其饲料或干物质中含的总能、消化能、代谢能和可消化蛋白含量较高，尤其籽实的粗蛋白质含量高达31.2%，是一种良好的蛋白质饲料。

草木樨除具有很高的饲用价值外，草木樨还含有挥发油，还作为蜜源植物。草木樨枝叶繁茂，根系发达，具有良好的水土保持功能，故可用作水土保持植物。草木樨根系发达，根瘤多，且根、茎、叶等富含氮、磷、钾、钙和多种微量元素，是草粮轮作、间种品种或压制绿肥的优良植物种。

此外，草木樨能清热解毒、杀虫化湿，主治暑热胸闷、胃病、疟疾、痢疾、淋病、皮肤疮疡、口臭和头痛等多种病症；其根（别称臭苜蓿根）能清热解毒，主治淋巴结结核，因而也可用于中医药。

【繁殖栽培技术】草木樨靠种子繁殖。它适应性强，对土壤要求不严，但它喜阳光，最适于在湿润肥沃的砂壤地上生长，山区、平原均可栽种。播种前必须采取措施擦破种皮，以提高其发芽率和出苗效果，或模拟其天然繁殖方式，采取冬季播种，以使翌年春季出苗整齐一致。播种方式可采取穴播、条播、撒播和飞播等方式，一般在早春顶凌播种，也可在春雨前后或晚秋播种（立冬前，地温低于2℃），条播行距30～50cm，播深以2～3cm深为宜，播种后要及时镇压。播种量视播种方式而定，一般每公顷15～37.5kg，撒播和条播要多些，穴播要少些。草木樨出苗1个月后要除草，当年封冻前和次年返青后要中耕1次，有条件的地方可灌溉1次。

7.9 草木樨状黄芪

草木樨状黄芪 Astragalus melilotoides Pall.，又名草木樨状紫云英、扫帚苗、马梢（图7-9）

【科属名称】蝶形花科 Fabaceae，紫云英属 Astragalus L.

【形态特征】多年生草本，高60～150cm。根深，茎直立，多分枝，具条棱。叶较稀少，单数羽状复叶，具小叶3～7片，小叶长圆形或条状长圆形，先端截形或微凹，基部楔形，全缘，两面被短柔毛；托叶离生，三角形或披针形。总状花序腋生，花小，多数而疏生；花冠蝶形，粉红或白色，旗瓣近圆形，翼瓣比旗瓣稍短，龙骨瓣带紫色。荚果近圆形，表面有横纹，无毛；种子4～5颗，肾形，暗褐色。花期7～8月；果期8～9月。

【分布与习性】草木樨状黄芪主要分布于我国北方地区，从东北到西北各地均有野生分布，在山西西部、河北、河南、山东也有分布。

图7-9 草木樨状黄芪 Astragalus melilotoides Pall.（引自《中国高等植物图鉴》）

草木樨状黄芪为广旱生植物，从森林草原、典型草原带到荒漠草原带都有分布。常作为伴生种出现在宁夏中部的花针茅、戈壁针茅荒漠草原区；也见于黄土高原丘陵、低山坡地的长芒草、大针茅群落；在内蒙古东部沙地，可混生在榆树、黄柳、冷蒿或叉分蓼、褐沙蒿群落中，形成草原带的沙地草场；在毛乌素沙地、腾格里沙漠等地区，则与柠条锦鸡儿、黑沙蒿、沙鞭、老瓜头及1年生沙生植物组成沙地放牧草场；在蒙古高原东部近草甸草原地带，散生在羊草、大针茅草原刈草场中，也可见于碎石质、砾质轻砂或砂壤质的山坡、山麓、丘陵坡地及河谷冲击平原盐渍化的沙质土上或固定、半固定沙丘间的低地。草木樨状黄芪5月返青，6月下旬至7月上旬现蕾，7~8月开花，8月中旬至10月上旬果实成熟。

【水土保持功能】根深耐旱，可作为沙区及黄土丘陵地区水土保持草种。

【资源利用价值】草木樨状黄芪为中上等豆科牧草。春季幼嫩时马、牛、羊喜食；开花后茎秆粗老，适口性降低。骆驼四季均喜食，为抓膘牧草。另可作为沙区及黄土丘陵地区水土保持草种，茎秆可做扫帚。

【繁殖栽培技术】种子繁殖。整地要求精细，地面要平整，土块要细碎。播种前应进行种子处理。春播宜在3月中旬到4月初进行，无论春播或夏播，都会受到荒草的危害，秋播时墒情好，杂草少，有利出苗和实生苗的生长。冬季寄籽播种较好，省时省力又省工，且翌年春季出苗齐全。播深以1.5~2cm为宜。播种方法可条播、穴播和撒播。条播行距以20~30cm为宜，穴播以株行距25cm为宜，条播播种量为11.25kg/hm^2，穴播为7.5kg/hm^2，撒播为15kg/hm^2。为了播种均匀，可用4~5倍于种子的沙土与种子拌匀后播种。

7.10 沙打旺

沙打旺 Astragalus adsurgens Pall. cv. 'Sha da wang'，又名斜茎黄芪、直立黄芪、沙打旺、地丁、麻豆秧、薄地强、沙大王（图7-10）。

【科属名称】蝶形花科 Fabaceae，紫云英属 Astragalus L.

【形态特征】多年生草本，高20~100cm。根较粗壮，暗褐色，侧根较多，主要分布于20~30cm土层内，根幅达150cm左右，根上着生褐色根瘤。茎多数或数个丛生，直立或斜上，有毛或近无毛。奇数羽状复叶，小叶9~25片，叶柄较叶轴短；小叶长圆形、近椭圆形或狭长圆形，基部圆形或近圆形，上面疏被伏贴毛，下面较密；托叶三角形，渐尖，基部稍合生或有时分离。总状花序长圆柱状、穗状、稀近头状，生多数花；总花梗生于茎的上部，较叶长或与其等长；花梗极短；花萼管状钟形，被黑褐色或白色毛或黑白混生毛；花冠近蓝色或红紫色，旗瓣倒卵圆形，翼瓣较旗瓣短，瓣片长圆形，龙骨瓣瓣片较瓣柄稍短；子房被密毛。荚果长圆形，两侧稍扁，顶端具下弯的短喙，被黑色、褐色或黑白混生毛，假2室，内含褐色种子10余粒。花期6~8月；果期8~10月。

栽培沙打旺与野生直立黄芪相比，在外形上有很大差异。栽培种植株高达1.5~2m，枝叶茂盛，开花结籽较迟，因此，北方许多地区种子难于成熟，不能天然更新。

【分布与习性】原产我国黄河故道的华北、苏北等地，是经过多年驯化和人工栽培所形成的栽培种群，是我国特有的草种。野生种主要分布在东北、华北、西北和西南地区。

沙打旺分布广泛，抗逆性极强，对环境适应性很强，具有抗旱、耐寒、耐瘠薄、耐盐碱、抗风沙等特点。沙打旺喜温暖气候，同时具有抗寒能力，在年平均气温8~15℃，年降水量350mm以上地区生长良好；茎、叶能忍受地表最低气温为-30.0℃。沙打旺喜光，但也能耐一定程度蔽荫。沙打旺最适宜在富含钙质的中性到微碱性排水良好，疏松通气的砂壤土上生长，但它对土壤要求不

图7-10 沙打旺 *Astragalus adsurgens* Pall. cv.'sha da wang'（引自《中国高等植物图鉴》）

严，即使在瘠薄的山地、沙丘、滩地、砾石河床也能生长，但不耐涝，积水环境易造成烂根死亡。沙打旺耐盐碱性强，其适宜的土壤pH为6~8。但在pH9.5~10.0，全盐量0.3%~0.4%的盐碱地上，也可正常生长。沙打旺属旱生、中旱生植物，具有明显的旱生结构和落叶休眠特性；根系发达，可吸收深层水分，抗旱性极强，可在50cm绝干土层持续30d而不死。沙打旺因其吸水能力强，故种过沙打旺的土地易形成干土层。

沙打旺种子发芽后，5~6月生长很快，7月分枝增多，10月生长停滞。结实量大，种子产量很高，春播当年可收种子150~300kg/hm²，第二年可达375~450kg/hm²，第三年600~675kg/hm²，条件好可产1 125kg/hm²。沙打旺再生能力强，可连续利用4~5年。播种当年可收鲜草7 555kg左右。第二年可刈割7次左右，产量逐年增加。

【水土保持功能】沙打旺有较强的抗风沙能力，耐沙埋沙打，故名沙打旺。沙打旺适于沙壤土上生长，茎叶繁茂，覆盖面积大，扎根快，生长迅速，现已成为我国北方水土保持、防风固沙最重要植物之一。在毛乌素沙区、黄河故道沙地、内陆沿河沙地及沿海沙地种植沙打旺可固定沙丘和改良沙地。沙打旺耐沙埋，枝叶繁茂，在风沙地区，沙打旺播后当年能覆盖地面，使风来沙不起，水流沙不动，沙埋促生长。沙打旺也是黄土丘陵区治理水土流失的优良草种，在种植沙打旺的坡地上，径流减少55.6%，泥沙减少46.7%。沙打旺根系发达，萌蘖能力很强，根颈上萌芽最多，枝条近地面部分叶腋处也有较少萌芽，能增加土壤有机质含量，改善土壤质地，增强土壤的抗蚀性和抗冲性。沙打旺耐盐性超过紫花苜蓿，是改良中轻度盐碱地的理想植物种之一。

【资源利用价值】沙打旺分枝期茎叶干物质中含粗蛋白18.2%，粗脂肪2.7%，粗纤维24.1%，粗灰分10.9%，无氮浸出物44.1%，其中钙2.4%，磷0.27%，鲜嫩的沙打旺营养丰富，粗蛋白和矿物质元素等含量较高，骆驼、牛、羊、猪均喜食，喂兔可与其他牧草混喂。可青贮或晒制干草，还可与青刈玉米、高粱等混喂其他畜禽。

沙打旺根瘤多，固氮能力强，营养元素丰富，故为极好的绿肥植物；在能源缺乏的贫困地区，沙打旺又是较好的能源植物，可作燃料和沼气用原材料。沙打旺花期长达45~60d，花朵繁多，花粉含糖丰富，是良好的蜜源植物，特别在秋季，百花凋零，而沙打旺的花仍十分繁盛，可供蜂群采集花粉。沙打旺生长快，可形成单一郁闭群落，是植株高大、枝叶繁茂、地面覆盖度大的防风固沙、蓄水保墒、增进肥力、保持水土、促进林木生长的优良先锋牧草。沙打旺种子入药，为强壮剂，可治神经衰弱。自20世纪70年代后期以来，沙打旺在我国北方发展很快，人工种植，飞机播种沙打旺面积迅速扩大。目前沙打旺已成为北方最重要的多用途草种之一，在水保、固沙、改土增肥，绿化环境，发展畜牧业，增加农村能源等方面发挥了极重要的作用。

【繁殖栽培技术】种子繁殖。沙打旺可以单种、间作、套作、混种。播前要求精细整地，在贫瘠地块种植应施入适量的厩肥和磷肥作底肥。沙打旺一年四季均可采用撒播、条播或穴播方式进行，不同地区依据气候条件决定播种期。风沙危害严重地区以雨季和初秋播种为好。可春播的地区，春播要早，最好顶凌播种。条播行距为30cm，播深1~2cm，播量7.5kg/hm²左右；穴播播量3.75kg/hm²。在河滩或沙丘上多采用撒播。飞播要注意立地类型选择，黄土地区应选择植被盖度在20%~40%的地类，风沙丘则选择植被稀少，地形稍平坦的地类。沙打旺苗期生长慢，应及时除草，特别注意清除菟丝子。在瘠薄少肥地区可施磷酸钙、钾肥和钼酸肥提高产量，有条件时可灌溉；生长期间注意病虫鼠兔害。沙打旺生长年限一般为5~6年，管理好可达10年以上。

7.11 紫云英

紫云英 *Astragalus sinicus* L.，又名红花草、红花草子、草子、红花菜、沙蒺藜、马苕子、翘摇、半布袋(图7-11)。

【科属名称】蝶形花科 Fabaceae，紫云英属 *Astragalus* L.。

【形态特征】紫云英为1年生或2年生草本，主根肥大，侧根发达，主侧根均着生根瘤。茎圆柱形、中空，淡红或带红紫色，高80~200cm，茎有8~20节。奇数羽状复叶，小叶7~13枚，倒卵形或椭圆形，叶面有紫色花纹，背面呈灰色。总状花序近伞形，多腋生或顶生，有小花朵5~13朵，花冠蝶形，紫色到红色或白色。荚果条状长圆形，微弯，黑色，每荚有种子4~10粒。种子肾形，种皮光滑，黄绿色或黄褐色。千粒重3~3.5g，每千克含种子28×10^4~30×10^4粒。

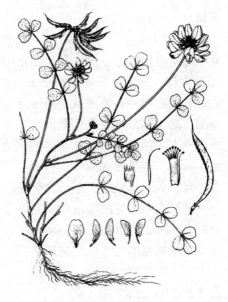

图7-11 紫云英 *Astragalus sinicus* L.
(引自《中国高等植物图鉴》)

【分布与习性】产于我国长江流域各地，野生种分布在四川、湖南、湖北、陕西及华北等地区。生于海拔 400~3 000m 间的山坡、溪边及潮湿处。现经根瘤菌接种，可在淮河流域及黄河边缘种植栽培。紫云英喜温和气候，幼苗期 3℃ 即停止生长。-10~-5℃ 叶片出现冻害，壮株能耐 -19~-17℃ 低温。紫云英对土壤要求不严，但不耐贫瘠；喜湿润和排水良好的土壤，怕干旱、盐渍，不耐盐碱，在含盐量 0.05%~0.1% 生长明显受阻。紫云英发芽所需最适温度 15~25℃。播种后 1 周左右出苗，1 个月左右形成 6~7 片真叶，开始分枝。花期前后，茎伸长最快，终花期停止生长。南方各地 4 月上旬开花，多数 5 月上旬种子成熟。

【水土保持功能】紫云英是一种良好的水土保持植物。紫云英播种的第二年返青后一个半月即可全部覆盖地面，在冬春季覆盖地面达 4~5 个月之久，且根系发达，地下根茎多，可向四处蔓延，盘根错节，固结土壤力强，可以减少土壤养分的流失和雨水对土壤表层的冲刷，改善土壤生态系统，有利于保护环境。

【资源利用价值】紫云英是上等优质饲料和绿肥作物。紫云英茎叶富含蛋白质、脂肪等营养物质，纤维素少，是猪的优良青饲料，牛、羊、马、兔也喜食。既可青饲，也可调制干草、干草粉或青贮饲料。紫云英固氮能力强，固氮 111~222kg/hm^2，是南方培肥地力的主要绿肥植物。紫云英是自然界中为数较少的富硒植物种类之一，可运用其生物学特性开发紫云英有机硒产品。紫云英 3~5 月开花，花期长，花色多样，可做园林景观植物；而且其花是优良的蜜源植物。紫云英在冬春季覆盖地面达 4~5 个月之久，可以减少土壤养分的流失和雨水对土壤表层的冲刷，是冬春季优良的地被植物，可以弥补冬春季草坪草较少的缺陷。同时，紫云英全草水煎内服，可明目驱风，利尿解热，捣烂外敷或干草研成粉状调服，还可治淋病、神经病、疥癣、脓疮、痔疮、喉痛水疖等。紫云英根可治肝炎、浮肿、白带、月经不调；种子可补肾固精。

【繁殖栽培技术】主要用种子繁殖。播种量 3.75~7.5kg/hm^2，撒播、穴播均可。播种时间春播以日平均气温 5℃ 以上较好；秋播以 25℃ 为宜，最早 8 月下旬，最晚到 11 月中旬，一般以 9 月上旬至 10 月中旬为宜。播种前需进行晒种、擦种、浸种及根瘤菌和磷肥拌种等处理。未播过紫云英的土地应接种根瘤菌剂，一般用量为 4g/kg 根瘤菌。南方多采用收获后稻田直接撒播，或翻耕撒播，也可整地条播、点播。播种时施以草木灰拌磷矿粉，用人粪尿拌种，可促进萌芽与生长。紫云英生长期间注意排水。留种田选择排水良好，肥力中等，非连作沙质土地为宜。荚果 80% 变黑，即可收获。紫云英可与果树、茶、桑套种，和小麦、大麦、油菜、蚕豆间作混种。

紫云英栽培种的品系较多，可分早、中、晚熟 3 种类型。早熟型叶小茎短，产草量低，而种子产量高；晚熟型叶较大，茎较长，产草量高而结实较差；中熟型居于其中。其栽培技术与水保功能同紫云英。

7.12 红三叶草

红三叶草 Trifolium partense L.，又名红车轴草、红荷兰翘摇、红菽草（图 7-12）

【科属名称】蝶形花科 Fabaceae，车轴草属 *Trifolium* L.

【形态特征】红三叶草是短期多年生草本植物，平均寿命 4～6 年。主根达 1～1.5m，侧根发达，根瘤多。主茎直立或半直立，高 30～90cm，有 10～30 个分枝，呈丛状。三出掌状复叶，叶柄长，小叶卵形或长椭圆形，叶面有灰白色"V"形纹，边缘细锯齿；托叶阔大，先端尖锐。头型总状花序，聚生于茎梢或腋生在花梗上，每个花序小花数一般为 100 个左右。具大型总苞，总苞卵圆形，花萼筒状。花冠蝶形，花红色或紫色。荚果小，每荚内含种子一粒；种子肾形或椭圆形，橙黄色或紫色，千粒重 1.5～2g。花果期 5～9 月。

【分布与习性】红三叶草原产于小亚细亚和西南欧，在我国新疆、吉林、湖北鄂西山地及云贵高原都有野生，栽培种于 20 世纪 20 年代引进，已在西南、华中、华北南部、东北南部和新疆等地栽培。

图 7-12　红三叶草 *Trifolium partense* L.
（引自《中国高等植物图鉴》）

红三叶喜温暖湿润气候，抗寒力中等，不耐高温干旱，最适宜的生长温度是 20～25℃，在我国南方夏季高温干旱时期往往生长停滞甚至死亡。红三叶耐潮湿，短期淹水仍能生长，对土壤的要求，以排水良好，土质肥沃并富含钙质的黏壤土为最适宜，中壤土次之，在贫瘠的沙土地上生长不良。红三叶较耐酸性，但耐碱性较差，喜中性至微酸性土壤，适宜的 pH 为 5.5～7.5，土壤含盐量高达 0.3% 则不能生长，强酸或强碱以及地下水位过高的地区都不适于红三叶生长。

【水土保持功能】根系发达，入土深，固土能力强，枝繁叶茂，地面覆盖度大，保土作用大，可作为水土保持植物在山坡地栽培。营养生长期较耐阴蔽，宜在林地树间种植，可护土并增进土壤微生物繁殖，促进林木生长。

【资源利用价值】红三叶营养丰富，蛋白质含量高，现蕾期和开花期分别为 20.4% 和 15.0%，作饲用时草质柔嫩多汁，适口性好，多种家畜都喜食。可以青饲、青贮、放牧、调制青干草、加工草粉和各种草产品，是良好的放牧或刈割型豆科牧草，其放牧利用期长达 6～7 个月，人工草地北方每年可刈割 3 次，南方可刈割 4～6 次。红三叶花期长达 30～50d，是良好的蜜源植物。根瘤众多，孕蕾至开花期根瘤固氮活性高，每公顷能给土壤增加氮素 150kg 左右，肥力相当于每公顷施用 30 000～37 500kg 厩肥。根茬能给土壤遗留大量的有机质，增强地力，宜于中长期草田轮作。此外，红三叶也是一种优良的水土保持植物。

【繁殖栽培技术】种子繁殖。其生长年限较短，适宜在短期轮作草场利用，由于种子细小，早期生长缓慢，要求整地细致，结合土壤耕翻，施入有机肥和磷肥作底肥。南方多秋播，以9月为宜，不宜过迟，北方宜春播。播种方法可条播，也可以撒播、混播和单播。条播行距30cm，播深1~2cm，播量11.25~15kg/hm²，播后要耱地镇压。红三叶幼苗期生长慢，竞争力差，要注意防除杂草，出苗前如土壤遇水板结宜破除板结层。红三叶草和鸭茅、多年生黑麦草、牛尾草混播效果好，播种方式以隔行播种为宜。此外，也可撒播或飞播，飞播1~2年内即可建成大面积优质的人工草场。在从未种植过红三叶的土地上，播前应用根瘤剂拌种接种根瘤菌。红三叶生长过程中要追施磷肥300kg/hm²，钾肥225kg/hm²，以促进高产。同时注意病虫害防治。红三叶忌连作，不耐水淹。在同一块土地上最少要经过4~6年后才能再种，易积水地块要开沟，以利随时排水。

红三叶可分为晚熟型和早熟型两个类型。前者抗寒性强，生长发育缓慢，植株粗壮，产量较高，生长年限较长，北方春播不能开花结实；耐寒性较弱，生长发育较快，植株较矮、分枝较少，再生迅速。目前我国已审定登记的有巴东红三叶、岷山红三叶、巫溪红三叶等，已大面积栽培。其利用价值与水保功能同红三叶。

7.13 白三叶草

白三叶草 *Trifolium repens* L.，又名白车轴草、荷兰三叶草（图7-13）

【科属名称】蝶形花科 Fabaceae，车轴草属 *Trifolium* L.

【形态特征】多年生草本植物。叶层高15~45cm，多在25cm以下。主根短，侧根及不定根发达。茎细长，光滑无毛，主茎短，具许多节，茎节着地生根，可由节上生出匍匐茎，匍匐茎长30~60cm，能节节生根长叶。掌状三出复叶，互生，从根颈和匍匐茎节生出，叶柄细长直立，小叶倒卵形，叶面多有"V"形白斑，叶缘有微锯齿，叶面光滑；托叶椭圆形，膜质，包于茎上。叶腋里有腋芽，可发育成花或分枝的茎。头型总状花序，圆形，聚生于茎顶端或自叶腋处长出，小花众多，一般40~100朵；花冠白色或粉红色，异花授粉，花冠宿存。荚果狭长而细小，每荚含种子1~7粒，多为3~4粒；种子小，肾形或卵形，黄色或浅棕色，千粒重0.5~0.7g。

【分布与习性】原产欧洲和小亚细亚，是世界上分布最广的一种豆科牧草。我国东北及新疆、云南、贵州、湖南、湖北、江西、浙江等地均有野生分布，一般生长在湿润草地、河岸、路边。但栽培的都是引进种，全国各地普遍栽培。白三叶草再生力强，适应性较广，能在不同的生境条件下生长。白三叶喜温暖湿润气候，生长适宜气温19~24℃，适宜年降水量

图7-13 白三叶草 *Trifolium repens* L.
(引自《中国高等植物图鉴》)

600~1 200mm。具有较强耐热性和抗寒性，不耐干旱和长期积水。白三叶草喜充足阳光，也较耐遮荫。耐贫瘠，对土壤的要求不严，以壤质偏砂土壤为宜；有一定的耐酸性，但耐盐碱性较差，适应的pH值4.5~8.0。

【水土保持功能】白三叶繁殖快，种子落地后，能较快生长更新成草丛；而且其茎节再生能力强，能节节生根长叶，于叶腋再长出新的匍匐茎向四周蔓延，形成密集叶层，侵占性强，单株占地面积可达1m²以上，因而是荒地与开发建设用地上的水土保持的先锋植物。白三叶根系发达，枝叶茂密，固土力强，也是风蚀地和水蚀地理想的水土保持植物；同时也可作为保护河堤、公路、铁路、防止水土流失的良好草种。

【资源利用价值】白三叶是一种优良的刈牧兼用型牧草，它叶量大，草质柔嫩，适口性好，各种家畜都喜采食，具有很高的饲用价值；其营养价值和消化率均高于苜蓿和红三叶草，为豆科牧草之冠。白三叶供草季节长，且耐践踏、重牧，也耐刈割，适于放牧利用。白三叶还是良好的绿肥植物、水土保持植物、飞机场及运动场草皮植物，同时被作为草坪植物广泛应用于城乡、庭院、公路和公园绿化。

【繁殖栽培技术】主要用种子繁殖，也可采用分株无性繁殖。白三叶种子小，硬实率高，播前要精细整地，清除杂草，施足基肥，同时破除种子硬实。春秋季播种均可，单播播种量3.75~7.5kg/hm²，与多年生黑麦草、狗尾草等禾草混播时播种量为1.5~4.5kg/hm²，条播行距15~30cm，覆土1.0~1.5cm，也可飞播。苗期应及时清除杂草，在刈割后入冬前或早春追施钙镁磷肥或过磷酸钙加石灰以获得高产稳产。

白三叶主要有野白三叶、普通白三叶和拉丁诺白三叶3种类型，已经我国审定登记的有鄂牧1号白三叶、贵州白三叶、胡依阿白三叶、川引拉丁诺白三叶等。各类型的功能与繁殖同白三叶。

7.14 小冠花

小冠花 *Coronilla varia* L.，又名多变小冠花、绣球小冠花(图7-14)

【科属名称】蝶形花科 Fabaceae，小冠花属 *Coronilla* L.

【形态特征】多年生草本植物。根系发达，黄白色，主根和侧根都长有根瘤，根上有不定芽，可进行无性繁殖。茎直立或斜升、中空，具条棱，质地柔软，长90~150cm，草丛高60~110cm。奇数羽状复叶，互生，小叶9~25片，长圆形，先端圆形或微凹，基部楔形，全缘，光滑无毛，无柄或近无柄；托叶小，锥状。伞形花序，腋生，总花梗长15cm，由14~22朵分两层呈环状紧密排列于花梗顶端；小花花冠蝶形，粉红色，后变为紫色。荚果细长指状，长2~8cm，荚上有节3~13个(多数4~6节)，每节内有1粒种子；种子成熟后节易脱落，种子红褐色，近柱形或棒状，种皮坚硬，多硬实，千粒重3.1~4.1g。

【分布与习性】原产于地中海一带，在欧洲中部和南部，亚洲西南部和北非均有分布。我国最早于1948年从美国保土局引进，目前在江苏、山西、江西、湖北、湖南、陕西、山东、河北、河南、辽宁、北京等地表现良好，栽培面积有扩大的趋势。

小冠花春天播种后，当年就能发育到开花、结实阶段，生育期120~150d。春季

3月底返青，7月底开始有种子成熟。小冠花无性繁殖能力强，可通过侧根上的不定芽形成地上枝条。小冠花具有无限结荚的习性，种子成熟不集中，收获不及时极易脱落。

小冠花适应性广，抗逆性强，抗寒、耐旱、耐瘠薄、又耐高温。其抗寒性和紫花苜蓿相似，不如沙打旺，返青苗能耐短时 -2～2℃低温，冬季能耐 -28℃低温，在 -42～-34℃的哈尔滨有雪覆盖也能越冬。小冠花很耐旱，在无灌溉条件的坡地沟壑的陕北黄土高原都能生长良好，但不耐湿，淹水会烂根而死亡。对土壤要求不严，贫瘠坡地、盐碱地、房前屋后、路旁均可种植，其侧根和根蘖芽穿透力强，它可以在路面、矿区、在砾石地上发芽。小冠花耐盐性强，适于中性、偏碱性土壤，一般能在 pH 值 6 以上和盐分为 0.5% 的土壤环境中生长。

图 7-14 小冠花 Coronilla varia L.
（引自《中国高等植物图鉴》）

【水土保持功能】小冠花根系发达，根系主要分布在 15～40cm 深的土层中，主根粗长，深可达 2m，侧根横向分布达 2.5～3m，分布面积可达 24m²，其强大根系具有固土保水作用。小冠花具根蘖特性，发枝性强，枝叶繁茂，覆盖度大，其单株覆盖面积 4～8m²，既能防旱保墒，抑制杂草、压盐，又能护堤、护坡，防止水土流失，因而是优良的水土保持、小流域治理及护坡植物。在西北黄土高原丘陵沟壑区可防止水土流失；在公路、铁路两旁种植，可减少冲刷，保护路基；在河堤、渠道旁种植，可护坡保堤；在开采矿区可防止土壤侵蚀，因而宜在水土流失区推广种植。

【资源利用价值】小冠花根蘖发达，耐践踏，宜放牧利用。茎叶繁茂而幼嫩，叶量大，营养成分含量丰富，盛花期测定含粗蛋白质 23.2%，较苜蓿为高；粗脂肪 1.92%、粗纤维 30.20%、无氮浸出物 33.06%、粗灰分 8.64%。但茎叶有苦味，青饲适口性差，可作青贮，调制干草和干草粉均可，是一种良好的饲料植物。小冠花是理想的水土保持植物，可有效固持土壤和防止水土流失。在废弃地、瘠薄地、采矿迹地种植，有恢复植被，增加土壤有机质、培肥地力、改良土壤的作用。小冠花多根瘤，固氮能力强，是很好的果园覆盖植物和绿肥作物，加入草田轮作，改土肥田增产效果显著。小冠花花期长达 5 个月，蜜腺发达，也是很好的蜜源植物；其花多而鲜艳，枝叶茂盛，又可作美化庭院、净化环境的观赏植物。在沙区种植可以防风固沙、减少风沙危害；在盐碱地上可减少水分蒸发，抑制盐分上升，收到改良盐碱地的作用。粗老茎秆是群众的燃料来源。

【繁殖栽培技术】小冠花可用种子直播，也可用根分株，扦插和育苗移栽等方法繁殖。

①直播 播前要精细整地，施底肥；种子多用热水、浓硫酸浸种或擦破种皮的方

式处理以提高发芽率。早春和雨季均可播种,条播、撒播或穴播均可,行(穴)距1m,覆土深度1~2cm。条播播种量3.75~5.25kg/hm², 穴播播量为0.12~0.16kg/hm²。初次种植小冠花的土地还应进行根瘤菌接种。播后注意苗期要勤中耕除草,移栽后还要及时灌水1~2次,中耕松土2~3次,当植株封垄后可粗放管理。第二年后,如果植株过密,可隔行或隔株挖去部分植株,以促进开花、结实。多变小冠花产草量高,再生性能好,每年可刈割4~5次,刈割留茬高度不宜低于10cm。

②根栽 在春季土地开始解冻时或雨季,截取10~15cm(含4~5个根蘖芽)的鲜根,按1m×1m的距离斜插埋入4~6cm土中,然后镇压并浇水1次。每公顷用根量15kg。地冻前也可将根寄植在6~9cm深的土层中,压实并盖以枯草,翌春能提前萌发。

③分株繁殖 挖取每株根茎周围萌发的新根苗进行移栽。此法较种子直播生长快,成活率高,易全苗。春、夏、秋季均可移栽。

④枝条扦插 选取生长健壮的母株枝条,割取枝条并切成15~20cm(含4~5个节)的小段作插穗,斜插入土中,地上露出1~2个节,浇水压实或在雨季扦插,经15~20d就可生根长出新苗。一单株可截取500~800个插条。为提高插条成活率,最好于现蕾前或收籽后制取插条,并选择枝条中部以上部分作插条。

7.15 毛苕子

毛苕子 *Vicia villosa* Roth.,又名冬巢菜、毛苕子、毛巢菜、冬箭筈豌豆、毛野豌豆、蓝花草、长柔毛野豌豆(图7-15)。

【科属名称】蝶形花科 Fabaceae,蚕豆属 *Vicia* L.

【形态特征】1年生或2年生草本,全株密被长柔毛。根系发达,主根深达0.5~1.2m。茎细长,攀缘,长可达2~3m,草丛高约40cm,多分枝,一株可有20~30个分枝。偶数羽状复叶,具小叶10~16片,叶轴顶端有分枝的卷须;托叶戟形;小叶长圆或披针形,先端钝,有细尖,基部圆形。总状花序腋生,总花梗长,有小花10~30朵而排列于序轴的一侧;花萼斜圆筒形,萼齿5,条状披针形,下面3齿较长;花冠蝶形,紫色或蓝紫色。荚果长圆形,内含种子2~8粒;种子球形,黑色,千粒重25~30g。

【分布与习性】毛苕子原产欧洲北部,广布于东西两半球的温带,主要分布在北半球温带地区。我国在晋初即有栽培记载,主要分布在黄河、淮河、海河流域,目前在江苏、安徽、河南、山东、陕西、甘肃及东北各地均有栽培。

毛苕子属冬性向春性过渡的植物,生长期较

图 7-15 毛苕子 *Vicia villosa* Roth.
(引自《中国高等植物图鉴》)

长，开花与种子成熟均较晚，分枝力强。耐遮荫，在果树林下或高秆作物行间生长良好。毛苕子耐寒强，能耐-30℃的短期低温；但不耐高温酷热，气温超过30℃时生长不良。毛苕子抗干旱，能在土壤含水量8%的情况下生长；但不耐水淹，淹水两天即有20%~30%死亡。对土壤要求不严，黏重瘠薄均可生长，喜砂壤及排水良好的土壤；耐盐碱性强，含盐量0.25%的轻盐化土壤或pH6~6.5的土壤上均可很好生长。对磷、钾肥敏感，施磷肥及铝、硼、锰等微量元素增产显著。

【水土保持功能】毛苕子根系发达，主根长1m，侧根多，易形成较密集的根网，利于保持土壤。茎攀缘细长，分枝多，可有效覆盖地面，是良好的水土保持植物。毛苕子可改良盐碱地，试验表明，在0~100cm的土层中，高、中和低密度毛苕子地的平均可溶性盐分分别较对照降低78.5%、74.7%和71.1%，降盐效果显著，在西部内陆区次生盐碱地开发中具有广泛的农学意义。

【资源利用价值】毛苕子的茎叶柔软，富含蛋白质和矿物质，盛花期的干草含粗蛋白23.62%、粗脂肪5.84%、粗纤维素24.92%、无氮浸出物34.69%、粗灰分12.68%；其适口性好，各种家畜喜食，因而可作青饲、刈制干草，也可放牧，毛苕子鲜草产量一般为15.0~22.5t/hm^2。毛苕子是优良的绿肥作物，用毛苕子压青1 000kg鲜草，相当于1 000kg硝酸铵，25kg标准过磷酸钙，60kg硫酸钾的肥效；压青后可使有机质增加0.15%~0.40%，全氮增加0.012%~0.04%，全磷增加0.01%~0.03%；同时还可增加真菌、细菌、放线菌等微生物的数量，翌年可分别提高牧草和粮食产量47%和52%。毛苕子花期长达30~45d，花量大（每株可达小花6 000朵），是很好的蜜源植物。其根系发达，枝叶茂密，是良好的水土保持植物，而且叶常绿，花蓝紫而艳丽，可作庭院隙地的绿化美化植物种。

【繁殖栽培技术】种子繁殖。春、秋播种均可。春播者在华北、西北以3月中旬至5月初为宜；秋播者在北京地区以9月上旬以前为好，陕西中部、山西南部也可秋播；南方以秋播为主。播前深翻土地，施足厩肥和磷肥，并进行硬实种子处理。收草用播种量45~75kg/hm^2，收种用的播种量可减半。单播时无论撒播、条播、点播均可，条播行距30~40cm，点播穴距25cm左右；采种用行距可增大至45cm。播深3~4cm，播种后进行镇压。与禾草或麦类作物如黑麦草、燕麦、大麦等混播，可提高产草量，还可与小麦、玉米、高粱、大豆、油料等作物轮作，达到改土肥田的目的。套复种的种子，应在播种前2~3d常用水浸种，待有50%左右的种子萌动时下种；覆土深2~3cm。毛叶苕子苗期生长缓慢，要注意中耕除草，中耕深度3~6cm，进行2~3次。毛苕子一般一个生长季节可刈割2~3次，第一次刈割宜早，在草层高达40~50cm时即应刈割利用。

此外，蚕豆属与毛苕子功能、繁殖特征相似的植物种还有箭筈豌豆和山野豌豆，这两种植物也是水土保持常用植物，特别是山野豌豆，根系发达，分蘖力强，播后1年即可蔓延成片，郁闭地面，减少水分蒸发，因而是一种优良的水土保持植物。

7.16 苦马豆

苦马豆 Sphaerophysa salsula (Pall.) DC.，又名泡泡豆、爆竹花、红苦豆、苦黑子（图7-16）

【科属名称】蝶形花科 Fabaceae，苦马豆属 Sphaerophysa DC.

【形态特征】半灌木或多年生草本。茎直立或下部匍匐，高 0.3～0.6m；枝开展，具纵棱脊，被灰白色丁字毛。叶轴上具沟槽，小叶 11～21 片，倒卵形至倒卵状长圆形，先端微凹至圆，具短尖头，下面被白色丁字毛；小叶柄短，被白色细柔毛；托叶线状披针形至钻形。总状花序常较叶长，生 6～16 花；花梗密被白色柔毛，苞片卵状披针形；花萼钟状，萼齿三角形，外被白色柔毛；花冠蝶形，初呈鲜红色，后变紫红色，旗瓣近圆形，向外反折，龙骨瓣裂片近成直角，先端钝。荚果椭圆形至卵圆形，膨胀，先端圆，果瓣膜质，外面疏被白色柔毛；种子肾形至近半圆形，褐色，种脐圆形凹陷。花期 5～8 月；果期 6～9 月。

【分布与习性】产于吉林、辽宁、内蒙古、河北、山西、陕西、宁夏、甘肃、青海、新疆等地。生于海拔 960～3 180m 的山坡、草原、荒地、沙滩、戈壁绿洲、沟渠旁及盐池周围，较耐干旱，习见于盐化草甸、强度钙质性灰钙土上。

【水土保持功能】具根蘖，根粗壮，深长，可作固沙与固土植物。苦豆子茎直立或下部匍匐，可很好地覆盖地面而起到防风固沙和控制水土流失的作用。

【资源利用价值】苦马豆的营养价值较高，其风干样中粗蛋白 15.2%，粗脂肪 1.3%，粗纤维 20.6%，无氮浸出物 48.7%，粗灰分 8.5%，钙 0.8%，磷 0.17%。其蛋白质含量接近上等苜蓿干草的 15.8%，但其体内所含苦马豆素，能引起家畜中毒。但经脱毒处理后存放，可作为当地冬季补饲草料或抗灾越冬的储备牧草，其社会效益、经济效益和生态效益都十分明显。

苦马豆中提取的苦马豆素可作为免疫调节剂、肿瘤转移及扩散抑制剂、抗病毒和细胞保护剂等药物使用，对人的恶性肿瘤有治疗作用。苦马豆素还可以促进骨髓增殖，能有效传递致死性辐照或高剂量化疗所造成的骨髓抑制及随后发生的嗜中性白细胞减少症。

【繁殖栽培技术】因其资源利用价值尚待开发，且体内含有对牲畜有害的毒素，目前尚未进行人工繁殖栽培。野生条件下可通过种子萌发或根蘖进行繁殖，局部地段可形成大面积的苦豆子种群。

图7-16 苦马豆 Sphaerophysa salsula (Pall.) DC.（引自《中国高等植物图鉴》）

7.17 黑沙蒿

黑沙蒿 Artemisia ordosica Krasch.，又名油蒿、沙蒿（图7-17）

【科属名称】菊科 Compositae，蒿属 Artemisia L.

【形态特征】多年生半灌木，高50~100cm，主茎不明显，多分枝。老枝外皮暗灰色或暗灰褐色，当年生枝条褐色至黑紫色，具纵条棱。叶稍肉质，一或二回羽状全裂，裂片丝状条形，长1~3cm，宽0.3~1mm；茎上部叶较短小，3~5全裂或不裂，黄绿色。头状花序多数，卵形，通常直立，具短梗及丝状条形苞叶，枝端排列成开展的圆锥花序；总苞片3~4层，宽卵形，边缘膜质；有花10余个，外层雌性，能育；内层两性不育。瘦果小，长卵形或长椭圆形，千粒重0.18g。花果期8~11月。

【分布与习性】黑沙蒿在我国北方沙区分布甚广，大致自东经112°以西从干草原、荒漠草原至草原化荒漠，三个自然亚地带的沙区均有成片分布。产于内蒙古伊盟、巴盟、阿盟，陕西榆林地区，山西西部，宁夏及甘肃河西地区。

黑沙蒿一般于3月上、中旬开始萌动，6月形成新枝，7~9月为生长盛期，8月开花，9月结实，9月下旬至11月初果实逐渐成熟，10月下至11月初时转枯黄、脱落。黑沙蒿具有广泛的生态可塑性。在干旱、半干旱沙质壤土分布较广，它生长在固定、半固定沙丘或覆沙梁地、砂砾地上。抗旱、抗瘠薄性强，能生长在水分极少、养分不足（全氮0.02%~0.03%）的流动沙丘上。黑沙蒿耐寒性强，可在-30℃条件下能安全过冬。不耐涝，积水1个月，会导致死亡。黑沙蒿耐沙埋，沙埋只要不超过顶芽，即能迅速生长不定根而生存。

【水土保持功能】黑沙蒿具有发达的根系，主根一般扎深1~2m，侧根分布于50cm左右深度的范围内。老龄时，根系分布十分扩展，据调查，天然12年生黑沙蒿，地上部分高90cm，冠幅170cm，根深达350cm，根幅达920cm，侧根密布在0~130cm沙层内。庞大的根网有助于固定沙土而免于侵蚀。黑沙蒿茎、枝萌芽力强，被沙埋后仍可抽新枝而形成较大的地上部分，其覆盖度高，可有效覆盖地表，起到防风固沙、截留降水、减少地表径流和土壤侵蚀的作用。据陕西榆林地区试验，栽植黑沙蒿之后，风速和沙流量均大为减低，且细土粒增多，肥力提高。因此，黑沙蒿为西北、华北地区沙漠、沙地良好的固沙植物。

【资源利用价值】黑沙蒿在季节性饲料平衡中有一定意义，是骆驼主要饲草。黑沙蒿叶的蛋白质和胡萝卜素含量都相当高，氨基酸含量均高于一般的精料，仅次于苜蓿干草粉。鲜嫩时适口性不佳，除骆驼外，其他家畜一般不食，但在冬季和早春，适口性提高，

图7-17 黑沙蒿 Artemisia ordosica Krasch.
（引自《中国高等植物图鉴》）

骆驼和羊均喜食,是家畜的主要饲草。黑沙蒿草场适于放牧利用,刈割对提高适口性。也可与其他草混合或单独调制成青贮饲料,晒制干草或粉碎成粉。黑沙蒿除饲用外,还可做优良的固沙植物,可栽植为带状生物防护带或制作成沙障固沙。黑沙蒿种子含油率较高,约占干重的27.4%。是一种暗褐色碘值较高的不饱和脂肪酸,可制成油漆。另外,也可入药,其根可止血,茎叶和花蕾有清热、祛风湿、拔脓之功效;种子利尿。

【繁殖栽培技术】种子繁殖和分株插条繁殖,自然生长的黑沙蒿以种子繁殖为主。种子繁殖可用人工直播或飞机播种。人工直播时选择沙土或壤土,播前精细整地,耙糖整平,施足底肥,多用带状整地。飞机播种撒播后要进行轻度拉、划、踏等地面处理,以利种子着床出苗。播种时选粒大、饱满、发芽率高的种子,春、夏季播种,且越早越好。可单播或混播,单播量3.75kg/hm^2,播深1cm左右,浅覆土或不覆土,以地面不见种子为度。分株插条繁殖常用于固沙,其法为将2~3年生的黑沙蒿幼嫩根苗,分为2~3小株,移栽。一般于秋季进行,在迎风坡下部,垂直主风向处栽植。株行距0.3×0.4m。也可沟植,能起机械固沙、生物固沙作用。黑沙蒿一般4~7年为繁殖盛期,寿命一般为10年左右,最长可达15年。黑沙蒿具有再生性,衰老的黑沙蒿生机减弱,平茬可助其复壮,使枝条数量增加1.4倍,叶量增加5.2倍。平茬宜在秋末春初萌动前,与主风向垂直方向进行,注意不要成片刈割,以免造成风蚀。

7.18 冷 蒿

冷蒿 Artemisia frigida Willd.,又名白蒿、小白蒿、兔毛蒿、刚蒿(图7-18)

【科属名称】菊科 Compositae,蒿属 Artemisia L.

【形态特征】多年生小半灌木。主根细长,木质化,侧根多;根状茎粗短或略细,有多条营养枝,并密生营养叶。茎直立,高30~60cm;茎、枝、叶及总苞片背面密被淡灰黄色或灰白色、稍带绢质的短绒毛,后茎上毛稍脱落。茎下部叶与营养枝叶长圆形或倒卵状长圆形,2~3回羽状全裂,每侧有裂片2~4枚,小裂片线状披针形或披针形;中部叶长圆形或倒卵状长圆形,1~2回羽状全裂,每侧裂片3~4枚,小裂片长椭圆状披针形、披针形或线状披针形;上部叶与苞片叶羽状全裂或3~5全裂,裂片长椭圆状披针形或线状披针形。头状花序半球形、球形或卵球形,在茎上排成总状花序或为狭窄的总状花序式的圆锥花序;总苞3~4层,边缘膜质;雌花8~13朵,花冠狭管状,檐部具2~3裂齿;两性花24~30朵,黄色。瘦果长圆形,千粒重0.1g。花果期7~10月。

图7-18 冷蒿 Artemisia frigida Willd.
(引自《中国高等植物图鉴》)

【分布与习性】冷蒿分布于黑龙江、吉林、

辽宁西部、内蒙古、河北、山西、陕西北部、宁夏、甘肃、青海、新疆、西藏等地。常分布在海拔1 000～4 000m的地段。

冷蒿春季返青早，一般3月中旬至4月即开始生长，8月中旬开花，9月初结实，10月初成熟。冷蒿分布广，适应性强，耐干旱和严寒，适生于10℃的积温为2 000～3 000℃，年降水量150～400mm的气候条件范围内。在我国森林草原、高平原、草原、荒漠草原及干旱与半干旱地区的山坡、路旁、砾质旷地、固定沙丘、戈壁、高山草甸等地区都有，常构成山地干旱与半干旱地区植物群落的建群种或主要伴生种。但冷蒿不耐盐碱，在低湿的盐渍化生境生长不良或不能生长。

【水土保持功能】冷蒿根系发达，主根可伸入100cm的土层中，侧根和不定根多，且大量集中在30cm以内的土层中。根系入土深度超过株高的4.5倍，根幅大于冠幅2～3倍，密集且分布于土壤浅层的根系利于固持土壤。此外，冷蒿枝条可萌发不定根，在适当条件下枝条可脱离母体而发育成新植株，从而扩大种群，增加地表覆盖，利于保持水土。

【资源利用价值】冷蒿是草原和荒漠草原地带放牧场上优良的饲用小半灌木，是抓膘、保膘与催乳的植物。冷蒿具有较高的营养价值，其粗蛋白质及无氮浸出物的含量较多，粗蛋白质以生长初期及分枝期最高，为牲畜营养价值良好的饲料。适口性好，牲畜四季均喜食，而极喜食其叶、嫩茎；制成干草也为家畜所喜食。冷蒿枝条与地面接触易生不定根而形成新的植株，因此，可在沙地上大量封育而固定沙土，作防风固沙之用，并增加其利用功能。冷蒿全草入药，有止痛、消炎、镇咳作用，还作"茵陈"的代用品。

【繁殖栽培技术】冷蒿由于品质优良，适口性极高，可引入栽培试验。但其种子甚小，且收集种子也较困难，目前尚在试验中。一般而言，直播时应注意种子的清选，播前精细整地，施足底肥，条播，行距20cm。

同属的还有高山艾 *A. oligocarpa* Hayata.，也是很好的水土保持植物。

7.19 聚合草

聚合草 *Symphytum officinale* L.，又名爱国草、友谊草、紫草、紫草根、肥羊草（图7-19）。

【科属名称】紫草科 Boraginaceae，聚合草属 *Symphytum* L.

【形态特征】多年生丛生型草本植物，高50～150cm，全身密布白色短刚毛。根系发达，肉质，分枝粗长，绳索状，老根为棕褐色，幼根表皮白色，根肉白色，质脆具黏液；根颈粗大，可长出大量幼芽和叶片。茎数条，直立或斜升，有分枝，在茎棱具钩刺及窄翅。茎的再生力很强，能产生新芽和根，育成新株。单叶，基生和茎生，叶面粗糙，下面叶脉呈隆起网状；基生叶较大，密集成莲座状；通常50～80片，最多可达200片，具长柄，叶片带状披针形、卵状披针形至卵形；茎中部和上部叶较小，无柄，基部下延。茎及分枝顶端着生蝎尾状聚伞形无限花序；小花簇生，花萼5，深裂至近基部；花冠筒状钟形，浅5裂，浅紫蓝色；雄蕊5，雌蕊1，子房通常不育，偶尔个别花内成熟1个小坚果。小坚果歪卵形，黑褐色，平滑，有光泽。花期5～10月。

澳大利亚品种基生叶长卵形或卵状披针形，质厚，浅绿色，花紫红色，又名红花聚合草；朝鲜品种基生叶带状披针形，质厚，深绿色，花淡紫红色、粉红色至白色，又称窄叶聚合草。

【分布与习性】聚合草原产俄罗斯欧洲部分及高加索和西伯利亚等地，现已在许多国家作为高产饲料大量栽培。我国于1964~1972年先后从日本、澳大利亚和朝鲜引进，形成3个品种，即日本种、澳大利亚种、朝鲜种。据各地试验观察，一般从日本和朝鲜引进的品种较好，产量较高。据最新报道，该草是有害生物，不宜推广。

聚合草是典型的中生植物，根系深入地下，有一定抗旱性，对土壤要求，以地下水位低，排水良好，能灌溉，有机质多而肥沃的土壤为好，水位高，低洼易涝的地方，植株生长不良，甚至烂根死亡。聚合草耐寒性、越冬能力极强，适生区域广，

图7-19　聚合草 *Symphytum officinale* L.（引自《中国高等植物图鉴》）

在生长期喜温暖湿润气候，温度达7~10℃左右开始发芽生长，22~28℃生长最快，低于7℃生长缓慢，低于5℃停止生长。高温高湿季节发现有烂根死亡现象。早春返青早，耐轻霜，北方5月初即可利用到9月底，一次栽植利用十多年，条件好可达几十年。

【水土保持功能】聚合草繁殖力和再生力强，茎叶繁茂，株丛密集，可避免暴雨直接打击地面，减缓径流，拦截泥沙，护坡护土能力强；聚合草根系发达，根茎粗大，分枝8~40多条，主要根群分布在30~50cm土层中，繁殖力和再生力强，其根系能有效地防止水土流失。曲比英勇在四川凉山山区的试验表明，在实施退耕还林过程中林下种植聚合草较好，既有利于树木生长，又能有效的保持水土。

【资源利用价值】聚合草鲜茎叶柔软多汁，含有丰富的粗蛋白质、粗脂肪、无氮浸出物，营养价值高，是青绿饲料中最高产的作物之一。可作为猪、牛、羊、骆驼、鹿、家禽饲料，生喂、青贮喂均可。聚合草营养丰富，与紫花苜蓿相比，其干物质中粗蛋白质及其他营养成分相当或高于紫花苜蓿，其粗纤维含量则比紫花苜蓿低得多。聚合草还含有丰富维生素，每千克含胡萝卜素200mg，核黄素13.8mg，干草含Ca 1.21%，P 0.645%。聚合草青贮以开花期收割为宜，既可单贮，也可混贮。与禾草混贮，品质更好，单贮也应加20%的禾草粉。聚合草尿囊素和维生素B_{12}含量较多，可治肠炎，畜禽食后不拉稀；且纤维素含量低，适口性较好，消化率高。聚合草鲜草产量很高，刈割次数多，利用时期长。一般鲜草产量6×10^4~15×10^4kg/hm²，水肥充足时可达30×10^4kg/hm²，年刈割4~5次。聚合草的根发达，每公顷产鲜根达30~45t，肉质根是很好饲料，生喂适口性好，猪喜食。但要控制喂量，过多则影响消化。聚合草还可作为药用治疗溃疡、骨折、止泻、促伤口愈合、消肿、降压等。此外，聚合草还是有前途的蜜源植物。聚合草耐寒、耐瘠薄，适应性广，生活力强，栽培容易，可护坡保土，防止水土流失，是很有发展前途的饲料水保兼用植物。

【繁殖栽培技术】无性繁殖，主要是分株繁殖、切根繁殖和茎秆扦插。

①分株繁殖　把生长健壮植株连根挖起后，割去茎叶，留茬高5~6cm，按根颈幼芽多少纵向切开，每个分株上部有1~2个芽，下部有较长的根段，采用穴播或沟播，将分株斜立于穴沟内，芽与地面齐平，覆土埋严压实，及时浇水，5d左右长出新芽。注意把根茎埋在土里，露在地面容易干枯而死。此法幼株成活快，生长迅速，当年产量较高，但繁殖系数低，每株可分10~20株。

②切根繁殖　把粗细不同的根分级，再切成4~7cm长的根段，1年生健壮根可切60~70个。然后在做好的苗床上开浅沟，将根段放入，覆土3~4cm。注意浇水、松土。25d左右出苗，30~40d苗高15~20cm即可移栽。不定芽萌发的多少，出苗早晚，生长快慢与气温高低、土壤水分、根段大小有关。

为提高繁殖系数，加快育苗速度，也可采用小块根催芽育苗，繁殖系数可达1 000倍以上，但生长较慢。做法是：把大根（直径1cm以上）切成1~2cm长的小段，再沿中轴纵切为2~8块，每块都需有皮层和形成层，小根（直径1cm以下）切成1.5~2.5cm长小段，不纵切。每段重0.5~1g。切好的根段均匀地放在湿沙上，上面再盖一薄层湿沙，逐层放上根，可放2~3层。温度保持20~30℃，隔1~2d用喷雾器喷水保湿，10~15d左右形成不定芽。取出发芽根段，在露地苗床播种，开浅沟，行距7~10cm，放入发芽根段，株距3cm，盖土1.5cm，经常浇水保湿，10d左右出苗。关键是催芽，注意温、湿度、空气的调节，水分充足又不能积水，以免腐烂。此法需2个月时间。

③茎秆扦插　选用现蕾到盛花期粗壮的茎秆，截取下部15cm长的插条，每条留1芽1叶，平放在插床上（床土用一半细沙一半土混匀，插床设在树荫下），覆沙土3~4cm，隔1~2d浇水保湿，成活率可达90%以上，一般为腋芽萌发出土，少数从切口愈伤组织长出不定芽，前者出土需15d，后者30d；而腋芽基部、不定芽基部都可长出新根。此法管理上费工较多，但插条来源广，不须挖植株，生产上有一定意义。

以上各种繁殖方法的繁殖季节春、夏、秋季均可，以春季为好，秋季宜早不宜迟。繁殖密度要根据水肥条件而定，一般以行距50~60cm，株距40~50cm，每公顷33 000~49 500株为宜，干旱和高寒区宜密，温暖湿润条件好的宜稀。还可根据聚合草第二年生长繁茂的特性，可采用当年密植，第二年疏苗的办法栽培。

栽苗地块要多施有机肥，深翻、耙平，施足底肥，栽后压实浇水，苗活后中耕松土。聚合草生长期间对水肥要求高，每年返青前，刈割后可施入腐熟有机肥，或结合浇水追施速效氮肥。旱季经常浇水，雨季注意排水防涝，以免烂根死亡，为防止土壤板结，要及时中耕松土。冬前灌一次冻水，以利安全越冬和第二年返青。

7.20　罗布麻

罗布麻 *Apocynum venetum* L.，又名茶叶花、野麻、红麻（图7-20）

【科属名称】夹竹桃科 Apocynaceae，罗布麻属 *Apocynum*. L.

【形态特征】直立草本或半灌木，高1.5~3m，最高可达4m，具乳汁；枝条对生或互生，圆筒形，光滑无毛，紫红色或淡红色。叶对生，仅在分枝处为近对生，叶片椭圆状披针形至卵圆状长圆形，顶端具短尖头，基部急尖至钝，叶缘具细牙齿，两面无毛；叶柄基部及腋间具腺体，老时脱落。花小，排列成顶生或侧生圆锥聚伞花序，一至多歧，花梗被短柔毛；苞片膜质，披针形；花萼5深裂，裂片披针形或卵圆状披针形，两面被短柔毛，边缘膜质；花冠圆筒状钟形，紫红色或粉红色，花冠裂片卵圆状长圆形，每裂片内外均具3条明显紫红色的脉纹；雄蕊着生在花冠筒基部，与副花冠裂片互生，花药箭头状，基部具耳，花丝短，密被白茸毛；雌蕊花柱短，花药黏合且与柱头合生，药室基部有距；花盘环状肉质，顶端不规则5裂，基部合生，心皮2，分离。蓇葖果，种子多数，卵圆状长圆形，黄褐色，顶端有一簇白色绢质的种毛。花期4～9月；果期7～12月。

图7-20　罗布麻 *Apocynum venetum* L.
（引自《中国高等植物图鉴》）

【分布与习性】广泛分布于西北、华北、华东、东北等地，主要分布在塔里木盆地的塔里木河、孔雀河沿岸，约 $53 \times 10^4 hm^2$，柴达木盆地及河西走廊大量分布；此外，山东、江苏滨海地区也有野生或种植。罗布麻耐寒，耐旱，也耐暑热，抗盐碱能力很强。常生于河岸沙质地、山沟砂地、多石的山坡、沙漠边缘、戈壁滩及盐碱地。罗布麻对土壤要求不严，但以地势较高、排水良好、土质疏松、透气性沙质壤土生长良好；地势低洼、易涝、易干旱的黏质土和石灰质的地块不宜栽种。

【资源利用价值】罗布麻一身是宝，茎皮纤维可为纺织、造纸等工业的原料，是西北地区最重要最具特色的一种纤维植物资源。叶汁可作饮料，根茎枝叶所含乳胶液可提炼橡胶；罗布麻花多，色鲜艳，花芳香，花期长，是良好的蜜源植物，其花蜜呈琥珀色，味甜质优。此外，罗布麻还有很高的药用价值，性微寒，味苦甘，能清热降火，平肝息风，主治头痛、眩晕、失眠、脑震荡遗症、浮肿等症；叶含罗布麻甙，具有强心作用，可用于治高血压等症。

【水土保持功能】罗布麻具极强的抗逆性，耐旱、耐寒、耐暑、耐盐碱、耐大风。其根系发达，入土深，能穿过含盐的表土层直达地下水层，在年降水量不足100mm、地下水埋深不超过4mm、30mm以下土壤含盐量不超过1%的盐碱地和沙荒地上都能生长，宿根能成活30年以上。在一般作物不能生长的沙荒盐碱地上种植罗布麻，能绿化荒滩、防风固沙、防止水土流失、抑制沙漠扩展及治理盐碱地，是一种优良的水土保持经济植物。

【繁殖栽培技术】种子繁殖、根茎繁殖和分株繁殖。繁殖时选择地势较高、排水良好、土质疏松、透气性沙质壤土为宜。整地前施足底肥，一般施腐熟厩肥 $15～30t/hm^2$，全面深耕，深度30～40cm，耙细整平，做成畦床，按8m×1.2m做畦，畦高8～18cm、宽 30~40cm，两畦之间留作业道 40cm 左右，并在两畦之间增设隔离带，以防止和减少水土流失。整地完成后可播种或根茎、分株繁殖。

①种子繁殖　播种时间东北地区宜在 4 月中旬至 5 月上旬；华北、西北地区宜在 3 月中旬至 4 月上旬。播种前将种子装入布袋，用清水浸泡 24h（期间换水 1~2 次），取出摊开，放在 15℃ 的地方，盖上潮湿的遮盖物（如麻袋、布袋等），当有 50% 的种子露白即可播种。播种时先将种子拌入 1∶10 的清洁细沙，在畦上开沟条播，行距 30cm，沟深 0.5~1cm，将种子均匀地撒入沟内，之后覆土 0.5cm，稍镇压后浇水，再覆盖草帘或稻草等保湿。待小苗欲出土时在傍晚或多云的天气撤去覆盖物，培育 1 年即可移栽。

②根茎繁殖　选取 2 年生以上的根茎，切成 10~15cm 长的小段，按株距 30cm、行距 25cm 开穴，穴深 10~15cm，穴口宽 15cm，每穴平栽 2~3 个根段，覆土 10cm，浇水。华北地区 3 月中旬、东北地区 4 月中旬栽培，30d 左右陆续出苗。

③分株繁殖　在植株枯萎后或在春季萌动前，将根茎及根从株丛中挖出进行移栽。

当罗布麻苗高达 5~6cm 时中耕除草，每年 3~4 次，并根据土壤的含水量适时进行灌溉，以促进苗木的生长。在苗高 10cm 时进行第一次追施氮肥 45~75kg/hm²；6 月下旬至 7 月中旬进行第二次追肥，每公顷施磷肥 150kg、钾肥 75kg，然后浇 2 次水，7 月下旬停止施肥。罗布麻根茎的萌生能力强，每年可收割 2~3 次。

7.21　百里香

百里香 *Thymus mongolicus* Ronnig.，又名地姜、千里香、地椒（图 7-21）

【科属名称】唇形科 Labiatae，百里香属 *Thymus*. L.

【形态特征】半灌木，茎多数，匍匐或上升；不育枝从茎的末端或基部生出，匍匐或上升，被短柔毛，四棱形，多分枝，叶对生。花枝高 2~10cm，在花序下密被向下曲或稍平展的疏柔毛，具 2~4 对叶，基部有脱落的先出叶。叶为卵圆形，先端钝或稍锐尖，基部楔形或渐狭，全缘或稀有 1~2 对小锯齿，两面无毛，下面微突起，叶柄明显；苞叶与叶同形，边缘下部 1/3 处具缘毛。花序头状，多花或少花，花具短梗。花萼管状钟形或狭钟形，下部被疏柔毛，上部近无毛；花唇形，下唇较上唇长或与上唇近相等，上唇齿短，齿不超过上唇全长 1/3，三角形，具缘毛或无毛；花冠紫红、紫或淡紫、粉红色，被疏短柔毛，冠筒伸长，向上稍增大。小坚果近圆形或卵圆形，压扁状，光滑，千粒重 0.166g。花期 7~8 月。

【分布与习性】产甘肃、陕西、青海、山西、河北、内蒙古等地；百里香耐旱、耐寒、耐瘠薄，常生于海拔 1 100~3 600m 的多石山地、斜坡、山谷、山沟、路旁及杂草丛中。百里香也是典型草原退化的指示植物和常见植物。

【水土保持功能】百里香具有良好的保持水土的作用。其一，百里香匍匐生长，分枝多，常随节生根形成丛状，雨季生长尤为茂盛，具较强的保土、抗侵蚀作用。其二，它抗旱、耐瘠薄，可在瘠薄的沙质土、粗骨土及石质坡地、表土侵蚀严重的退化草场形成优势种。其三，百里香耐牲畜践踏和长期的过度放牧，当其他草类因风蚀或过牧而受到抑制时，百里香能取而代之成为建群种。

【资源利用价值】百里香具有祛风解表、行气止痛、防暑避暑、补肝明目、滋胃润肺、利尿排水、抗病毒、杀菌、通经、抗痉挛、驱蠕虫、升血压、刺激白血球、增强抵抗力等药用功能，是优良的药用植物。百里香是提取香油的重要原料，其香气清新、淡雅，可用于香水、香皂、化妆品、牙膏、洗发水、洗涤剂等日用工业品，并可治疗脱发、清洁毛细孔、治疗头皮屑、青春痘和油脂分泌过剩。百里香可直接食用，鲜品作菜、馅、汤的调味品；也可制成干制品、流浸膏，作为食品加工业的调味品。百里香花小繁多、花冠淡紫色、美丽而柔和、花期长、植株成簇状匍匐生长，因而成为园林

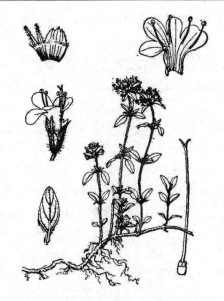

图7-21 百里香 *Thymus mongolicus* Ronnig.（引自《中国高等植物图鉴》）

观赏不可多得的优良植物。此外，百里香也是优良的蜜源植物，可用于生产高级蜂蜜。同时，也是一种优良的水土保持地被物。

【繁殖栽培技术】种子繁殖、扦插、压条及分株繁殖。

①种子繁殖　播种期在秋季至春季之间，盆播选用泥炭为基质，并加入20%便于排水的细沙，搅拌均匀，加入5%~10%的腐熟有机肥；将配好的基质充分浇湿之后，以撒播为宜，播种后放在荫凉的地方，温度控制在23~25℃，发芽前基质需保证充足的水分，发芽后长出2~3片叶时，宜先移植在直径为2cm的纸筒苗盘中，充分发育后即长到4~5片叶时，再换至9cm盆定植。大田播种时选择地势较高，排水良好的壤土地、砂壤土等，精细整地，施入少量厩肥，撒播或条播，浅覆土轻镇压，待出苗后可移栽或定植，留床需除草松土。

②扦插繁殖　百里香极易发根，易繁殖，扦插时选择生长健壮的株丛，切取3~5节并带顶芽的枝条进行扦插，小带顶芽的枝条或已木质化的枝条扦插虽可成活，但发根速度慢，根群也较少。扦插时应插在直径为2cm的纸筒苗盘中，便于成活后移植。

③压条及分株繁殖　压条及分株法即是使枝条接触地面，自动长出根系，直接切取就是独立的一棵植株，较适合家庭园艺种植者采用。

7.22 黄　芩

黄芩 *Scutellaria baicalensis* Georgi.，又名香水水草、山茶根、土金茶根（图7-22）

【科属名称】唇形科 Labiatae，黄芩属 *Scutellaria* L.

【形态特征】多年生草本；根茎肥厚，肉质，棕褐色，伸长而分枝。茎基部伏地，上升，高30~120cm，钝四棱形，具细条纹，近无毛或微被柔毛，绿色或带紫色，自

基部多分枝。单叶对生,叶坚纸质,披针形至线状披针形,全缘,上面暗绿色,下面色较淡,密被下陷的腺点;叶柄短,腹凹背凸,被微柔毛。总状花序顶生,于茎顶聚成圆锥花序;花梗与序轴均被微柔毛。花唇形,花冠紫、紫红至蓝色,外面密被具腺柔毛,内面在囊状膨大处被短柔毛;冠筒近丛部明显膝曲,冠檐2唇形,上唇盔状,先端微缺,下唇中裂片三角状卵圆形,两侧裂片向上唇靠合;雄蕊4,花丝扁平;花柱细长,先端锐尖,微裂;花盘环状;子房褐色,无毛。小坚果卵球形,黑褐色,具瘤,腹面近基部具果脐。花期7~10月;果期8~10月。

图7-22 黄芩 *Scutellaria baicalensis* Georgi.(引自《中国高等植物图鉴》)

【分布与习性】产黑龙江、辽宁、内蒙古、河北、河南、甘肃、陕西、山西、山东、四川等地,江苏有栽培;野生于山顶、山坡、林缘、路旁、草坡、撂荒地等向阳较干燥的地方。喜温暖,耐严寒,成年植株地下部分可忍受-30℃低温。耐旱怕涝,地内积水或雨水过多,生长不良,重者烂根死亡。排水不良的土地不宜种植。以中性和微碱性的壤土和沙质壤土为好,忌连作。5~6月为茎叶生长期,10月地上部枯萎,翌年4月开始重新返青生长。

【资源利用价值】根茎为清凉性解热消炎药,对上呼吸道感染,急性胃肠炎等均有功效,少量服用有滋补健胃的作用。据国外近年来研究,黄芩可治疗植物性神经的动脉硬化性高血压,以及神经系统的机能障碍,可消除高血压的头痛、失眠、胸闷等症,外用有抗生作用。因而,黄芩是优良的药用植物。此外茎秆可提制芳香油,也可代茶用。黄芩花紫红至蓝色,花期长,可作蜜源植物,也可美化环境,是城市绿化的较好的植物材料。

【水土保持功能】黄芩根系发达,能保持土壤;而且株丛基部伏地,地上部分生长较旺盛,可很好地覆盖地面,起到控制水土流失的功能。

【繁殖栽培技术】种子繁殖和分根繁殖。繁殖时应选阳光充足、土层深厚、排水良好及地下水位较低的沙质壤土或腐殖质壤土栽培,也可种在幼果树行间等一切闲散土地。每公顷施厩肥37 500kg加过磷酸钙300kg,黄芩为深根植物,要求深耕细耙,整平作畦,畦宽120cm,长短不限。

①种子繁殖 黄芩花期长达3个多月,种子成熟期很不一致,且极易脱落,需随熟随收,最后可连果枝剪下,晒干打下种子,去杂备用。在15~18℃的温度下,湿度适宜,播种后约11d出苗。播种采用条播,可春播也可秋播,春播于4月中旬,秋播于8月中旬。播前用40~45℃温水浸泡种子56h,捞出置于20~25℃条件下保温催芽,待大部分种子裂口时即可播种。条播时按行距30~40cm开2~3cm的浅沟,将种子均匀地撒入沟内,覆土盖平,镇压后浇水,每公顷播种量7.5~11.25kg,播种后经

常保持土壤湿润,以利出苗。出苗前后都要保持土壤湿润,苗高 1cm 时,结合松土除草按株距 2~3cm 定苗,苗期生长缓慢,植株较小,要经常松土除草,保持畦内表土层松软无杂草。在 6 月底或 7 月初,每公顷追施过磷酸钙 300kg 加硫酸铵 150kg,在行间开沟施下,施后覆土,若干旱时浇水。如不收种子,为促使根部生长,可剪去花枝。第二年返青后和 6 月下旬各施追肥 1 次,其他管理同第一年。

②分根繁殖 在采收季节或春季,选择 2~3 年生黄芩健壮无病虫害的未发芽的植株,挖取根茎,剪去主根药用,将根茎按自然形状用刀劈开,按行株距 30cm × 20cm 栽植。以早春栽苗成活率高。

7.23 芦苇

芦苇 *Phragmites australis* Trin. ex Steud.,又名芦、苇子、葭、蒹(图 7-23)

【科属名称】禾本科 Gramineae,芦苇属 *Phragmites* Trin.

【形态特征】多年生草本。具粗壮匍匐根状茎,秆高 0.5~3m,最高可达 4~6 m,适宜作牧草用的秆高 0.7~1.5m,节下常生白粉。叶鞘圆筒形,叶鞘无毛或被细毛;叶舌短,有毛;叶片扁平,长 15~45cm,宽 1~3.5cm,长线形或长披针形,排列成两行,光滑而边缘粗糙。圆锥花序稠密,开展,稍垂头,花序长 10~40cm,常呈淡紫红色;小穗含小花 4~7 朵,颖具 3 脉,第一颖短小,第二颖略长;第一小花多为雄性,余两性;外稃具 3 脉,基盘具长 6~12mm 的柔毛。颖果,长卵形。

【分布与习性】芦苇生长于池沼、河岸、河溪边多水地区,常形成苇塘。芦苇在中国广泛分布,其中以东北的辽河三角洲、松嫩平原、三江平原,内蒙古的呼伦贝尔和锡林郭勒草原,新疆的博斯腾湖、伊犁河谷及塔城额敏河谷,华北平原的白洋淀等苇区,是大面积芦苇集中的分布地区。

芦苇特性喜水湿,极耐盐碱,也耐酸抗涝,生活力强,适应性广,抗逆性强。芦苇对土壤和水的 pH 值适应幅度较大,由微酸至碱性,即 pH6.5~9 都能正常生长,形成群落,但以 pH7~8 最适宜。芦苇对盐碱土有较强的耐力,一般自然生长或栽植在坑塘河湖库滩岸边水边或低湿洼地,亦能在内陆咸湖附近,有较厚盐结皮的盐土上生长,但它的外部形态已显著变化,植株矮小,高仅 20cm,叶子成披针状。芦苇在土壤含氯量 0.25% 以下,最高不超过 0.5%,灌水氯含量在 0.3% 时,能正常生长发育,每公顷产量可达 5.2~67.5t。在土质肥沃情况下,生长极其繁茂,沙丘、丘地及黄土干旱荒坡、地下水

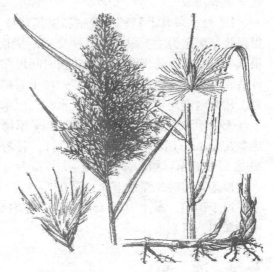

图 7-23 芦苇 *Phragmites australis* Trin. ex Steud.(引自《中国高等植物图鉴》)

位高的戈壁滩上，盐湖周围也有野生，但矮小，节间短。芦苇植物群落地理分布非常广泛而多样，单优势芦苇纯群落在各地均出现。它主要是挺水水生植物，也是湿生—中湿生植物，可形成芦苇沼泽或草甸；在荒漠地带，地下水位较高的沙地，也有生长低矮的芦苇群落分布，成为特殊荒漠草甸。

【水土保持功能】芦苇茎叶极繁茂，根系极发达，在常年积水的地方，芦苇的根状茎分布在土壤表层，占地下部分总重的71%，并纵横交织成网；在季节性积水或无积水的地方，0~30cm根状茎和根占地下总重的54%，其中20~30cm地下竖茎较多，40~60cm是地下竖茎和横茎交叉区，60cm以下基本上只有横走的根状茎，庞大的根系形成根网固持着土壤。因此，芦苇有良好的水土保持作用，还有缓冲留淤、抬高沟床、防止沟底下切的效果，为保土固堤优良植物。其干草可用来制做沙障，防风固沙。

【资源利用价值】芦苇是一种巨大的植物资源，嫩茎叶含蛋白质和糖分较多，可作牛、马、羊等牲畜的饲料，是一种不可多得的优良牧草，饲用价值高。目前大多数都作为放牧地利用，也有用作割草地或放牧与割草兼用，往往作为早春放牧地。芦苇草地有季节性积水或过湿，加之是高草地，适宜马、牛大畜放牧。芦苇地上部分植株高大，又有较强的再生力，以芦苇为主的草地，生物量也是牧草类较高的，在自然条件下，产鲜草 $3.9 \sim 13.9 t/hm^2$。每年可刈割 2~3 次。除放牧利用外，可晒制干草和青贮。青贮后，草青色绿，香味浓，牛羊很喜食，马多不喜食。芦苇耐盐性强，可在土壤含氯量不超过 0.5% 时正常生长，为向盐碱地扩大草地提供了可能，尤其对沿海城市建立饲料基地有着重要意义。芦苇全身是宝，嫩芽可食用，花序可作扫帚，花絮可填枕头；茎秆可作编织、建筑、纤维工业和造纸的好原料，近年还用来作玻璃、人造丝、人造棉。全株可入药，根状茎芦根具清热生津、健胃、止呕、利尿之功效；茎秆、叶及花序也是药材，芦叶治霍乱呕逆、痈疽，芦花止血解毒，治鼻衄、血崩、上吐下泻等功效。

【繁殖栽培技术】种子繁殖和根茎繁殖。芦苇具有横走的根状茎，在自然生境中，以根状茎繁殖为主，根状茎纵横交错形成网状，甚至在水面上形成较厚的根状茎层。根状茎具有很强的生命力，能较长时间埋在地下，1m 甚至 1m 以上的根状茎，一旦条件适宜，仍可发育成新枝。也能以种子繁殖，种子可随风传播。对水分的适应幅度很宽，从土壤湿润到长年积水，从水深几厘米至 1m 以上，都能形成芦苇群落。

人工播种育苗宜春播，播量 120kg 苇穗。育苗地排水成半泥半水状，苇穗铡碎稀疏撒在地表，用扫帚均匀推开抽打，将籽打入土中，苇毛被泥粘住，苇苗出土高 30cm 后可起苗移植。移栽以 6~7 月份为宜。

根茎繁殖时先深耕土地，隔 0.7~1m 与水流垂直方向开沟，选取 30~50cm 地下茎平埋于沟内，覆土 10~15cm，20d 左右新芽出土，以后渐向四周蔓延。夏末砍青苇，深埋一尺也可。

7.24 冰 草

冰草 *Agropyron cristatum* (L.) Gaertn.，又名扁穗冰草、羽状小麦草、野麦子(图7-24)

【科属名称】禾本科 Gramineae，冰草属 Agropyron. Gaertn.

【形态特征】多年生草本，须状根，密生，根系发达，外具沙套；疏丛型，秆直立，基部的节微呈膝曲状，高 30~50(80)cm，条件好可达 1m 以上，茎具 2~3 节。叶片扁平或常内卷，叶长 5~10cm，宽 2~5mm，叶鞘紧包茎。穗状花序直立，长 2.5~5.5cm，宽 8~15mm，小穗无柄，水平排列紧密呈篦齿状，含 4~7 朵花，长 10~13mm，颖舟形，常具 2 脊或 1 脊，被短刺毛；外稃长 6~7mm，舟形，被短刺毛，顶端具长 2~4mm 的芒，内稃与外稃等长。千粒重 2g，种子 50 万粒/kg。

【分布与习性】我国分布在东北、华北及内蒙古、甘肃、青海、新疆等地的温带草原和荒漠草原地区，多生于干燥草地、山坡、丘陵以及沙地。冰草是草原区旱生植物，具有很强的抗旱能力和耐寒性，适宜生长在干燥寒冷的地区。对土壤要求不严，从轻壤土到重壤土，以及半沙漠地带均可种植，特别喜生长在干草原区的栗钙土壤上，有时在黏质土壤上也能生长。耐瘠薄，耐盐碱，不耐涝。在酸性沼泽、潮湿的地方少见。不耐夏季高温，夏季干热时停止生长，进入休眠，秋季又开始生长，春秋两季为主要生长季节。野生的冰草往往是草原植物的伴生种。在平地、丘陵、山坡等干旱地区常见。

冰草属长寿命牧草，一般生活在 10 年以上。播种当年根系发育旺盛，向横深发展较快，在夏季便形成大量的分蘖枝，分蘖力很强，当年分蘖达 25~55 个，并能很快形成丛状。种子自然落地，可以自生，主根入土较深，可达 1m 左右。冰草为冬性禾草，当年形成株丛，很少发育成生殖枝。冰草返青较早，4 月中旬返青，6 月中旬开花，7 月种子成熟，种子成熟后易脱落；11 月下旬枯黄。

【水土保持功能】冰草须根密生，根系发达，具沙套，入土较深，分蘖力强，抗逆性高，生活 2~3 年即可形成良好的草土层，护坡、固土、保沙的性能好、作用大。同时，冰草属下繁牧草，地面覆盖能力强，可有效地防治水土流失。因而，冰草是一种良好的保水固沙植物，也是草地改良、荒山种草、沟壑治理和水土保持备受推崇的草种。

【资源利用价值】冰草草质柔软，是干旱、半干旱地区草地改良和人工草地建设的优良牧草，营养价值较高。但是干草的营养价值较差，在幼嫩时马和羊最喜食，牛和骆驼喜食草，在干旱草原区把它作为催肥牧草，但开花后适口性和营养成分均有降低。冰草对于反刍家畜的消化率和可消化成分也较高，在干旱草原区是一种优良天然牧草。冰草属下繁牧草，产量较低，宜放牧利用。种子产量很高，产量为 300~750kg/hm²，易于收集，发芽力颇强。因此，不少地方已引种栽培，并成为重要的栽培牧草，既可放牧又可割草；既可单种又可和豆科牧草混种，建立长期型

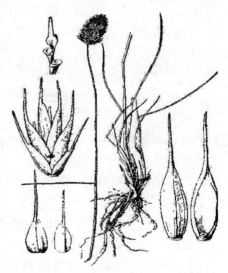

图 7-24 冰草 *Agropyron cristatum* (L.) Gaertn.
(引自《中国高等植物图鉴》)

放牧草地或刈割兼用草地；每年可割 2~3 茬，产干草 3 000~3 750kg/hm²。冬季枝叶不易脱落，仍可放牧。

【繁殖栽培技术】种子繁殖。冰草春、夏、秋均可播种，主要取决于土壤墒情。播前需精细整地。整细整平，并结合耕翻施有机肥料 15 000~22 500kg/hm² 做基肥。播期在高寒地区宜于 5~6 月播种，干旱地区宜在夏秋雨后播种，其他水热条件好的地区可早春播种。条播、撒播均可；条播行距 20~30cm，播量 15~22.5kg/hm²，覆土 2~3cm。出苗后要及时中耕、除草。也可以和苜蓿等混播。种子饱满，发芽率高，出苗快而整齐。种子发芽温度在 22~25℃，土壤温度和水分条件适宜时，播种后 5~7d 即可萌芽。

生长四年的草地，草根大量絮结，土壤表层密实，通透性变劣，导致产量下降，应在早春牧草萌发前用轻耙切割，改进水分、空气状况，以提高产量，延长利用年限。刈割后应趁雨天追施氮肥以保增产。冰草应注意施肥，特别是单播的冰草要注意施氮肥。冰草再生力差，播种当年冬季可轻度放牧利用，但严禁早春与晚秋啃食践踏。割草可在抽穗期进行，过迟则茎叶变粗硬，饲用价值低。一年只可割草一次。种子成熟后自行脱落，应于蜡熟期收获，随割随运，以免落粒损失。

7.25 拂子茅

拂子茅 *Calamagrostis epigeios* Roth.，别名狼尾草、山谷草（图 7-25）

【科属名称】禾本科 Gramineae，拂子茅属 *Calamagrostis* Adans.

【形态特征】多年生草本。具根状茎；秆直立，平滑无毛或花序下稍粗糙，高 45~100cm。叶鞘平滑或稍粗糙，短于或基部者长于节间；叶舌膜质，长圆形，先端易破裂，叶片扁平或边缘内卷，上面及边缘粗糙，下面较平滑，长 15~27cm，宽 4~8mm。圆锥花序紧密，圆筒形，长 10~25(30)cm，分枝粗糙，直立或斜向上升；小穗长 5~7mm，淡绿色或带淡紫色；两颖近等长或第二颖微短，先端渐尖，具 1 脉，第二颖具 3 脉，主脉粗糙；外稃透明膜质，长约为颖之半，顶端具 2 齿，基盘的柔毛几乎与颖等长，芒自稃体背中部附近伸出，细直；内稃长约为外稃的 2/3，顶端细齿裂；小穗轴不延伸于内稃之后，或有时仅于内稃之基部残留一微小的痕迹；雄蕊 3，花药黄色，颖果。花果期 6~9 月。

【分布与习性】在中国各地均有分布，主产于东北、华北、西北等地。喜生于平原绿洲，习见于水分条件良好的农田、地埂、潮湿地及河岸沟渠旁，土壤常轻度至中度盐渍化。是组成平原

图 7-25 拂子茅 *Calamagrostis epigeios* Roth.（引自《中国高等植物图鉴》）

草甸和山地河谷草甸的建群种。

拂子茅可塑性强。在中国的各种气候带均有生长，耐盐碱，为轻盐碱化土壤的重要植物。喜生于低洼地，可构成单优种的草甸群落。也喜沙质土，生于坡地、河岸、疏林下、沙丘基部以及盐生植被的外围，在这些地方，有时局部地区小片群生。在撂荒地生长迅速，往往成为植被演替的一个阶段，即根茎禾草阶段。根茎发达，无性繁殖迅速，再生性强，返青早。在北方，4月初即开始返青，6月下旬至7月中旬开花，8月种子成熟。此时茎秆变为淡黄色，穗状花序稍开张。

【水土保持功能】其根茎顽强，抗盐碱土壤，又耐强湿；其地上部分较高，可形成较大的盖度，从而起到防风固沙作用，因而是固定泥沙、保护河岸、防治盐渍荒漠化的良好材料。

【资源利用价值】为牲畜喜食的牧草。早春、初夏放牧时，为各种家畜所采食。牛较喜食，马、羊较差，但在夏末和秋季草质变粗糙，各种家畜的喜食性降低或放牧时基本不采食。同样，在开花前调制的干草，营养较丰富，各种家畜均喜食。结实后草质变硬，营养显著下降，因此，产草量高，每公顷产青草 7 500~9 750kg。由于拂子茅具有粗壮的根茎，又喜沙。因此，是很好的固沙和水土保持植物；秸秆是编织和造纸原料。其秆干后也可制作沙障。

【繁殖栽培技术】根茎繁殖和种子繁殖。野生状态下多通过根茎扩展株丛，也可利用种子繁殖。目前未进行人工栽培。

本属的另一种假苇拂子茅高度稍低，为 30~60cm，圆锥花序稍开展，分枝簇生，斜向上生；小穗绿色，成熟时常带褐色。典型的中生、多年生草本植物。其分布与习性与拂子茅相同。为中等偏低饲用植物，可做造纸及人造纤维工业的原料；根状茎发达，能护堤固岸，稳定河床，是良好的水土保持植物。繁殖栽培技术同拂子茅。

7.26 芨芨草

芨芨草 Achnatherum splendens Nevskia.，又名积机草、席芨草（图7-26）

【科属名称】禾本科 Gramineae，芨芨草属 Achnatherum P. Beauvois

【形态特征】多年生密丛草本。须根，具砂套，多数丛生、坚硬，茎直立，坚硬，丛高 50~100(250)cm，丛径 50~70(140)cm。叶片坚韧，纵向卷折，长 30~60cm。圆锥花序长 40~60cm，开花时呈金字塔形展开，小穗长 4.5~6.5mm，灰绿色或微带紫色，含1小花；颖膜质，披针形或椭圆形，第一颖较第二颖短；外稃厚纸质，长 4~5mm，具5脉，背部密被柔毛；基盘钝圆，有柔毛；芒直立或微曲，但不扭转，长 5~10mm，易脱落；内稃有2脉，脊不明显，脉间有毛。颖果。花果期 6~9 月。

【分布与习性】在我国北方分布很广，从东部高寒草甸草原到西部的荒漠区，以及青藏高原东部高寒草原区均有分布，如黑龙江、吉林、辽宁、内蒙古、陕西北部、宁夏、甘肃、新疆、青海、四川西部、西藏高原东部等。

芨芨草具有广泛生态可塑性，耐旱，耐盐碱，适应黏土以至砂壤土。在较低湿的碱性平原以至高达 5 000m 的青藏高原上，从干草原带一直到荒漠区，均有芨芨草草甸分布，但它不进入林缘草甸。在复杂的生境条件下，可组成有各种伴生种的草地类型，它是盐化草甸的重要建群种。芨芨草喜生于地下水埋深1.5m左右的盐碱滩沙质土壤上，在低洼河谷、干河床、湖边、河岸等地，常形成开阔的芨芨草盐化草甸。芨芨草在4月下旬萌发，5月上旬即长出叶子，6~7月间开花，种子8月末到9月成熟，子粒细小，但产量较高。芨芨草返青后，生长速度快，冬季枯枝保存良好，特别是根部可残留一年甚至几年，可使芨芨草草场一年四季牧用。

【水土保持功能】芨芨草根多发达，须根粗壮，根径为2~3mm，入土深达80~150cm，根幅在160~200cm。芨芨草可在地下水位较高、轻度盐渍化的土地上栽植，其总盖度可达35%~50%，在100m^{2}内可有35丛左右。芨芨草根系庞大，株丛庞大，茎叶繁茂，有极好的水土保持作用。在坡面上可形成天然草埂，起拦泥、滞留、分流作

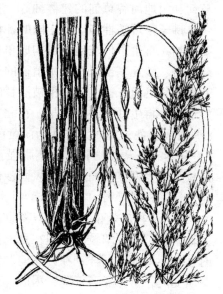

图7-26 芨芨草 Achnatherum splendens Nevskia.（引自《中国高等植物图鉴》）

用；在侵蚀沟栽植可防止沟底下切，沟头前进，沟岸崩塌。在道路及渠道两侧则可固坡护路，护坝固渠。

【资源利用价值】芨芨草为中等品质饲草，对于我国西部荒漠、半荒漠草原区，解决大牲畜冬春饲草具有一定作用，终年为各种牲畜所采食。骆驼、牛喜食，其次马、羊。芨芨草生长高大，为冬春季牲畜避风卧息的草丛地，当冬季矮草被雪覆盖，家畜缺少可饲牧草的情况下，芨芨草便是主要饲草。因此，牧民习惯以芨芨草多的地方作为冬营地或冬春营地。大面积的芨芨草滩为较好的割草地，割后再生草也可放牧家畜。开花始期刈割，可作为青贮原料。芨芨草有多种经济用途，是高级纸浆，人造丝原料，还用于编制筐笼、草帘、扫帚、草绳等；也是一种较好的水土保持植物。

【繁殖栽培技术】种子繁殖和分根繁殖。播种在春、秋季均可，春播宜早，土壤解冻至5月上旬，播后耙数遍，覆土1.5~3cm。秋播自9月下旬播种至土壤封冻。分根移栽易在早春、晚秋、雨后阴天为好，剪去茎秆和叶片，挖取须根，分根栽植即可。

7.27 菅 草

菅草 Themeda triandra Forsk. var. japonica (Willd.) Makino.，别名黄背草、黄背茅（图7-27）

【科属名称】禾本科 Gramineae，菅属 Themeda Forsk.

【形态特征】多年生簇生草本。须根粗壮，秆直立，秆高0.8~1.5m，圆形，压扁或具棱，光滑无毛，具光泽，黄白色或褐色，实心，髓白色，有时节处被白粉。叶

鞘紧裹秆，背部具脊，通常被硬疣毛；叶舌坚纸质，有睫毛。叶片线形，长10~50cm，中脉显著，背面常粉白色，边缘略卷曲，粗糙。大型圆锥花序多回复出，由具佛焰苞的总状花序组成，长为全株的1/3~1/2；总状花序长具花序梗，由7小穗组成。下方2对均不孕并近于轮生，其余3枚顶生，有柄小穗不孕，无柄小穗纺锤状圆柱形，基盘被褐色髯毛，锐利；第一颖草质，背部圆形，被短刚毛，第二颖与第一颖同质，等长，两边为第一颖所包卷。第一外稃短于颖；第二外稃退化为芒的基部，芒1~2回膝曲。颖果长圆形。花果期6~12月。

【分布与习性】我国除新疆、青海、内蒙古等地以外几乎均有分布，在中国东北、华北、华中、华南沿海、西南及台湾等地都有广泛分布。多生于海拔80~2 700m的干燥山坡、草地、路旁、林缘等处，在北方多生长在火成岩如花岗岩初风化的土壤，在华北、西北海拔500~1 000m的山坡上，能成为群落的优势种。在南方多生于干旱贫瘠、pH5~6的红黄壤山坡上。

图7-27 菅草 *Themeda triandra* Forsk. var. *japonica* (Willd.) Makino.

(引自《中国高等植物图鉴》)

常与耐干旱的一些灌丛、刺灌丛混生，同它混生的草有鸡眼草 *Kummkrowia striata.*、胡枝子 *Lespedeza bicolor*、细叶胡枝子 *L. hedysaroides* 等。

【水土保持功能】植丛高大，叶量丰富，可密集覆盖地面，有截留和拦蓄径流作用，发挥一定的水土保持功能。

【资源利用价值】菅草植丛高大，叶量丰富，幼嫩时为牲畜采食，抽穗后迅速粗老变硬，不宜饲用，属于中等禾草。菅草萌发早，可在春夏之交供给饲草，夏末秋初适口性降低；种子成熟后，营养价值降低。种子成熟时，种子基盘有坚硬的锥刺，能刺入畜体引起皮肤炎症、口腔炎和肠胃炎。此外，种子成熟后的黄背草，纤维增高，秆叶可供造纸或盖屋。

【繁殖栽培技术】种子繁殖。目前仍处于野生状态，未进行人工繁殖栽培。

本属中的小菅草 *T. minor* L. Liou、菅 *T. villosa* (Poir.) A. Camus 和大菅 *Themeda caudata* (Nees) A. Camus 同为中等禾草，幼嫩时为牲畜采食，抽穗后粗老变硬，不宜饲用。其繁殖均处于野生状态，未有人工栽培。

7.28 狗牙根

狗牙根 *Cynodon dactylon* (L.) Pers.，又名绊根草、爬根草、爬地草、铁线草、百慕大草(图7-28)

【科属名称】禾本科 Gramineae，狗牙根属 Cynodon Rich.

【形态特征】多年生草本。具白色有节的地下根状茎及匍匐茎，节间长短不等，须根细而坚韧。秆匍匐地面，多分枝，长可达 2m，茎多节，每条匍匐茎上有 24~35 或更多节。节下着生不定根，向上生初直立生殖枝，高 10~30cm，叶片细长似狗牙，绿色带白粉，长 5~10cm，宽 3mm。叶鞘光滑，叶舌短，具小纤毛，叶片条形。穗状花序，3~6 枚呈指状生于茎顶，小穗排列于穗轴的一侧，灰绿色或绿紫色，含 1 小花，颖具 1 中脉形成背脊，外稃与小穗等长，具 3 脉，脊上有毛；内稃约与外稃等长，具 2 脊。种子细小，千粒重 0.25~0.3g。

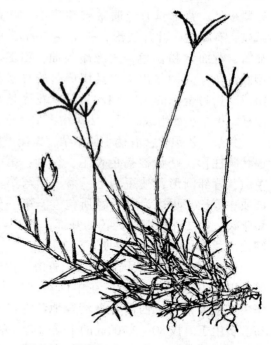

图 7-28　狗牙根 Cynodon dactylon (L.) Pers.（引自《中国高等植物图鉴》）

【分布与习性】在中国广泛分布于黄河以南各地，在新疆的伊犁、喀什、和田也有野生分布。多生长于村庄附近、道旁河岸、荒地山坡。狗牙根的适应性、生长势和扩展性强，在年降水量 600~1 600mm 的华东、华中、华南、西南等地生长良好。狗牙根为春性禾草，喜温暖湿润气候，喜光、耐热（可耐 43℃ 的高温），稍耐荫，有一定的抗旱、抗盐碱能力，侵占性和抗杂草侵入能力很强，但不耐寒，易遭雪霜冻害。在日平均气温为 24℃ 以上生长最好，6~9℃ 时生长缓慢，-2~4℃ 地表茎叶枯黄，-14℃ 时地上部分即枯死。狗牙根能耐长时间的水淹；对土壤要求不严格。从轻沙土到黏重土均能适应，但以湿润、排水良好的中等黏重土最宜。如氮肥供应充足，能在粗沙土上生长。对 pH 要求也不严格，土地酸碱度对其影响不大，酸性及弱碱性土地均能良好生长，过酸 pH5.5 施石灰有利生长。狗牙根耐低啮及践踏。春天返青早，霜后即停止生长。

【水土保持功能】狗牙根根系发达，须根细而坚韧，具有根状茎和匍匐枝，新老匍匐茎在地面上向各个方向穿插，交织成网，覆盖地面，形成密集的草皮，覆盖于地表，起拦泥、滞留、分流作用，有效地固持了地表土壤，使之难于流失。狗牙根根系发达，根量多，地下部干重达 20t/hm^2，因此，狗牙根固土能力强，耐践踏，与杂草竞争力强，是优良的固土、护坡、护路、护坝固渠的水土保持植物和草坪植物。试验表明，在 30℃ 的土坡上分别种植盖度为 100%、80%、60%、40%、20% 狗牙根草坪，在 25mm/h 的人工降雨强度下测定出土壤的侵蚀度分别为 0、21%、44%、65%、98%，即随着盖度的增加土壤侵蚀强度下降。

【资源利用价值】狗牙根草质好，茎软、味浓、微甜，叶量多，营养丰富，狗牙根的粗蛋白质、无氮浸出物及粗灰分等的含量较高，特别是幼嫩时期，粗蛋白质含量占干物质的17.58%。狗牙根为优等牧草，适口性好，各种家畜均喜食。黄牛、水牛、马、山羊、兔喜食，嫩时猪、禽也采食。狗牙根再生快，根茎发达，春天返青草，恢复生长快，是良好的放牧型草场，但也可用以调制干草或制作青贮料。其生长势强，每年可刈割3~4次，一般每公顷可收干草2 250~3 000kg，在肥沃的土壤上，每公顷可刈制干草7.5~11.25t。狗牙根一旦建植，不易清除，因此，不宜作轮作牧场。狗牙根是南方最重要的水土保持牧草之一，也是南方停机坪、运动场、公园、庭院、城市绿化、环境美化的良好草坪植物。根茎还可入药，有清血功效。

【繁殖栽培技术】营养繁殖和种子繁殖。狗牙根种子细小，播前需要精细整地。狗牙根在低温下发芽差，在日平均气温18℃发芽最好，各地照此温度确定播期。播量4.5~10kg/hm^2，播后10~14d出苗。狗牙根的根系较浅，气候干旱时要及时浇水。狗牙根种子繁殖难度较大，多用营养繁殖方法。营养繁殖主要采用分株移栽、切茎撒压、块植法和条植法等。分株移栽法即是挖取其草皮，分株，在整好土地上挖穴栽植，栽植时注意植物和芽向上。切茎撒压法的具体方法是，早春将其匍匐茎和根茎挖起切成6~10cm长小段，撒于整好的土地里，而后用石碾镇压，使其与土地良好接触，即可以成活发芽生长。块植法即把挖起的草皮切成小块，在要栽植的土地上挖相应的小穴，把草皮块放入穴内，填空即可。条植法即按行距0.6~1m挖沟，将切碎的根茎放入沟中，枝梢露出土面，盖土镇压即可。

7.29 鸭 茅

鸭茅 Dactylis glomerata L.，又名鸡脚草、果园草（图7-29）

【科属名称】禾本科 Gramineae，鸭茅属 Dactylis L.

【形态特征】多年生疏丛型草本植物。须根发达，密布于10~30cm的土层内。茎直立，基部扁平，株高70~120cm。叶片蓝绿色，幼叶成折叠状；基部叶片密集下披，叶长30~50cm，宽0.8~1.2cm；茎上部叶片较短小；叶舌膜质，长0.2~0.5cm，无叶耳，顶端撕裂状；叶鞘紧闭，压扁成龙状。圆锥花序开展，小穗多着生在穗轴一侧密集成球状，簇生于穗轴的顶端，形似鸡足；每小穗有花3~5朵，外有短芒；颖披针形，先端渐尖，具1~3脉；第一外稃与小穗等长。颖果长卵形，黄褐色；种子小而轻，千粒重0.097~1.34g左右，种子100万粒/kg。种子成熟后有3~4个月的后熟期。种子发芽率可保存2~3年。

【分布与习性】野生种分布于我国新疆、天山山脉的森林边缘地带、四川的峨眉山、二郎山、邛崃山脉、凉山及岷山山系海拔1 600~3 100m的森林边缘、灌丛及山坡草地；并且散见于大兴安岭东南坡地。目前，华北、华中及青海、甘肃、陕西、吉林、江苏、湖北、四川及新疆等地均有栽培。适应性比黑麦草广，叶量大，草质好，营养价值高，是优良牧草之一。鸭茅草喜温，耐旱性较强，在10~28℃生长最为适宜，高于35℃生长下降。鸭茅对低温反应敏感，6℃即停止生长，冬季无雪覆盖的寒冷地区难以安全越冬。鸭茅属长日照植物，耐遮荫。鸭茅对土壤要求不严，在肥沃的壤土和黏土上生长最好，但在瘠薄沙土上生长不好，对氮肥和地下水反应敏感，鸭茅不能在排水不良的土壤上生长，地下水深50～60cm，对其生长有利，再高则不利，不耐长期浸淹。鸭茅略耐酸不耐盐碱。在良好的条件下，鸭茅是长寿命多年生草，一般6～8年，多者可达15年，以第二、三年产草量最高。春季萌发早，一般3月返青，5月抽穗开花，6月中旬种子成熟，11月上旬枯黄，生育期80～90d。

【水土保持功能】鸭茅茎生叶和基生叶量大，茎叶茂盛，株丛覆盖地面效果好，可有效地防止水土流失。而且鸭茅较耐荫，宜与高光效牧草或作物间作、混作、套作，以充分利用光照，增加单位面积产量。在果树林下或高秆作物下种植，建立果园草地或草粮混作，能获得较好的效果，既发挥改良土壤、控制水土流失的功能，又可提高单位面积的土地利用率。

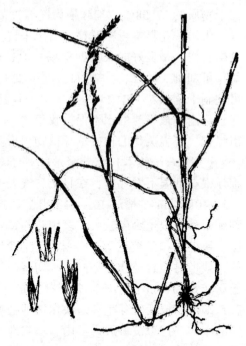

图7-29　鸭茅 Dactylis glomerata L.
(引自《中国高等植物图鉴》)

【资源利用价值】鸭茅叶量大，叶占60%，茎占40%，茎叶柔嫩，营养丰富，适口性好，牛、马、羊、兔等均喜食，幼嫩时尚可用以喂猪。鸭茅生长年限较长，管理得当，经久不衰，春季生长早，春季不休眠，适于放牧、刈割或制作干草，也可收割青饲或制作青贮料。营养期放牧最好，抽穗期用来调制干草。播种当年刈割1次，每公顷产鲜草15t，第二、三年可刈割2～3次，每公顷产鲜草22.5～37.5t以上。鸭茅较为耐荫，可与果树结合，建立果园草地，是有发展前途的农林复合草种。此外，鸭茅也是一种优良的水土保持植物。

【繁殖栽培技术】种子繁殖。鸭茅种子较小，幼苗期生长较慢，宜精细整地，彻底除草。播种期我国南方各地春秋皆可，而以秋播为好。春播以3月下旬为宜；秋播不迟于9月下旬，以防霜害，有利越冬。播种量在单播时每公顷11.25～15.0kg。与红三叶、白三叶、多年生黑麦草、狐茅等混播时，在灌溉区每公顷8.25～10.5kg，旱作每公顷11.25～12.0kg。单播以条播为好，混播时撒播、条播均可。播种宜浅，稍加覆土即可，也可用堆肥覆盖。幼苗期应加强管理，适当中耕除草，施肥灌溉。鸭茅需肥较多，每次刈割后都宜适当追肥，特别氮肥尤为重要，以每公顷施氮肥562.5kg时，其产草量最高。鸭茅以抽穗时刈割为宜，且留茬不能过低。留种时宜稀播，氮肥不宜施用过多。其种子约在6月中旬成熟，当花梗变黄时即可收获。每公顷可收种子225kg左右。

7.30 无芒雀麦

无芒雀麦 Bromus inermis Leyss.，又名无芒草、禾萱草、光雀麦(图7-30)

【科属名称】禾本科 Gramineae，雀麦属 Bromus L.

【形态特征】多年生根茎型草本。根系发达，具短根状茎，分布于距地表面10～18cm 的土层中，根茎可生出大量须根。茎4～6节，圆形，直立，株高50～140cm。叶披针形，淡绿色，一般5～6片，叶缘具短刺毛；叶鞘圆形闭合，紧包茎，长度常超过上部节间，闭合叶舌膜质；无叶耳；茎、叶、节均光滑无毛。圆锥花序，长13～30cm，分枝细，穗轴每节轮生2～3个枝梗，每枝梗着生1～2个小穗，1个小穗由4～8花组成；两片颖均为披针形，大小不等，膜质，狭而尖锐；外稃边缘膜质，具5～7脉，顶端微缺、具短尖头或短芒，内稃短于外稃，薄如膜。颖果，种子扁平，暗褐色，呈艇形，千粒重2.4～4.0g。花果期6～7月。

【分布与习性】我国东北、华北和西北都有一定面积的野生种。甘肃省的无芒雀麦是一种产量高、叶量大、品质好、耐旱、耐寒、耐牧、长寿的优良牧草。多分布于山坡、道旁、河岸。目前人工栽培的都是引入种。无芒雀麦对环境适应性强，特别适于寒冷、干燥气候，不适于高温高湿条件。在特别干旱时休眠，但仍生存。它的耐寒性强，在冬季最低温度达 −48℃(黑龙江，有雪覆盖)越冬率为83%；内蒙古冬季干冷无雪，能安全越冬。对土壤要求不太严格，壤土生长好，但在轻质砂土，轻度盐碱土上均能生长；耐水淹，能耐长达50d 的水淹。无芒雀麦抗干旱，但对水分敏感，生长期间，有灌溉条件，显著提高产量，最适宜生长在降雨400mm 左右的寒冷地区。一般在3月上中旬返青，5月下旬至6月上旬抽穗，6～7月为花果期，11月上旬枯黄。无芒雀麦属中寿命牧草，一般10年左右，管理好的可持续30年不衰。

【水土保持功能】无芒雀麦具有发达的地下茎，播种当年根系入土深度达120cm，入冬前可达200cm，第二年，根重量达每公顷12 000kg(0～50cm 土层)，是地上部的2倍。根茎多生长在15cm 土层中，可形成密集的草皮层，极好地固持土壤。在沟壑、荒山荒坡种植，能形成良好草皮层，起到防蚀固土的作用。无芒雀麦叶量丰富，营养枝多，叶片占植株总重量的49.5%，叶层主要分布在40cm 以下地方，可有效覆盖地表，防止水土流失。因而无芒雀麦是具有水土保持和渠道堤岸护坡的优良草种。

【资源利用价值】无芒雀麦的叶量大，适口性好，营养丰富，具有很高的饲用价值，各种家畜都

图7-30 无芒雀麦 Bromus inermis Leyss. (引自《中国高等植物图鉴》)

喜食。无芒雀麦返青早，枯黄迟，持青期特长，耐放牧践踏；再生性良好，加之寿命长，可以做干草、放牧、青贮。在冷季禾草中，为优良牧草之一。它经常和苜蓿、三叶草等混播建成优质的长期割草地或刈牧兼用草地。由于无芒雀麦有强大的根茎，常做水土流失地区的水保作物，特别在北方较干旱地区，日益受到重视。

【繁殖栽培技术】种子繁殖。无芒雀麦播种时期决定于当地的土壤水分状况，一般秋播效果好。收草田每公顷播量22.5~30kg，行距30~40cm，除草2~3次，抽穗期施氮肥或氮磷混合肥可显著提高产量和质量。种子田行距60~90cm，播种量11.25kg/hm²。无芒雀麦种子发芽率较高，播种10~12d即可出苗，35~40d开始分蘖，大部分处于营养生长状态。生长期间，要注意施N、P、K肥料。饲用草也可以和苜蓿、三叶草、野豌豆等混播，混播草地可适当少施N肥。种子成熟后易脱落，要在脱落前收获。

本属主要栽培牧草还有扁穗雀麦 B. catharticus Vahl.，又名白美雀麦，原产阿根廷，我国南方有野生。它种子大，易出苗，适于湿润和冬季温暖气候，耐寒性较差，耐盐碱能力较强，耐旱力强，不耐积水，对土壤肥力要求较高，喜肥沃黏质土壤，牧草收种后再生力强。

7.31 老芒麦

老芒麦 Elymus sibiricus L.，又名西伯利亚披碱草、叶老芒麦（图7-31）

【科属名称】禾本科 Gramineae，披碱草属 Elymus L.

【形态特征】多年生疏丛型草本，须根密集。秆直立或基部稍倾斜，粉绿色，具3~4节，3~4个叶片（多叶老芒麦具5~6节，5~6个叶片），各节略膝曲。叶鞘光滑，下部叶鞘长于节间，叶舌短，膜质。叶片扁平，内卷，长10~20cm，宽5~10mm（多叶老芒麦叶片长15~35cm，宽8~16mm），两面粗糙或下面平滑。穗状花序疏松下垂，长15~25cm，具34~38穗节，每节2小穗，有的芒部和上部每节仅具1小穗，小穗灰绿色或稍带紫色，含4~5枚小花；颖狭披针形，内外颖等长，具3~5脉，外稃披针形，密被微毛，具5脉；芒稍开展或反曲，内稃与外稃几等长，先端2裂，脊被微纤毛。颖果长椭圆形，易脱落，千粒重3.5~4.9g。花果期8~9月。

【分布与习性】主要分布于东北及内蒙古、河北、山西、陕西、甘肃、青海、新疆、四川、西藏等地。

老芒麦的根系发达，入土较深，可以利用土壤深层水分，抗旱性较强。属旱中生植物，

图7-31 老芒麦 Elymus sibiricus L.
（引自《中国高等植物图鉴》）

在年降水量为400～500mm的地区，可行旱地栽培。在干旱地区种植，如有灌溉条件，可提高产量。老芒麦抗寒性强，冬季气温下降至-36～-38℃时，仍能安全越冬，越冬率为96%左右。在青海、新疆、内蒙古、黑龙江等高寒地区栽培均能安全越冬，生长良好。老芒麦对土壤的要求不严，在瘠薄、弱酸、微碱或含腐殖质较高的土壤中均生长良好。在pH7～8微盐渍化土壤中也能生长，具有广泛的可塑性，能适应较为复杂的地理、地形、气候条件。

【水土保持功能】老芒麦的根系发达，春播第一年，根系的分布以土层3～18cm处为最密，第二年，根系入土可达125cm。0～23cm分布最密，分蘖节在表土层3～4cm处；第三年的根系产量(10～50cm)每公顷可达9 525kg(干重)。庞大而密集着生的根系形成根网，起着固持表土和改善土壤结构的作用。老芒麦植株较高，叶量大而不易脱落，能有效覆盖地表，控制水土流失，是一种优良的水土保持植物。

【资源利用价值】老芒麦植株无毛、无味、开花前期各个部位质地柔软，花期后仅下部20cm处茎秆稍硬。叶量丰富，营养成分含量丰富，消化率较高，适口性好，马、牛、羊均喜食，特别是马和牦牛喜食，是披碱草属 *Elymus* 中饲用价值较高的一种。可用来放牧和制干草，干草牲畜也喜食。牧草返青期早，枯黄期迟，绿草期较一般牧草长30d左右，从而提早和延迟了青草期，对各类牲畜的饲养有一定的经济效果，而且也是冬春季节覆盖地面，控制土壤侵蚀的水土保持牧草。老芒麦再生性稍差，在水肥条件好时，每年可刈割两次。可建立单一的人工割草地和放牧地，与其他禾草、豆科牧草混播可以建立优质、高产的人工草地。

【繁殖栽培技术】种子繁殖。播种前深翻土地，交错耙耱，使地面平整，并结合翻耕施足底肥，每公顷施有机肥15 000～22 500kg，过磷酸钙225～300kg，耙耱整平地面，进行播种。干旱地区播前要镇压土地；有灌溉条件的地区，可在播前灌水，以保证播种时墒情。春、夏、秋三季均可播种，宜早不宜迟。老芒麦种子具长芒，播种前应行截芒，播种量一般为22.5～30kg/hm²，种子田可酌量减少；与中华羊茅、草地早熟禾、花苜蓿混播时，老芒麦的播量不低于其单播量的60%～70%。可撒播、条播。生产田条播行距15～25cm，种子田条播行距25～30cm。坡地(<25°)条播，其行向应与坡地等高线平行。大面积撒播应以0.67～1.33hm²为单元分区划片播种。因苗期生长缓慢，春播应预防春旱和1年生杂草的危害。秋播应在初霜前30～40d播种。老芒麦对水肥反应敏感，有灌溉条件的地方，在拔节、孕穗期灌水结合施肥。可与山野豌豆、紫花苜蓿等豆科牧草混播，建成良好的人工草地。

7.32 垂穗披碱草

垂穗披碱草 *Elymus nutans* Griseb.，又名钩头草、弯穗草(图7-32)

【科属名称】禾本科 Gramineae，披碱草属 *Elymus* L.

【形态特征】多年生疏丛型草本。株高50～120cm。根茎疏丛状，须根发达。秆直立，具3节，基部节稍膝曲。叶扁平，两边微粗糙或下部平滑，上面疏生柔毛；叶鞘除基部外均短于节间；叶舌极短。穗状花序排列较紧密，小穗多偏于穗轴的一侧，曲折，先端下垂，长5~12cm，通常每节具2小穗；小穗绿色，成熟带紫色，长12~15mm，含3~4小花，其中仅2~3花可育，长4~5mm，具短芒；颖呈长圆形，具3~4脉，外颖顶端延伸成芒，芒粗糙，向外反曲；内外稃长披针形，具5脉，粗糙，向外反曲或稍展开，内稃与外稃等长。颖果，种子披针形，紫褐色，千粒重2.85~3.2g。花果期6~8月。

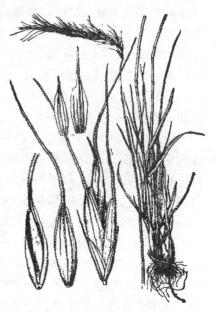

图7-32 垂穗披碱草 *Elymus nutans* Griseb.（引自《中国高等植物图鉴》）

【分布与习性】垂穗披碱草是野生种，在我国西藏及西北、华北等地都有分布。在海拔2 700~4 000m的草甸草地上常为建群种。垂穗披碱草具有广泛的可塑性，喜生长在平原、高原平滩以及山地阳坡、沟谷、半阴坡等地方，在滩地、阴坡常以优势种与矮嵩草、紫花针茅组成草甸草场，在青藏高原海拔3 500~4 500m的滩地、沟谷、阴坡山麓地带，生长高大茂盛，形成垂穗披碱草草场；在稍干旱的生境，常能占领茭茭草草场的空间，形成优势层片，与茭茭草、紫花茭茭草等组成茭茭草—垂穗披碱草草场；在路旁、沟边、河漫滩地能形成大片植丛或小片群落，在灌丛草甸，高山草甸上一般散生和零星生长，往往以伴生种掺入灌丛草甸草场。垂穗披碱草抗寒性极强，对高海拔地区的高寒湿润气候条件适应能力强，其垂直分布的上限可达海拔4 500m。对土壤要求不严，适应性较广，各种类型的土壤均能生长，能适应pH值7.0~8.1的土壤，并且生长发育良好。抗旱力较强，不耐长期水淹，过长则枯黄死亡。分蘖力强，再生性好，耐放牧践踏。垂穗披碱草对肥料的反应敏感，适时适量追施氮肥，既可大幅度地提高产草量，又可延长草地利用年限。垂穗披碱草茎叶茂盛，当年实生苗只能抽穗，生长第二年一般4月下旬至5月上旬返青，6月中旬至7月下旬抽穗开花，8月中、下旬种子成熟，全生育期102~120d左右。

【水土保持功能】垂穗披碱草根茎分蘖能力强，当年实生苗一般可分蘖2~10个，土壤疏松时，可达22~46个，生长第二年分蘖数达30~80个，形成密集的茎叶层，有效覆盖地面。垂穗披碱草具有发达的根系，根深可达1m以上，主要分布于表层40cm左右，对土壤的固持作用极大，可很好地防止水土流失。

【资源利用价值】垂穗披碱草质地较柔软，无刺毛、刚毛，无味，易于调制干草，属中上等品质牧草。成熟后茎秆变硬，饲用价值降低。从返青至开花前，茎秆幼嫩，枝叶茂盛，马、牛、羊最喜食，尤其是马最喜食，开花后期至种子成熟，茎秆变硬则只食其叶子及上部较柔软部分。调制的青干草（开花前刈割），是冬、春季马、牛、羊的良等保膘牧草。垂穗披碱草经栽培驯化后，在青海各地广泛种植，可建立人工打草场；与冷地早熟禾、草地早熟禾混播，建立打草、放牧兼用的人工草场。

【繁殖栽培技术】种子繁殖。播种前于夏、秋季深翻地，适当施入底肥，并对种子作断芒处理。春、夏、秋均可播种，寒冷地区春播为宜，气候稍暖地区可以早播或夏秋播，但宜早不宜迟。当年播种时，应对土地进行耙糖镇压。播种量种子田每公顷15~22.5kg，生产田 22.5~30.0kg，与其他牧草混播时，其播种量不少于单播量的60%~70%。垂穗披碱草可撒播、条播。生产田条播行距 15~25cm，种子田行距 25~30cm，坡地（<25°）条播，其行向与坡地等高线平行；播深 3~5cm。有灌水条件的地区，应早播，有利提高当年产量。垂穗披碱草苗期生长缓慢，注意消灭杂草，有条件的地方可在拔节期灌水 1~2 次。生长 2~4 年的产量较高，第五年后产量开始下降，因此，从第四年开始要进行松土、切根和补播草籽，可延长草场使用年限。

7.33 羊 草

羊草 Leymus chinensis (Trin.) Tzvel.，又名碱草（图7-33）

【科属名称】禾本科 Gramineae，赖草属 Leymus Hochst.

【形态特征】多年生草本。具发达的下伸或横走的根状茎，须根系，具砂套。秆直立，疏丛状或单生，高 30~90cm，一般具 2~3 节，生殖枝可具 3~7 节。叶鞘光滑，短于节间基部的叶鞘常残留呈纤维状，叶具耳，叶舌截平，纸质；叶片灰绿色或黄绿色，质地较厚而硬，干后内卷，上面及边缘粗糙或有毛，下面光滑。穗状花序直立，长 12~18cm，宽 6~10mm，穗轴坚硬，边缘被纤毛，每节有 1~2 小穗，小穗长 10~20mm，含 5~10 小花，颖锥状，具 1 脉，边缘有微纤毛，覆盖着外稃；外稃披针状，无毛，5 脉不明显。颖果长椭圆形，深褐色。

【分布与习性】羊草是广泛分布的禾草，分布的范围，南起北纬 36°，北至北纬 62°，东西跨东经 120°~132°的广泛范围内，中国境内约占一半以上。羊草具有广泛的生物可塑性，能适应多种复杂的生境条件，我国分布的中心在东北平原、内蒙古高原的东部和华北的山区、平原、黄土高原，西北各地也有广泛的分布。主要在半干旱半湿润地区，可以发育在砂壤质和轻黏壤质的黑钙土、栗钙土、碱化草甸土和柱状碱土的生境中，为我国温带草原地带性植物的优势种。羊草对土壤的 pH 值适应范围很小，对强酸性不能适应，喜在偏碱性的条件下生长。羊草为中旱生植物，喜湿润的砂壤或轻黏壤质土壤，当干旱板结时，根茎的生长受到限制。羊草适应性强，能耐旱、耐寒、耐盐碱，能在排水不良的轻度盐化草甸土和苏打盐土上良好生长，也能在排水较差的黑土和碳酸盐黑钙土、山坡、沙地上均能正常生长。

【水土保持功能】羊草是多年生草本，其根茎分蘖力强，可向周围辐射延伸，纵横交错，形成根网，具发达的下伸或横走的根状茎，极好地固持土壤，避免土壤侵蚀。在沙化草原，羊草是

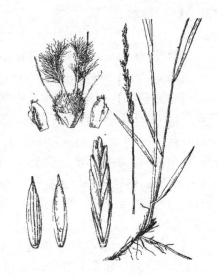

图 7-33 羊草 Leymus chinensis (Trin.) Tzvel.（引自《中国高等植物图鉴》）

抵御风蚀、防风固沙的好材料。羊草茎叶密集，可同时进行克隆生长和种子繁殖以扩大种群，覆盖度高达80%以上，可很好地覆盖地表，控制水土流失。

【资源利用价值】羊草茎叶并茂，所含营养物质丰富，在夏秋季节是家畜抓膘牧草，也为秋季收割干草的重要饲草。羊草草原在东北及内蒙古东部草场中，占有极重要地位，牧民把羊草评为头等饲草，认为在春季有恢复体力，夏、秋季有抓膘催肥，冬季喂青干羊草有补料的作用。以羊草为主构成的草原牧草，富有良好的营养价值，适口性高，因此，羊草被称为牲畜的"细粮"。

【繁殖栽培技术】种子繁殖和根茎繁殖。种子繁殖时，播种前应进行种子清选。羊草幼苗细弱，生长缓慢，出苗后10~15d才发生永久根，30d左右开始分蘖，产生根茎。有性繁殖的羊草，第一年生长缓慢，翌年返青后萌发新枝条，生长速度加快，开始郁闭，但第一、第二年产量不高。翌年返青后，枝条健壮，分蘖力强，根茎芽数量多，生长速度快，第二年即可利用。第三年有性繁殖和无性繁殖的羊草产量都达到高产，第四年至第八年达到高峰。播种的第四年，草丛密度逐渐稳定，覆盖可达80%以上。

羊草具有强大的根茎，在地下形成根网。根茎具有生长点、根茎节、根茎芽等，是重要的无性繁殖器官。每个根茎节上生长新芽，出土形成地上新枝，组成新的草丛。根茎繁殖时，先对羊草草地进行松耙耕翻，深度为10~20cm，要求土地耙细整平，土壤疏松，通气良好，排水通畅，然后将分成小段的羊草根茎，长5~10cm，每段有2个以上根茎节，按一定的行距、株距埋入开好的土沟，可以良好的成活发育。羊草根茎进行无性繁殖，成活率高，生长快，产草量高，是建立羊草草地的迅速途径。开始退化的草地，经过浅耕翻耙，切断根茎，增加通透性，结合灌溉、施肥等管理措施，草地生产力可以得到恢复。

7.34 苇状羊茅

苇状羊茅 *Festuca arundinacea* Schreb.，又名苇状狐茅、高羊茅（图7-34）

【科属名称】禾本科 Gramineae，羊茅属 *Festuca* L.

【形态特征】多年生草本。根系发达而致密，多数分布于10~15cm的土层中。茎秆、叶鞘及叶都较粗糙。秆成疏丛型，直立，高50~140cm。叶量多，多数为基生叶，色深绿，叶条形，长30~50cm，宽0.6~1cm。圆锥花序稍开展，直立或上端下垂，长20~30cm，小穗卵形，长15~18mm，4~5小花，常淡紫色；颖窄披针形，有脊，具1~3脉；内稃、外稃披针形，外稃具5脉，无芒或具小尖头；内稃与外稃等长或稍短，脊上具短纤毛，花药条形。颖果为内外稃贴生，不分离，深灰或棕褐色。种子千粒重2.51g。

【分布与习性】我国新疆有野生苇状羊茅，20世纪70年代以来，我国先后从澳大利亚、荷兰、加拿大、美国引进部分苇状羊茅品种，经在北京、河北、山东、山西、新疆等地试种，普遍表现适应性强，生长繁茂，对我国北方暖温带的大部分地区及南方亚热带都能适应，是该地区建立人工草场及改良天然草场非常有前途的草种。

苇状羊茅适应性广，能在多种气候条件下和生态环境中生长。苇状羊茅抗寒又耐热，能在冬季-15℃条件下安全越冬，夏季可耐38℃的高温；春季和秋季冷凉气候生长旺盛。苇状羊茅对土壤适应性很广，耐旱也耐湿，耐盐碱也耐酸性土壤，pH值在4.7~9.5之间都生长繁茂，适宜的pH值在5.7~6.0，但在肥沃、潮湿、黏重的土壤上生长最繁茂。苇状羊茅最适于在年降水量450mm以上和海拔1 500m以下温暖湿润的地区生长。春季返青早，生长迅速，生长期270~280d。

【水土保持功能】根系发达而致密，多数分布于10~15cm的土层中，可很好地固持表土，防止流失；而且苇状羊茅枝叶繁茂，生长迅速，可快速覆盖地表，发挥水土保持功能。近年来广泛地用于交通线路的护坡与河岸、塘库的护堤，在水土流失防治中扮演了重要角色。

图7-34 苇状羊茅 *Festuca arundinacea* Schreb.（引自《中国高等植物图鉴》）

【资源利用价值】苇状羊茅叶量丰富，草质较好，适口性和利用价值较高。茎叶干物质中含粗蛋白质15.4%，粗脂肪2%，粗纤维26.4%，无氮浸出物44%，粗灰分12%，其中钙0.68%，磷0.23%。饲草品质中等。苇状羊茅再生性强，在北京地区中等肥力的土壤条件下，一年可刈割3~4次。适宜刈割青饲、调制干草，也适宜放牧，草食家畜均喜采食。近年来，苇状羊茅还广泛用于公路、铁路、河堤护坡和水土保持。

【繁殖栽培技术】种子繁殖。苇状羊茅较易繁殖，春、秋两季皆可播种，以秋播为宜，当地温达5~6℃时种子即可正常发芽，地温达8~10℃时幼苗生长发育迅速并一致，秋播不宜过迟，一般掌握使幼苗越冬时达到分蘖期，以利越冬。播前须精细整地，施足底肥。作为牧草使用，宜选用未感染植物内生菌的种子。条播，行距20~30cm，播种量22.5~30.0kg/hm²，播深2~3cm，播后适当镇压。作为水土保持、护坡使用，播种量30~45g/m²。苇状羊茅还可和白三叶、红三叶、紫花苜蓿、沙打旺混播，以建立高产优质的人工草地。苇状羊茅苗期生长缓慢，应注意中耕除草，生长期间应施速效氮肥，有条件的每年越冬前追施磷肥，返青和刈割后追施氮肥及适时浇水，可有效的提高产草量和改善品质。苇状羊茅一年可刈割3~4次，每公顷产鲜草30 000~45 000kg。苇状羊茅种子成熟时易脱落，采种可在蜡熟期，当60%的种子变成褐色时就可收获。

7.35 碱茅草

碱茅草 *Puccinellia distans* (L.) Parl.（图7-35）

【科属名称】禾本科 Gramineae，碱茅属 *Puccinellia* Parl.

【形态特征】多年生草本。秆直立，丛生或基部堰卧，节着土生根，高20~60cm，具2~3节，常压扁。每节具2~6分枝；分枝细长，平展或下垂，下部裸露，微粗糙。叶鞘长于节间，平滑无毛；叶舌截平或齿裂；叶片线形，长2~10cm，扁平或对折，微粗糙或下面平滑。圆锥花序开展，长5~15cm，宽5~6cm；小穗柄短，含5~7小花；小穗轴节间平滑无毛；颖质薄，顶端钝，具细齿裂，第一颖具1脉，第二颖具3脉；外稃具不明显5脉，顶端截平或钝圆，与边缘均具不整齐细齿，基部有短柔毛；第一外稃长约2mm；内稃等长或稍长于外稃，脊微粗糙。颖果纺锤形。花果期5~7月。

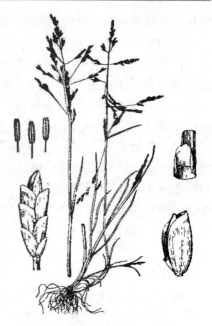

图7-35 碱茅草 *Puccinellia distans* (L.) Parl.（引自《中国高等植物图鉴》）

【分布与习性】分布于中国华北及内蒙古、甘肃、宁夏、青海、新疆等地。生于海拔200~3 000m轻度盐碱性湿润草地、田边、水溪、河谷、低草甸、盐化沙地。喜湿润，抗寒力强，能耐-30℃低温，并能顺利越冬。耐旱，干旱时叶片卷成筒状，减少水分蒸发。对土壤要求不严。喜光不耐荫，特别抗盐碱，在耕层土壤总含盐量1%~3%、pH9~10的情况下，可正常生产。春季返青早，具有耐践踏、耐牧等特性。

【水土保持功能】茎叶繁茂，株丛密集，覆盖地面效果好，可防止水土流失。碱茅极耐盐碱，是改良盐渍荒漠化土地的好材料。试验表明，种植三年后，脱盐率可达60%~70%。

【资源利用价值】饲用价值高。茎叶柔软，叶量大，适口性强，干草粗蛋白含量6%，牛、羊喜食，属良等牧草。茅草是多年生草本植物，密丛性，春季返青早，具有耐践踏、耐牧等特性，是早春和晚秋理想的放牧地。园林中多用于潮湿处和盐碱地的保土植物，或一般盐碱地的粗放管理草坪植物。

【繁殖栽培技术】种子繁殖。播种前要精细整地，施足底肥，耙磨保墒灭草。春夏播种均可，以春播为好。条播或撒播，条播行距30cm，播种量每公顷为45~52.5kg；采种用可垄播，垄距66cm，每公顷播量30kg；放牧用时，宜与其他数种牧草实行混播。播深1~2cm，播后镇压。当年生长缓慢需加强保护。混播可提高产草量。

7.36 星星草

星星草 *Puccinellia tenuiflora* (Griseb.) Scribn. et Merr.，又名小花碱茅（图7-36）

【科属名称】禾本科 Gramineae，碱茅属 *Puccinellia* Parl.

【形态特征】多年生草本。须根发达，深达1m。秆丛生、直立或基部膝曲，灰绿色，疏丛型，高30～60cm，具3～4节。叶鞘多短于节间，叶舌长约1mm；叶片条形，长2～7cm，宽1～3mm，内卷，被微毛。圆锥花序开展，长8～20cm，每节分枝2～5，小穗长3～4mm，含3～4花；草绿色，成熟时变为紫色，第一颖长约0.6mm，具1脉，第二颖长约1.2mm，具3脉，外稃先端钝，具不明显的5脉；内稃与外稃等长。颖果纺锤形，种子黄褐色，千粒重2.04g。花果期6～7月。

【分布与习性】星星草主要分布于我国的辽宁、吉林、黑龙江、内蒙古、河北、甘肃、青海、新疆等地，西藏也有少量分布。

星星草适应性强，可塑性大，在华北、东北生长发育好，在青藏高原海拔3 700m以上，年平均气温在0～2℃地区，也能很好的生长发育。星星草耐寒，在青藏高寒牧区，冬天温度达-38℃，且无积雪的情况下能良好越冬；在

图7-36　星星草 *Puccinellia tenuiflora* (Griseb.) Scribn. et Merr.（引自《中国高等植物图鉴》）

-2℃就能返青；苗期在-5～-3℃低温能照常生长，仅上部梢枯干。星星草根系发达，干旱时叶子卷成筒状，以减少蒸腾，有较强的抗旱能力。

星星草分蘖能力强，播种当年可分蘖24～46个，第二年可达40～75个，水、土、肥条件好，土壤疏松可分蘖百个以上，固有耐践踏、耐牧性强的优点。星星草对土壤要求不甚严格，并耐瘠薄。喜潮湿、微碱性土壤，在土壤pH8.8时能良好生长，土壤pH达9～10时仍能生长，在松嫩草原广布苏打盐碱土区，尤其能在盐碱湖(泡)周围及盐碱低湿地上生长，是典型的改良盐碱地的优良牧草。在青藏高原喜生于平滩地、水沟、渠道、山地阴坡、低洼沟谷等地。星星草返青早，一般4月上中旬返青。5月中旬孕穗，6月上旬开花，7月中旬种子成熟，生长期长达200～210d。

【水土保持功能】星星草根系发达，须根多而稠密，第一年实生苗根系入土可达60cm以上，第二年入土深可达1m，能充分固持土壤使之免于流失。星星草叶片集中在中下层，为中繁禾草，覆盖地面效果好。星星草分蘖能力强，播种第二年分蘖可达40～75个甚至上百个，能形成郁闭的草丛，发挥截留、分散地表径流的作用。星星草能耐盐碱，可在pH9～10时仍能生长，是改良盐渍土的优良牧草。

【资源利用价值】星星草营养枝多，叶量较大，不落叶，茎叶柔软；其饲用价值高，营养丰富，含蛋白质多，抽穗期、开花期蛋白质含量为17.00%和16.22%，可与紫苜蓿相比，且灰分少，粗纤维含量亦低。星星草适口性好，品质优良，为中上等牧草。青草马、牛、羊、驴、兔最喜食，开花前期的青草马、牛、羊仍喜食，草粉猪也喜食。星星草春季返青早，生长快，寿命长，可利用8年左右，产量中等而较稳定。

每年可刈割1~2次，一般每公顷产青草24 000~31 500kg，干草5 250~6 750kg。各种利用方式均可，适时刈割，可调制干草或放牧；栽培宜建立放牧及牧、割兼用草地。此外，星星草也是水土保持与改良盐渍化土壤的优良牧草。

【繁殖栽培技术】种子繁殖。因种子小，要求精细整地，秋翻施肥、耙糖保墒灭草。土壤水分适宜，春播为好；春旱地区夏播、早秋播为宜，播前应镇压。东北地区以7月下旬至8月上旬为宜，青藏高原晚不能超过7月中旬，否则生长期过短，不利越冬。采草用可行条播或撒播，条播行距30cm，播种量每公顷为45~52.5kg；采种用可垄播，垄距66cm，每公顷播量30kg；放牧用时，宜与其他数种牧草实行混播。播深1~2cm，播后镇压。当年生长缓慢需加强保护。混播可提高产草量。

7.37 大米草

大米草 Spartina anglica C. E. Hubb.（图7-37）

【科属名称】禾本科 Gramineae，大米草属 Spartina Schreber

【形态特征】多年生草本。具根状茎。株高20~150cm，丛幅1~3m。根有两类，一为长根，数量较少，不分枝，入土深度可达1m以下；另一为须根，向四面伸展，密布于30~40cm深的土层内。茎秆直立、坚韧，不易倒伏，基本上有叶鞘包裹，叶腋有芽，基部腋芽可长出新蘖和地下茎。地下茎通常有数节至10多节，横向伸长，然后弯曲向上生长而长成新株。叶互生，狭披针形，长20~30cm，宽0.7~1.5cm，呈浅绿色或黄绿色，被蜡质，光滑，两面均有盐腺。总状花序直立或斜上，穗轴顶端延伸成刺芒状，花序长10~35cm，小穗含1朵小花，脱节于颖之下；颖及外稃均被短柔毛，第一颖短于外稃，具1小脉，第二颖长于外稃，具1~6脉；外稃具1~3脉。颖果长约1cm左右。种子千粒重8.57g。花果期5~11月。

图7-37 大米草 Spartina anglica C. E. Hubb.（引自《中国高等植物图鉴》）

【分布与习性】大米草原产于英国南海岸，是欧洲海岸米草和美洲互花米草的天然杂交种。1963年我国自英国引入大米草。目前，北起辽宁锦西县南至广西海滩的沿海60多个沿海县的海滩均有栽培。据最新报道，该草为有害生物，不宜推广。

大米草为C_4植物，喜光，湿生，耐淹，不耐干旱，不耐蔽荫。每次海水淹没6h生长正常；在潮水经常淹不到的高潮地带，不能扎根成活；在海潮淹没太久的低潮地带，阳光不足也无法生存，最适宜在海水经常淹到的海滩中潮带栽植。大米草极耐盐，适宜生长在海水正常盐度3.5%、土壤含盐量20%的中潮带。大米草耐淤积，耐高温，较耐寒，不耐酸，要求pH>7。对温度适应幅度广，气温高达40~42℃仍能分蘖生长；在冬季气温最低达-25℃仍能安全越冬；但对倒春寒不适应，当白天气温升高达十几度，而夜间降至零下十几度时易冻死。大米草对基质适应幅度广，既可生于海水、盐土中，也可生长于淡水、淡土；既可生长在软硬泥滩上，也可生长于沙滩上。

【水土保持功能】大米草茎秆直立，地下茎、地上茎均能随泥沙淤积而向上生长，一旦形成密集草丛，可抵抗较大风浪的冲击，为沿海地区优良的抗风、促淤、消浪、保滩、护岸护堤的草本植物。其根系发达，生物量大，多于地上部分3~11倍，根区固氮菌多，可增加土壤有机质，改良土壤结构。大米草叶的背腹面均有盐腺，根吸收的盐分可排至体外，对盐碱具有极强的耐性，为治理盐渍化的良好植物。

【资源利用价值】大米草粗蛋白含量在旺盛生长抽穗前最高达到13%，盛花期降至9%左右，其营养价值高，适口性好，叶量大，茎叶比为1:2.1~1:3.5；嫩叶、地下茎有甜味，草粉清香，最易喂骡、马、牛、羊、猪、兔、鹅，鱼也喜食。含赖氨基酸较少，宜混饲。可放牧，也可刈割青饲、晒制干草、青贮或粉浆发酵。大米草不但是发展沿海畜牧业、建立海滩草场和饲草基地的良好草种，也是固滩护堤、促淤造陆、挡风消浪的极好植物；还是改良土壤和盐土、作绿肥、燃料、造纸等多用途植物。此外，大米草发达的根系有很强的吸磷能力，能抗污染，能忍耐石油污染，并能吸收放射性元素铯、锶、镉、锌及重金属汞等，是治理污染、修复水体生态的优良植物。

【繁殖栽培技术】分株繁殖。大米草种子成熟后易落，且结实率低，种子失水即死亡，故一般不用种子繁殖，而采用分株繁殖。可在水缸也可在水田育苗，保持浅水层并须施肥。栽植时间为每年的3~10月，南方以4~5月，北方以6~7月为宜。应在每月小潮转大潮时进行，亦即农历十一、十二或二十七、二十八日进行，以便达到栽后连续5d以上每天均有潮水淹到，以确保扎根成活。栽时将大米草连根与地下茎全株挖出，5~10株为一丛，按行距1.5~3m穴植，行距与风浪成反比，穴内株数与风浪成正比；栽深6~10cm，风浪小的宜浅，反之则宜深。软泥滩栽后要培土，硬泥滩栽时要挖穴。栽后前几个月要注意护苗补苗，防止人畜践踏及禽鸟啄食。从第二年起每年秋冬将地上部收割干净，以利翌年春季新生苗的正常生长。大米草刈割后再生快，刈割要干净，每年可刈割2~3次，每公顷产鲜草22 500~37 500kg。

7.38 龙须草

龙须草 *Eulaliopsis binata* (Retz.)C. E. Hubb.，又名拟金茅、山草、蓑衣草(图7-38)

【科属名称】禾本科 Gramineae，拟金茅属 *Eulaliopsis* Honda

【形态特征】多年生草本。根状茎短，须根密生。秆细长直立半匍匐状，草层高0.3~0.8m，平滑无毛。叶片长狭条形，长0.5~2.5cm，宽2~5mm；基部叶鞘具白色长绒毛。总状花序2~4枚，指状排列顶生，密生淡黄褐色绒毛；小穗无柄，长4.5~8mm，中部以下具长柔毛，种熟后穗轴逐节断落；花两性，着生鳞片腋间，花被退化成刚毛状，6条；雄蕊3，花丝长，花药线形；子房上位，花柱短，柱头3，细长。小坚果矩圆形或矩圆状倒卵形、三棱形，棱明显隆起，黄色。花果期4~7月。

【分布与习性】我国西南、华中和陕西、台湾、广东、广西等地均有分布，原属野生，从20世纪80年代中期开始人工栽培并大力推广。生于林边湿地山溪旁、岩缝中、坡路旁湿地上或灌木丛中。

龙须草喜温热湿润气候，属亚热带、暖温带植物。因具旱生结构，故有一定抗旱性，天然多分布于降雨700mm以上地区。龙须草为喜光耐荫植物，喜光，适生阳坡；但有一定耐荫性，也可生长于阴坡和疏林中。龙须草喜温耐热惧寒，气温5℃时停止发芽和生长，气温在9~10℃开始返青，10~40℃为适生温度，生长期260d以上。龙须草能耐贫瘠，对土壤要求不严，黏土、壤土、沙土均能生长，且多野生于石质山地；能耐一定程度的酸碱，pH为5.5~9.1均能适应；但以湿润疏松肥沃的土壤为最宜生长条件。龙须草一般3月初返青，11月底枯黄。

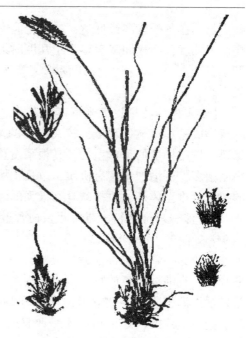

图7-38 龙须草 *Eulaliopsis binata* (Retz.) C. E. Hubb.
(引自《中国高等植物图鉴》)

【水土保持功能】龙须草须根系发达，多水平分布，密布于活土层，根量大，地下根量为地上重2倍以上，须根长0.5~2.5m，须根多，每丛有根500~1300条；叶片狭长，覆盖地面的厚度达0.3~0.5m。龙须草植株繁茂，根系发达，是水土保持的优良草种，其固土蓄水抗冲能力强，每公顷蓄水525~1800t。在20°坡地，没有工程措施情况下，覆盖80%的龙须草，年侵蚀模数可缩小1920倍。另据河南省水土保持研究所和西峡县资料，龙须草地可一次截流降雨2~3mm，每公顷龙须草可减少径流600m³以上，减少土壤冲刷80%以上。此外，因龙须草地主要由长茅纤维叶组成，故有很强的抗风、抗冰雹能力。

【资源利用价值】龙须草叶片狭长有细绒毛，是造纸和纤维工业的优良原料。其纤维介于针阔叶树种之间，质地软、拉力强、韧度高、防潮湿、易漂白；干草中含纤维素56%~59%，在造纸中称为"群草之冠"，优于芦苇，是制造打字纸、拷贝纸等高级薄型纸的理想原料，也是人造革、人造丝的优质原料。龙须草叶色金黄，有光泽，易染色，是工艺品编织业的优良材料。我国用龙须草编织的地毯、草席、草鞋、靠垫、坐垫、草帽、提包、提篮等实用工艺品远销数十个国家和地区，大量出口创汇，前景十分广阔。如河南浙川县出口编织物，年均换取外汇250万美元。此外，龙须草还可用来编织蓑衣、绳索。龙须草幼嫩时为黄牛采食，后期草质坚韧，适口性差，为中下等饲用植物。

【繁殖栽培技术】种子繁殖与分丛繁殖。龙须草在石山、土山、陡坡、缓坡、梯田平地、黏砂壤土上均可种植。但必须水平沟垄整地，种植垄埂，避免草叶着地腐烂，又能蓄水保墒。沟深0.5m以上，两端封闭，中间加格，垄距1m，种草一行。垄距1.5~2m种草2行。种子育苗时宜在4~8月，当年可移栽，8月中旬以后育苗当年不能移栽。大田育苗时修好田埂，适量施肥；种子用湿沙土揉搓，均匀播于垄埂表面，用手按或锹拍实，上面撒压1cm细土或粪末，防止暴晒。播后经常撒水保湿，以利出苗及生长。播种量为375kg/hm^2。苗高10cm时即可移栽，4~9月均可进行。

分丛（或墩）繁殖时宜在夏秋分墩，将长草剪去，于10月至翌年3月移栽，根部必须带土，栽时表层封土，以防冻死。阴雨天移栽最好，干旱少雨需灌水。栽深以封严根部为宜，太深成活后生长不旺。密度丛距0.4~0.5m，每公顷15 000~19 500丛。田埂堤坡栽植，坡面要缓于1:1.5，过陡草墩突出，易老化早亡，上下行品字形配置。

龙须草地需加强管理，在收割后需进行中耕除草和弦水保墒。施肥可在4月底以前和6月中旬至7月上旬两次。并在初冬（11月）至翌年麦收前（5月）要及时对根系外露的草墩培土封根。对生长一定年限后老化衰败的草墩要采取复壮措施，具体做法为：春天先在草墩周围松土除草去杂，再挖掉朽根，填入掺好N、P肥的肥土，然后沟垄清淤，培土封根。种子成熟后二次施肥。当年即可复壮。龙须草生长快，枝叶繁茂，产草量高，人工栽培条件较好，春栽到秋后可产干草3 750kg/hm^2，第二年可收9 750kg/hm^{2}左右，第三年以后可收草15 000kg/hm^{2}左右。

7.39 虎尾草

虎尾草 Chloris virgata Swartz，又名狗摇摇、刷埽头草、棒锤草（图7-39）

【科属名称】禾本科 Gramineae，虎尾草属 Chloris Sw.

【形态特征】1年生草本。秆直立或基部膝曲，高12~75cm，光滑无毛。叶鞘背部具脊，包卷松弛，无毛；叶舌长约1mm，无毛或具纤毛；叶片线形，长3~25cm，宽3~6mm，两面无毛或边缘及上面粗糙。穗状花序5~10余枚，长1.5~5cm，指状着生于秆顶，有时包藏于顶叶之膨胀叶鞘中，成熟时常带紫色；小穗无柄，长约3mm；颖膜质，1脉；第一颖长约1.8mm，第二颖等长或略短于小穗，中脉延伸成长0.5~1mm的小尖头；第一小花两性，外稃纸质，呈倒卵状披针形，3脉，沿脉及边缘被疏柔毛或无毛，两侧边缘上部1/3处有长柔毛与稃体等长，芒自背部顶端稍下方伸出；内稃膜质，略短于外稃，具2脊，脊上被微毛；第二小花不孕，长楔形，仅存外稃，顶端截平或略凹，芒长4~8mm。颖果纺锤形，淡黄色，光滑无毛而半透明。花果期6~10月。

【分布与习性】我国各省广泛分布。多生于林边、路边、田间、摺荒地、山坡等地。

虎尾草适应性极强，耐干旱，喜湿润，但不耐淹。夏季生长快，在干旱地区大量生长在过度放牧的草原。喜肥沃，耐瘠薄，耐盐碱，盐碱化土地上，夏季多雨时迅速生长，成优势种，是退化、盐碱化草地指示植物。对降雨敏感，生长季多雨即快长，发芽最低温度7~8℃，12~16℃时5~6d出苗，夏天雨季开始发芽，8月开花结实，9

月中旬种子成熟。种子产量高，一株可达 8 万粒。

【水土保持功能】虎尾草为疏丛型牧草，具有匍匐茎，能迅速覆盖地面，防止地面水土流失，是固土护坡的最佳禾本科牧草之一。虎尾草根系发达，可固持土壤，毛根能有效改良土壤。耐盐性强，可在盐碱地上种植，是改良碱化草原的先锋植物。

【资源利用价值】虎尾草草质柔嫩，营养丰富，是各种牲畜食用的优质牧草，适宜放牧，也可刈割制干草。天然草的每公顷产鲜草 2 250～3 750kg，栽培成倍。同时，虎尾草也是水土保持与改良盐碱土的优良草本植物。

【繁殖栽培技术】种子繁殖。目前尚未进行人工栽培。

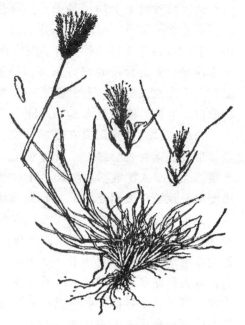

图 7-39　虎尾草 *Chloris virgata* **Swartz**（引自《中国高等植物图鉴》）

7.40　狗尾草

狗尾草 *Setaria viridis* (L.) Beauv.，又名谷莠子、莠草、毛狗草（图 7-40）

【科属名称】禾本科 Gramineae，狗尾草属 *Setaria* Beauv.

【形态特征】1 年生草本。须状根，高大植株具支持根。秆直立或基部膝曲，高 10～100cm。叶鞘松弛，无毛或疏具柔毛或疣毛，边缘具较长的密绵毛状纤毛；叶舌极短，缘有长 1～2mm 的纤毛；叶片扁平，长三角状狭披针形或线状披针形，先端长渐尖或渐尖，基部阔而稍抱茎，长 4～30cm，宽 2～18mm，通常无毛或疏被疣毛，边缘粗糙。圆锥花序紧密呈圆柱状或基部稍疏离，直立或稍弯垂，主轴被较长柔毛，粗糙或微粗糙，通常绿色或褐黄到紫红或紫色；小穗 2～5 个簇生于主轴上或更多的小穗着生在短小枝上，椭圆形，先端钝，铅绿色；外颖卵形，长约为小穗的 1/3，先端钝或稍尖，具 3 脉；内颖与外稃与小穗近等长，具 5～7 脉，内稃膜质，长为小穗的 1/2。颖果长卵形，扁平，灰白色，具点状突起排列成的细条纹。花果期 7～10 月。

【分布与习性】全国各地均有分布，生于海拔 4 000m 以下的荒野、道旁，为旱地作物常见的一种杂草。

狗尾草适应性极强，分布极广。盐碱土、酸性土、钙质土、黏土、沙土都能生长。耐干旱、耐贫瘠，喜光耐荫。适生于农田、果园、苗圃、菜地及林地、路边、田埂、山坡、荒野、半湿润地区无水沙河床都有大量生长。第一年的撂荒地生长特别旺盛，是群落演替先锋植物。种子产量大，发芽率高，落地可滋生。出苗不整齐，可分批发芽，一场雨后一批草。6～7 月及雨季高温出现爆发性发展，生长极其迅速，每天可生长数厘米，群众称之为"热草"。一般 4 月底 5 月初开始发芽，8 月开花结实，9 月果熟，种子易脱落，能形成大面积狗尾草草地和混生群落。

【水土保持功能】种子产量大，落地即可滋生，株丛密集，夏季生长旺盛，种植后可形成大面积的覆盖度高的草地，可较好地控制水土流失。狗尾草可在风沙区生长，形成较高大的群落，具有防风固沙功能，可作为先锋植物用来固定沙地。

【资源利用价值】狗尾草营养丰富，适口性好，家畜喜采食，是一种优良牧草，有很高的饲用价值与发展潜力。狗尾草可入药，具有解毒消肿，清肝明目，除热，去湿，消肿。祛风明目，清热利尿之功效。可用于风热感冒，砂眼，目赤疼痛，黄疸肝炎，小便不利；外用治颈淋巴结结核、痈癣、面癣；全草加水煮沸20min后，滤出液可喷杀菜虫；小穗可提炼糖醛。在裸地上有保持水土、防风固沙、维护生态平衡的作用。群众用作饲草和燃料，科研上用作育种材料，此外还有其他用途。

图7-40 狗尾草 *Setaria viridis* (L.) Beauv. (引自《中国高等植物图鉴》)

【繁殖栽培技术】种子繁殖。野生状态下，种子可借风、流水与粪肥传播，经越冬休眠后萌发。目前尚未进行人工栽培。

本属还有金色狗尾草 *S. glauca* (L.) Beauv.，也为1年生草本，广布全国各地。与本种相似，但花序的刚毛金黄色或略带褐色，生于较潮湿农田、沟渠或路旁，其他特点参见狗尾草。目前也未进行人工栽培。

7.41 寸苔草

寸苔草 *Carex duriuscula* L.，别名寸草、卵穗苔草、羊胡子草（图7-41）

【科属名称】莎草科 Cyperaceae，苔草属 *Carex* L.

【形态特征】多年生草本。匍匐茎细长，秆高5~20cm，基部具灰黑色呈纤维状分裂的枯叶鞘，植株淡黄绿色。叶短于秆，宽2~3mm，常卷折。穗状花序卵形或宽卵形，长7~12mm，褐色；小穗3~6，密生，卵形，雄雌顺序，具少数花；苞片鳞片状；雌花鳞片宽卵形，褐色，具狭的白色膜质边缘；果囊宽卵形或近圆形，长约3.5mm，平凸状，革质，暗褐色，上部具短喙。小坚果宽卵形，长约2mm，柱头2。种子千粒重为1.3g。花果期4~6月。

【分布与习性】属于广布种，主要分布在温带草原区。广布于我国东北和西北，黑龙江、吉林、辽宁、河北、内蒙古、甘肃、陕西、山西、宁夏、新疆等地均有分布。

寸苔草属细小苔草，根茎发达，分蘖力强，返青早，生态适应性广。喜生于干草原和山地草原的路旁、沙地、干山坡，为表层沙质化土壤上的植物，寸苔草则可以成为优势植物，生长繁茂。因此，在草原区它的大量出现可以作为退化草原的指示植物。

【水土保持功能】苔草根茎发达，根系密集于地表 30cm 土层内，株丛返青早，可很好地防治土壤风蚀，特别是在沙化草地上，更是防治土壤侵蚀的良好植物。

【资源利用价值】寸苔草返青早，在东北和内蒙古草原，4月上旬开始返青，4月末开花，5月末或6月初果熟。在草原区，通常是最早生长的植物，为过冬后的家畜提供了第一批早春牧草，对过冬度春，接羔保羔具有重要的生产意义。早春，草质柔软，具有丰富的养分，粗蛋白质含量高，适口性好，马、牛、羊、驴等家畜最喜食，骆驼喜食，是优良牧草。寸苔草不仅营养价值高，而且消化能、代谢能均较高。营养繁殖能力强，丛生，耐践踏，是北方绿化城市的草皮植物，同时也是水土保持植物。

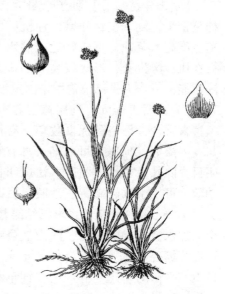

图 7-41 寸苔草 *Carex duriuscula* L.
（引自《中国高等植物图鉴》）

【繁殖栽培技术】种子繁殖。目前尚未进行人工栽培。

本章小结

草本植物在水土保持植被中类似于血肉，与乔木、藤本和灌木组成一个有机的整体，形成多物种、多层次、结构稳定和功能高效的植被生态系统。此外，在水土流失地区的非宜林地上，对水土保持草本植物的保护、栽培和应用尤为重要。本章对 41 种草本植物的形态特征、分布区域及其生态习性做了简要介绍，在此基础上重点阐述了它们的资源利用价值、水土保持功能和繁育栽培技术。为水土保持生态建设中优良草本植物的选择与栽培提供技术支撑。

思考题

1. 草本植物生态习性、水土保持功能与资源价值的主要特点？
2. 常用豆科草本植物的种类及其在牧草生产中的地位和作用？
3. 风沙区常见的草本植物种类及其繁殖栽培技术措施？
4. 盐碱地常见的草本植物种类及其生态习性和繁殖栽培技术？

参考文献

暴咏冬．2006．蒙古栎的育苗技术[J]．河北林业科技(5)：12．

曹慧娟．1992．植物学[M]．北京：中国林业出版社．

陈军锋，李秀彬．2001．森林植被变化对流域水文影响的争论[J]．自然资源学报，16(5)：476-478．

陈有民．1990．园林树木学[M]．北京：中国林业出版社．

崔大方．2006 植物分类学[M]．北京：中国农业出版社．

丁崇明．2009．鄂尔多斯蜜源植物[M]．呼和浩特：内蒙古大学出版社．

方炎明．2005．植物学[M]．北京：中国林业出版社．

高洪文，孟林．2003．人工草地建设管理技术[M]．北京：中国农业科学技术出版社．

高甲荣，齐荣．2006．生态环境建设规划[M]．北京：中国林业出版社．

郭廷辅．1995．水土保持经济植物实用开发技术[M]．黄河水利出版社．

何丙辉，包维楷，丁德蓉，等．2004．森林植被对降水的截留效应研究[J]．水土保持研究，11(1)：194-196．

贺学礼．2005．植物学[M]．北京：高等教育出版社．

侯艳伟，王迎春，杨持．2005．绵刺对干旱生境的适应[J]．内蒙古大学学报，36(3)：355-356．

黄飞英．2003．植物史话[J]．发明与创新(4)：26-27．

黄丕振，陈宏轩．1981．沙拐枣的特性及栽培技术[J]．新疆农业科学(6)：34-35．

姜彦成，党荣理．2002．植物资源学[M]．新疆人民出版社．

蒋全熊．2003．现代树木研究[M]．银川：宁夏人民出版社．

金银根．2006．植物学[M]．北京：科学出版社．

李任敏．1998．太行山主要植被类型根系分布及对土壤结构的影响[J]．山西林业科技(1)：17-19．

刘定辉，李勇．2003．植物根系提高土壤抗侵蚀性机理研究[J]．水土保持学报，17(3)：34-37．

刘国彬．1998．黄土高原土壤抗冲性极其机理研究[J]．水土保持学报，4(1)：93-96．

刘锡涛．1997．我国植树史话[J]．甘肃林业(2)：35-26．

刘泽勇，孙朝晖，曾春风．2005．水枸子的繁殖与栽培技术[J]．河北林业科技 4：97．

柳先修．1997．沙漠珍宝骆驼刺[J]．新疆林业(6)：31．

罗伟祥，刘广全，李嘉钰．2007．西北主要树种培育技术[M]．北京：中国林业出版社．

马连春，王泽凯．2005．黄柳插条造林技术[J]．内蒙古林业(5)：22．

马学平，赵程亮，宋玉霞．濒危植物半日花的研究现状及保护对策[R]．农业科学报告，1(28)：72-72．

马玉明．1977．内蒙古资源大辞典[M]．呼和浩特：内蒙古人民出版社．

马玉明．2006．沙漠植物资源学[M]．呼和浩特：内蒙古人民出版社．

马毓泉. 1990-1998. 内蒙古植物志(1-5卷)[M]. 2版. 呼和浩特：内蒙古人民出版社.
潘晓玲,党荣理,伍光和. 2001. 西北干旱荒漠区植物区系地理与资源利用[M]. 科学出版社.
潘志刚,游应天. 1994. 中国主要外来树种引种栽培[M]. 北京：北京科学技术出版社.
朴楚柄,王全国,于启兵,等. 1998. 山杨采种及育苗技术的研究[J]. 林业科技,23(3)：2-3.
祁承经,汤庚国. 2005 树木学(南方本)[M]. 2版. 北京：中国林业出版社.
沈吉庆. 2002. 花棒育苗技术[J]. 林业实用技术(10)：26.
石清峰. 1994. 太行山主要水土保持植物及其培育[M]. 北京：中国林业出版社.
斯琴巴特儿. 2003. 蒙古扁桃[J]. 生物学通报,3(38)：23.
孙吉雄. 2000. 草地培育学[M]. 北京：中国农业出版社.
孙卫邦. 2005. 观赏藤本及地被植物[M]. 北京：中国建筑工业出版社.
孙秀殿,李纯丽,张凤霞. 1999. 胡枝子的栽培利用[J]. 经济作物(2)：33.
潭伟萍,郭艳霞,张克,等. 2006. 山荆子育苗技术[J]. 辽宁林业科技(3)：53-54.
陶胜林. 2007. 榛子栽培技术[J]. 农林科技(2)：43.
王 北,王 谋,于伟平,等. 1990. 沙木蓼的引种与栽培[J]. 宁夏农林科技(3)：24-25.
王建风,黄生福. 2007. 山杏的播种育苗[J]. 中国林业(2)：57.
王晓东. 2002. 兴安杜鹃的利用及栽培[J]. 林业实用技术(12)：36.
王 英,陈兴英,秦莲萍. 2007. 白刺的培育、栽植及灾害防治技术[J]. 林业实用技术(4)：19.
王治国,张云龙,刘徐师. 2000. 林业生态工程学——林草植被建设的理论与实践[M]. 北京：中国林业出版社.
王宗训. 1989. 中国资源植物利用手册[M]. 北京：中国科技出版社.
吴发启. 2003. 水土保持学概论[M]. 北京：中国农业出版社.
吴发起. 2001. 水土保持规划[M]. 西安：西安地图出版社.
徐汉卿,宋协志. 1994 植物学[M]. 北京：中国农业大学出版社,
许 鹏. 2000. 草地资源调查规划学[M]. 北京：中国农业出版社.
燕 玲. 2011. 阿拉善荒漠区种子植物[M]. 北京：现代教育出版社.
杨学震. 1999. 把植物多样性作为评价水土保持生态环境建设成效的重要指标的思考[J]. 福建水土保持,14(1)：4-8.
姚芙蓉. 2004. 金露梅及其栽培技术[J]. 特种经济作物(9)：29.
臧德奎. 2007. 园林树木学[M]. 北京：中国建筑工业出版社.
曾河水. 1999. 种植水土保持林后侵蚀地土壤物理特性变化的研究[J]. 土壤,31(6)：304-308.
曾彦军,王艳荣,张宝林,等. 2002. 红砂繁殖特性的研究[J]. 草业学报(2)：67.
张卫明. 2005. 植物资源开发与应用[M]. 南京：东南大学出版社.
张志翔. 2008. 树木学(北方本)[M]. 2版 北京：中国林业出版社.
赵方莹. 2007. 水土保持植物[M]. 北京：中国林业出版社.
赵鸿雁,吴钦孝,刘国彬. 2003. 黄土高原人工油松林枯枝落叶层的水土保持功能研究[J]. 林业科学,39(1)：168-172.
赵书元,刘忠. 1986. 旱榆及其利用[J]. 中国草地学报(1)：59-61.
郑万钧. 1983-2004. 中国树木志(1-4卷)[M]. 北京：中国林业出版社.
中国科学院兰州沙漠研究所. 1985. 中国沙漠植物志(1-3卷)[M]. 北京：科学出版社.
中国科学院植物研究所. 1972-1976. 中国高等植物图鉴(1-5)[M]. 北京：科学出版社.
中国科学院中国植物志编委会. 1983. 中国植被[M]. 北京：科学出版社.
中国树木志编委会. 1978. 中国主要树种造林技术[M]. 北京：科学出版社.
周世权,马恩伟. 1995. 植物分类学[M]. 北京：中国林业出版社.